[NCS 구조해석 L5 기반]

ANSYS Workbench를 이용한 정역학해석

Line-body 적용

심관보 지음

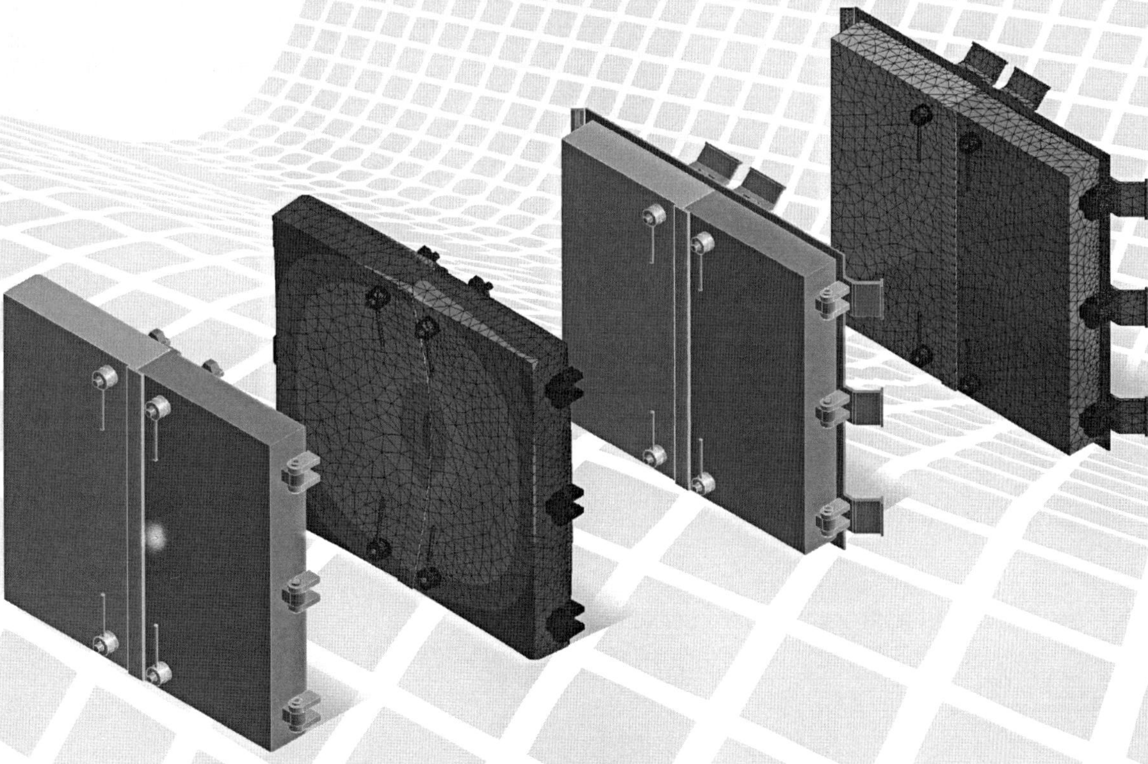

도서출판 홍릉

※ 모델링 데이터는 구글 드라이브에서 다운 받을 수 있습니다.

https://drive.google.com/drive/folders/15CPyVKxtJIri9f-Rufb1kBkbqbB-U9Ti?usp=sharing

※ 예제문제풀이는 유튜브에서 볼 수 있습니다(검색 : 심관보, KPS의 썸네일을 클릭하시면 됩니다).

[NCS 구조해석 L5 기반]

ANSYS Workbench를 이용한

정역학해석 Line-body 적용

인 쇄 : 2022년 8월 22일 초판 1쇄
발 행 : 2022년 8월 31일 초판 1쇄

저 자 : 심관보
발행인 : 송 준
발행처 : 도서출판 홍릉
주 소 : 01093 서울시 강북구 인수봉로 50길 10
등 록 : 1976년 10월 21일 제5-66호

전 화 : 02-999-2274~5
팩 스 : 02-905-6729
e-mail : hongpub@hongpub.co.kr
http://www.hongpub.co.kr
ISBN : 979-11-5600-064-8(93550)

정 가 : 13,000원

[NCS 구조해석 L5 기반]

ANSYS Workbench를 이용한 관련도서

구조해석(입문과정)

기계역학해석

정역학해석

Explicit Dynamic

구조해석사례집(IV)

구조해석(심화과정)

유체역학해석

저자소개

심관보

현) 한국산업기술대학교 교수
LG전자(주) 근무
㈜유디피 근무
연세대학교 기계공학과 석사
한국산업기술대학교 기계시스템설계 박사
품질관리기술사, 공장관리기술사

- 하중분배법에 실험계획법을 적용한 콘크리트 충진형 강판문의 최적설계, 한국강구조학회 논문집32(6)pp.351~3612020.12
- 하중분배법을 사용한 격자형 방폭문의 최적화 설계, 한국강구조학회 논문집32(6)pp.397~4042020.12
- 방폭문 실증시험을 반영한 골조형 방폭문 설계, 한국강구조학회 논문집32(2)pp.67~742020.04
- 하중분배법과 수치해석을 사용한 방폭문의 최대탄성변위 실용 계산법, 대한기계학회논문집 A43(10)pp.737~7452019.10
- 3면 지지 철근콘크리트 복합구조 방폭문의 최대탄성변위 산정 방법, 국정밀공학회지36(12)pp.1165~11722019.12
- 폭발실증시험에서 철근 콘크리트 충전형 강판 방폭문의 성능등급 판정법, 표준인증안전학회지 11(4)pp.43~632021.12
- 슬라이딩 방폭문의 최대탄성변위 산정, 표준인증안전학회지9(2)pp.1~132019.06
- 수치해석 시뮬레이션을 통한 폭발압력을 받는 방폭문 제품인증 표준절차, 표준인증안전학회지 9(4)pp.1~172019.12
- 하중분배법에 실험계획법을 적용한 콘크리트 충진형 강판문의 최적설계, 한국강구조학회 논문집 32(6)pp.351~3612020.12
- 하중분배법을 사용한 격자형 방폭문의 최적화 설계, 한국강구조학회 논문집 32(6)pp.397~4042020.12

목 차

문제1. 작은 원형 봉이 인장력을 받을 때 반력산정

봉의 한쪽 A가 고정되어 있고 B면에 하중 F=10kN 가 작용한다.
A에 작용하는 반력을 구하시오. L은 1m 이며 지름이 30mm 이다.

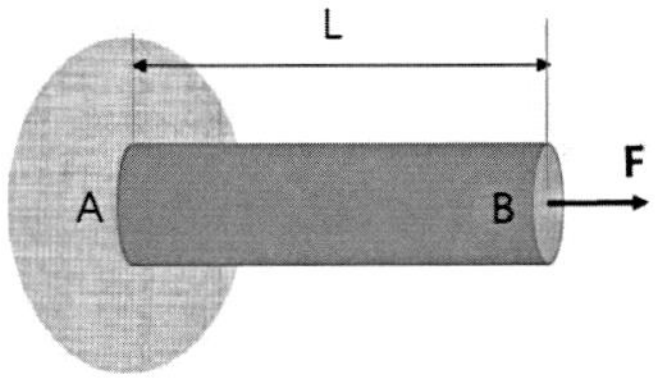

(1) 해석대상을 분석하고 자유물체도를 작성한다.

(2) 해석 시스템을 생성한다.(Static structural)

① Project Schematic에 Static Structural 시스템 추가한다.
(더블클릭 또는 드래그 함)

② Project 이름을 변경한다.

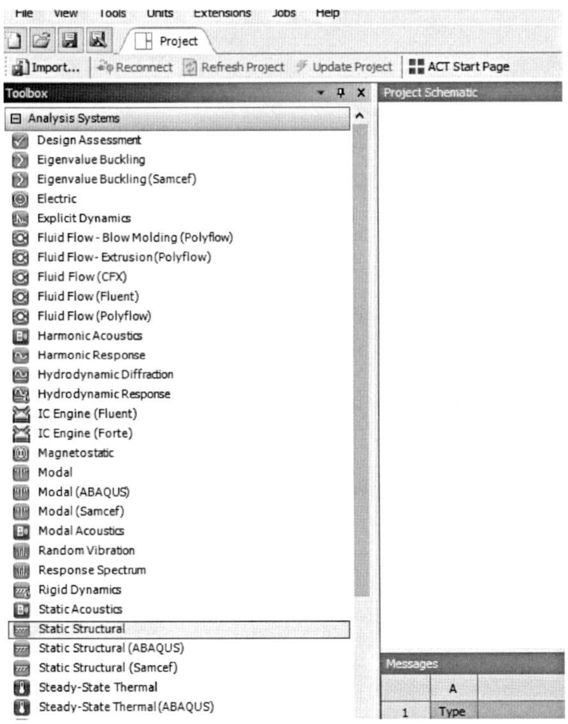

③ Mechanical 창에서 Units menu를 클릭하고 단위를 설정한다.

- Metric (mm, kg, N, s, mV, mA)

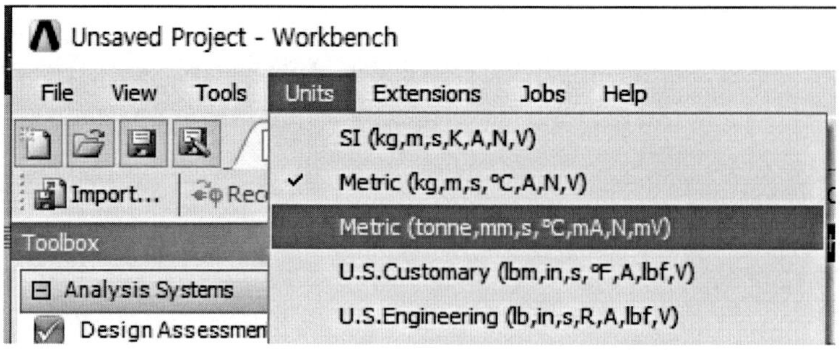

(3) 재료의 물성을 정의한다. (Engineering Data)

① 기본 설정된 값을 사용한다. (기본설정은 Structural steel로 되어 있다.)

(4) 해석 모델을 불러들이거나 모델링을 수행한다. (Geometry)

본 문제에 대한 Design Modeler를 사용한 모델링 방법은 다음과 같다.

① Geometry에서 RMB > Design Modeler를 클릭한다.

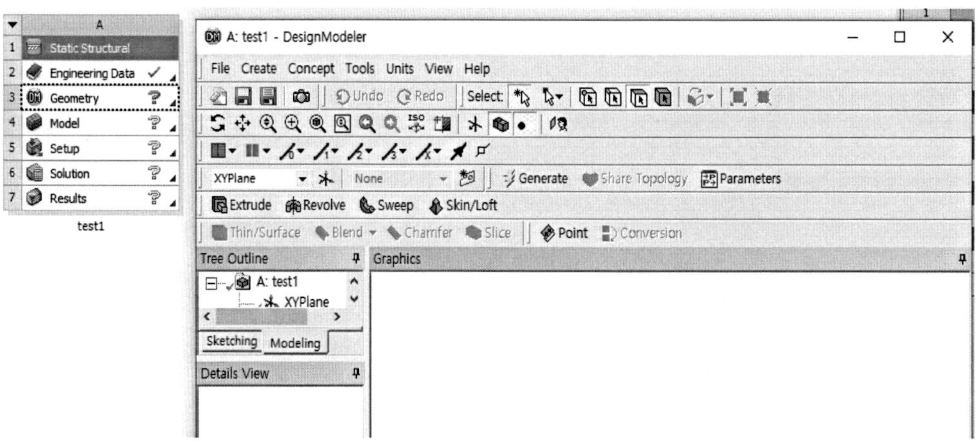

단위를 Millimeter로 변경한다.

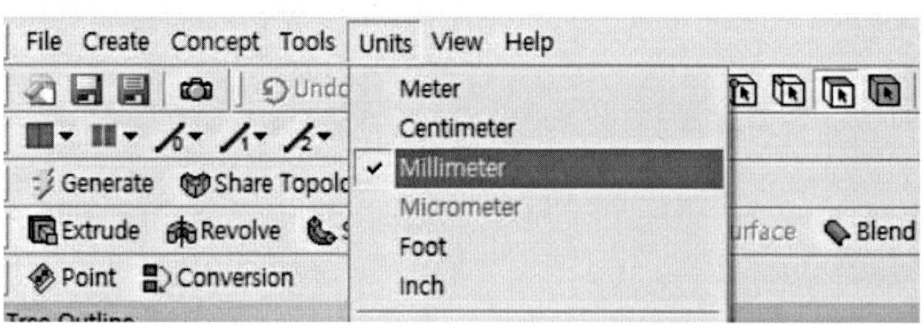

② XPLane을 선택하고 Look at을 클릭한다.

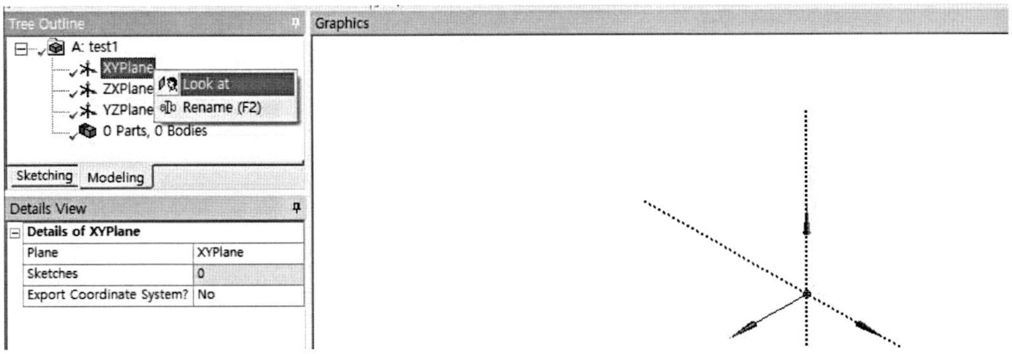

③ Sketching 화면에서 Line을 그린다.

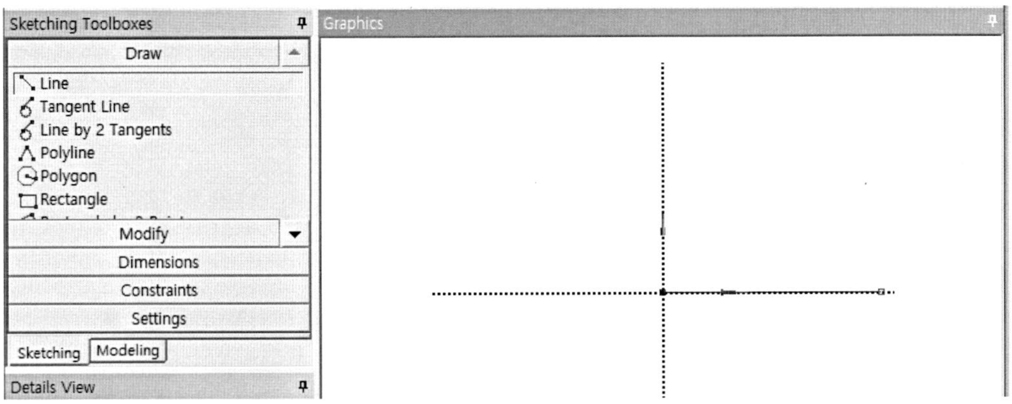

④ Dimension에서 Horizontal을 선택하여 line에 치수를 기입한다.

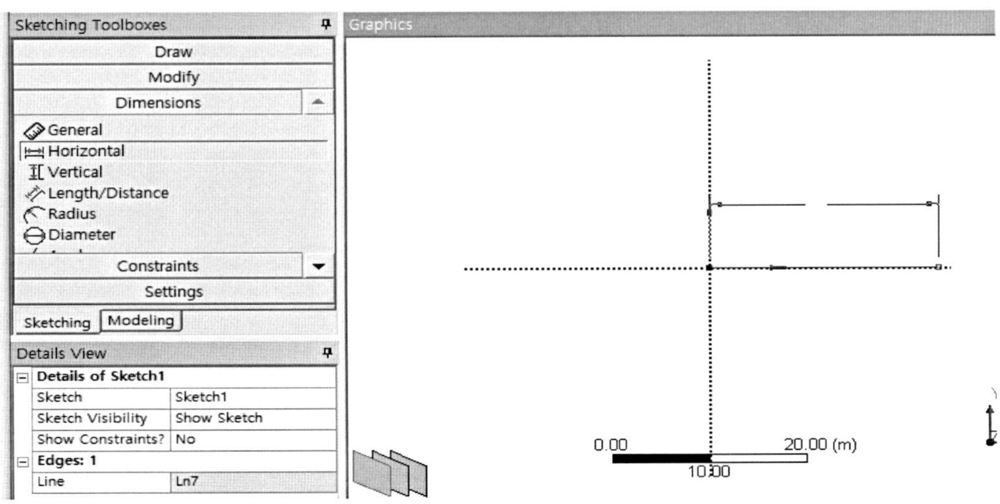

⑤ Detail Views에서 Dimensions에 Line의 치수를 입력한다.

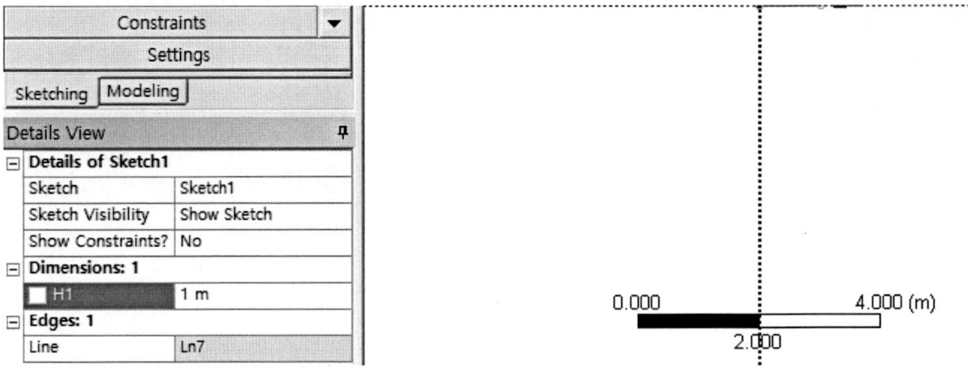

⑥ Modeling 화면에서 Concept > Lines From Sketches를 클릭한다.

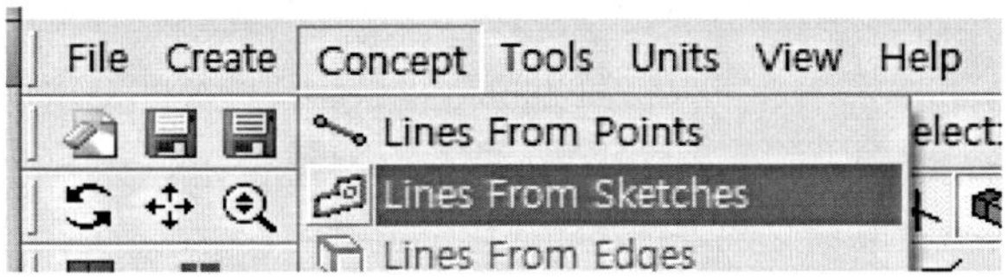

⑦ sketch1을 선택하고 Apply를 실행한다.

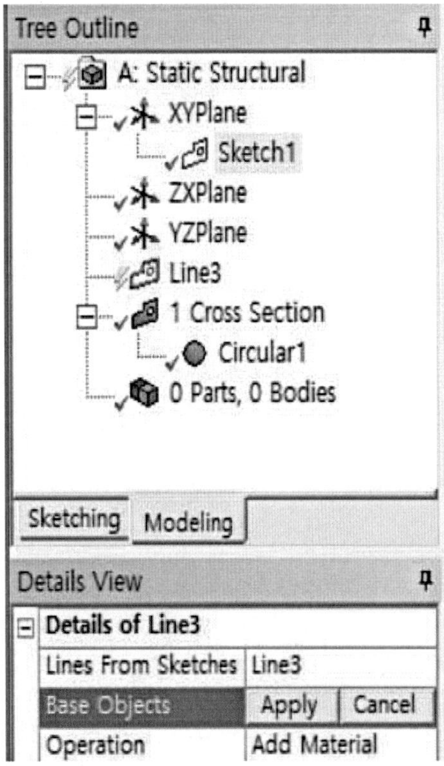

⑧ Generate를 실행한다.

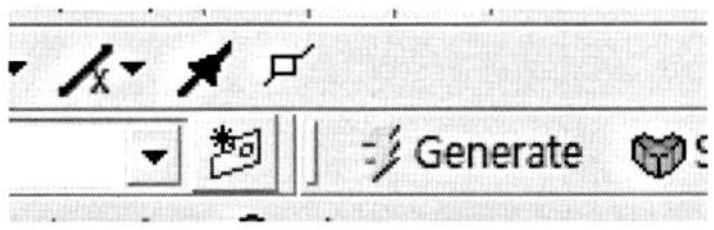

⑨ Concept > Cross Section에서 Circular를 선택한다.

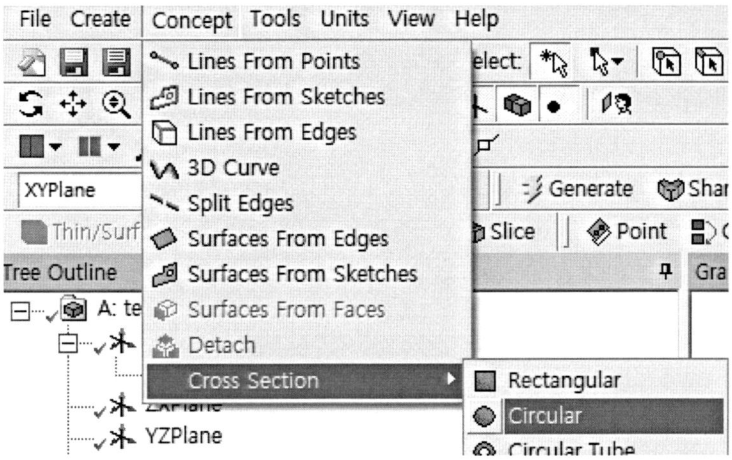

Detail View에서 Dimensions에 반지름의 치수를 입력한다.
 R에 15mm를 입력한다.

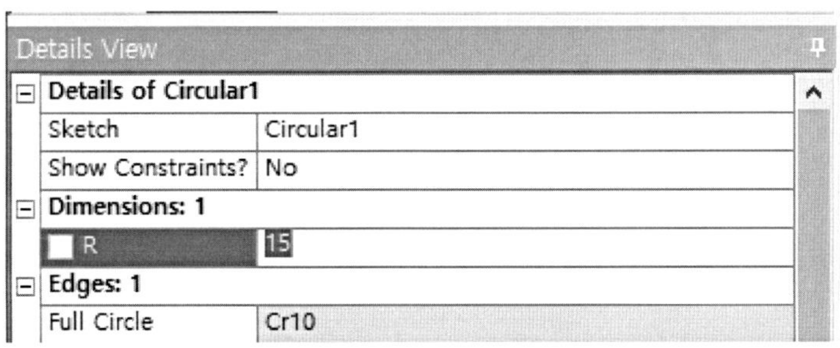

⑩ Detail View에서 Line Body를 선택하고, Cross Section을 선택한다.

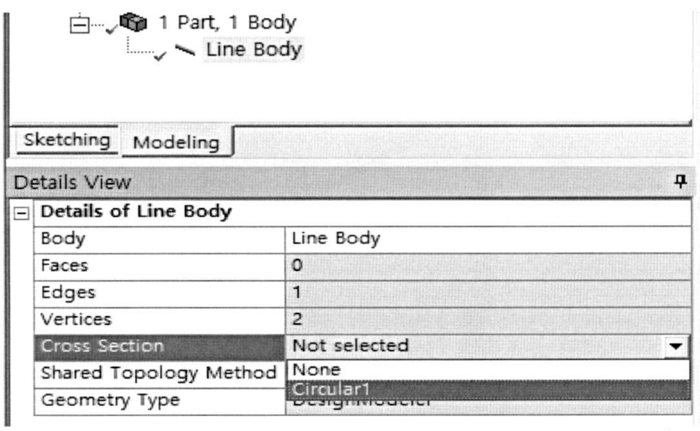

⑪ Generate를 실행한다.

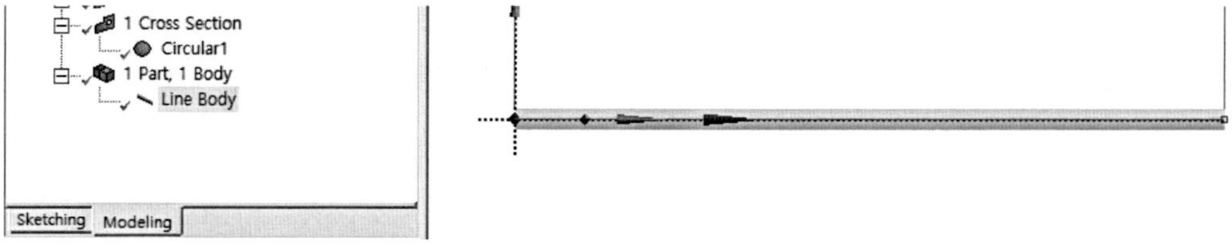

(5) 해석 모델의 환경을 설정한다. (Model)

① Project Schematic의 Static Structural에서 Model을 더블클릭하여 Mechanical 창 활성화 한다.

② Outline화면에서 Model > Geometry > Solid 를 선택한다.

③ View > Cross section Solid를 선택한다.

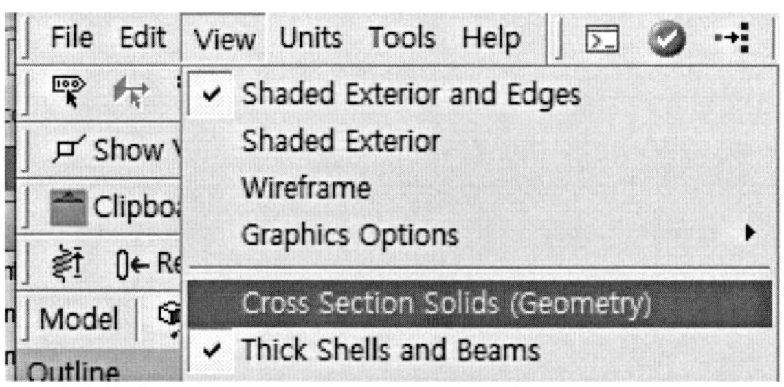

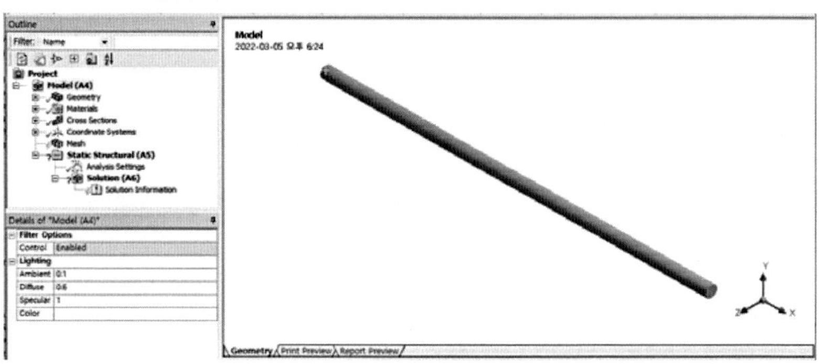

(6) 좌표계 설정 (Coordinate Systems) : 변경내용 없음

(7) 연결 관계 정의(Connections) : 기본설정을 사용한다.

(8) 격자 모델 생성 (Mesh)
① Outline화면에서 Model > Mesh 를 선택한다.
② Outline화면에서 Model > Mesh 를 선택하고 RMB > Update 실행한다.
③ Graphic화면에서 모델에 메시가 생성된 것 을 확인할 수 있다.

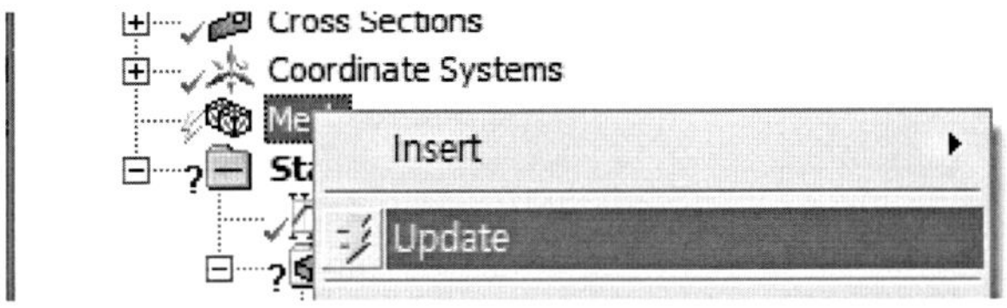

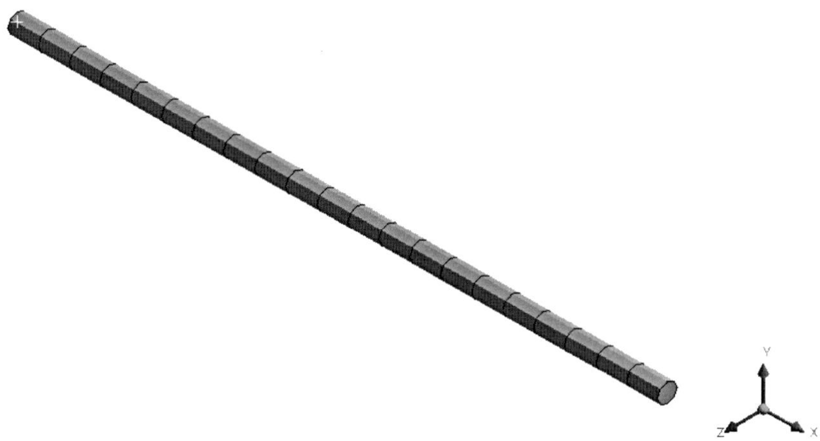

(9) 해석 설정 정의(Analysis Settings) : 설정되어 있는 값을 사용한다.

(10) 초기 조건 정의 : 고려하지 않는다.

(11) 구속조건 정의
ⓐ 고정 지점 설정
① Outline화면에서 Static structure > RMB > Insert > Fixed Support 선택.
(또는 Menu > Supports > Fixed support)
② Outline화면에서 Static structure > Fixed support를 클릭하고,
Graphic window에서 단순보의 절점을 선택한다.
*끝단을 선택하기 위하여 Edge 메뉴 사용한다.

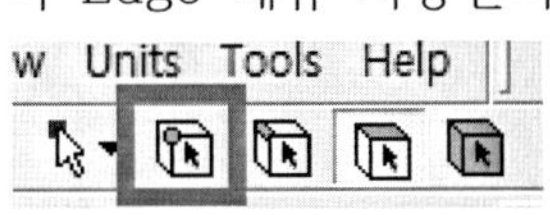

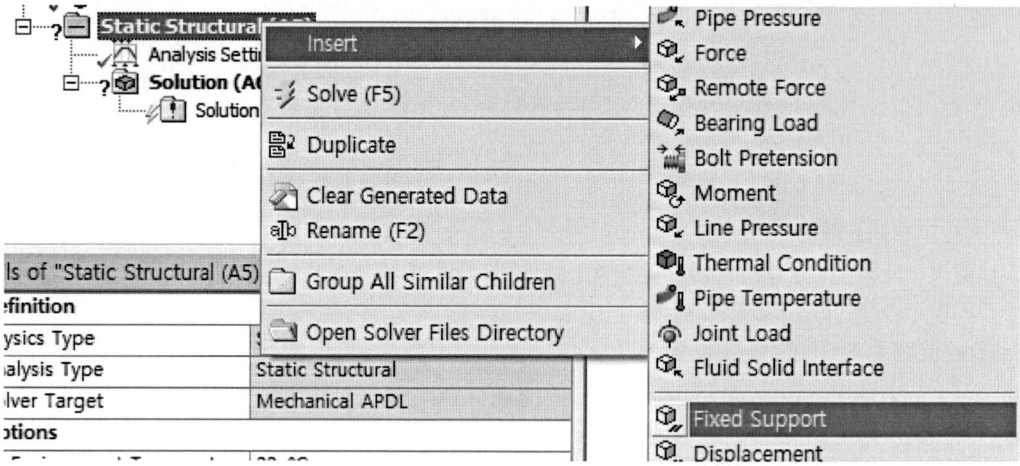

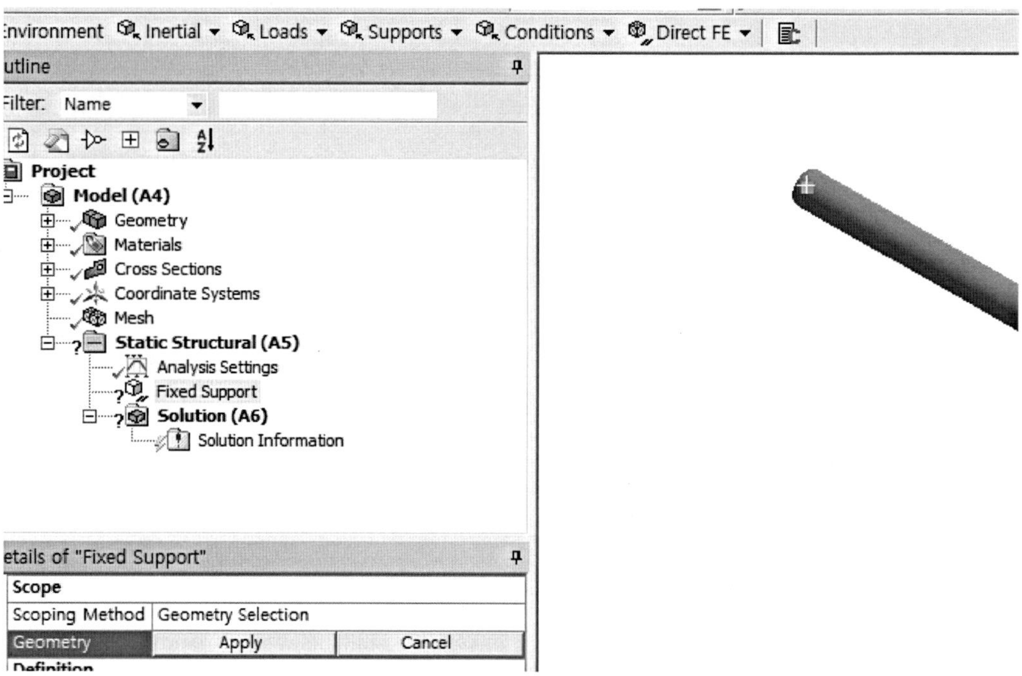

(12) 하중조건 정의

① Outline화면에서 Static structure > RMB > Insert > Force를 선택한다.

② a Detail view에 Force에 대한 Scope, Definition이 나타난다.

b Force가 작용하는 점을 선택한다.

c Apply를 클릭한다.

③ Magnitude를 10kN으로 설정하고 Direction을 Apply한다.

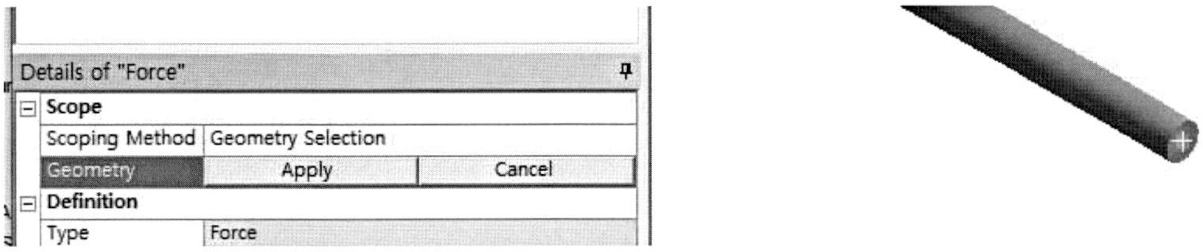

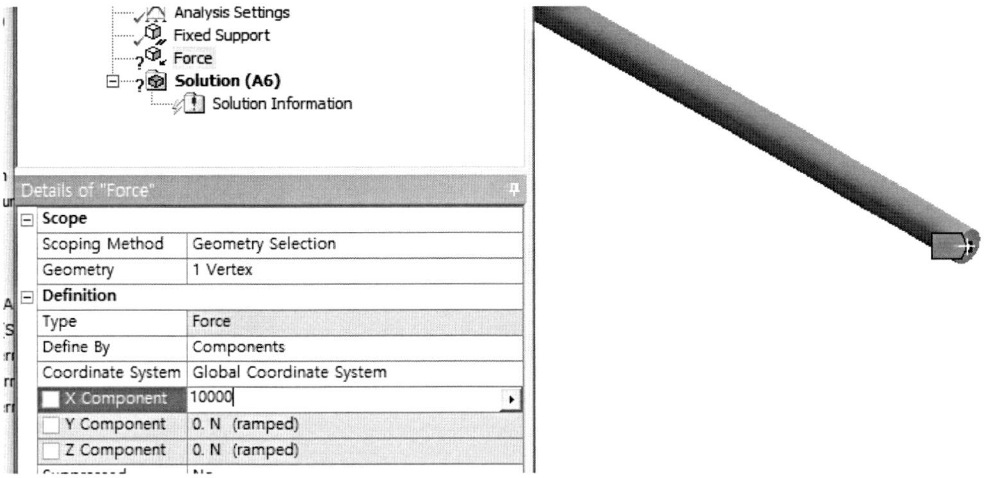

(13) 해석 결과 설정

① Deformation(변형) 결과 세팅

a. Outline화면에서 Solution >RMB >Insert >Deformation >Directional 항목 선택

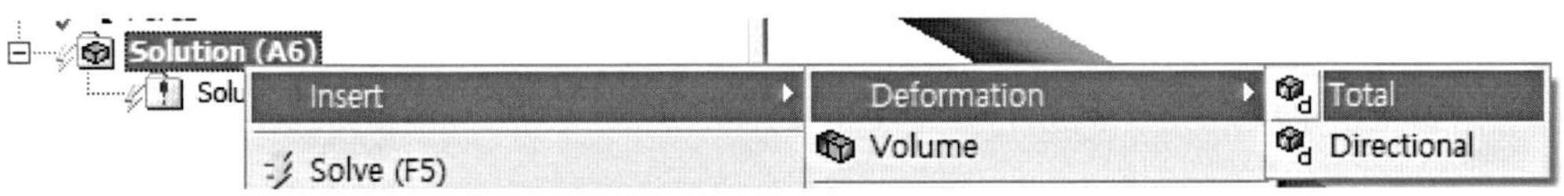

② Force Reaction 결과 세팅

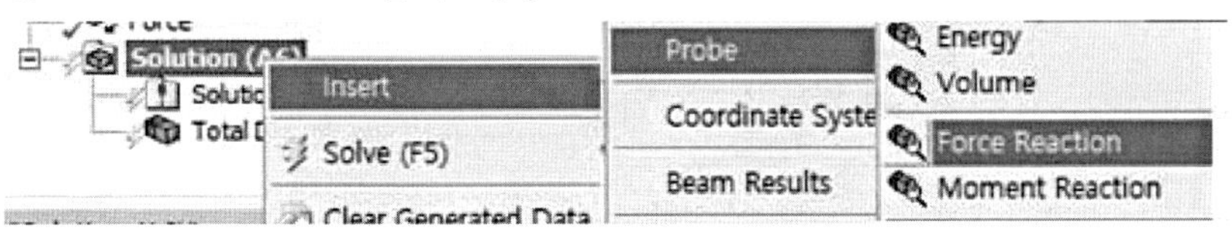

Boundary condition을 Fixed Support를 선택한다.

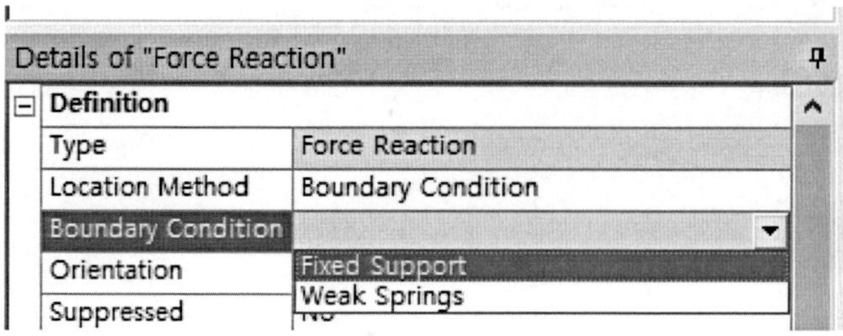

③ Moment Reaction 결과 세팅

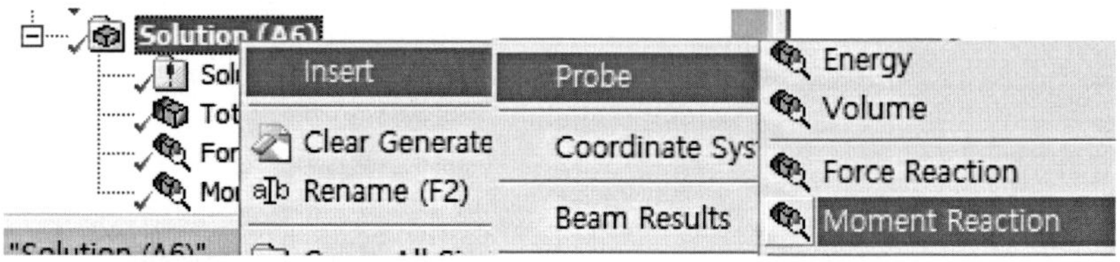

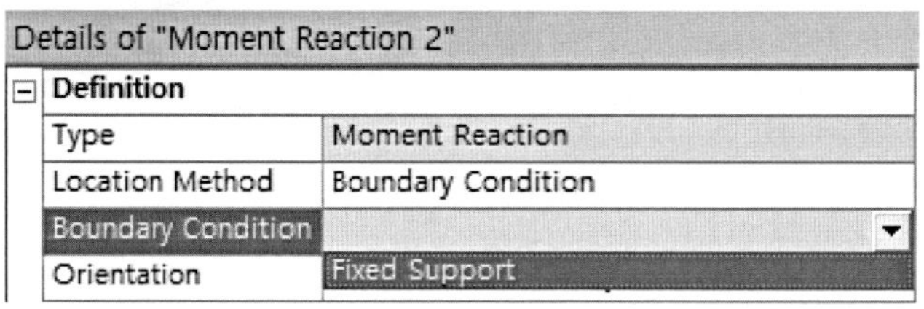

(14) 해석 수행

① Outline화면에서 Static structure 를 선택한다.

② Tool bar에서 Solve를 클릭하거나, Solution > RMB > Solve 를 클릭한다.

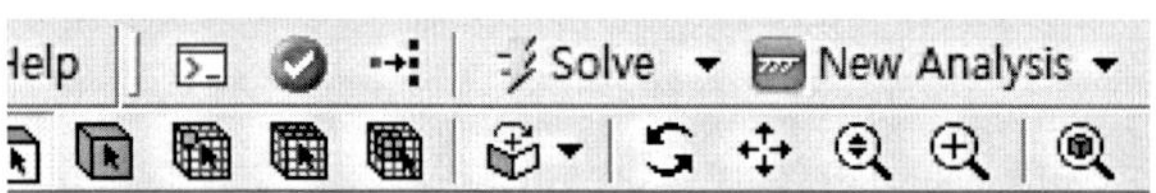

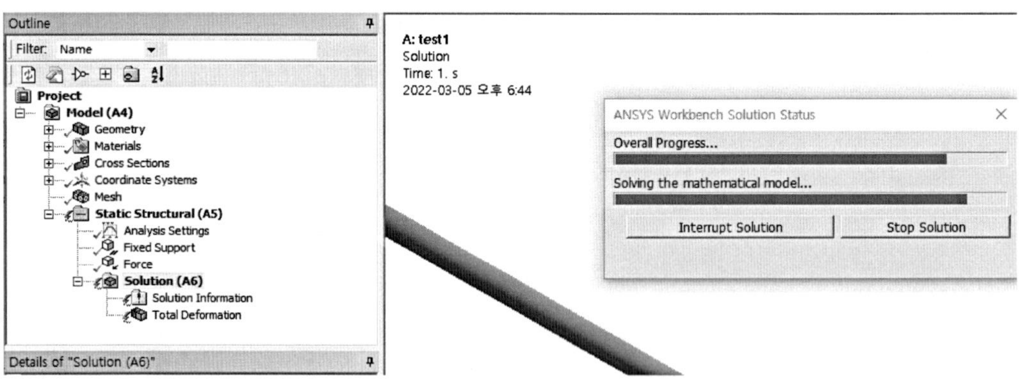

(15) 해석 결과 확인

① Total Deformation을 확인한다.

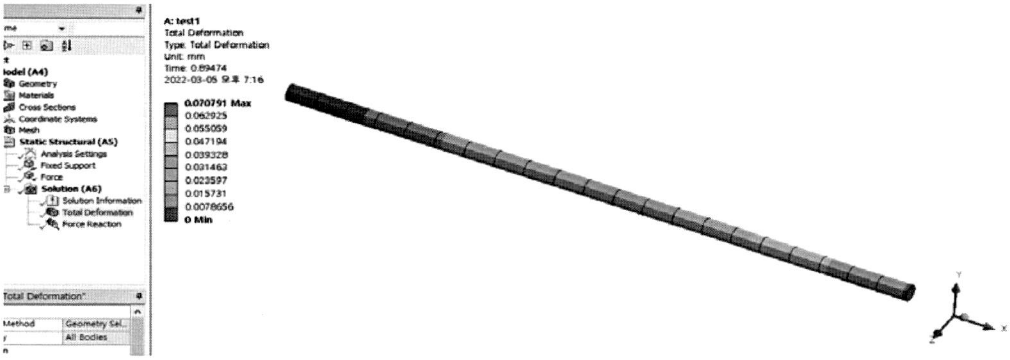

② Force Reaction을 확인한다.

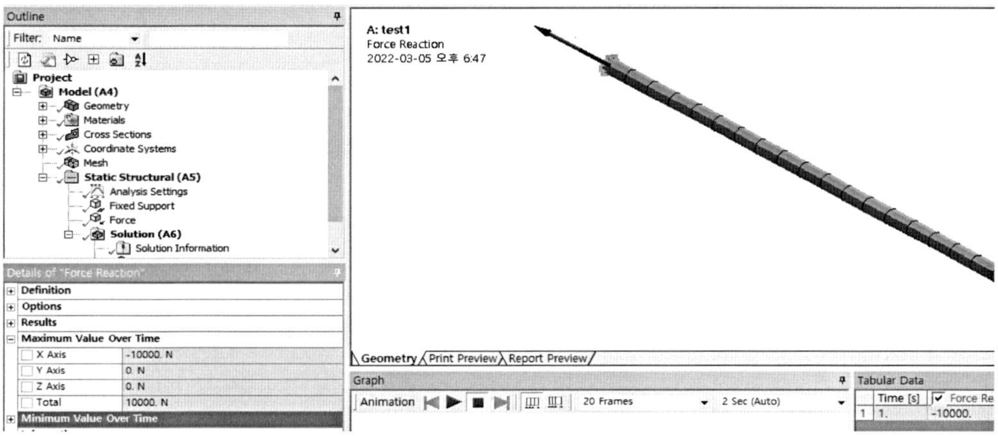

③ Moment Reaction을 확인한다.

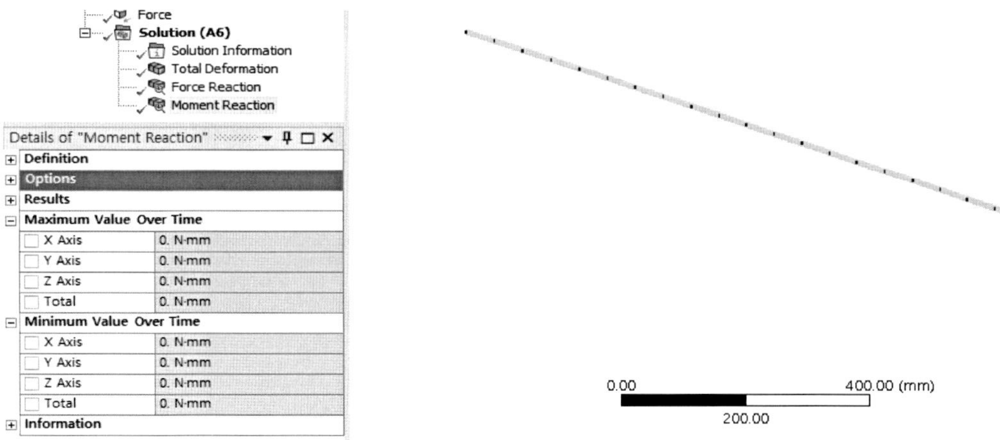

해석 결과 반력(Force Reaction)은 10,000N 이고, 모멘트 반력(Moment Reaction)은 0 이다.

문제2. 큰 원형 봉이 인장력을 받을 때 반력산정

봉의 한쪽 A가 고정되어 있고 B면에 하중 F=10kN 가 작용한다.
A에 작용하는 반력을 구하시오. L은 1m 이며 지름이 60mm 이다.

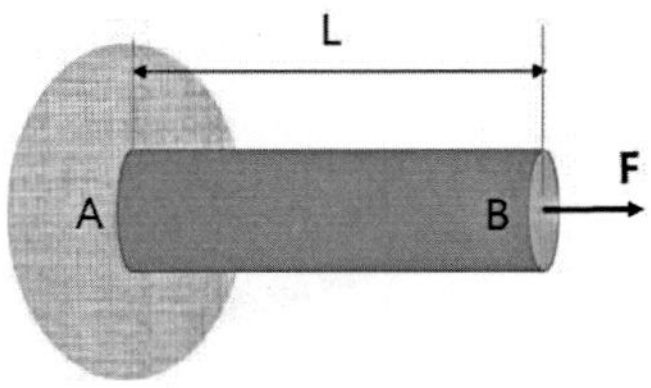

(1) 문제1번에서 모델링을 수정하여 사용한다.

① Design Modeler에 들어간다.

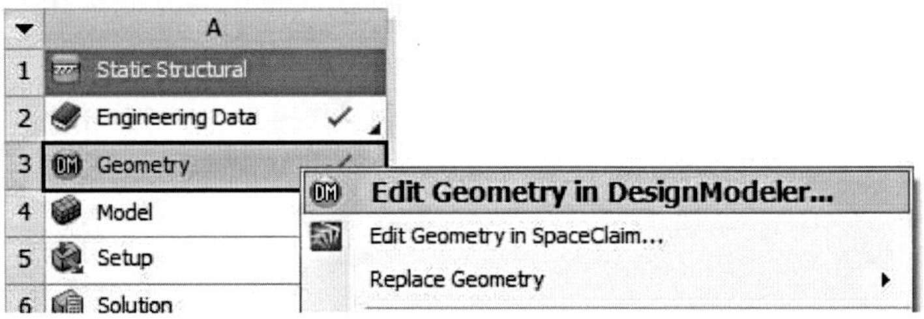

② Line body를 확인한다.

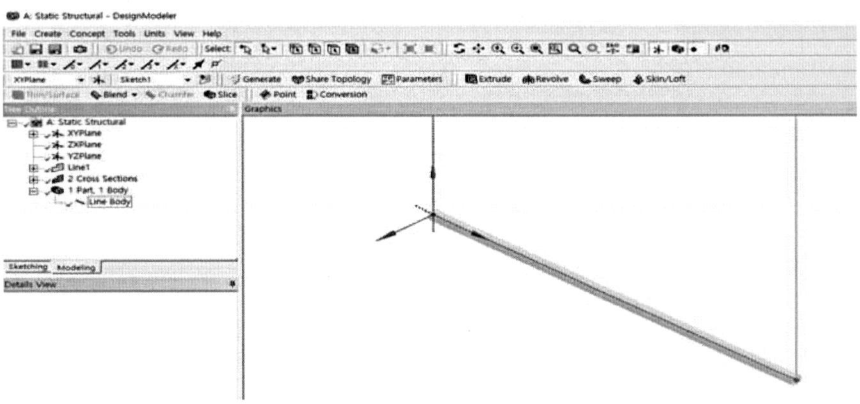

③ Cross section > Circular에서 R15를 설정한다.

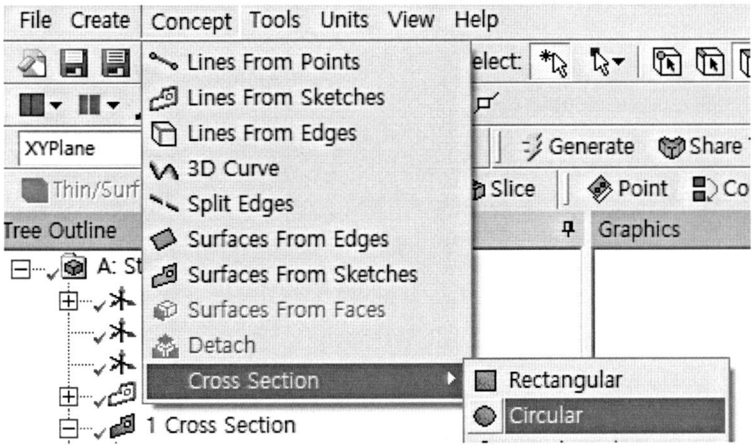

④ Line Body를 선택하여 Cross Section을 Circular2로 선택한다.

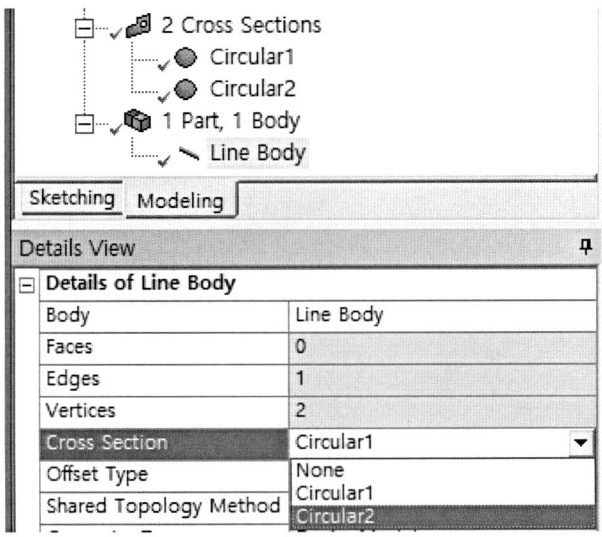

⑤ Line Body의 지름이 변경된 것을 확인한다.

(2) WorkBench에서 Model을 update하여 수정된 모델을 불러온다.

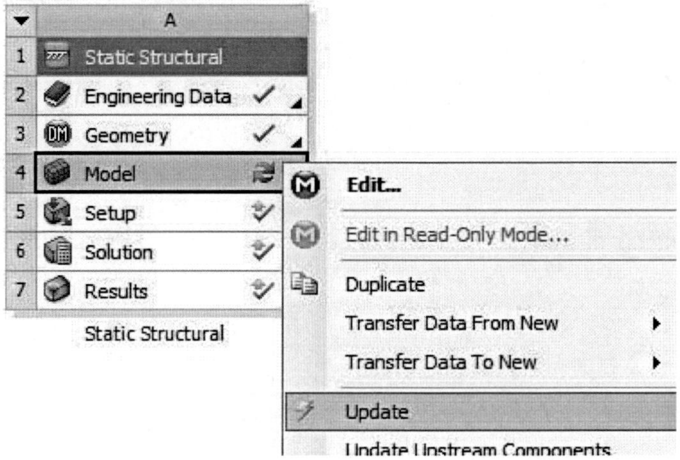

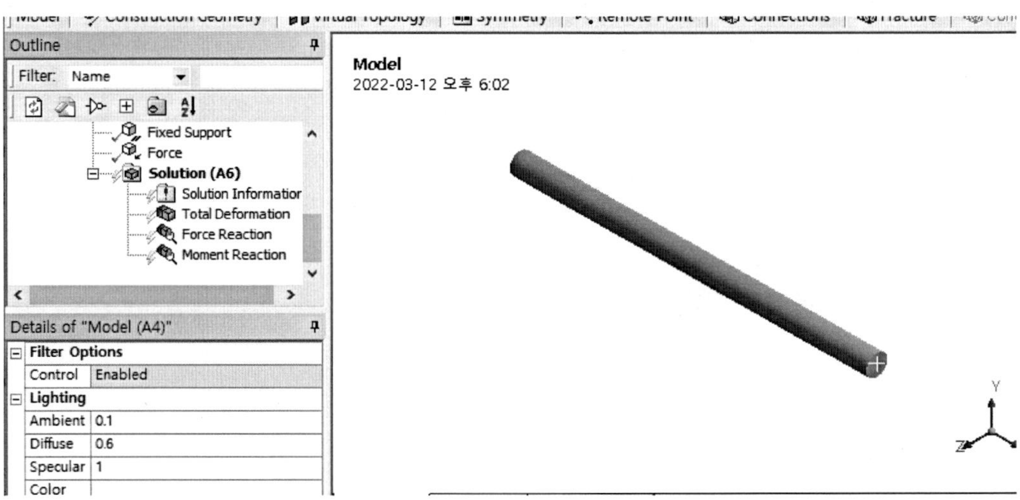

(3) 경계조건의 설정을 확인한다.

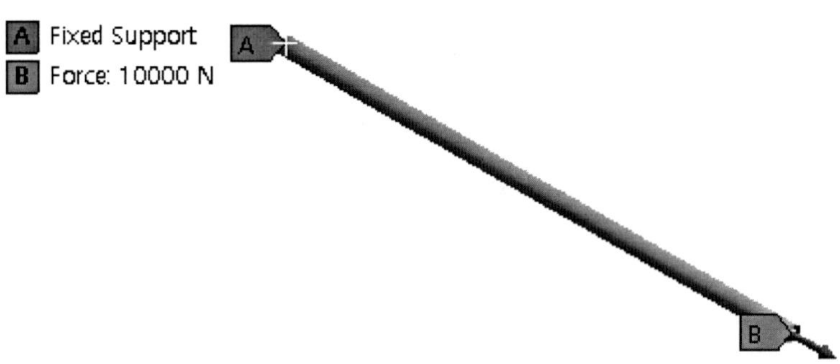

(4) 해석 수행한다.

① Outline화면에서 Static structure 를 선택한다.

② Tool bar에서 Solve를 클릭하거나, Solution > RMB > Solve 를 클릭한다.

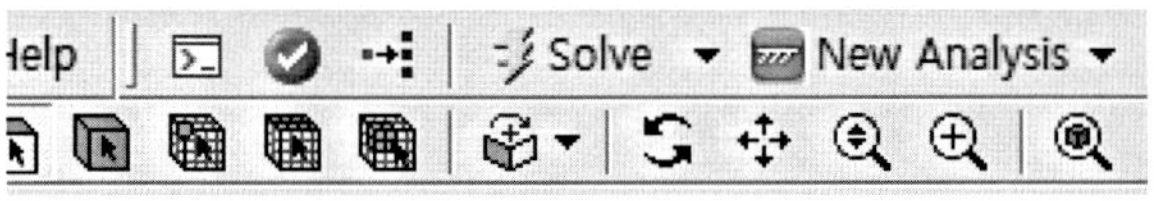

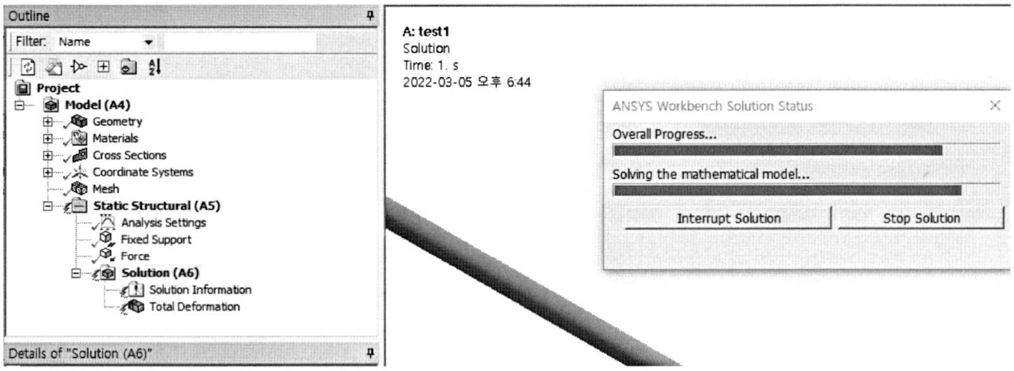

(5) 해석 결과 확인

① Total Deformation은 값이 변화한다.

② Force Reaction은 동일하다.

문제3. 큰 원형 봉이 수직하중을 받을 때 반력산정

봉의 한쪽 A가 고정되어 있고 B면에 하중 F=10kN 가 작용한다.
A에 작용하는 반력을 구하시오. L은 1m 이며 지름이 30mm 이다.

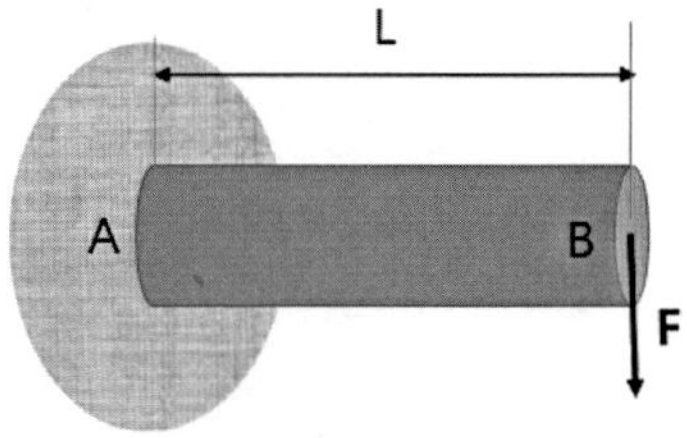

(1) 문제1번에서 경계조건만 수정하여 사용한다.
① Force의 Y축 방향으로 -10KN을 적용한다.

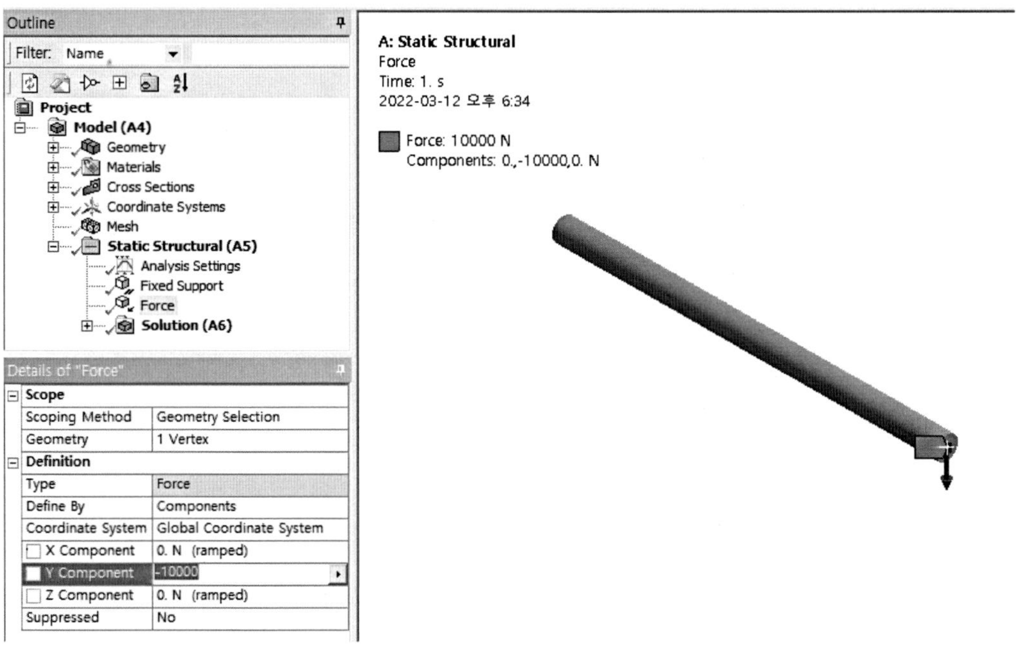

(2) 해석을 수행한다.

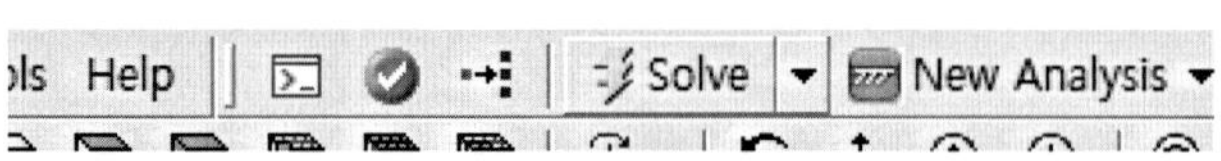

(3) 해석 결과 확인

① Total Deformation을 확인한다.

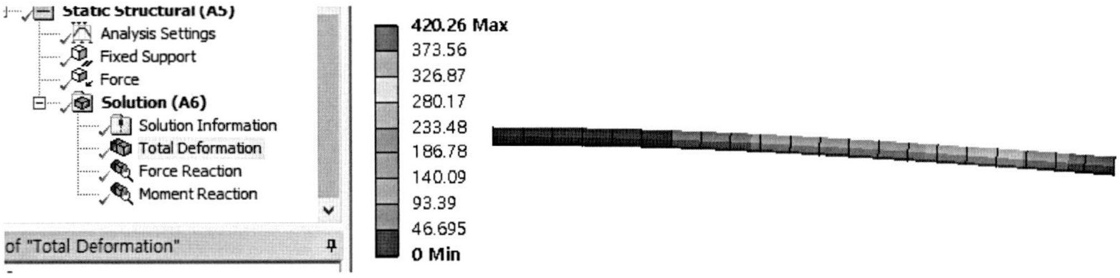

② Force Reaction을 확인한다.

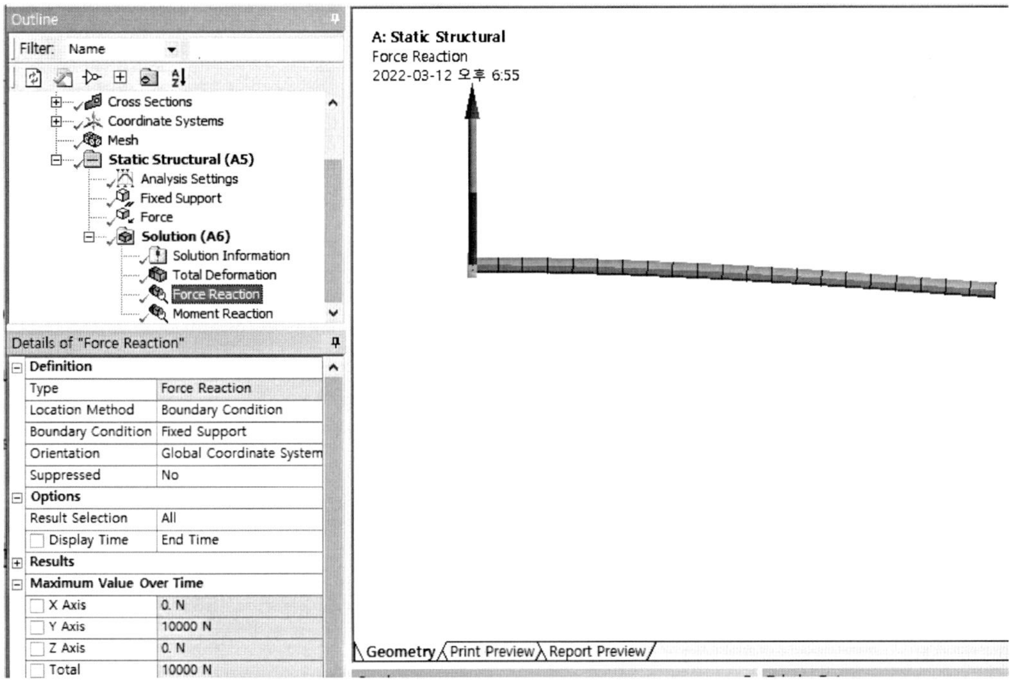

③ Moment Reaction을 확인한다.

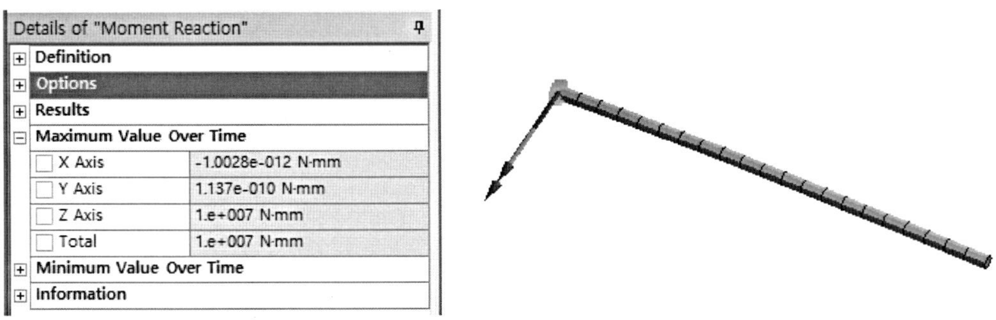

문제4. L형 사각봉에 인장력이 작용할 때 반력 산정

봉의 한쪽 A가 고정되어 있고 B면에 하중 F=10kN 가 작용한다.
A에 작용하는 반력을 구하시오. 구조물은 단면적은 폭은 30mm, 높이는 30mm 이다.

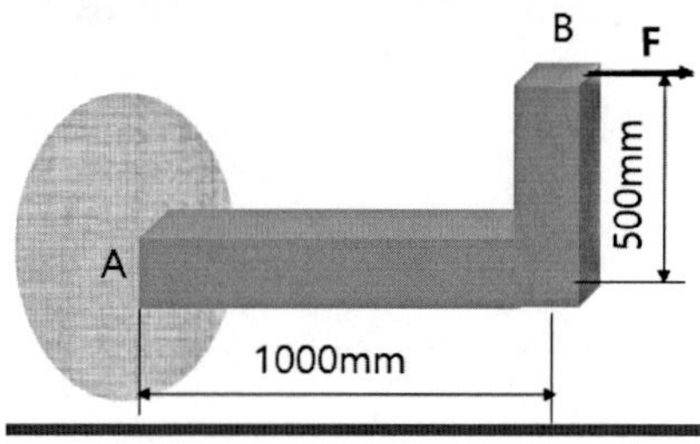

(1) 해석대상을 분석하고 자유물체도를 작성한다.

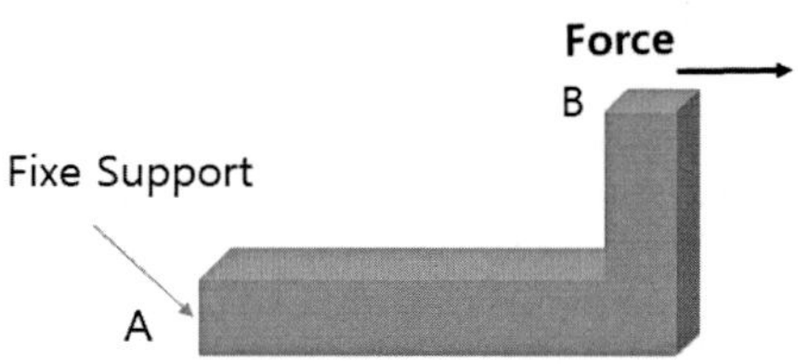

(2) 해석 시스템을 생성한다.(Static structural)

① Project Schematic에 Static Structural 시스템 추가한다.

② Project 이름을 변경한다.

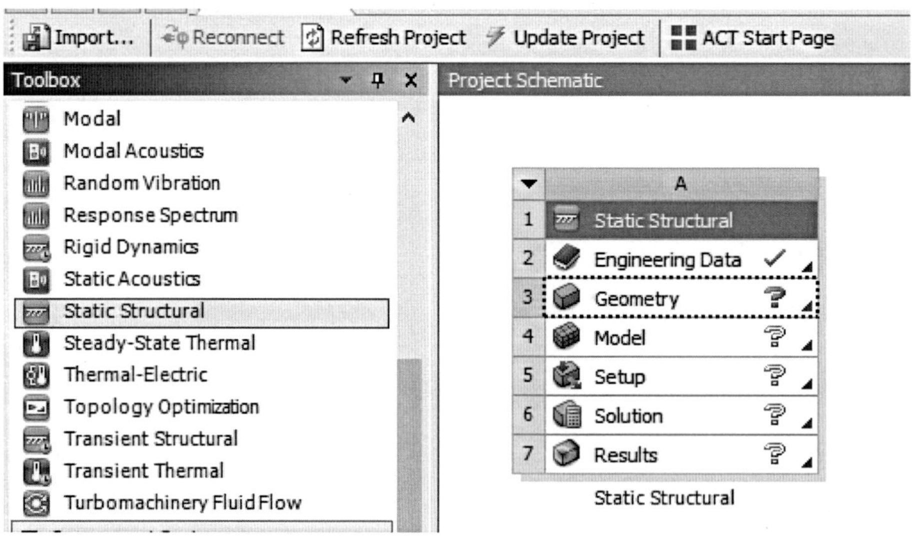

③ Mechanical 창에서 Units menu를 클릭하고 단위를 설정한다.

- Metric (mm, kg, N, s, mV, mA)

(3) 재료의 물성을 정의한다. (Engineering Data)

① 기본 설정된 값을 사용한다. (기본설정은 Structural steel로 되어 있다.)

(4) 해석 모델을 불러들이거나 모델링을 수행한다. (Geometry)

본 문제에 대한 Design Modeler를 사용한 모델링 방법은 다음과 같다.

① Geometry에서 RMB > Design Modeler를 클릭한다.

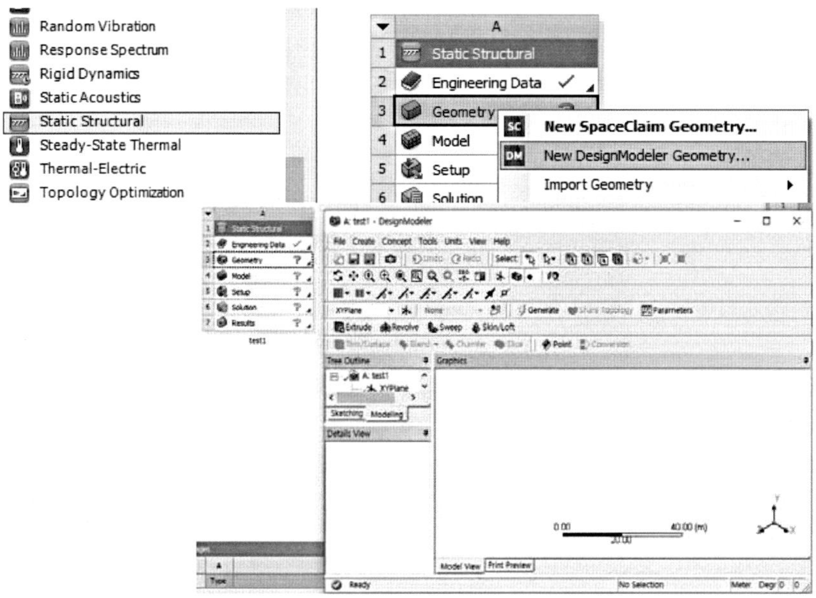

② XPLane을 선택하고 Look at을 클릭한다.

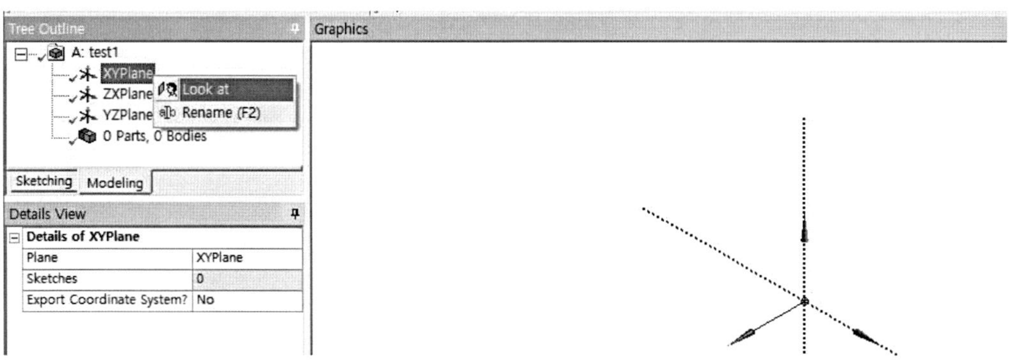

③ Sketching 화면에서 Line을 그린다.

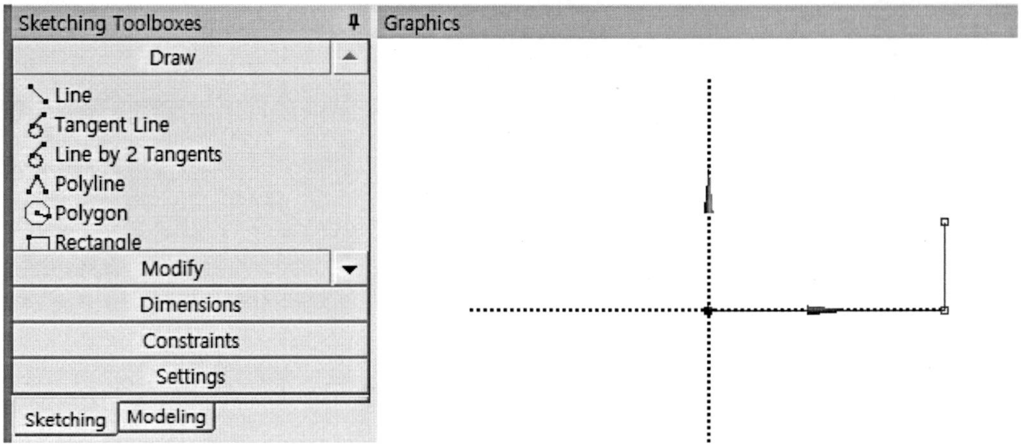

④ Dimension에서 Horizontal을 선택하여 line에 치수를 기입한다.
먼저 단위를 mm로 변경한다.

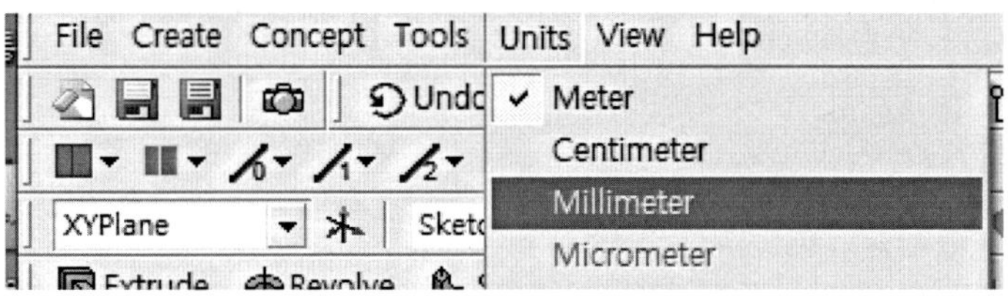

⑤ Detail Views에서 Dimensions에 Line의 치수를 입력한다.
H1 을 1000mm, V2를 500mm를 입력한다.

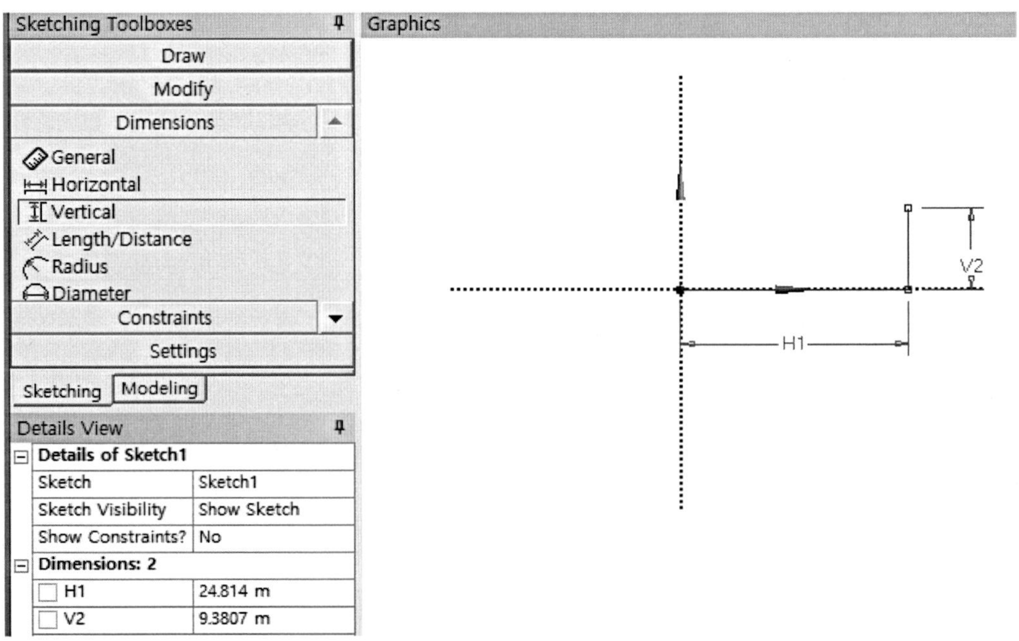

⑥ Modeling 화면에서 Concept > Lines From Sketches를 클릭한다.

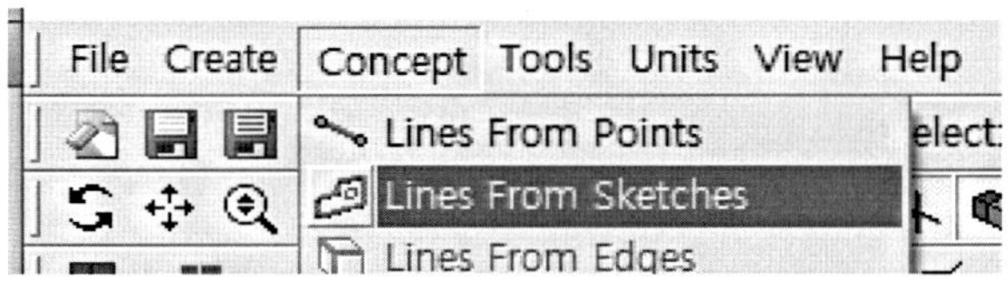

⑦ sketch1을 선택하고 Apply를 실행한다.

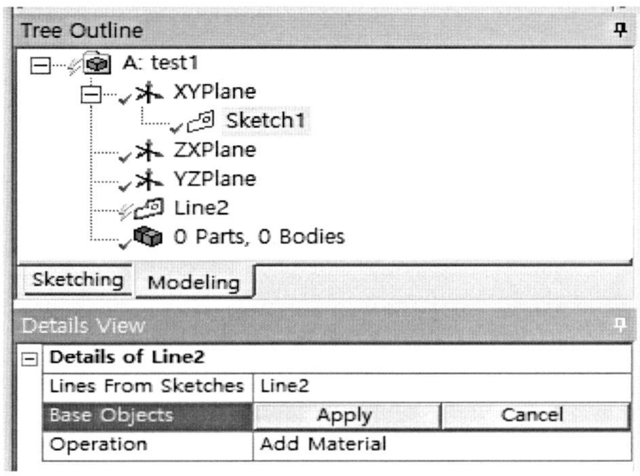

⑧ Generate를 실행한다.

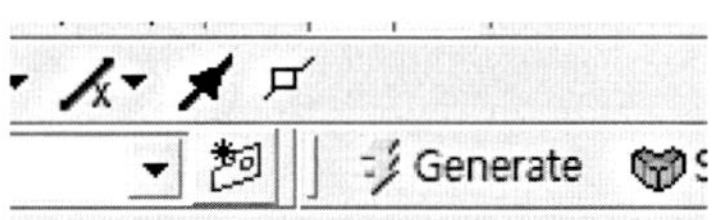

⑨ Concept > Cross Section에서 단면형상을 선택한다.

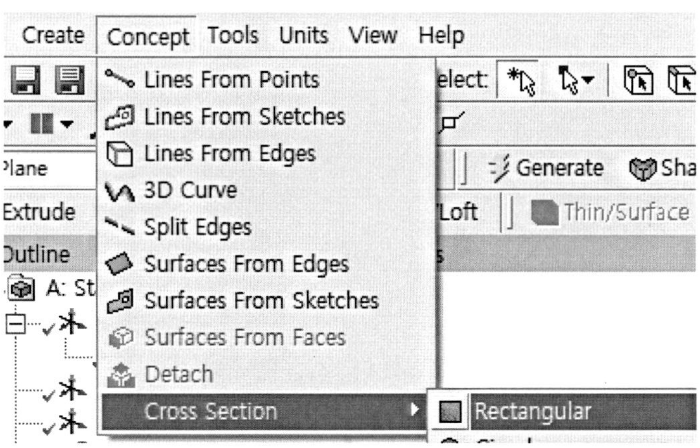

Detail View에서 Dimensions에 단면의 치수를 입력한다.

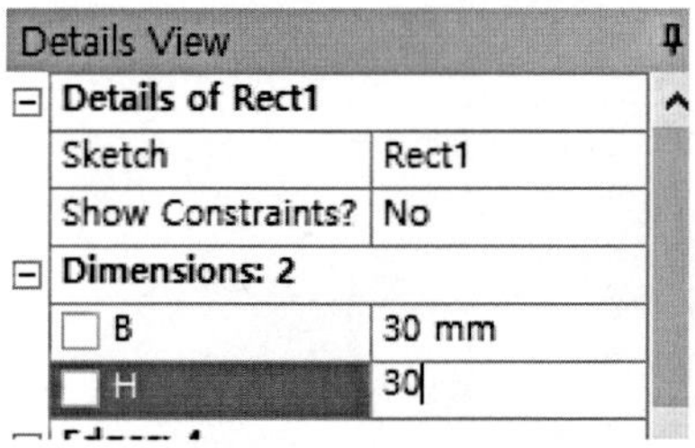

⑩ Detail View에서 Line Body를 선택하고, Cross Section을 선택한다.

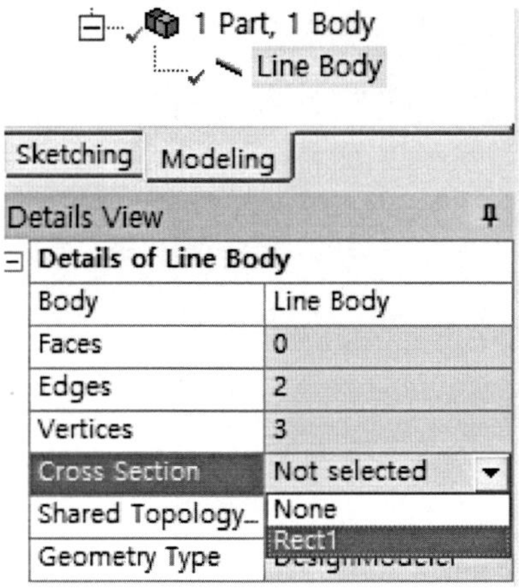

⑪ Generate를 실행한다.

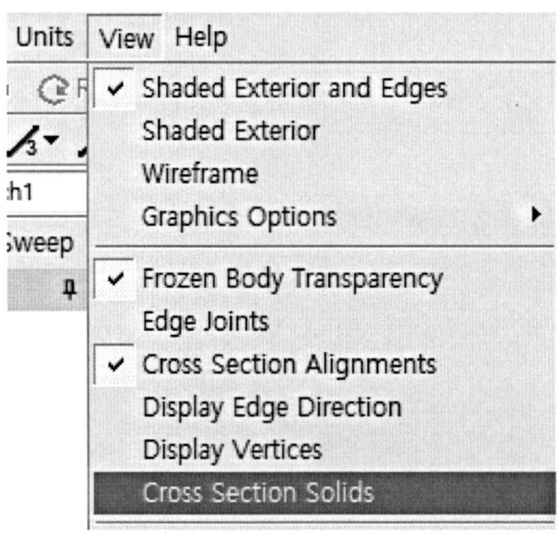

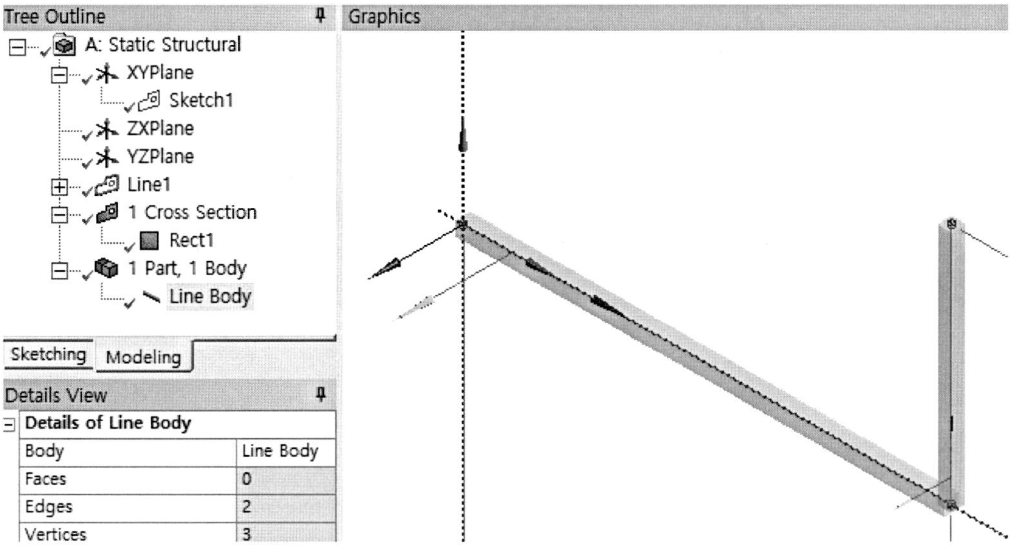

(5) 해석 모델의 환경을 설정한다. (Model)

① Project Schematic의 Static Structural에서 Model을 더블클릭하여 Mechanical 창 활성화 한다.

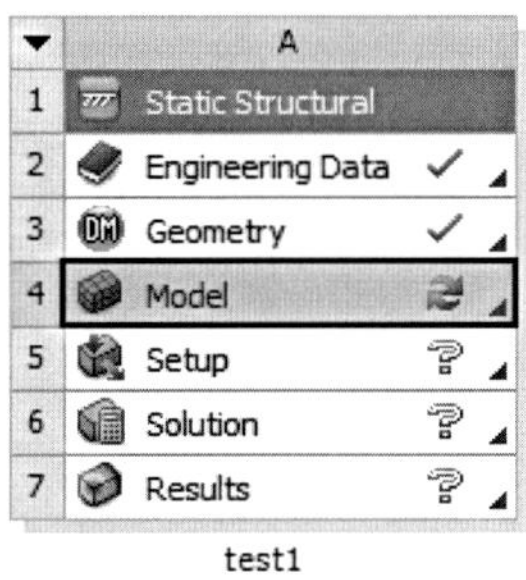

② Outline화면에서 Model > Geometry > Solid 를 선택한다.

③ View > Cross section Solid를 선택한다.

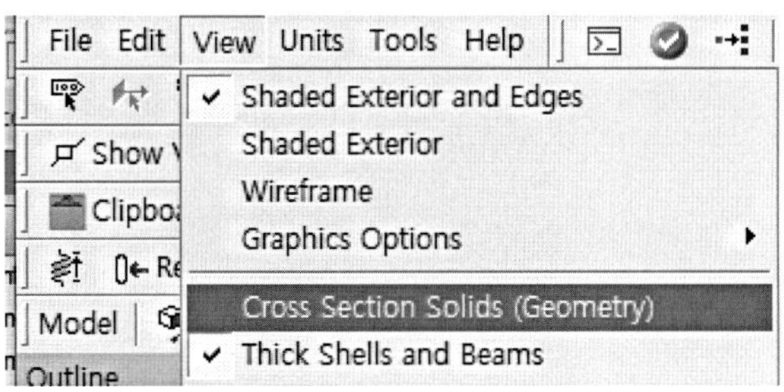

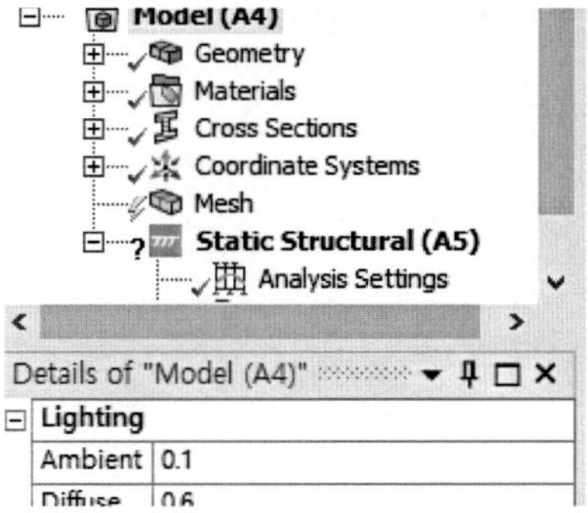

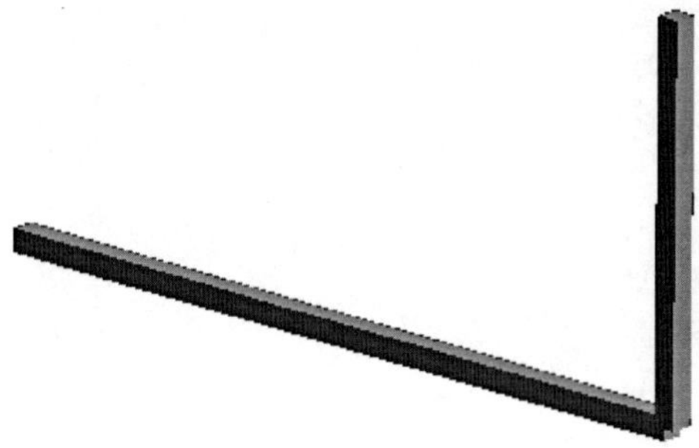

(6) 좌표계 설정 (Coordinate Systems) : 변경내용 없음

(7) 연결 관계 정의(Connections) : 기본설정을 사용한다.

(8) 격자 모델 생성 (Mesh)

① Outline화면에서 Model > Mesh 를 선택한다.

② Outline화면에서 Model > Mesh 를 선택하고 RMB > Update 실행한다.

③ Graphic화면에서 모델에 메시가 생성된 것 을 확인할 수 있다.

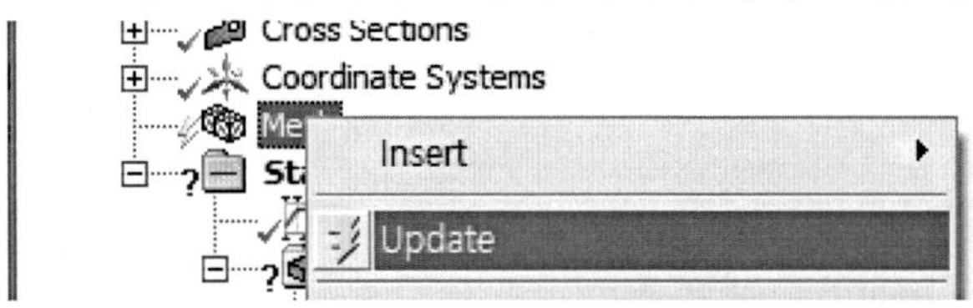

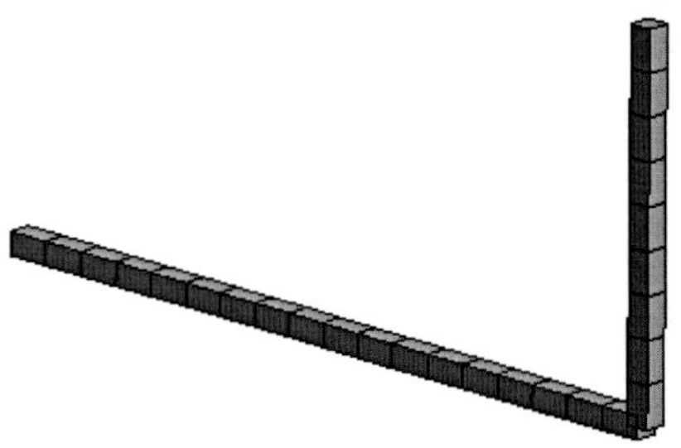

(9) 해석 설정 정의(Analysis Settings) : 설정되어 있는 값을 사용한다.

(10) 초기 조건 정의 : 고려하지 않는다.

(11) 구속조건 정의

ⓐ 고정 지점 설정

① Outline화면에서 Static structure > RMB > Insert > Fixed Support 선택.
  (또는 Menu > Supports > Fixed support)

② Outline화면에서 Static structure > Fixed support를 클릭하고,

Graphic window에서 단순보의 절점을 선택한다.
*끝단을 선택하기 위하여 Edge 메뉴 사용한다.

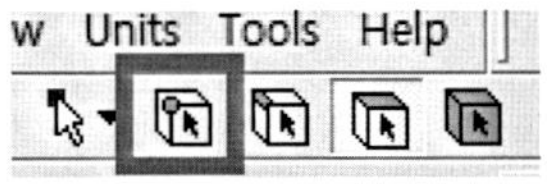

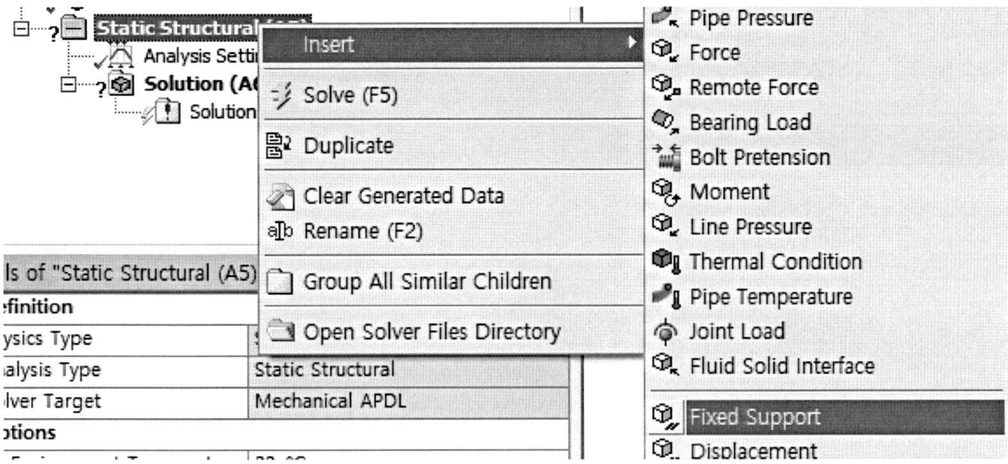

(12) 하중조건 정의

① Outline화면에서 Static structure > RMB > Insert > Force를 선택한다.

② a Detail view에 Force에 대한 Scope, Definition이 나타난다.

b Force가 작용하는 점을 선택한다.

c Apply를 클릭한다.

③ Magnitude를 10kN으로 설정하고 Direction을 Apply한다.

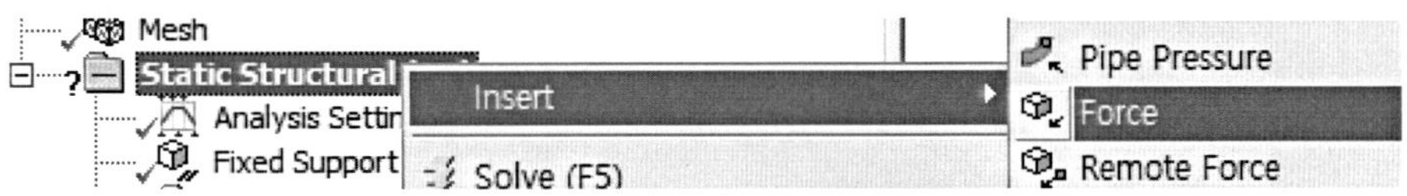

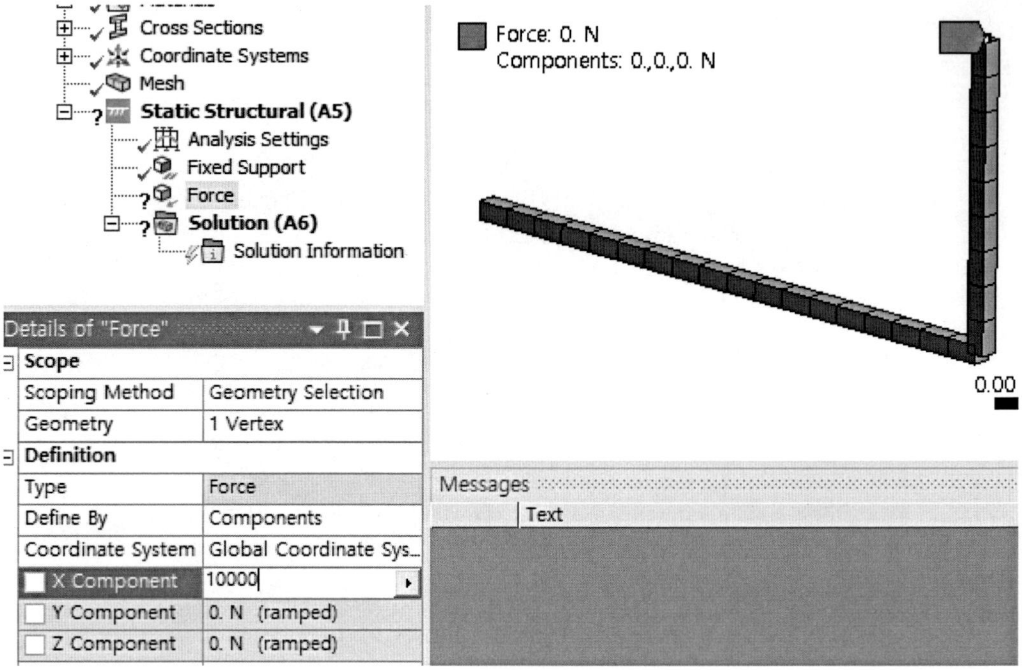

(13) 해석 결과 설정

① Deformation(변형) 결과 세팅

a. Outline화면에서 Solution >RMB >Insert >Deformation >Directional 항목 선택

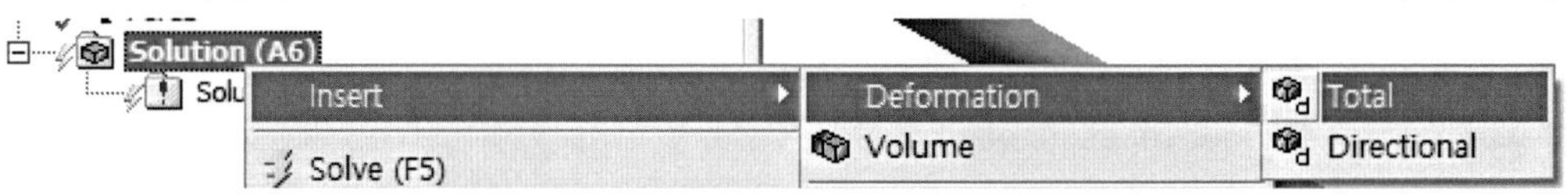

② Force Reaction 결과 세팅

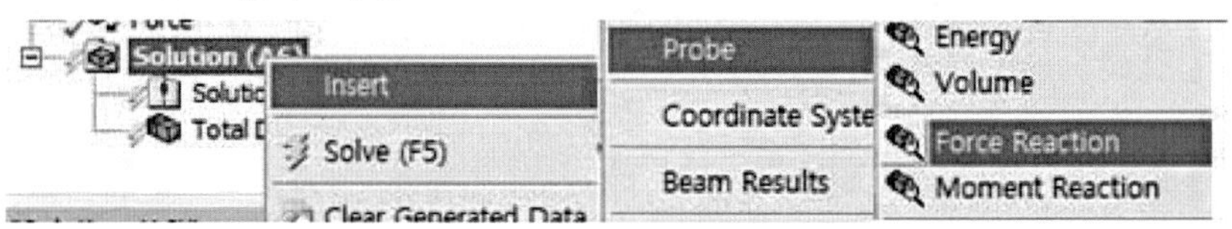

Boundary condition을 Fixed Support를 선택한다.

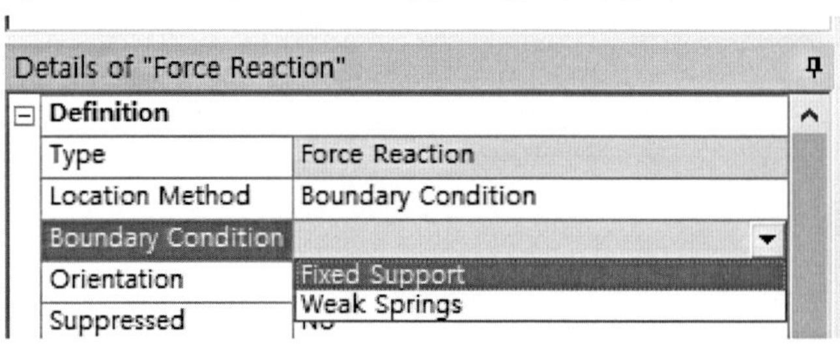

③ Moment Reaction 결과 세팅

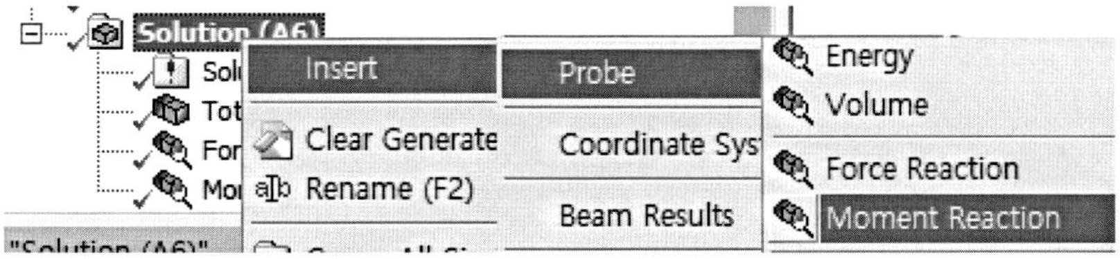

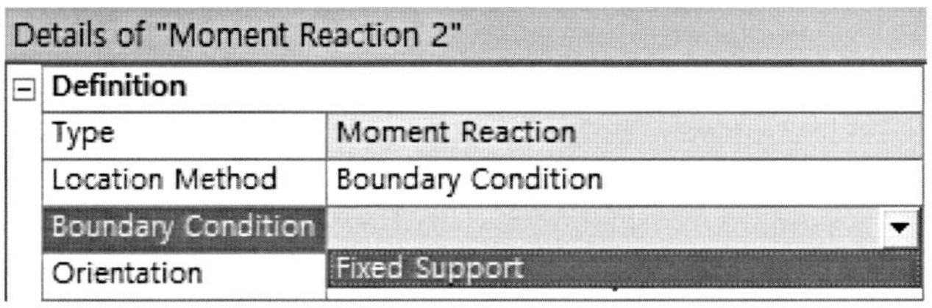

(14) 해석 수행

① Outline화면에서 Static structure 를 선택한다.

② Tool bar에서 Solve를 클릭하거나, Solution > RMB > Solve 를 클릭한다.

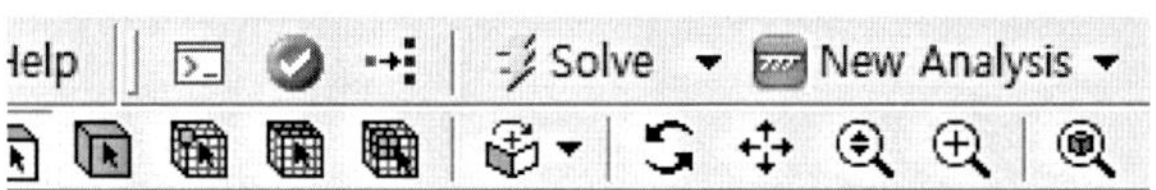

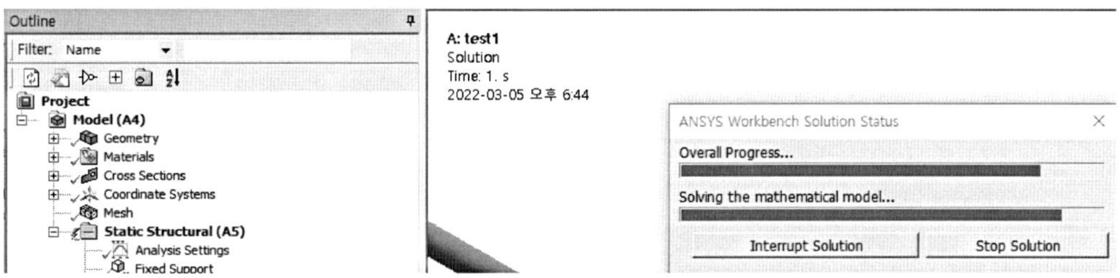

(15) 해석 결과 확인

① Total Deformation을 확인한다.

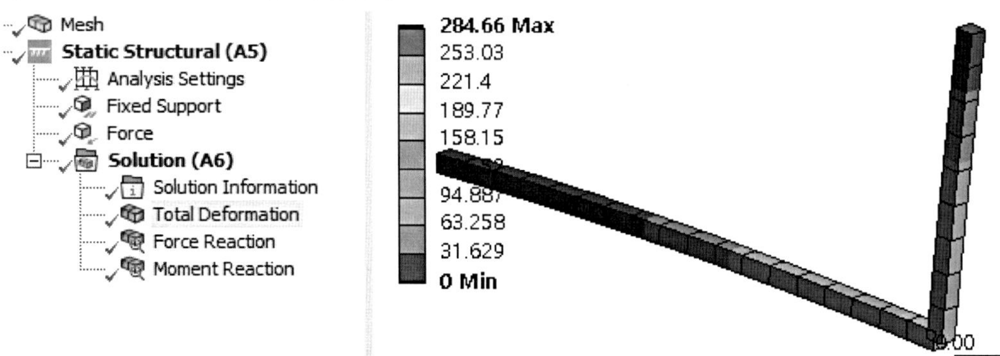

② Force Reaction을 확인한다.

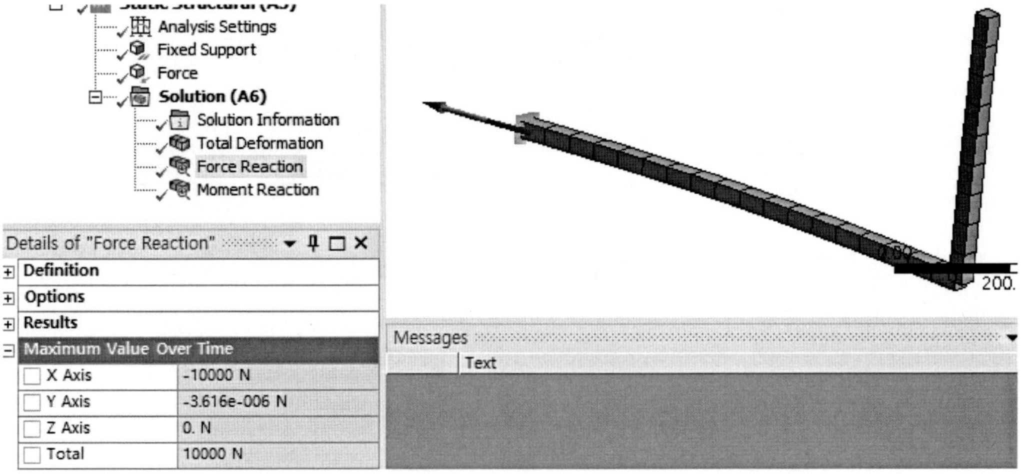

③ Moment Reaction을 확인한다.

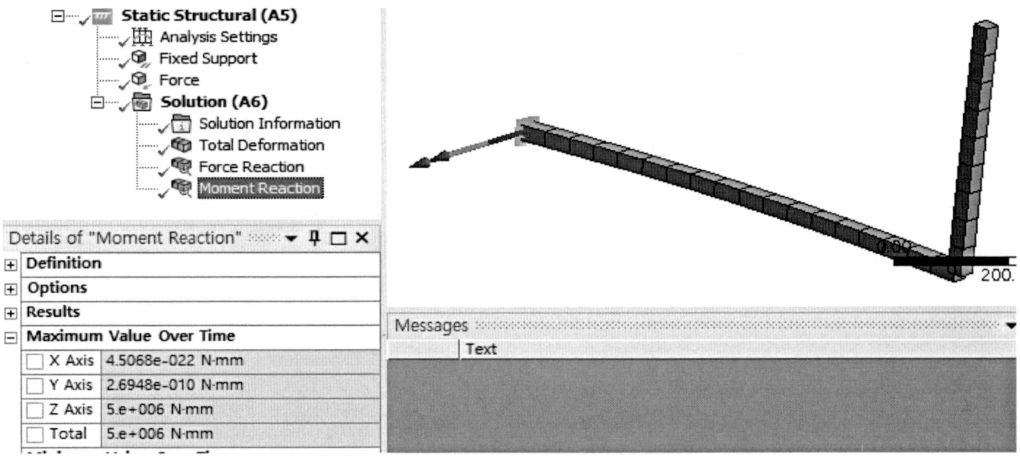

해석 결과 반력(Force Reaction)은 10,000N 이고, 모멘트 반력(Moment Reaction)은 5x 10^6 Nmm 이다.

문제5. 송신탑에 풍력이 작용할 때 하부 지지점의 반력 산정

송신탑 하부에 걸리는 하중(반력)과 변위량을 구하시오.
구조물은 높이는 21m, 지름은 600mm, 두께는 13mm이다.
송신탑은 바람의 영향으로 송신탑 끝에 5kN의 하중이 작용하는 것으로 가정한다.

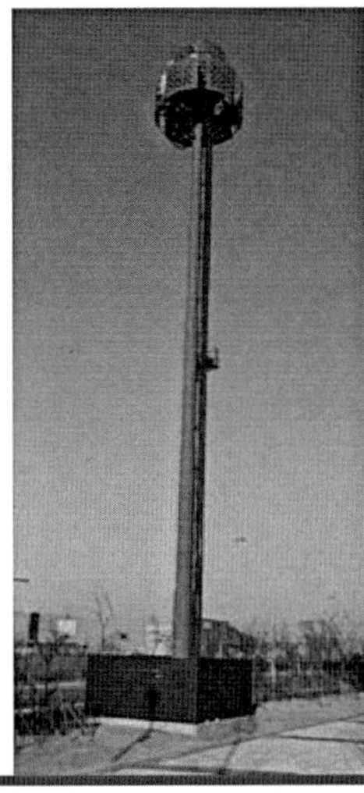

(1) 해석대상을 분석하고 자유물체도를 작성한다.

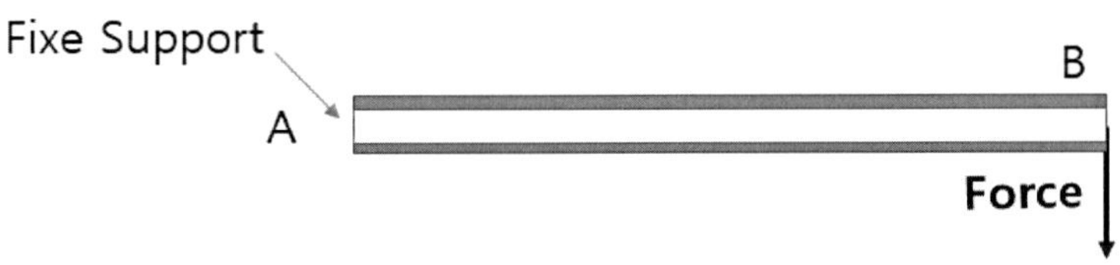

(2) 해석 시스템을 생성한다.(Static structural)

① Project Schematic에 Static Structural 시스템 추가한다.

② Project 이름을 변경한다.

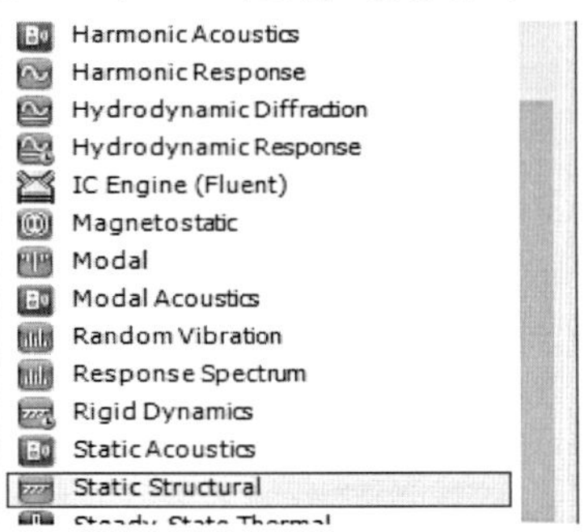

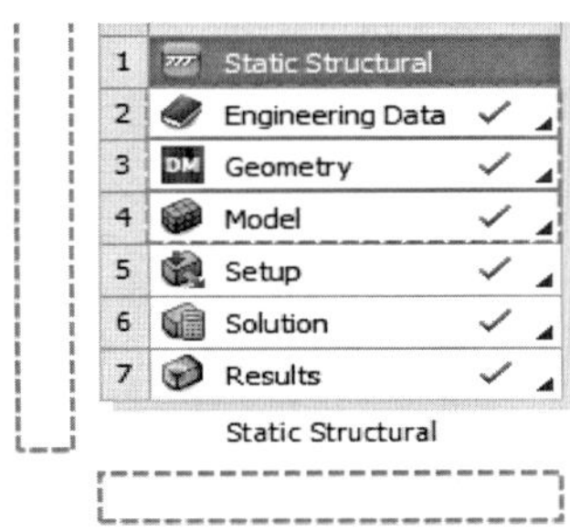

③ Mechanical 창에서 Units menu를 클릭하고 단위를 설정한다.

- Metric (mm, kg, N, s, mV, mA)

(3) 재료의 물성을 정의한다. (Engineering Data)
① 기본 설정된 값을 사용한다. (기본설정은 Structural steel로 되어 있다.)

(4) 해석 모델을 불러들이거나 모델링을 수행한다. (Geometry)
본 문제에 대한 Design Modeler를 사용한 모델링 방법은 다음과 같다.

① Geometry에서 RMB > Design Modeler를 클릭한다.

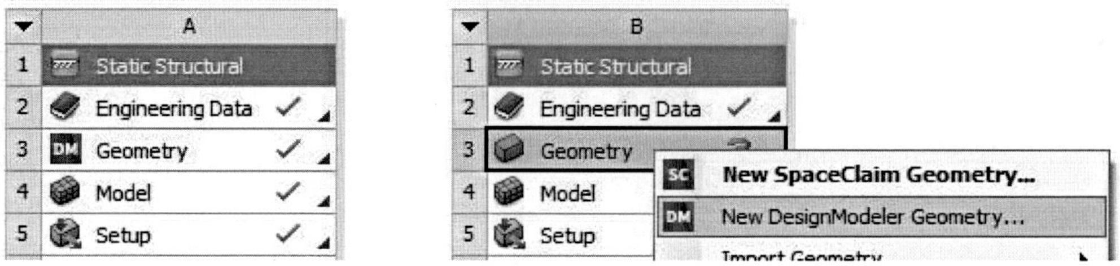

② XPLane을 선택하고 Look at을 클릭한다.

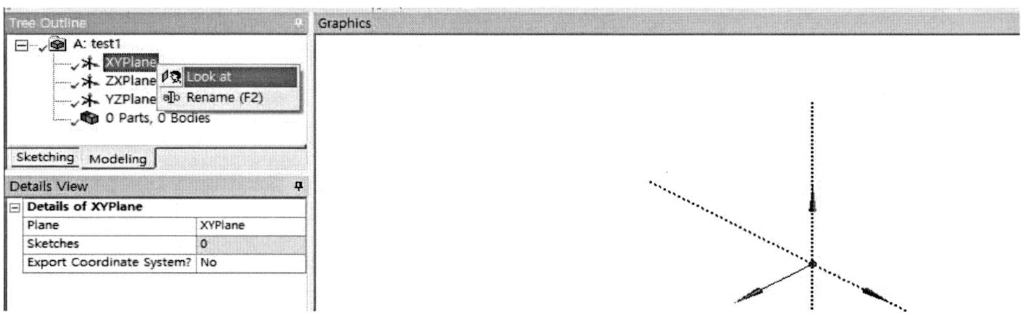

③ Sketching 화면에서 Line을 그린다.

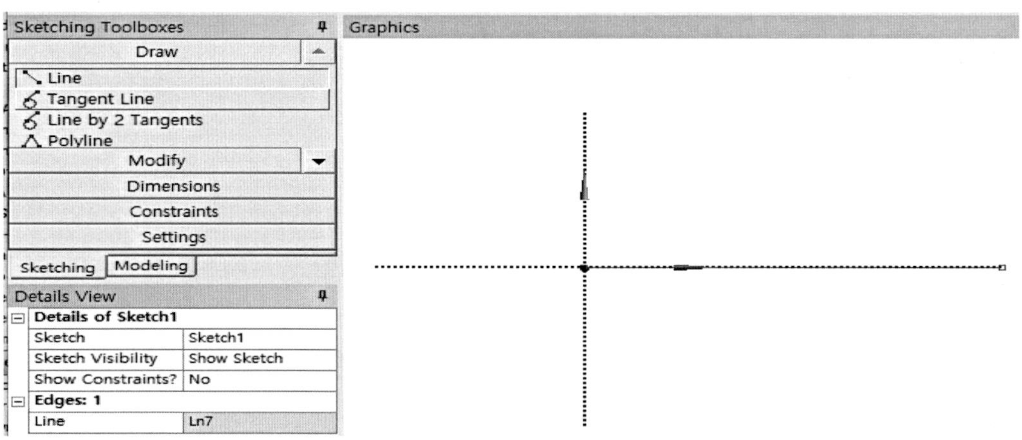

④ Dimension에서 Horizontal을 선택하여 line에 치수를 기입한다.
먼저 단위를 mm로 변경한다.

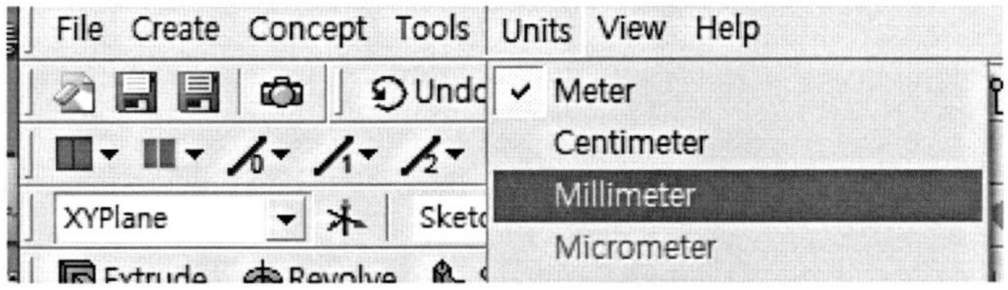

⑤ Detail Views에서 Dimensions에 Line의 치수를 입력한다.
H1 을 21,0000mm을 입력한다.

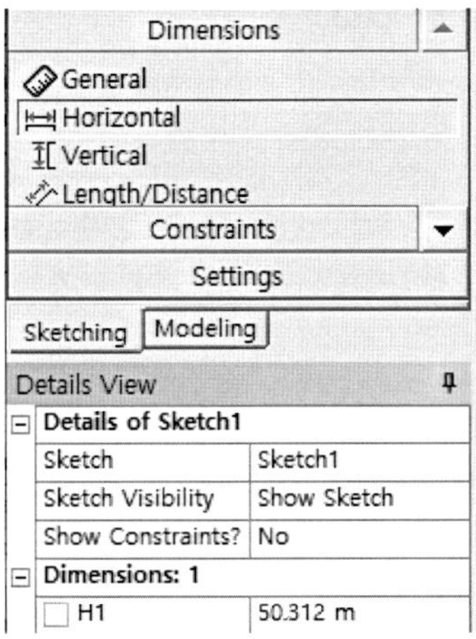

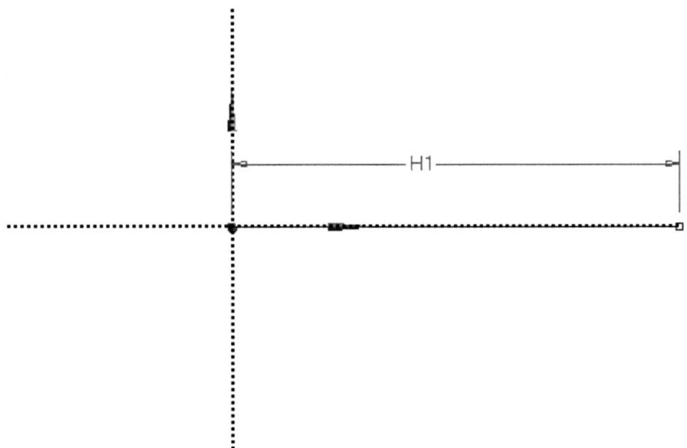

⑥ Modeling 화면에서 Concept > Lines From Sketches를 클릭한다.

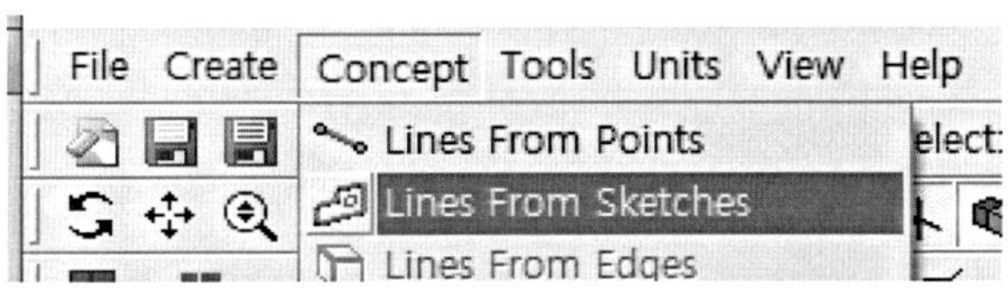

⑦ sketch1을 선택하고 Apply를 실행한다.

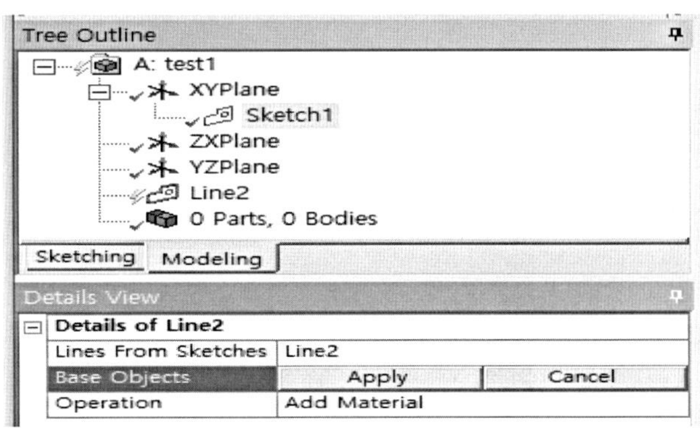

⑧ Generate를 실행한다.

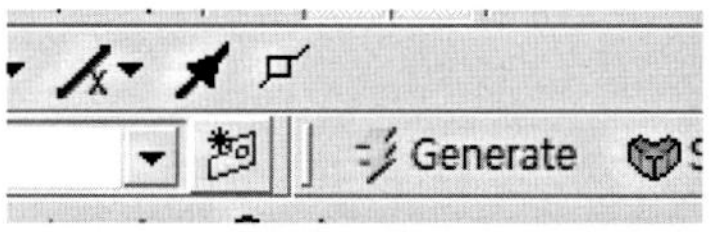

⑨ Concept > Cross Section에서 단면형상을 선택한다.

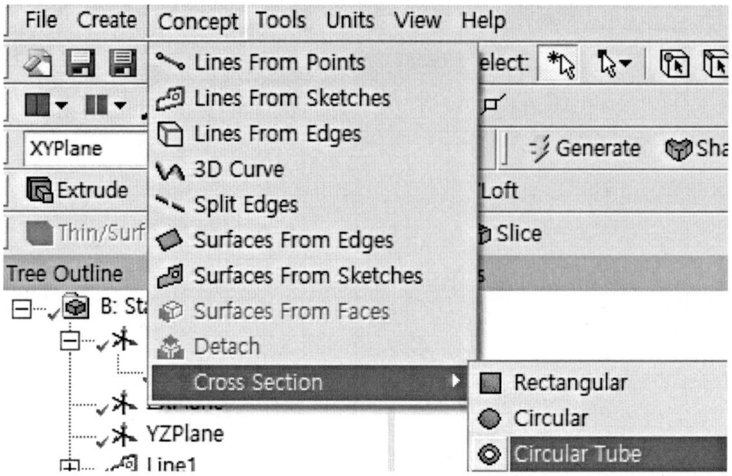

Detail View에서 Dimensions에 단면의 치수를 입력한다.

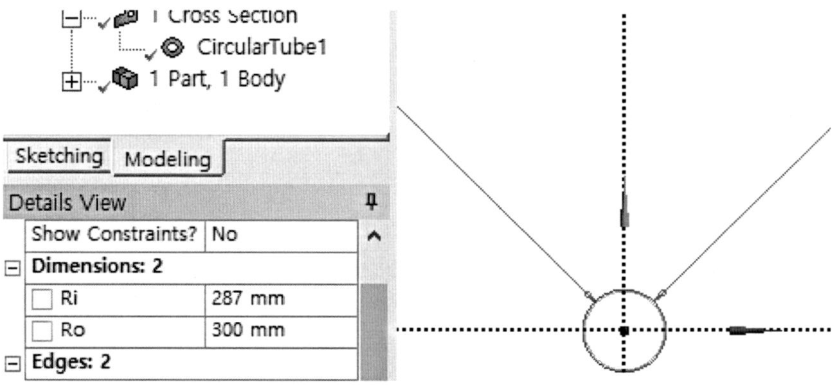

⑩ Detail View에서 Line Body를 선택하고, Cross Section을 선택한다.

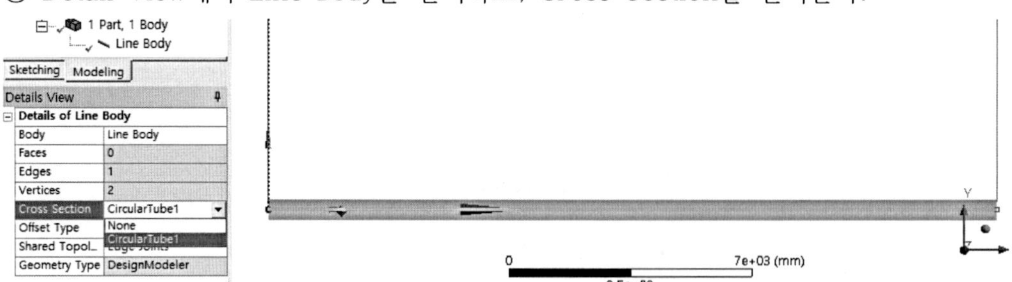

(5) 해석 모델의 환경을 설정한다. (Model)

① Project Schematic의 Static Structural에서 Model을 더블클릭하여 Mechanical 창 활성화 한다.

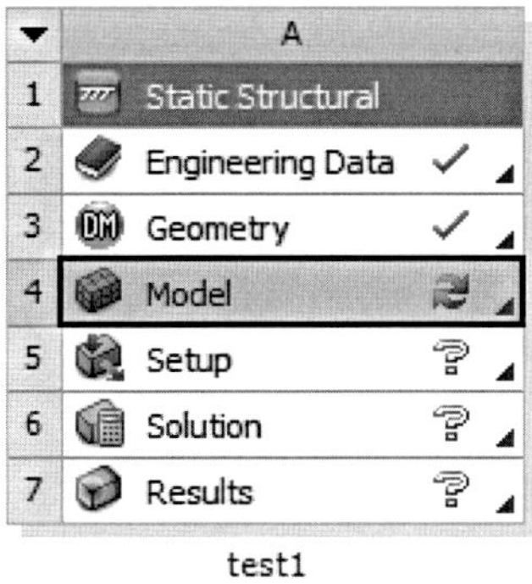

② Outline화면에서 Model > Geometry > Solid 를 선택한다.

③ View > Cross section Solid를 선택한다.

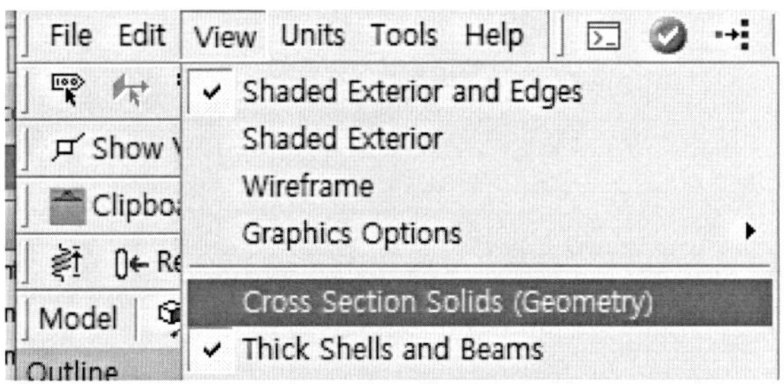

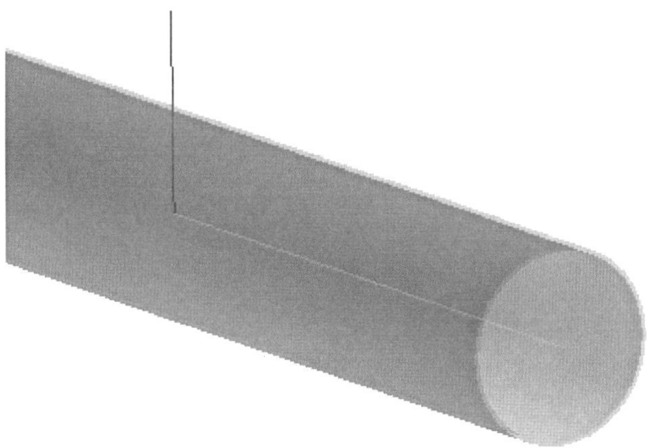

(6) 좌표계 설정 (Coordinate Systems) : 변경내용 없음

(7) 연결 관계 정의(Connections) : 기본설정을 사용한다.

(8) 격자 모델 생성 (Mesh)

① Outline화면에서 Model > Mesh 를 선택한다.

② Outline화면에서 Model > Mesh 를 선택하고 RMB > Update 실행한다.

③ Graphic화면에서 모델에 메시가 생성된 것 을 확인할 수 있다.

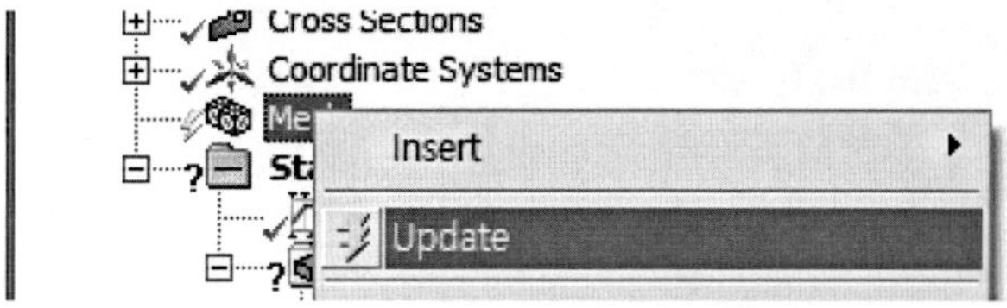

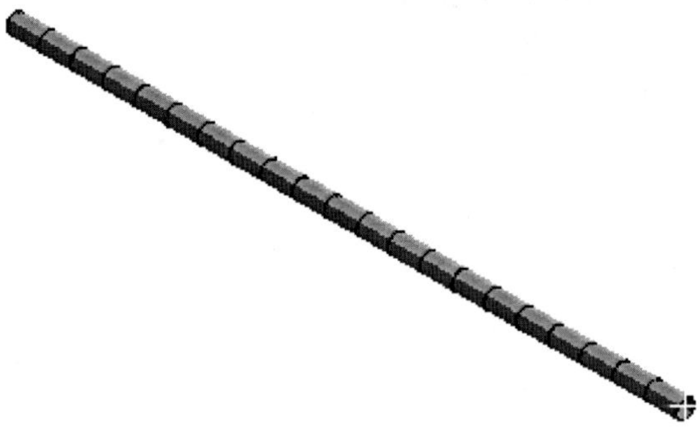

(9) 해석 설정 정의(Analysis Settings) : 설정되어 있는 값을 사용한다.

(10) 초기 조건 정의 : 고려하지 않는다.

(11) 구속조건 정의

ⓐ 고정 지점 설정

① Outline화면에서 Static structure > RMB > Insert > Fixed Support 선택.
(또는 Menu > Supports > Fixed support)

② Outline화면에서 Static structure > Fixed support를 클릭하고,
Graphic window에서 단순보의 절점을 선택한다.

*끝단을 선택하기 위하여 Edge 메뉴 사용한다.

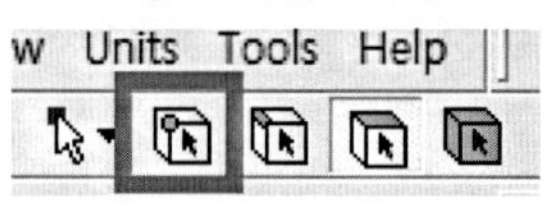

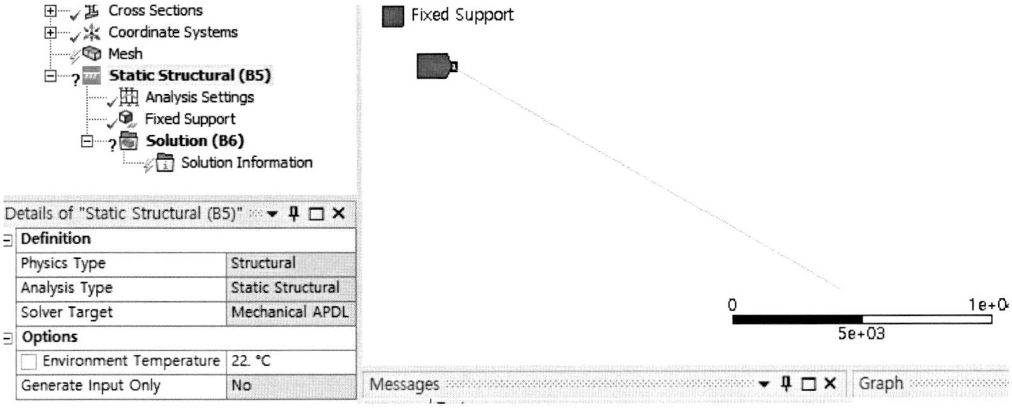

(12) 하중조건 정의

① Outline화면에서 Static structure > RMB > Insert > Force를 선택한다.

② a Detail view에 Force에 대한 Scope, Definition이 나타난다.

  b Force가 작용하는 점을 선택한다.

  c Apply를 클릭한다.

③ Magnitude를 10kN으로 설정하고 Direction을 Apply한다.

(13) 해석 결과 설정

① Deformation(변형) 결과 세팅

a. Outline화면에서 Solution >RMB >Insert >Deformation >Directional 항목 선택

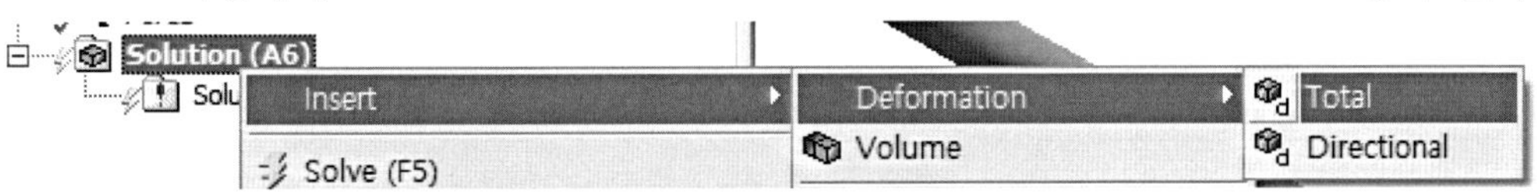

② Force Reaction 결과 세팅

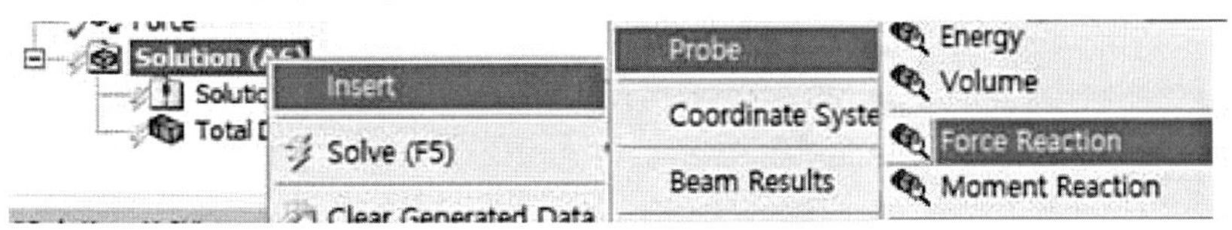

Boundary condition을 Fixed Support를 선택한다.

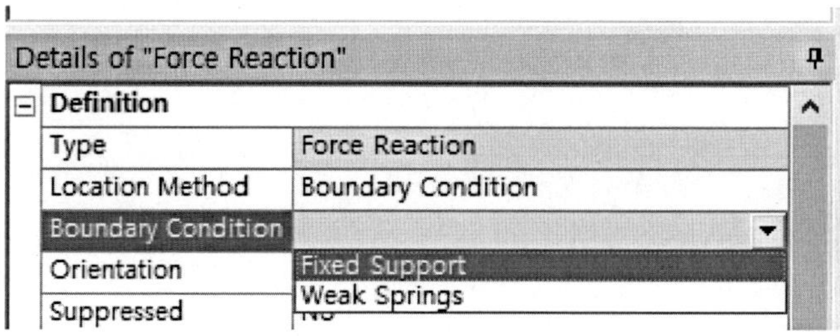

③ Moment Reaction 결과 세팅

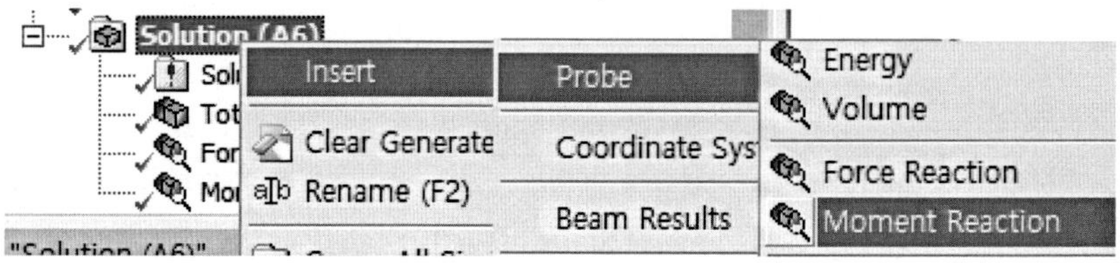

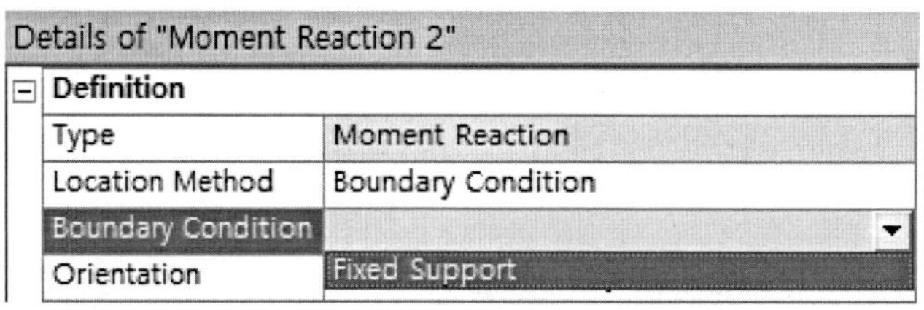

(14) 해석 수행

① Outline화면에서 Static structure 를 선택한다.

② Tool bar에서 Solve를 클릭하거나, Solution > RMB > Solve 를 클릭한다.

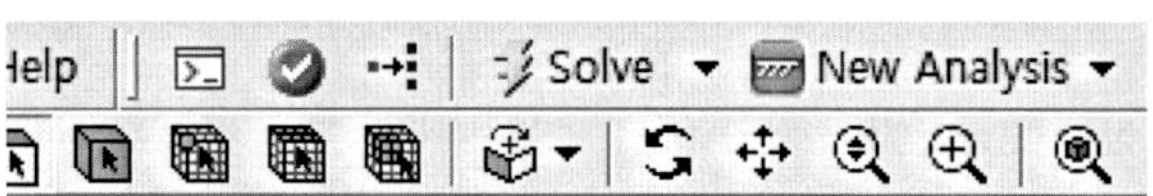

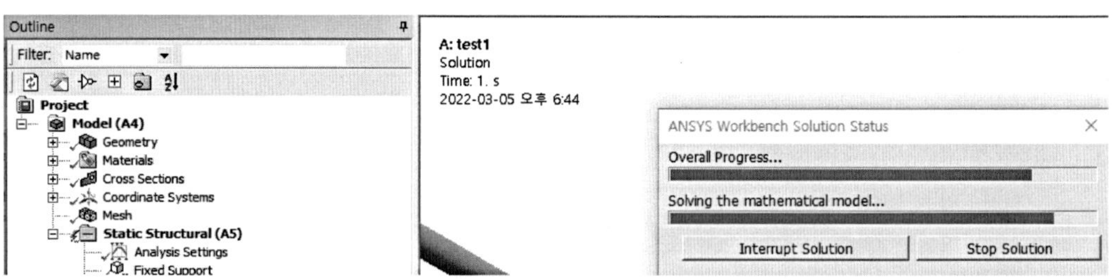

(15) 해석 결과 확인

① Total Deformation을 확인한다.

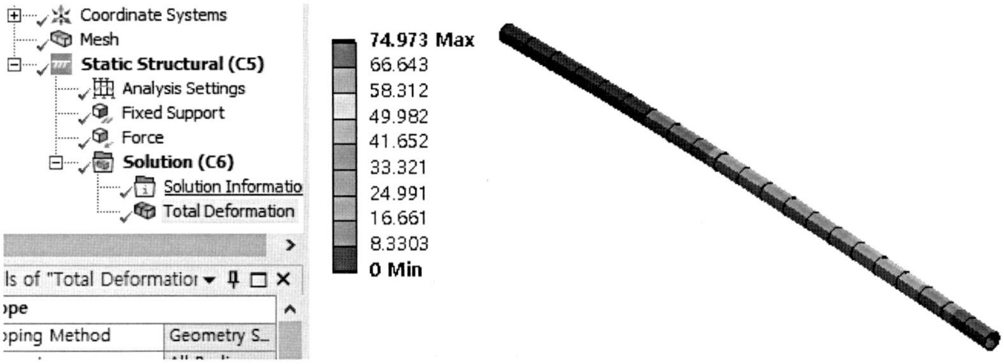

② Force Reaction을 확인한다.

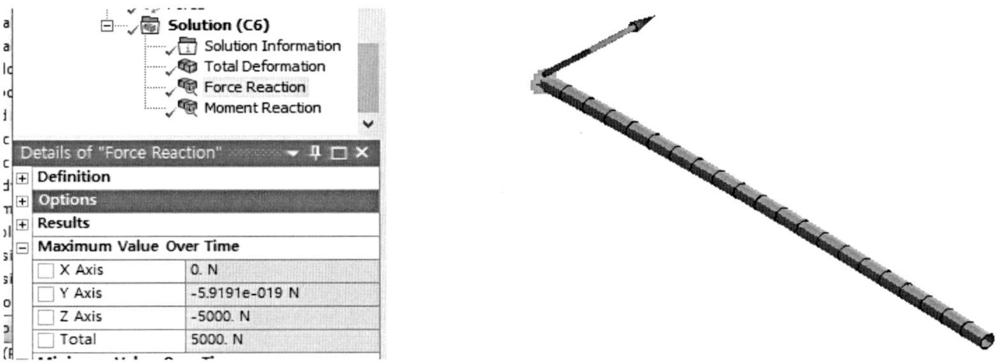

③ Moment Reaction을 확인한다.

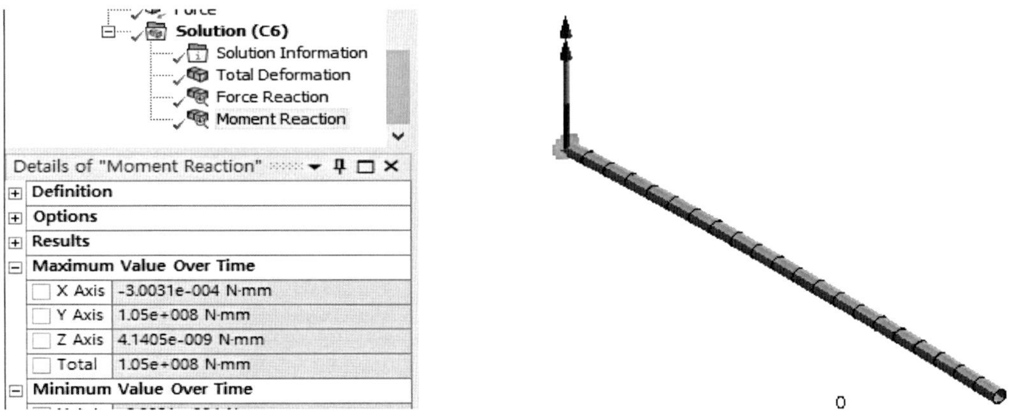

해석 결과 반력(Force Reaction)은 5,000N 이고, 모멘트 반력(Moment Reaction)은 1.05x 10^8 Nmm 이다.

문제6. 자동차 충돌 방지 구조물의 모델링 방법(1)

자동차 충돌 방지 구조물에 20kN의 하중이 중앙에 작용했다. 지점부분의 하중을 산정하세요.
구조물은 높이 700mm 폭 2000mm, 기둥은 지름 150mm 이며 두께는 10mm 이다.
구조해석 모델은 모서리 부분에 필렛 없이 직각으로 한다.

(1) 해석대상을 분석하고 자유물체도를 작성한다.

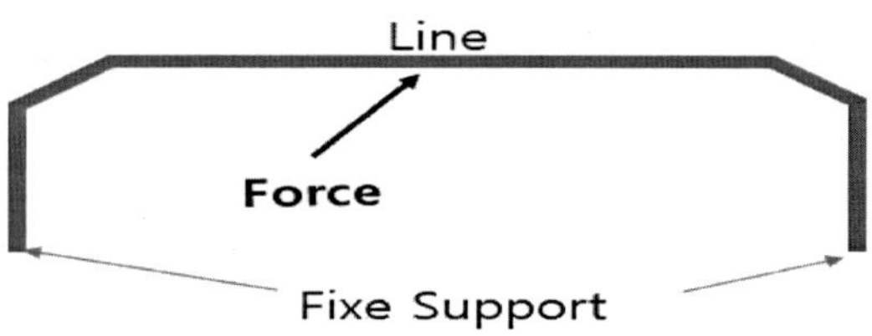

(2) 해석 시스템을 생성한다.(Static structural)

① Project Schematic에 Static Structural 시스템 추가한다.

② Project 이름을 변경한다.

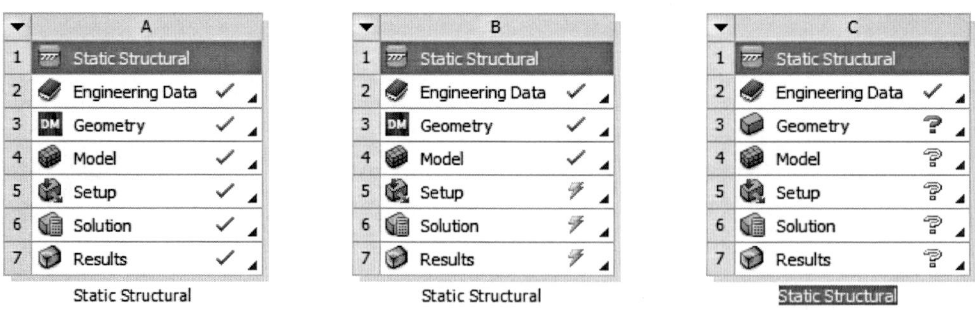

③ Mechanical 창에서 Units menu를 클릭하고 단위를 설정한다.

- Metric (mm, kg, N, s, mV, mA)

(3) 재료의 물성을 정의한다. (Engineering Data)

① 기본 설정된 값을 사용한다. (기본설정은 Structural steel로 되어 있다.)

(4) 해석 모델을 불러들이거나 모델링을 수행한다. (Geometry)

본 문제에 대한 Design Modeler를 사용한 모델링 방법은 다음과 같다.

① Geometry에서 RMB > Design Modeler를 클릭한다.

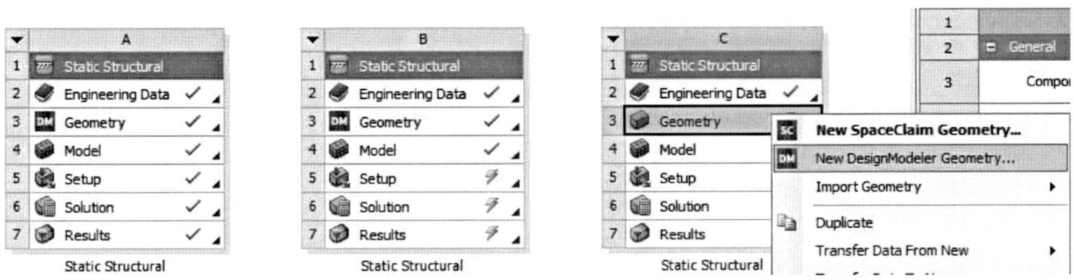

② XPLane을 선택하고 Look at을 클릭한다.

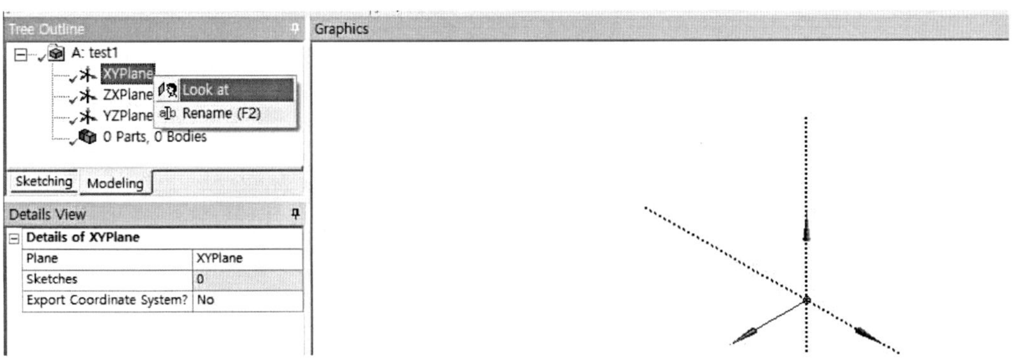

③ Sketching 화면에서 Line을 그린다.

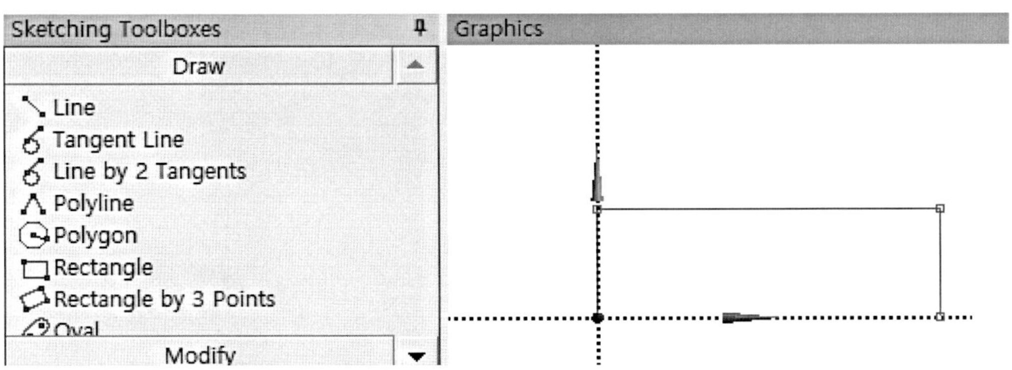

④ Dimension에서 Horizontal을 선택하여 line에 치수를 기입한다.
먼저 단위를 mm로 변경한다.

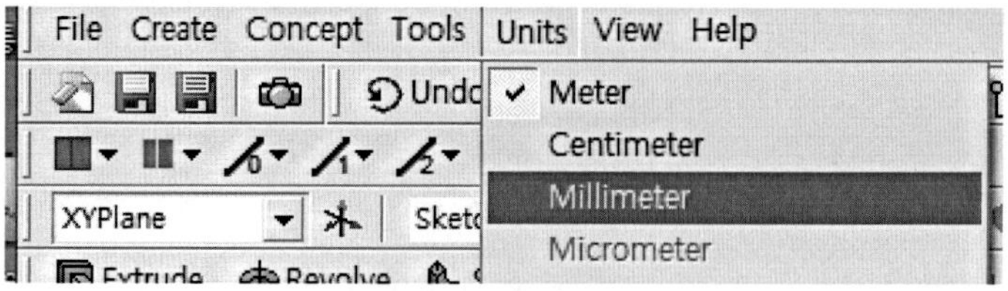

⑤ Detail Views에서 Dimensions에 Line의 치수를 입력한다.
H1 을 2000mm을 V1을 700mm을 입력한다.

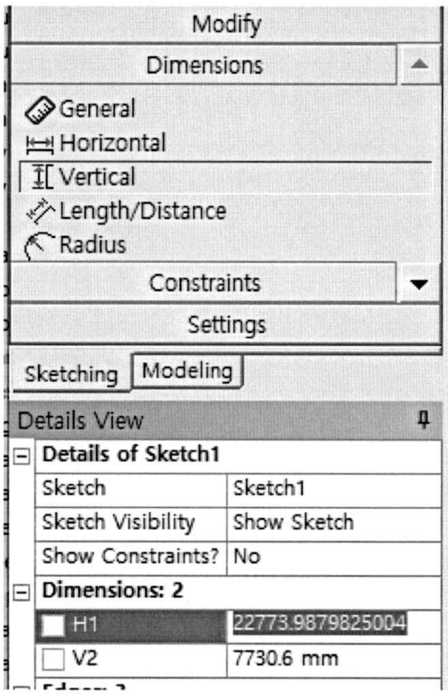

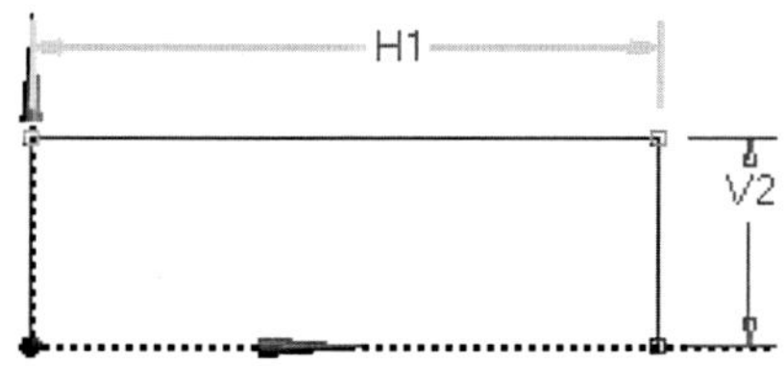

⑥ Modeling 화면에서 Concept > Lines From Sketches를 클릭한다.

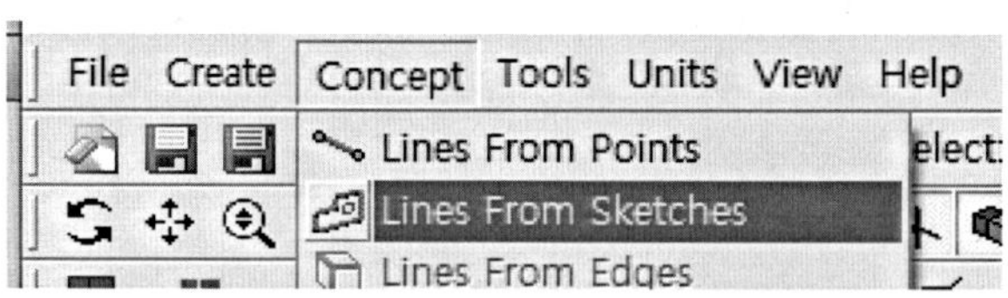

⑦ sketch1을 선택하고 Apply를 실행한다.

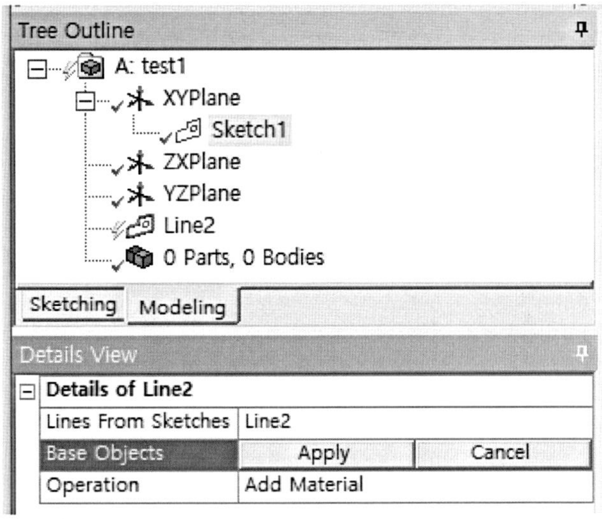

⑧ Generate를 실행한다.

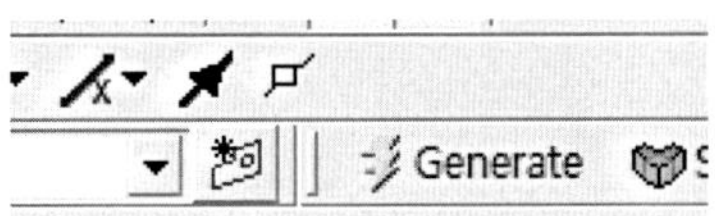

⑨ Concept > Cross Section에서 단면형상을 선택한다.

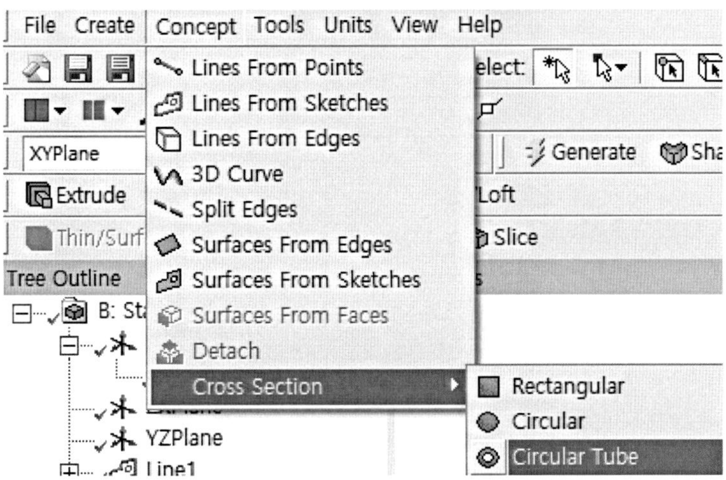

Detail View에서 Dimensions에 단면의 치수를 입력한다.

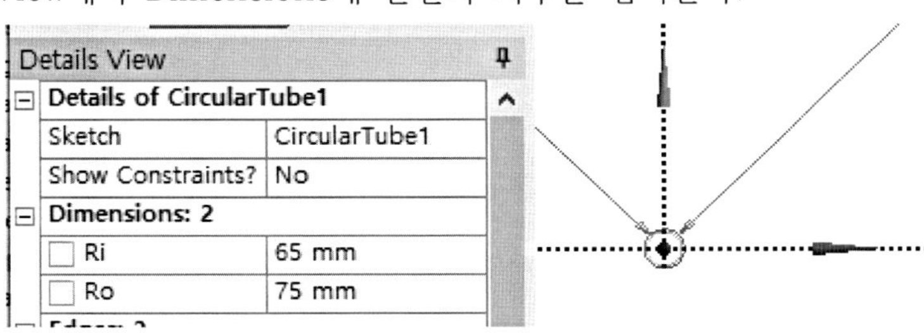

⑩ Detail View에서 Line Body를 선택하고, Cross Section을 선택한다.

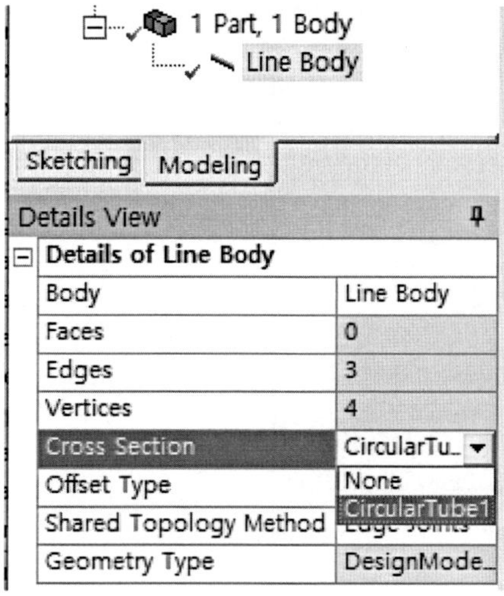

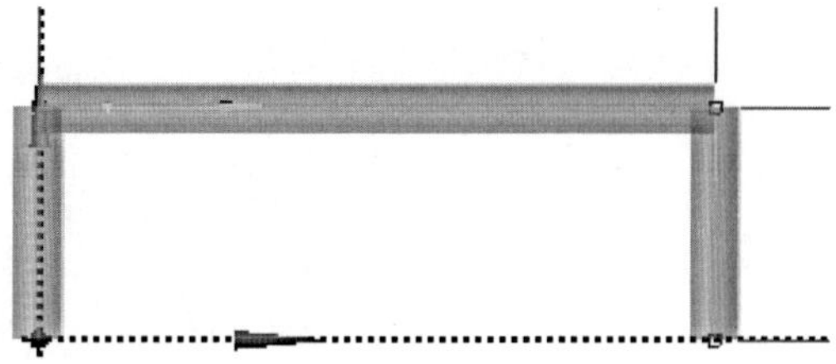

(5) 해석 모델의 환경을 설정한다. (Model)

① Project Schematic의 Static Structural에서 Model을 더블클릭하여 Mechanical 창 활성화 한다.

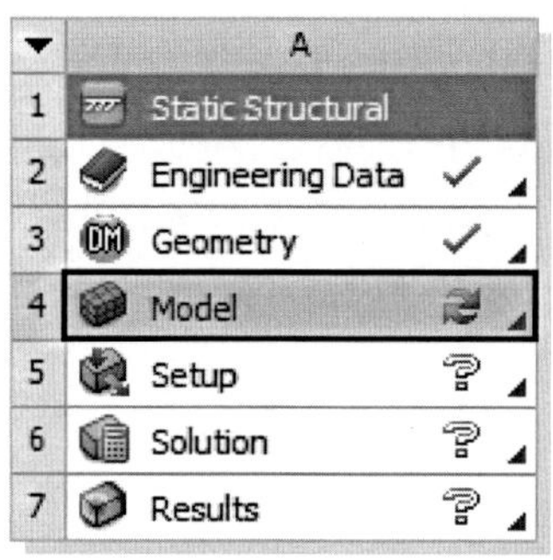

test1

② Outline화면에서 Model > Geometry > Solid 를 선택한다.

③ View > Cross section Solid를 선택한다.

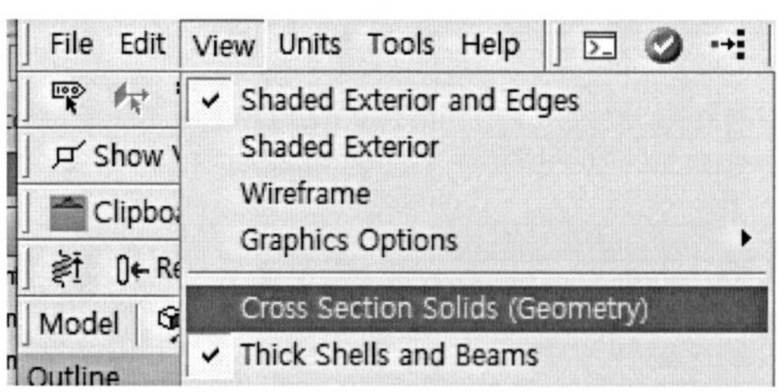

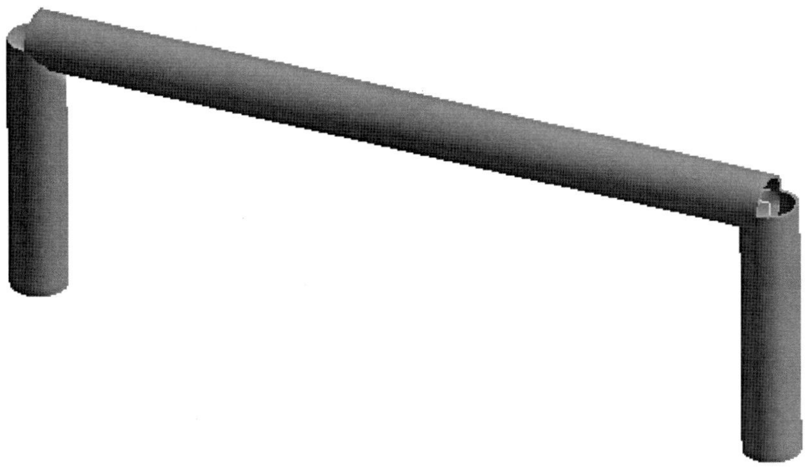

(6) 좌표계 설정 (Coordinate Systems) : 변경내용 없음

(7) 연결 관계 정의(Connections) : 기본설정을 사용한다.

(8) 격자 모델 생성 (Mesh)

① Outline화면에서 Model > Mesh 를 선택한다.

② Outline화면에서 Model > Mesh 를 선택하고 RMB > Update 실행한다.

③ Graphic화면에서 모델에 메시가 생성된 것 을 확인할 수 있다.

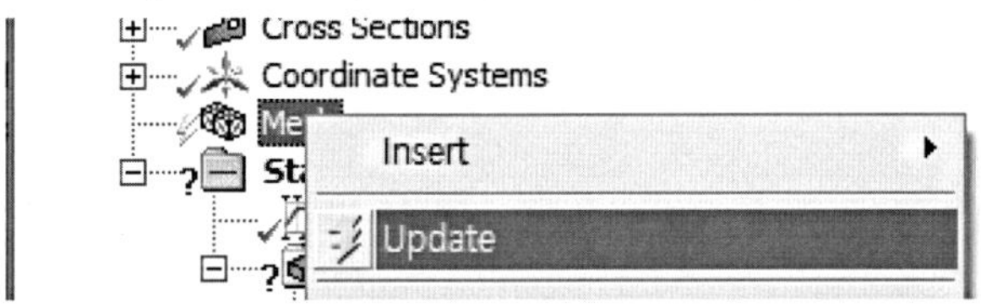

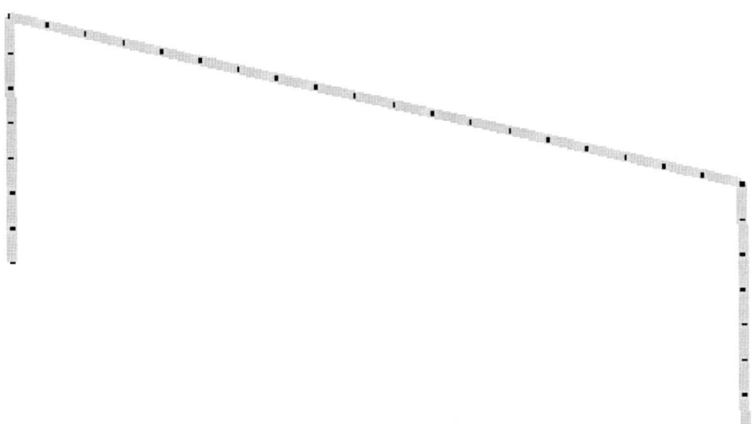

(9) 해석 설정 정의(Analysis Settings) : 설정되어 있는 값을 사용한다.

(10) 초기 조건 정의 : 고려하지 않는다.

(11) 구속조건 정의

ⓐ 고정 지점 설정

① Outline화면에서 Static structure > RMB > Insert > Fixed Support 선택.
(또는 Menu > Supports > Fixed support)

② Outline화면에서 Static structure > Fixed support를 클릭하고,
Graphic window에서 단순보의 절점을 선택한다.

*끝단을 선택하기 위하여 Edge 메뉴 사용한다.

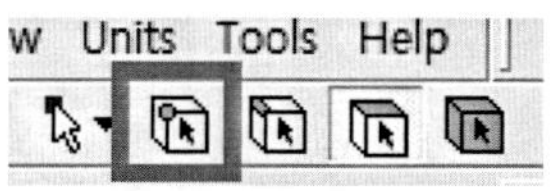

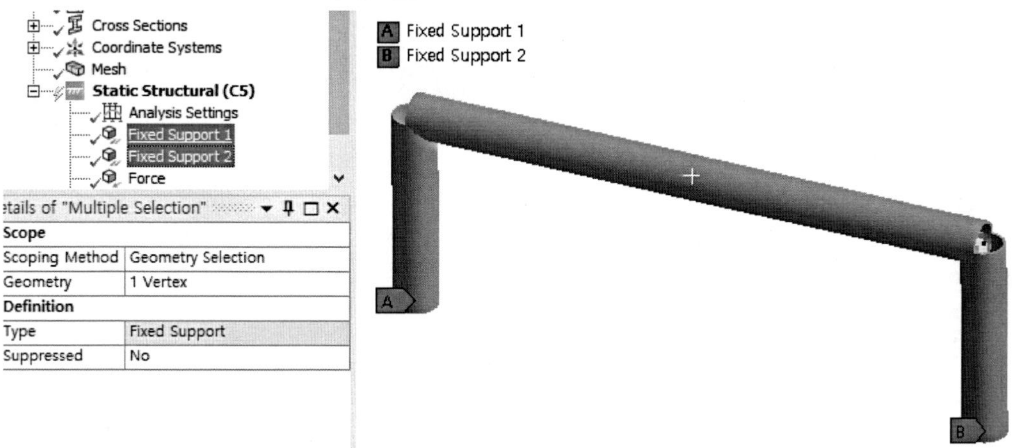

(12) 하중조건 정의

① Outline화면에서 Static structure > RMB > Insert > Force를 선택한다.

② a Detail view에 Force에 대한 Scope, Definition이 나타난다.

b Force가 작용하는 선을 선택한다.

c Apply를 클릭한다.

③ Magnitude를 20kN으로 설정하고 Direction을 Apply한다.

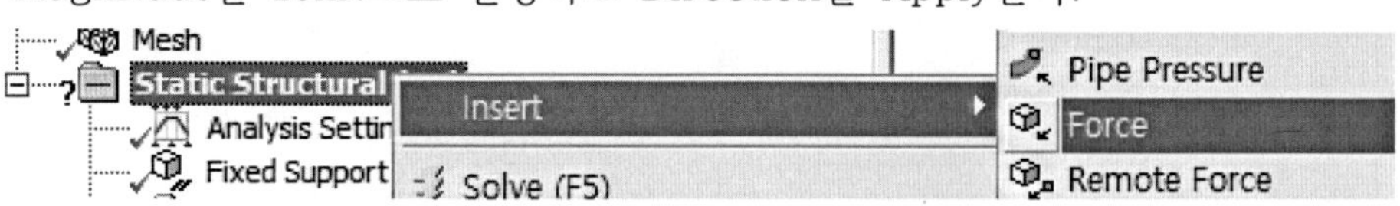

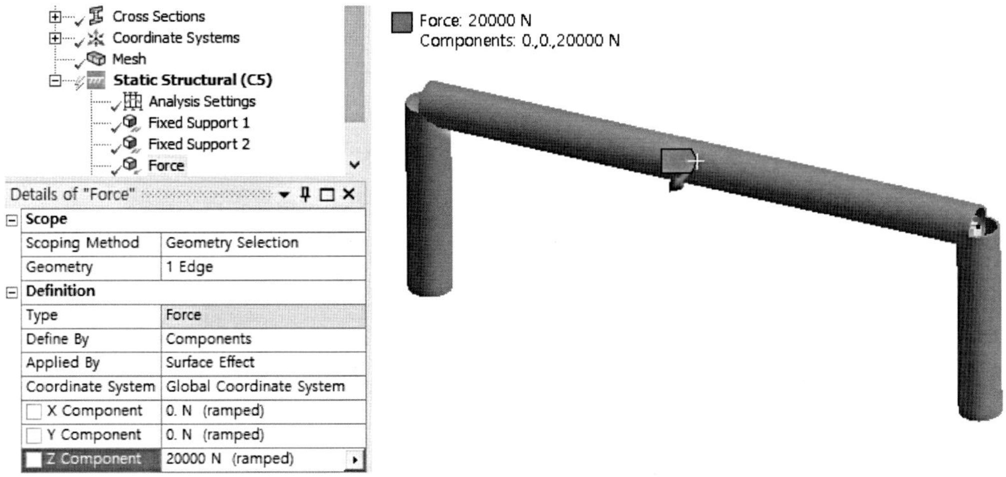

(13) 해석 결과 설정

① Deformation(변형) 결과 세팅

a. Outline화면에서 Solution >RMB >Insert >Deformation >Directional 항목 선택

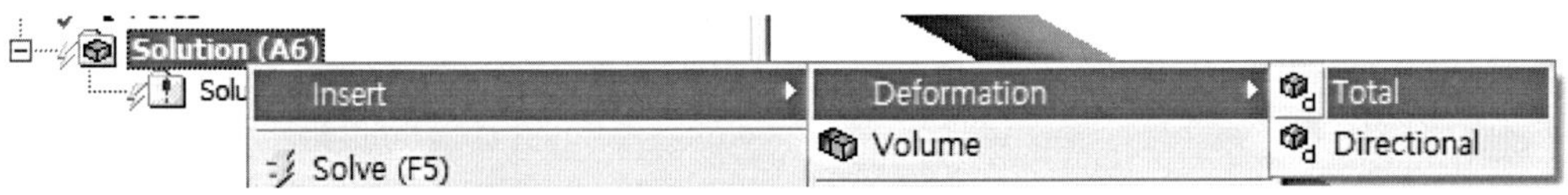

② Force Reaction 결과 세팅

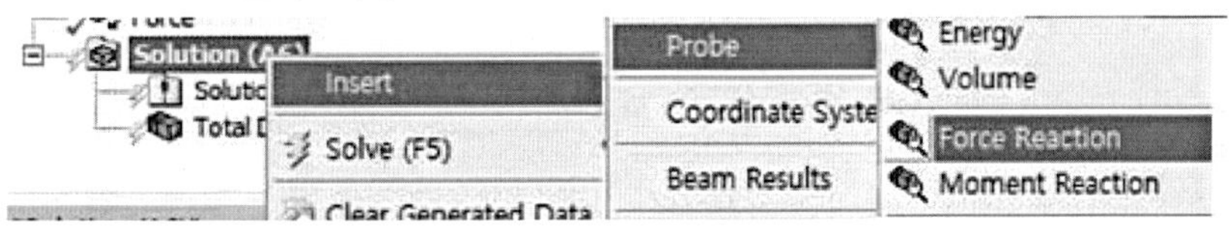

Boundary condition을 Fixed Support를 선택한다.

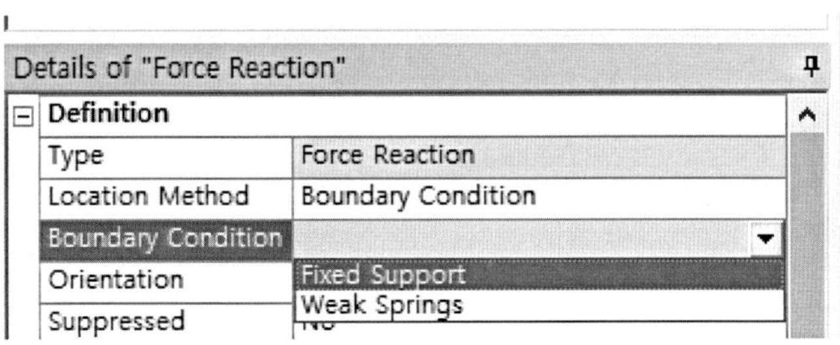

③ Moment Reaction 결과 세팅

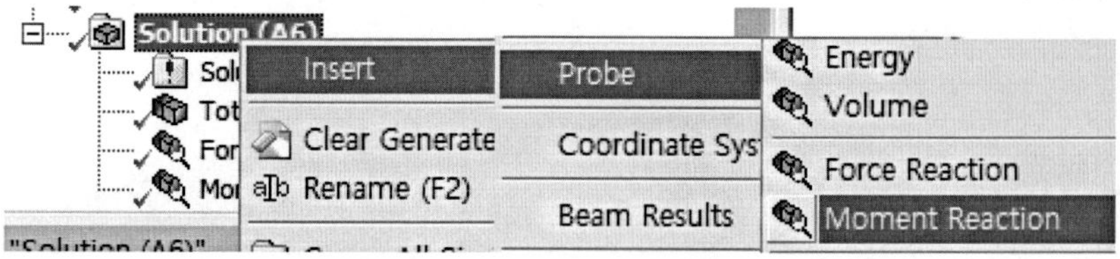

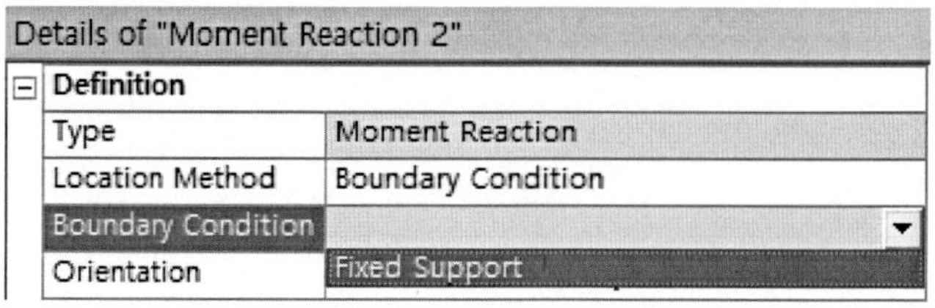

(14) 해석 수행

① Outline화면에서 Static structure 를 선택한다.

② Tool bar에서 Solve를 클릭하거나, Solution > RMB > Solve 를 클릭한다.

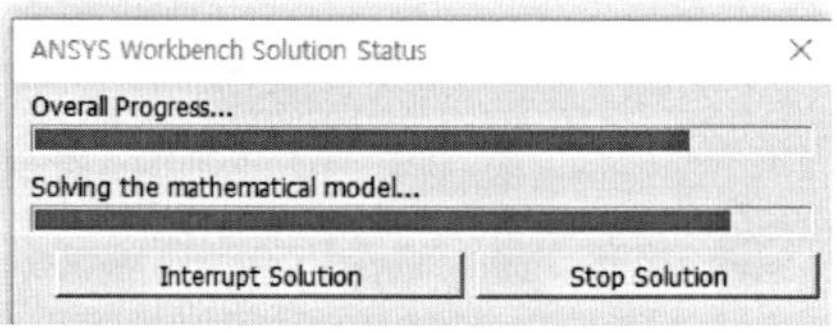

(15) 해석 결과 확인

① Total Deformation을 확인한다.

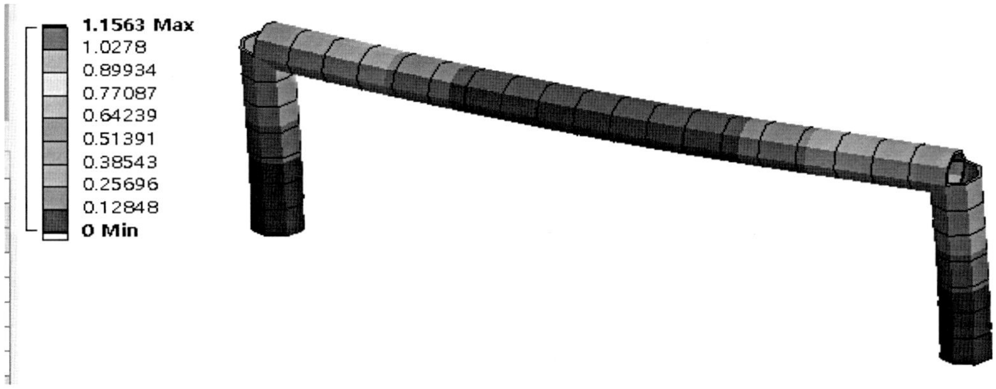

② Fixed support 1

(a) Force Reaction을 확인한다.

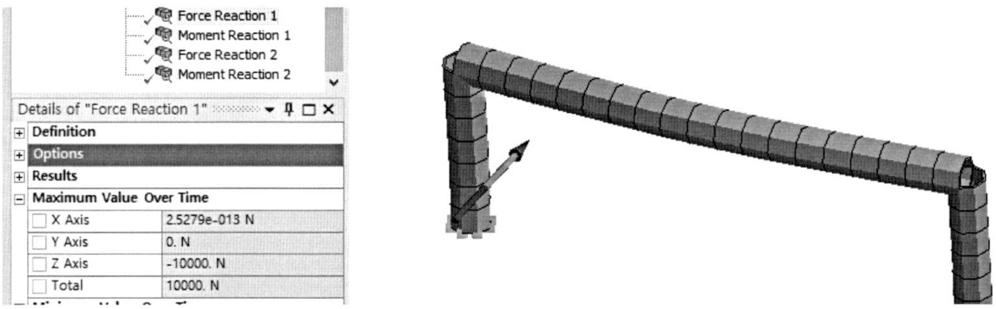

(b) Moment Reaction을 확인한다.

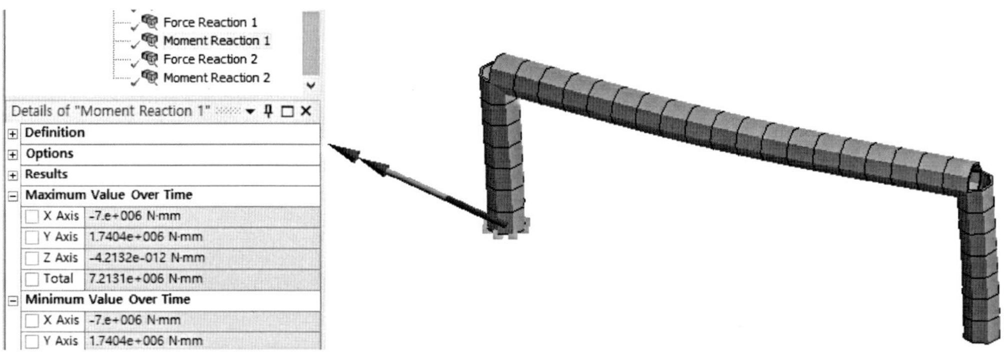

③ Fixed support 2

(a) Force Reaction을 확인한다.

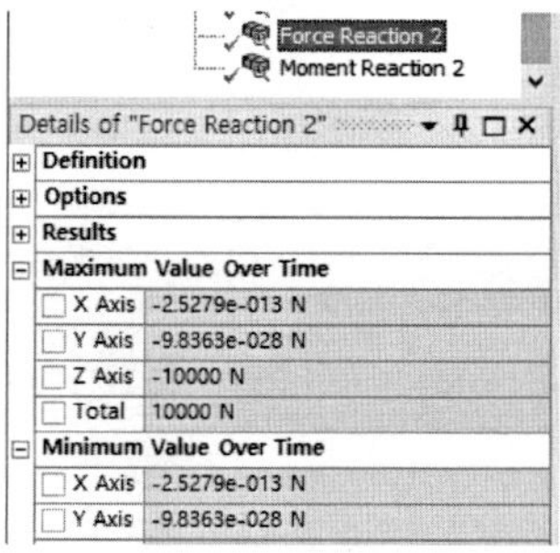

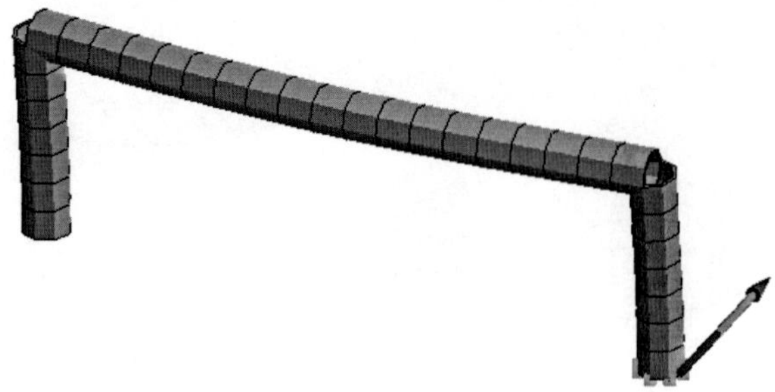

(b) Moment Reaction을 확인한다.

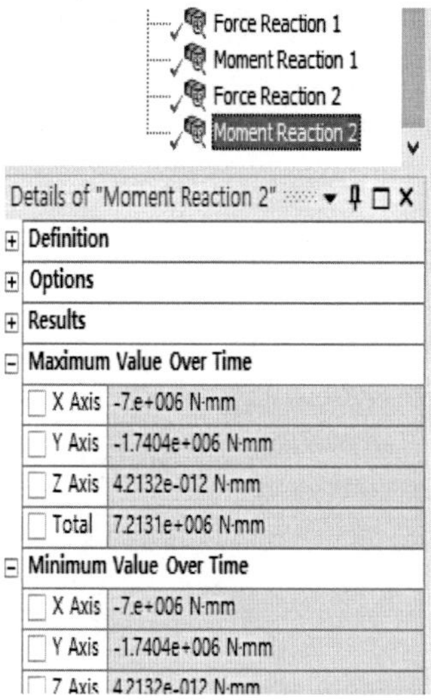

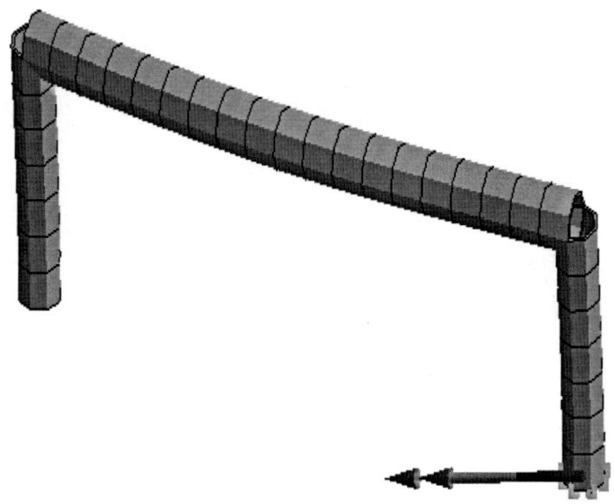

문제7 자동차 충돌 방지 구조물의 모델링 방법(2)

자동차 충돌 방지 구조물에 20kN의 하중이 중앙에 작용했다. 지점부분의 하중을 산정하세요.
구조물은 높이 700mm 폭 2000mm, 기둥은 지름 150mm 이며 두께는 10mm 이다.
구조해석 모델은 모서리 부분에 필렛을 200mm로 모델링한다.

(1) 해석대상을 분석하고 자유물체도를 작성한다.

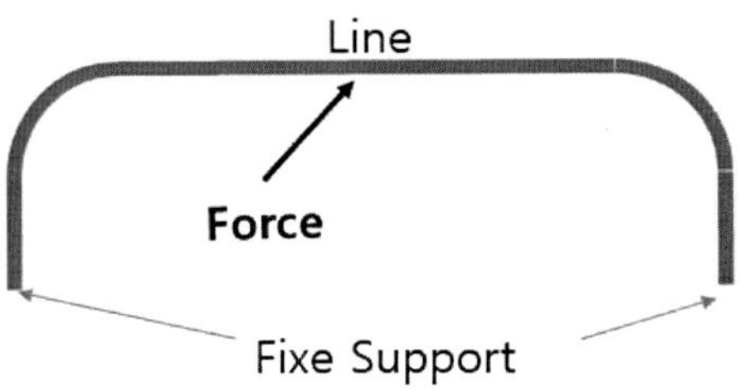

(2) 해석 시스템을 생성한다.(Static structural)
① Project Schematic에 Static Structural 시스템 추가한다.
② Project 이름을 변경한다.

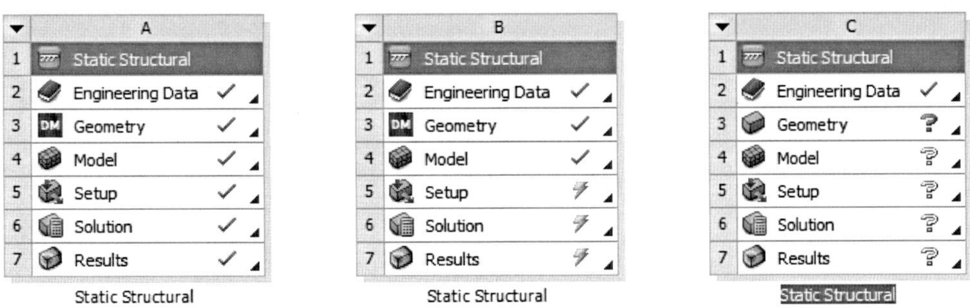

③ Mechanical 창에서 Units menu를 클릭하고 단위를 설정한다.
- Metric (mm, kg, N, s, mV, mA)

(3) 재료의 물성을 정의한다. (Engineering Data)

① 기본 설정된 값을 사용한다. (기본설정은 Structural steel로 되어 있다.)

(4) Design Modeler를 사용하여 모델링을 수행한다. (Geometry)

① Geometry에서 RMB > Design Modeler를 클릭한다.

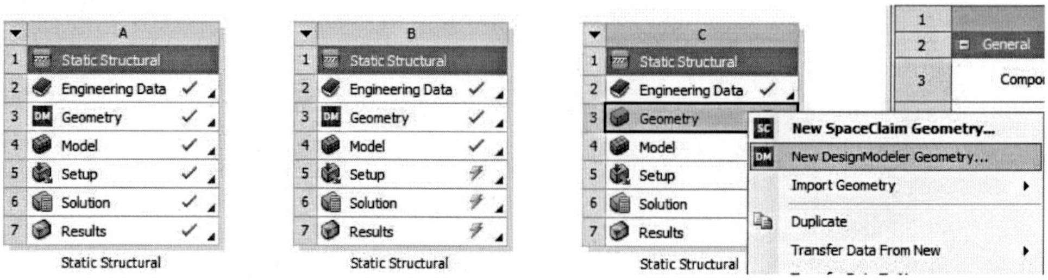

② XPLane을 선택하고 Look at을 클릭한다.

③ Sketching 화면에서 Line을 그린다.

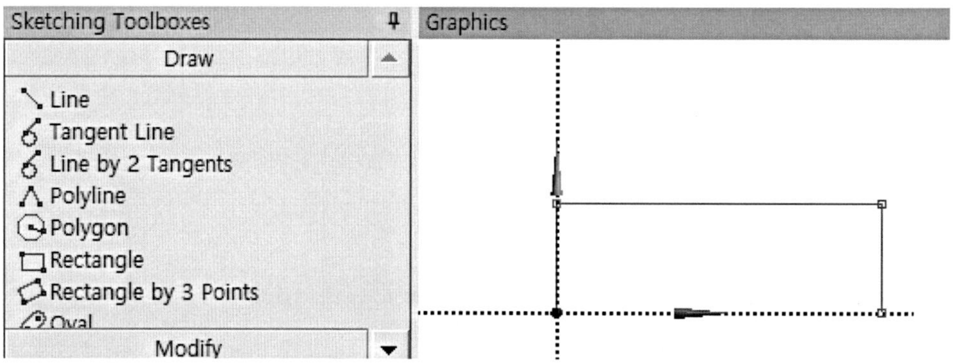

④ Dimension에서 Horizontal을 선택하여 line에 치수를 기입한다.
먼저 단위를 mm로 변경한다.

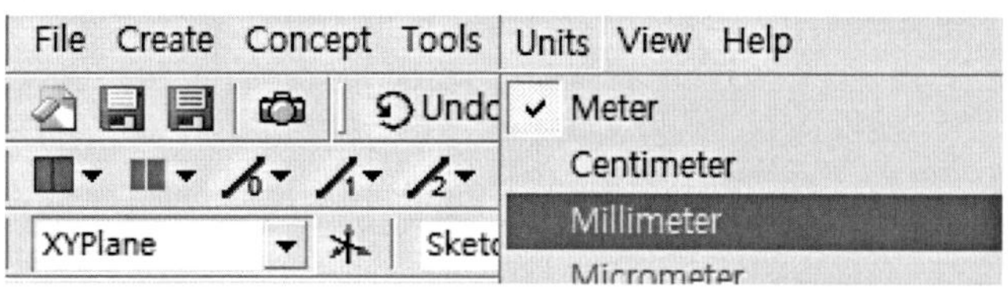

⑤ Detail Views에서 Dimensions에 Line의 치수를 입력한다.
H1 을 2000mm을 V1을 700mm을 입력한다.

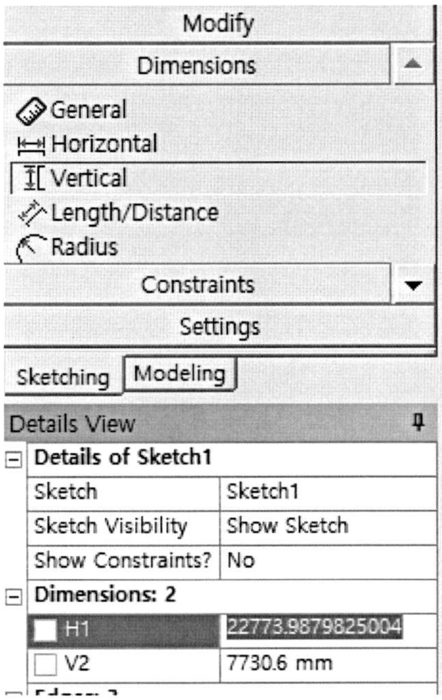

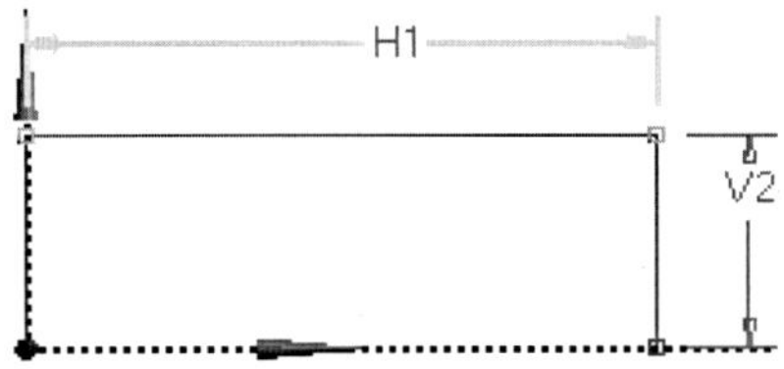

⑥ 모서리 부분을 필렛 200mm를 수행한다.

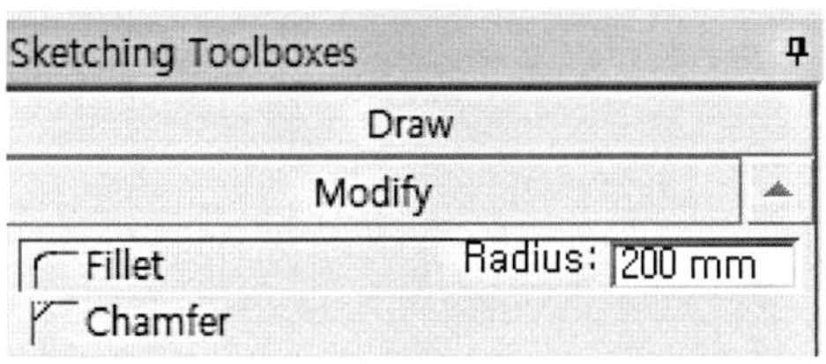

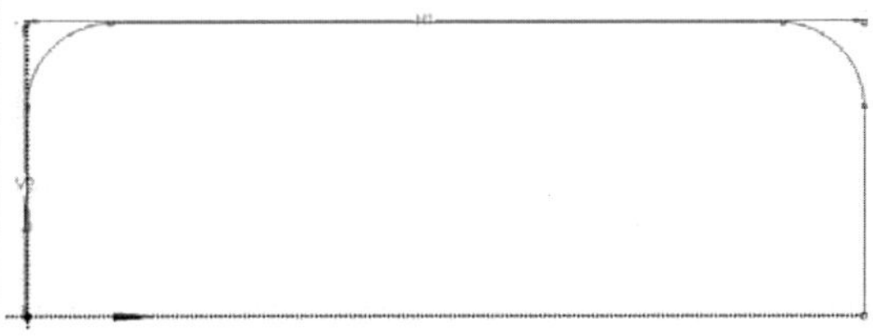

Graphics 화면에서 필렛을 할 모서리 선을 선택한다.

⑦ Modeling 화면에서 Concept > Lines From Sketches를 클릭한다.

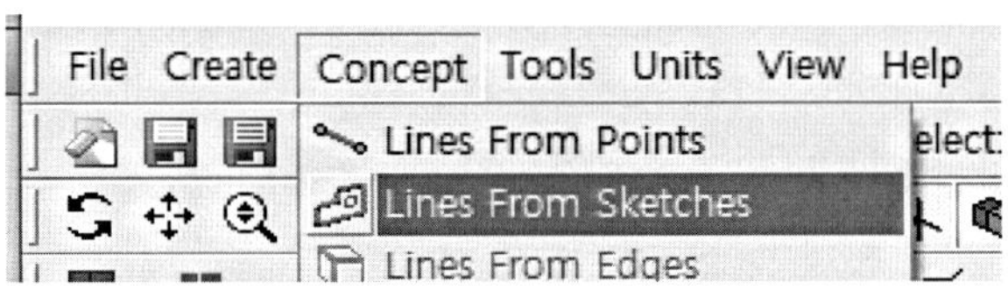

⑧ sketch1을 선택하고 Apply를 실행한다.

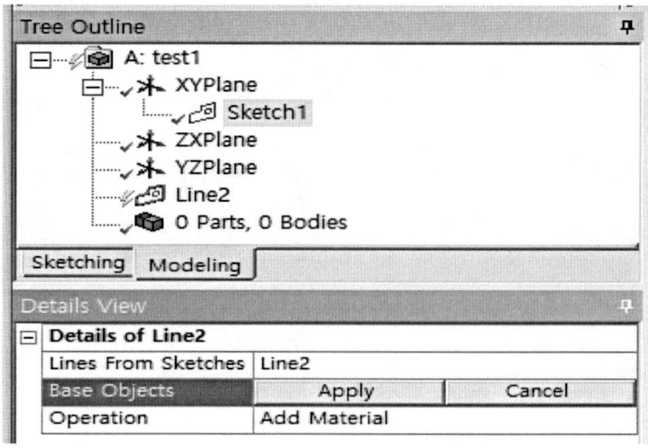

⑨ Generate를 실행한다.

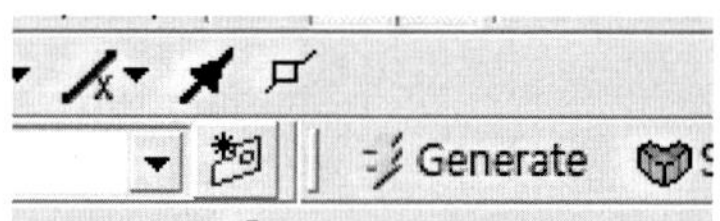

⑩ Concept > Cross Section에서 단면형상을 선택한다.

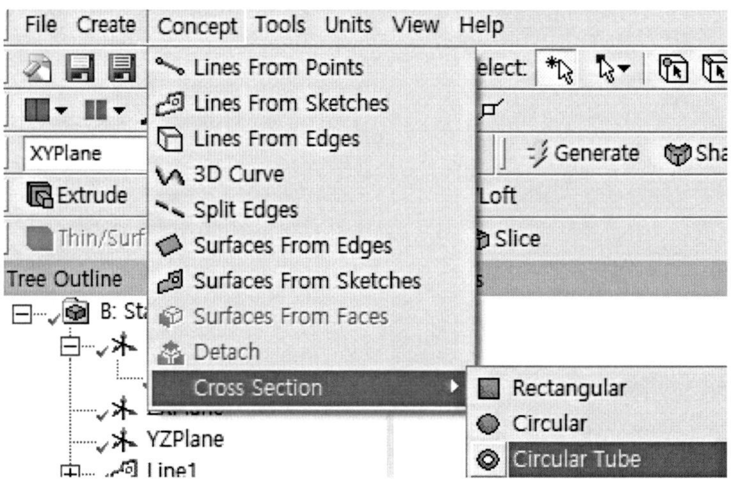

Detail View에서 Dimensions에 단면의 치수를 입력한다.

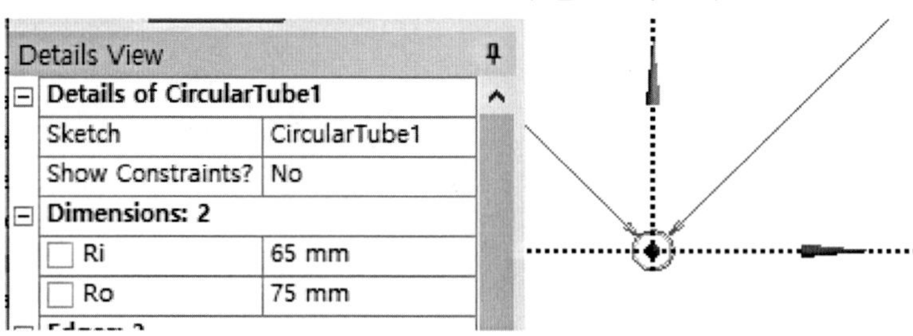

⑪ Detail View에서 Line Body를 선택하고, Cross Section을 선택한다.

메튜>view>cross section solids를 선택하여 모델을 확인한다.

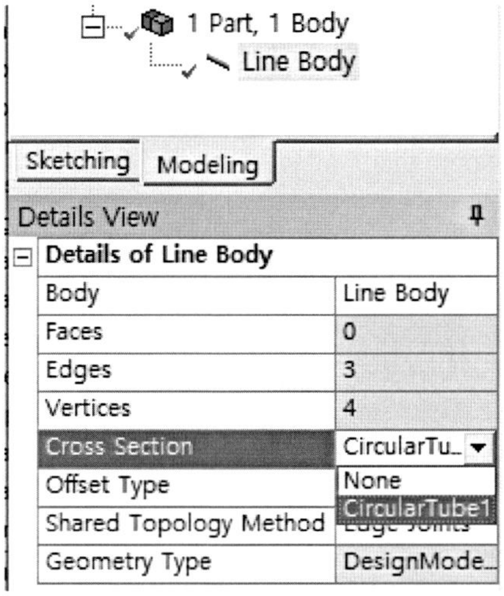

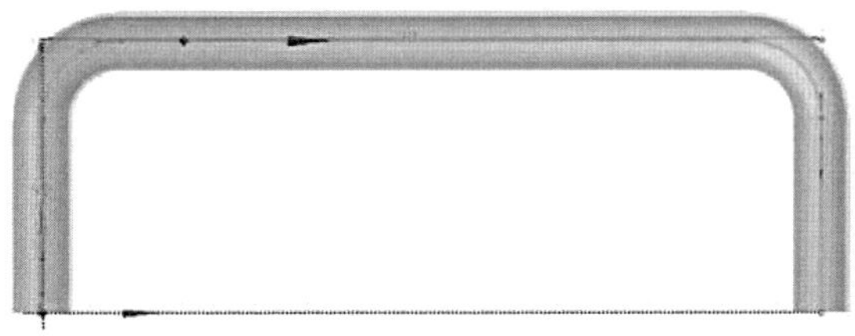

(5) 해석 모델의 환경을 설정한다. (Model)

① Project Schematic의 Static Structural에서 Model을 더블클릭하여 Mechanical 창 활성화 한다.

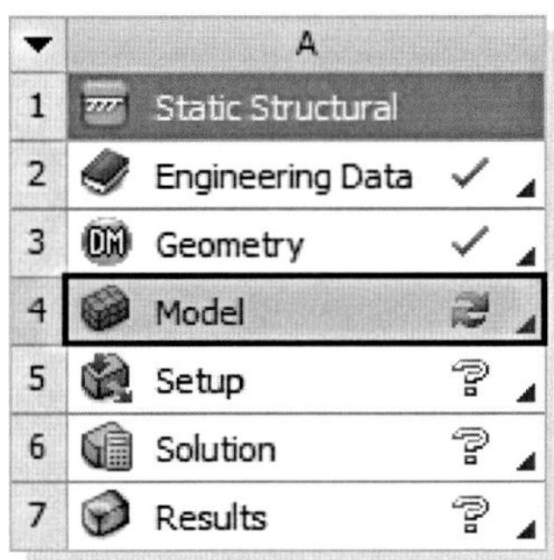

② Outline화면에서 Model > Geometry > Solid 를 선택한다.

③ View > Cross section Solid를 선택한다.

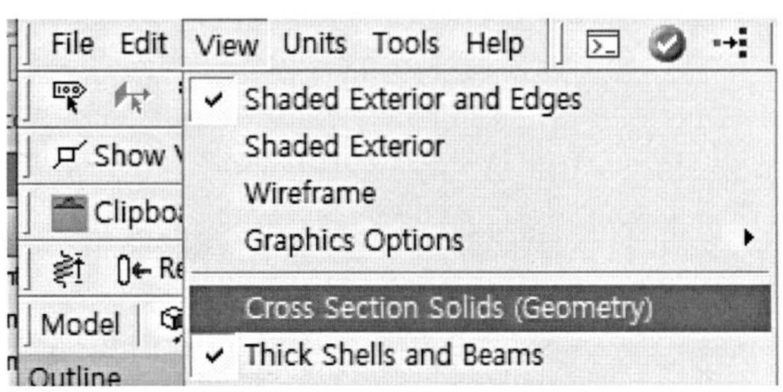

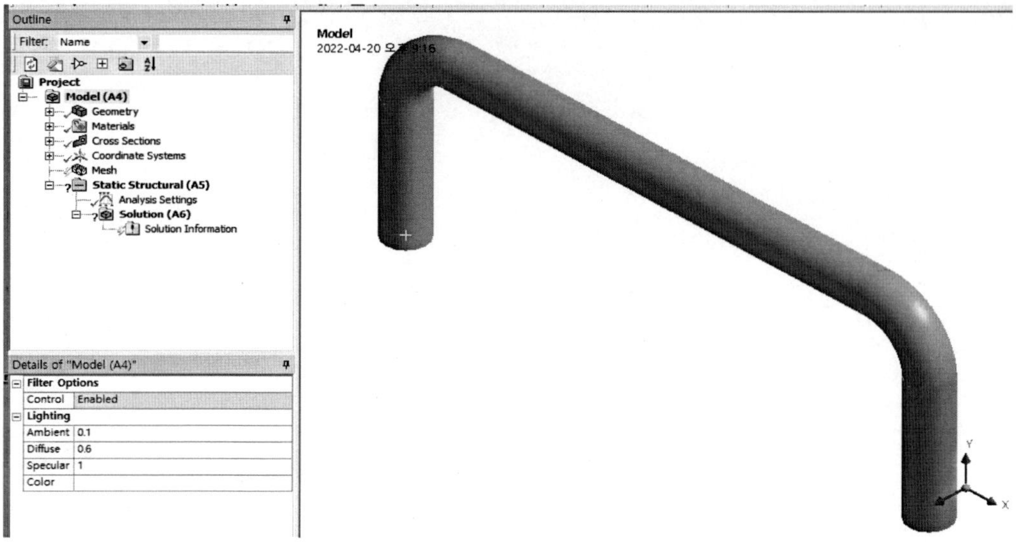

(6) 좌표계 설정 (Coordinate Systems) : 변경내용 없음

(7) 연결 관계 정의(Connections) : 기본설정을 사용한다.

(8) 격자 모델 생성 (Mesh)

① Outline화면에서 Model > Mesh 를 선택한다.

② Outline화면에서 Model > Mesh 를 선택하고 RMB > Update 실행한다.

③ Graphic화면에서 모델에 메시가 생성된 것 을 확인할 수 있다.

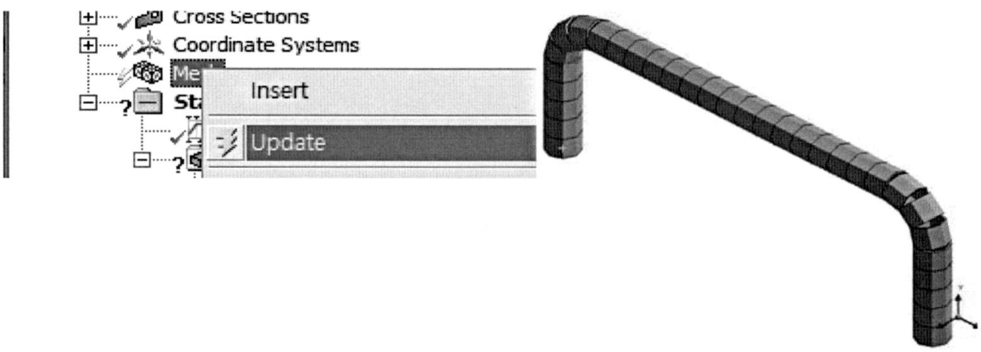

(9) 해석 설정 정의(Analysis Settings) : 설정되어 있는 값을 사용한다.

(10) 초기 조건 정의 : 고려하지 않는다.

(11) 구속조건 정의

ⓐ 고정 지점 설정

① Outline화면에서 Static structure > RMB > Insert > Fixed Support 선택.

② Outline화면에서 Static structure > Fixed support를 클릭하고,
Graphic window에서 단순보의 절점을 선택한다.

*끝단을 선택하기 위하여 Edge 메뉴 사용한다.

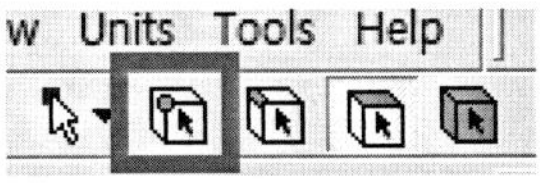

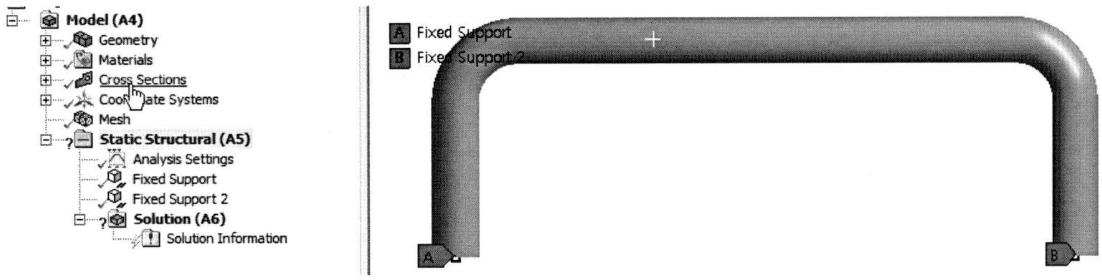

(12) 하중조건 정의

① Outline화면에서 Static structure > RMB > Insert > Force를 선택한다.

② a Detail view에 Force에 대한 Scope, Definition이 나타난다.

b Force가 작용하는 선을 선택한다.

c Apply를 클릭한다.

③ Magnitude를 20kN으로 설정하고 Direction을 Apply한다.

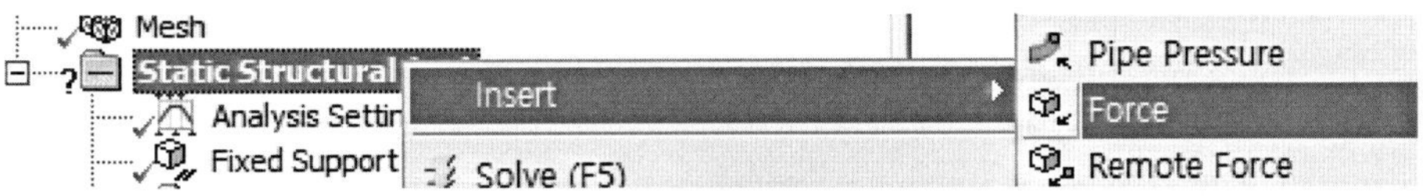

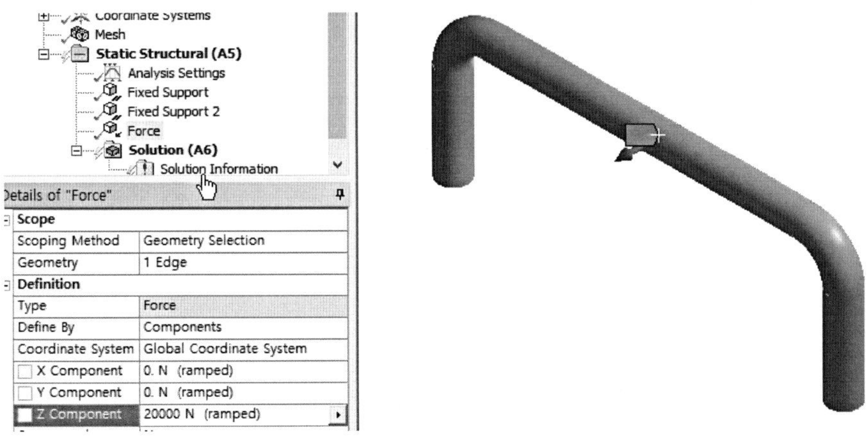

(13) 해석 결과 설정

① Deformation(변형) 결과 세팅

a. Outline화면에서 Solution >RMB >Insert >Deformation >Directional 항목 선택

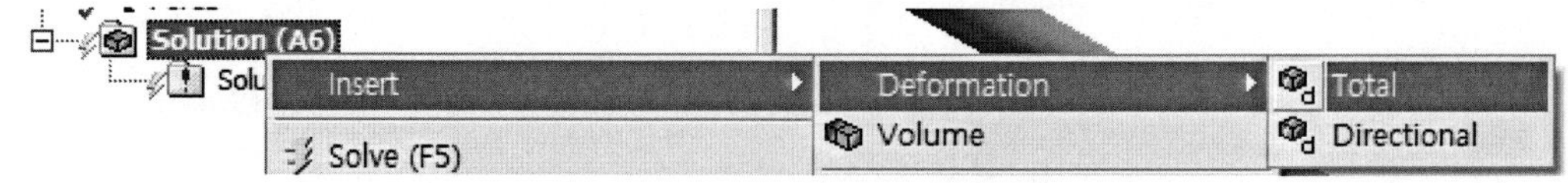

② Force Reaction 결과 세팅

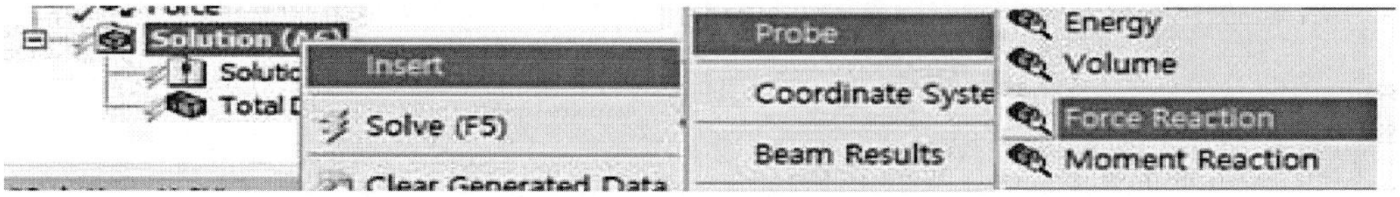

Boundary condition을 Fixed Support를 선택한다.

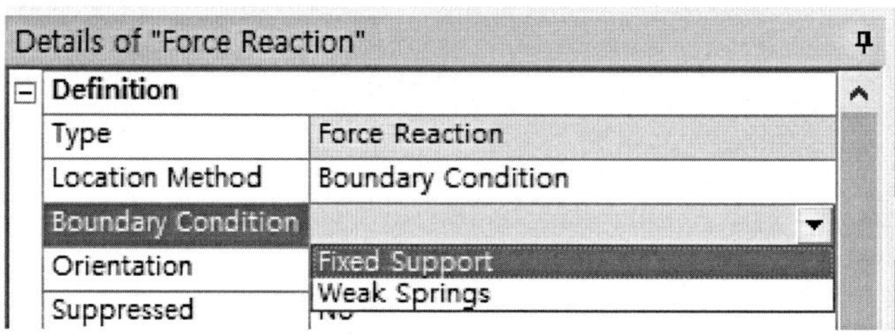

③ Moment Reaction 결과 세팅

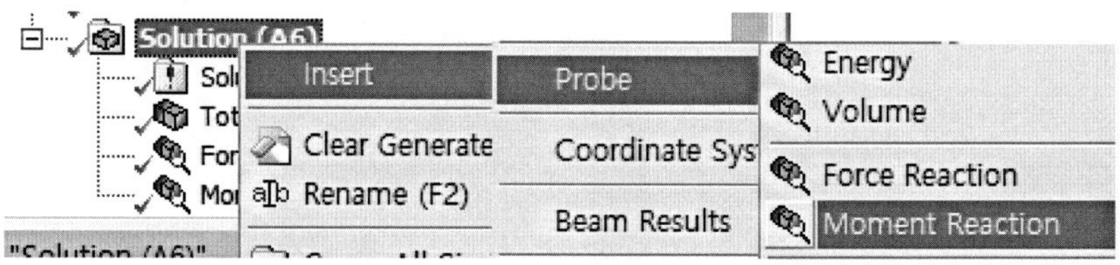

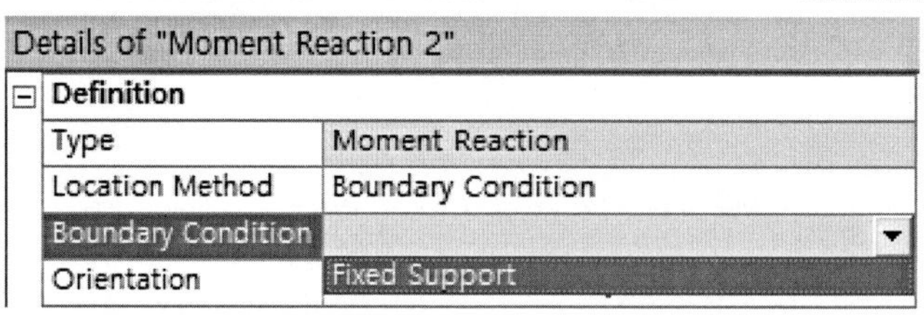

(14) 해석 수행

① Outline화면에서 Static structure 를 선택한다.

② Tool bar에서 Solve를 클릭하거나, Solution > RMB > Solve 를 클릭한다.

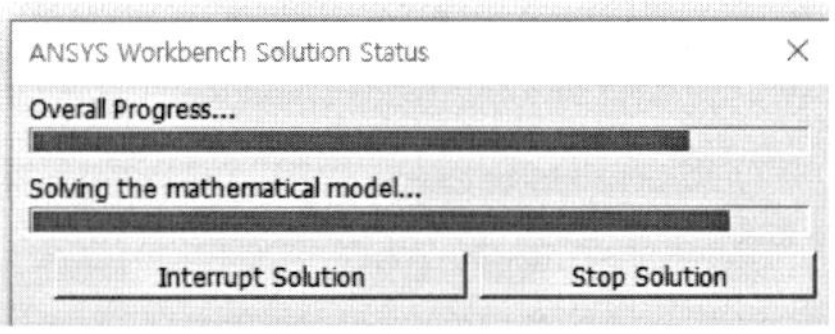

(15) 해석 결과 확인

① Total Deformation을 확인한다.

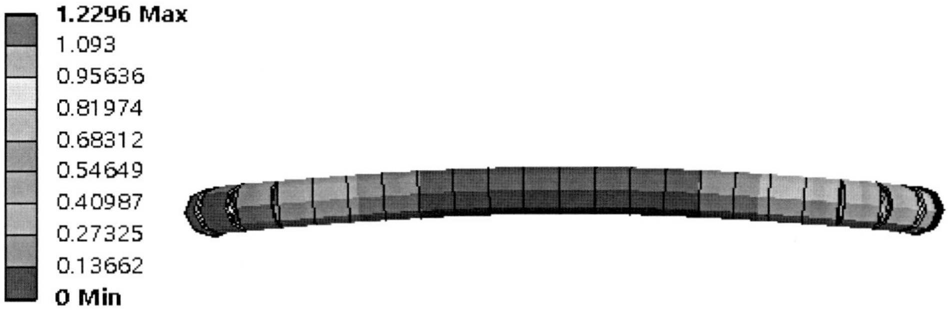

② Fixed support 1

(a) Force Reaction을 확인한다.

Details of "Force Reaction"	
⊞ Definition	
⊟ Options	
Result Selection	All
Display Time	End Time
⊞ Results	
⊟ Maximum Value Over Time	
X Axis	3.2143e-013 N
Y Axis	0. N
Z Axis	-10000 N
Total	10000 N
⊟ Minimum Value Over Time	

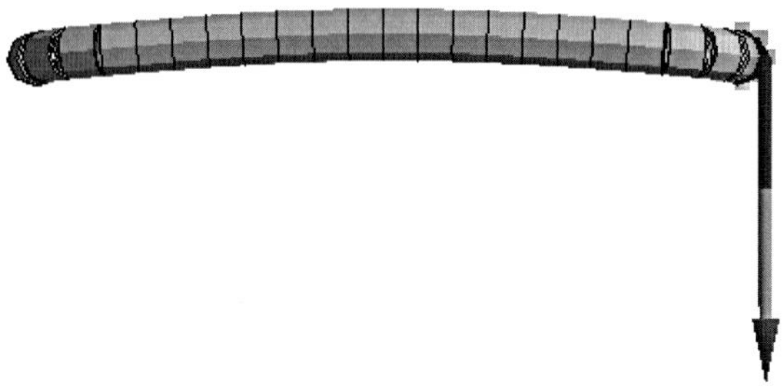

(b) Moment Reaction을 확인한다.

Details of "Moment Reaction"	
⊞ Definition	
⊟ Options	
Result Selection	All
Display Time	End Time
⊞ Results	
⊟ Maximum Value Over Time	
X Axis	-7.e+006 N·mm
Y Axis	2.2129e+006 N·mm
Z Axis	-5.3572e-012 N·mm
Total	7.3415e+006 N·mm

③ Fixed support 2

(a) Force Reaction을 확인한다.

Details of "Force Reaction 2"

⊞ **Definition**	
⊟ **Options**	
Result Selection	All
☐ Display Time	End Time
⊞ **Results**	
⊟ **Maximum Value Over Time**	
☐ X Axis	-3.2143e-013 N
☐ Y Axis	-1.2507e-027 N
☐ Z Axis	-10000. N
☐ Total	10000. N

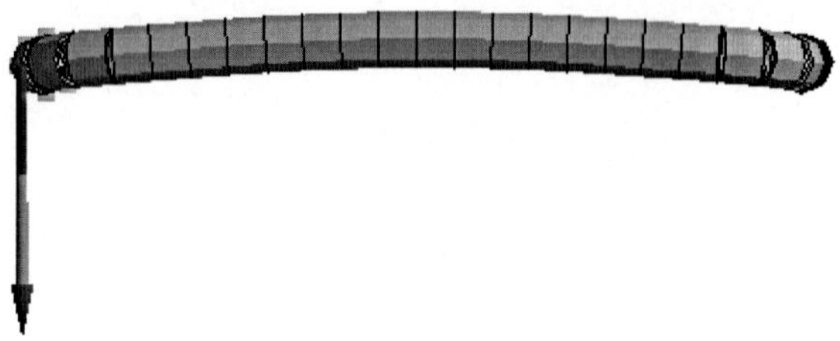

(b) Moment Reaction을 확인한다.

Details of "Moment Reaction 2"

⊞ **Definition**	
⊟ **Options**	
Result Selection	All
☐ Display Time	End Time
⊞ **Results**	
⊟ **Maximum Value Over Time**	
☐ X Axis	-7.e+006 N·mm
☐ Y Axis	-2.2129e+006 N·mm
☐ Z Axis	5.3572e-012 N·mm
☐ Total	7.3415e+006 N·mm

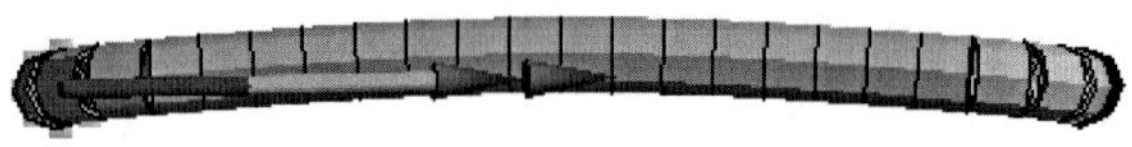

문제8. 자동차 충돌 방지 구조물의 모델링 방법(3)

구조물은 높이 700mm 폭 2000mm, 기둥은 지름 150mm 이며 두께는 10mm 이다.
구조해석 모델은 모서리 부분에 필렛을 200mm로 모델링한다.
자동차 충돌 방지 구조물에 20kN의 하중이 오른쪽 필렛부분에 작용했다.
지점부분의 하중을 산정하세요.

(1) 해석대상을 분석하고 자유물체도를 작성한다.

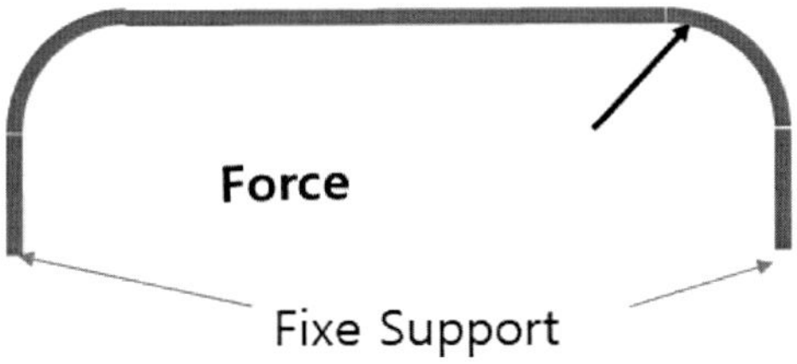

※ 이전 조건을 동일하기 사용하고 하중이 작용하는 위치만 변경한다.

(2) 하중조건 정의

① Outline화면에서 Static structure > RMB > Insert > Force를 선택한다.

② a Detail view에 Force에 대한 Scope, Definition이 나타난다.

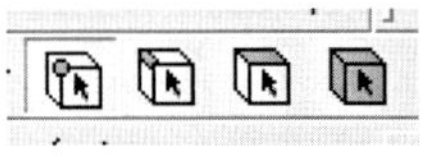

b Force가 작용하는 점을 선택한다.

c Apply를 클릭한다.

③ Magnitude를 20kN으로 설정하고 Direction을 Apply한다.

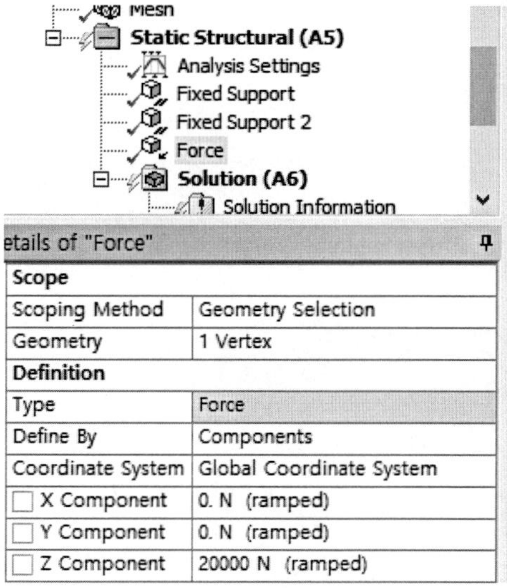

(3) 해석 결과 설정

※ 이전에 설정한 내용을 동일하게 사용한다.

(4) 해석 수행

① Outline화면에서 Static structure 를 선택한다.

② Tool bar에서 Solve를 클릭하거나, Solution > RMB > Solve 를 클릭한다.

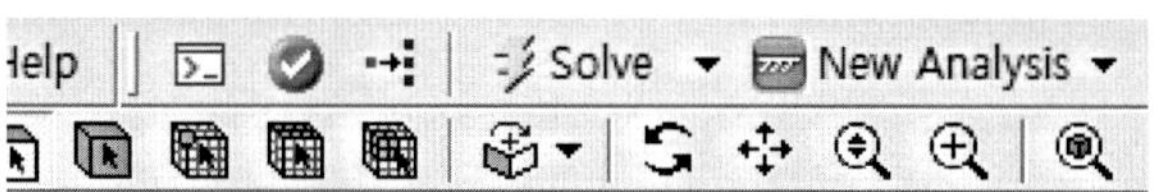

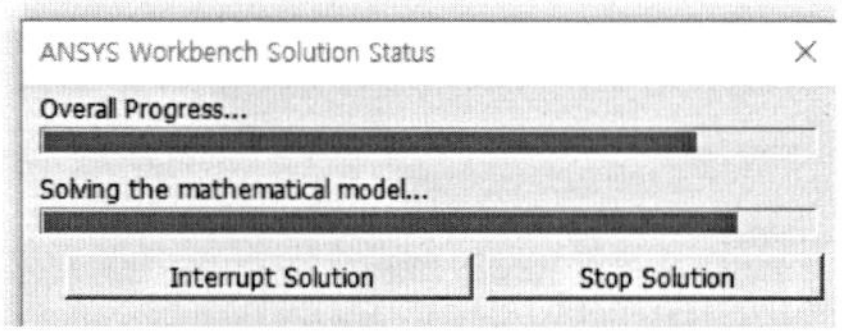

(5) 해석 결과 확인

① Total Deformation을 확인한다.

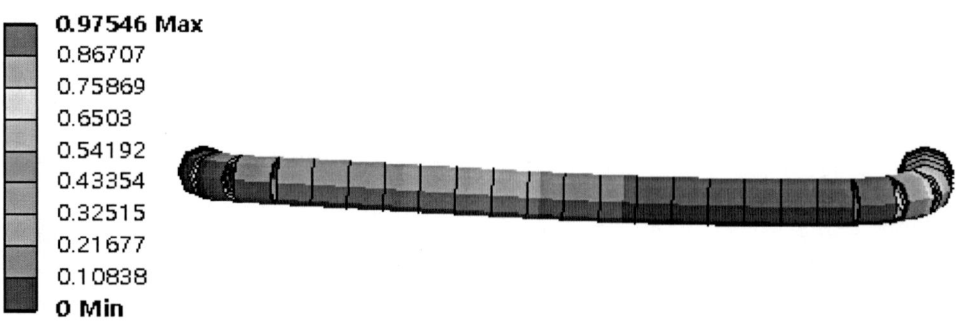

② Fixed support 1

(a) Force Reaction을 확인한다.

Moment Reaction 2

Details of "Force Reaction"

⊞ **Definition**	
⊟ **Options**	
Result Selection	All
☐ Display Time	End Time
⊞ **Results**	
⊟ **Maximum Value Over Time**	
☐ X Axis	1.7519e-013 N
☐ Y Axis	0. N
☐ Z Axis	-2169. N
☐ Total	2169. N

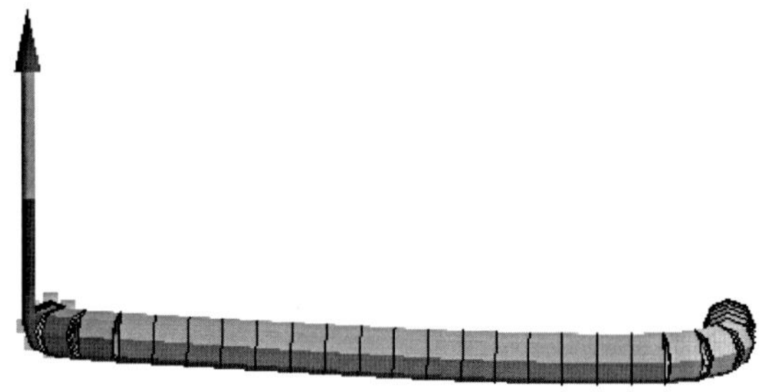

(b) Moment Reaction을 확인한다.

⊞ Results	
⊟ **Maximum Value Over Time**	
☐ X Axis	-2.563e+006 N·mm
☐ Y Axis	1.2061e+006 N·mm
☐ Z Axis	-2.9198e-012 N·mm
☐ Total	2.8326e+006 N·mm

③ Fixed support 2

(a) Force Reaction을 확인한다.

⊟ **Options**	
Result Selection	All
☐ Display Time	End Time
⊞ **Results**	
⊟ **Maximum Value Over Time**	
☐ X Axis	-1.2609e-013 N
☐ Y Axis	-4.9061e-028 N
☐ Z Axis	-17831 N
☐ Total	17831 N
⊟ **Minimum Value Over Time**	

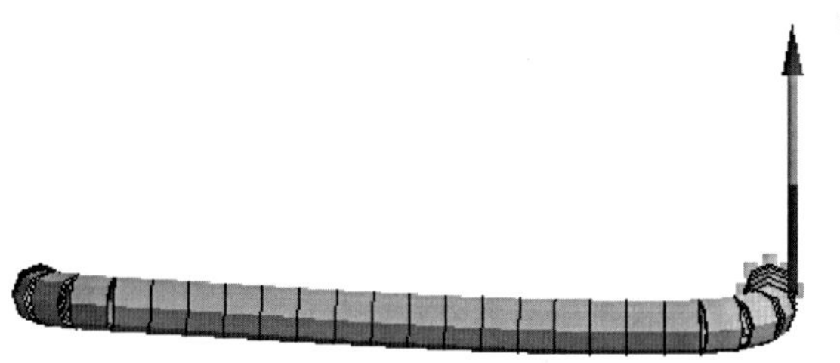

(b) Moment Reaction을 확인한다.

⊟ **Maximum Value Over Time**	
☐ X Axis	-1.1437e+007 N·mm
☐ Y Axis	-8.6806e+005 N·mm
☐ Z Axis	2.1014e-012 N·mm
☐ Total	1.147e+007 N·mm
⊟ **Minimum Value Over Time**	

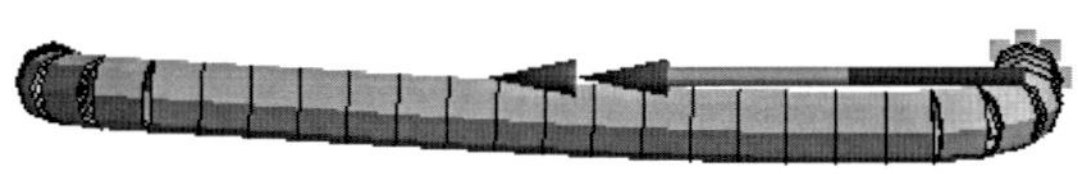

문제9. 인장을 받는 지름이 다른 봉의 반력과 변형량 산정

그림과 같이 서로 단면이 다른 두 단면을 가지는 봉이 있다. 이 봉에 인장력 P=100kN이 작용한다. 부재 전체 변위량과 반력을 구하시오.

L1 = 500mm, L2 = 300mm

D1 = 30mm, D2 = 50mm

E = 200,000 MPa

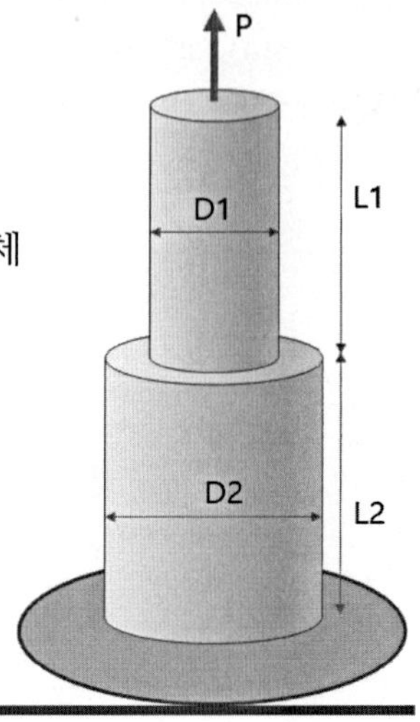

(1) 해석대상을 분석하고 자유물체도를 작성한다.

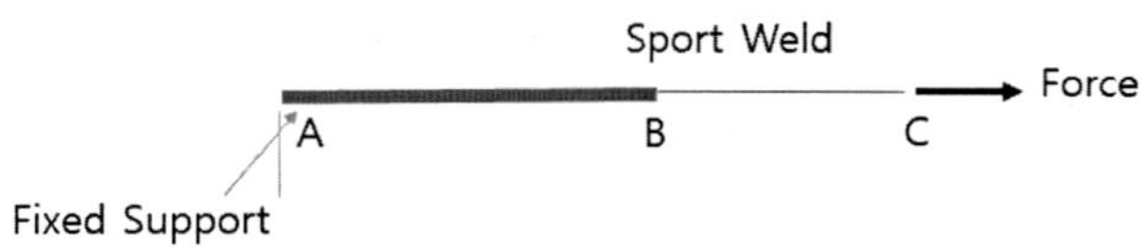

(2) 해석 시스템을 생성한다.(Static structural)

① Project Schematic에 Static Structural 시스템 추가한다.

② Project 이름을 변경한다.

③ Mechanical 창에서 Units menu를 클릭하고 단위를 설정한다.

- Metric (mm, kg, N, s, mV, mA)

(3) 재료의 물성을 정의한다. (Engineering Data)

① 기본 설정된 값을 사용한다. (기본설정은 Structural steel로 되어 있다.)

(4) 해석 모델을 불러들이거나 모델링을 수행한다. (Geometry)

본 문제에 대한 Design Modeler를 사용한 모델링 방법은 다음과 같다.

Sport Weld로 연결하는 부재 2개를 모델링 한다.

① Geometry에서 RMB > Design Modeler를 클릭한다.

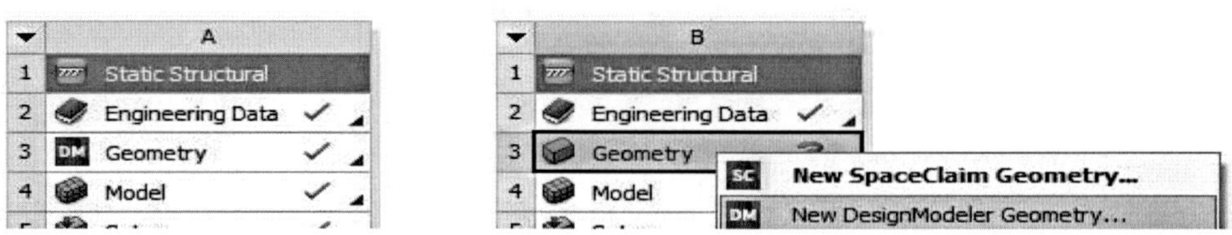

먼저 단위를 mm로 변경한다.

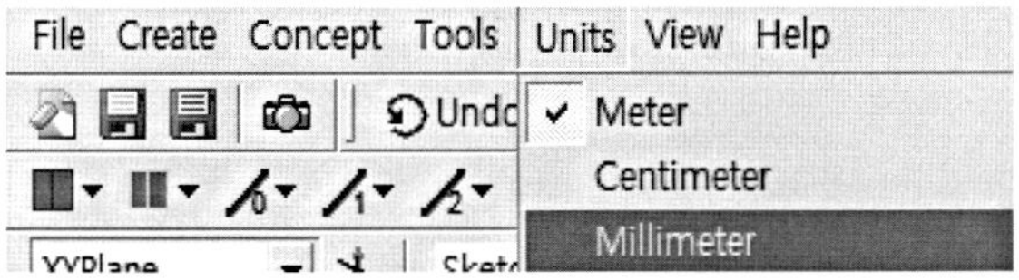

다음과 같은 절차로 모델링 한다.

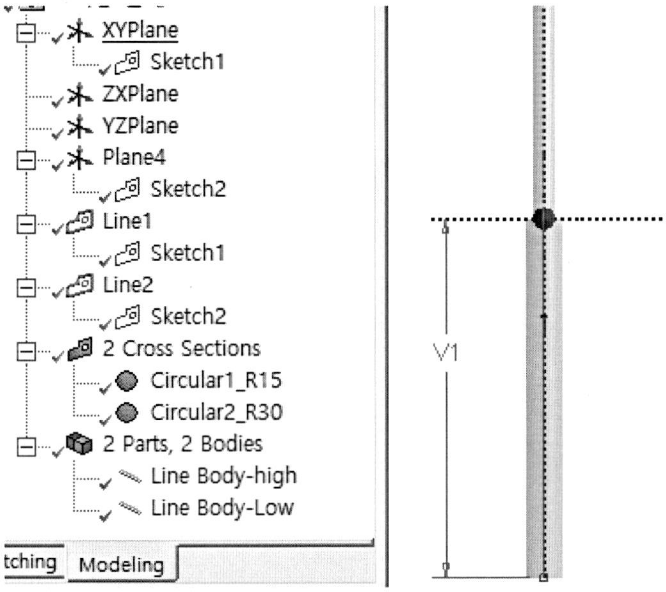

② XYPlane을 선택한 후 New Plane을 클릭하여 Plane4를 생성하고, Generate를 실행한다.

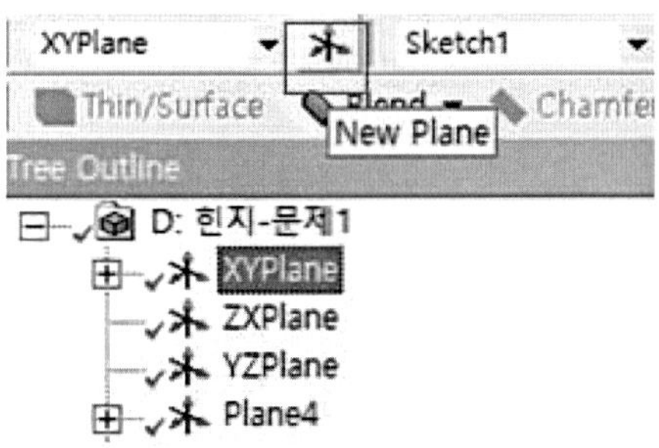

③ XPLane을 선택하고 Look at을 클릭한다.

-1. Sketching 화면에서 Line을 그린다.
-2. Detail Views에서 Dimensions에 Line의 치수를 입력한다.
V 을 500mm로 입력한다.

-3. Modeling 화면에서 Concept > Lines From Sketches를 클릭한다.

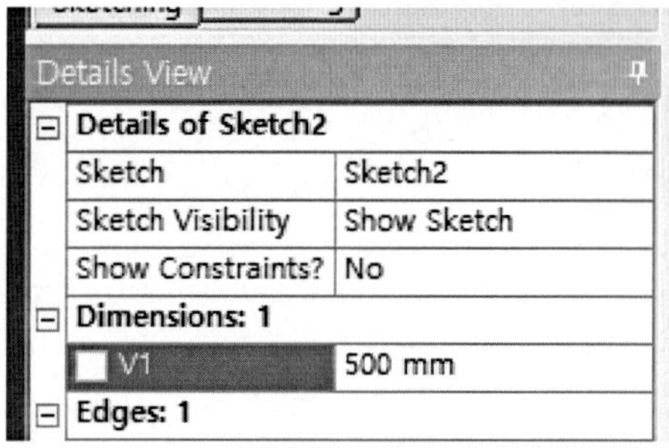

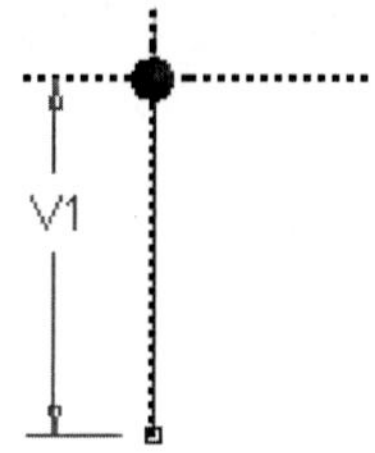

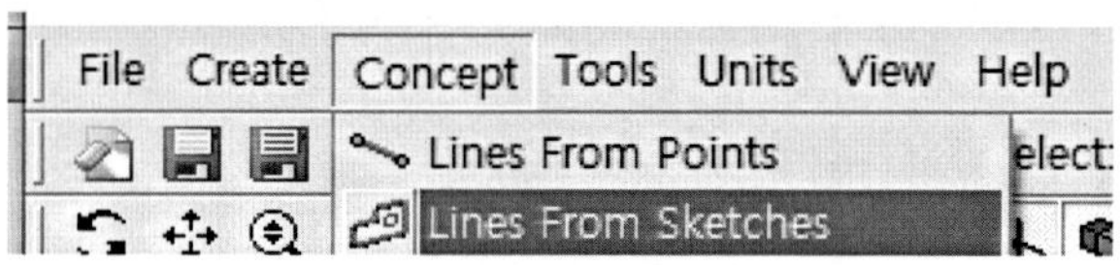

-4. sketch1을 선택하고 Apply를 실행한다.

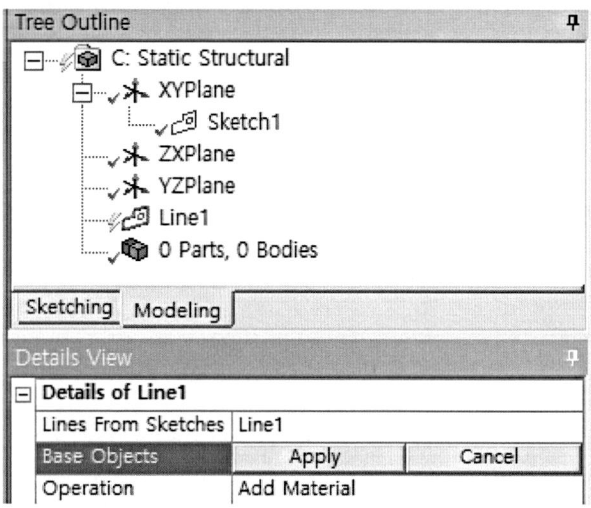

-5 Generate를 실행한다. Generate를 실행할 Operation을 Add Material로 한다.

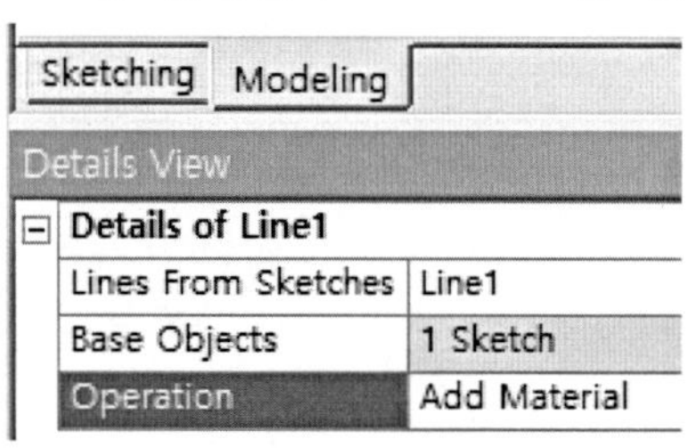

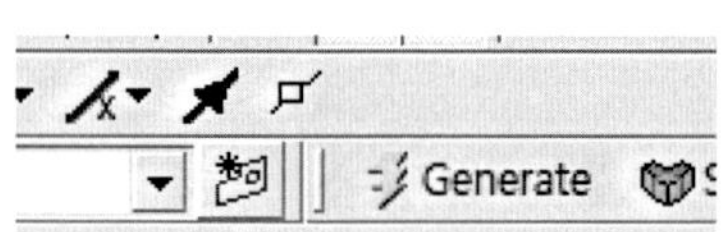

④ PLane4을 선택하고 Look at을 클릭한다.

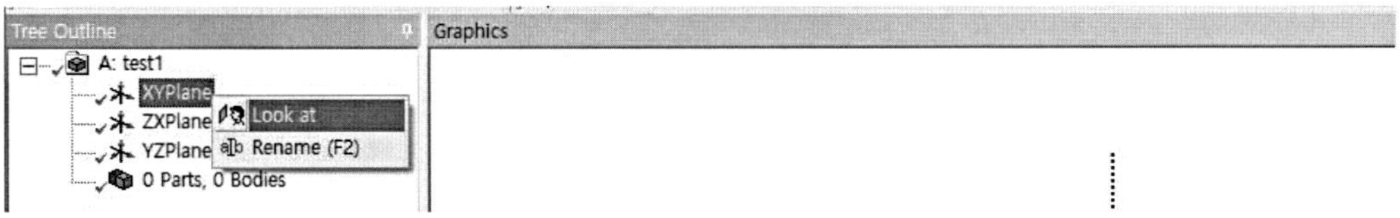

-1. Sketching 화면에서 Line을 그린다.
-2. Detail Views에서 Dimensions에 Line의 치수를 입력한다.
V 을 300mm로 입력한다.

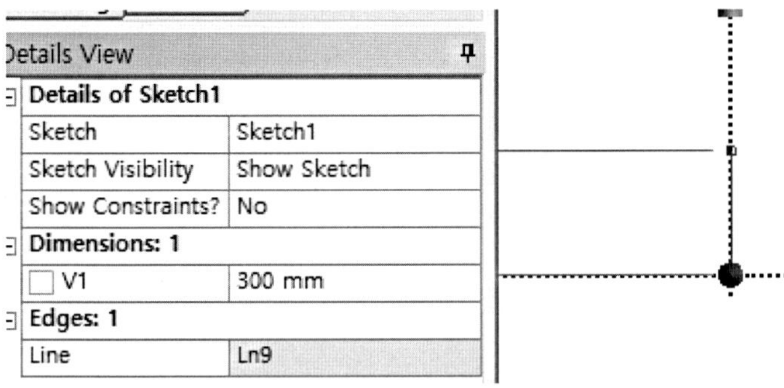

-3. Modeling 화면에서 Concept > Lines From Sketches를 클릭한다.

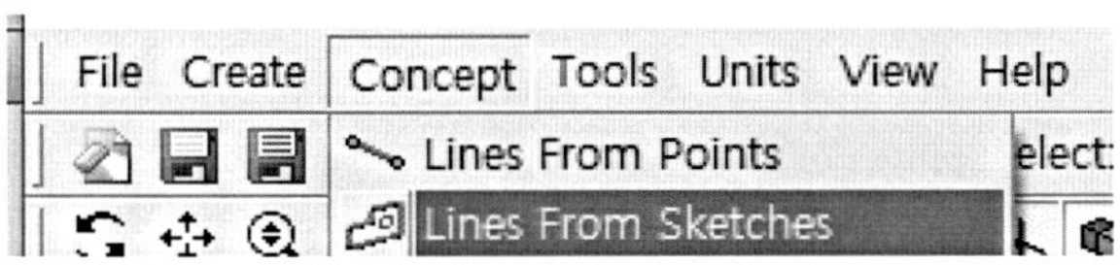

-4. sketch2을 선택하고 Apply를 실행한다.
-5 Generate를 실행한다. Generate를 실행할 Operation을 Add Frozen으로 한다.

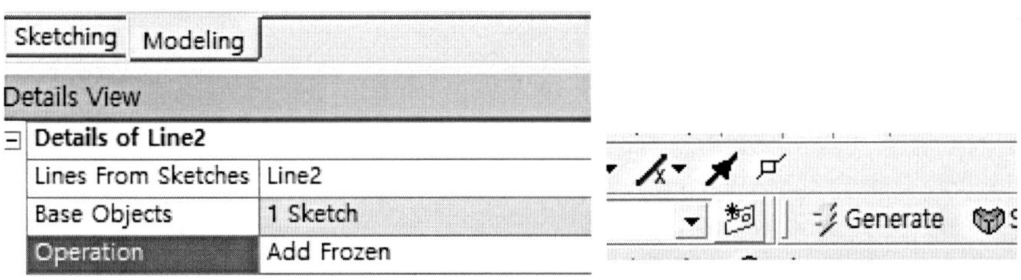

⑤ Concept > Cross Section에서 단면형상을 선택한다.

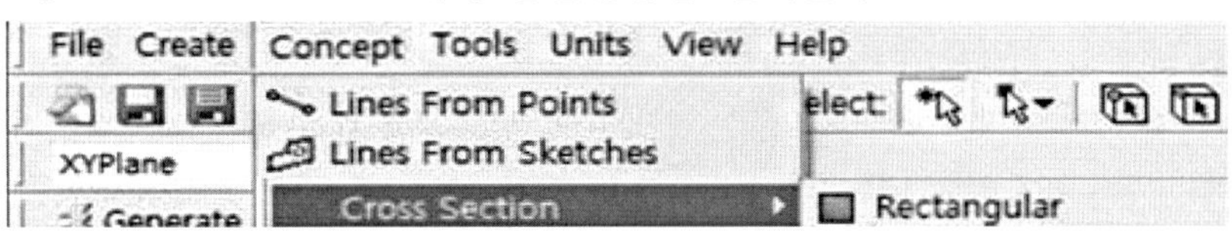

Detail View에서 Dimensions에 단면의 치수를 입력한다.

⑥ Detail View에서 Line Body를 선택하고, Cross Section을 선택한다.

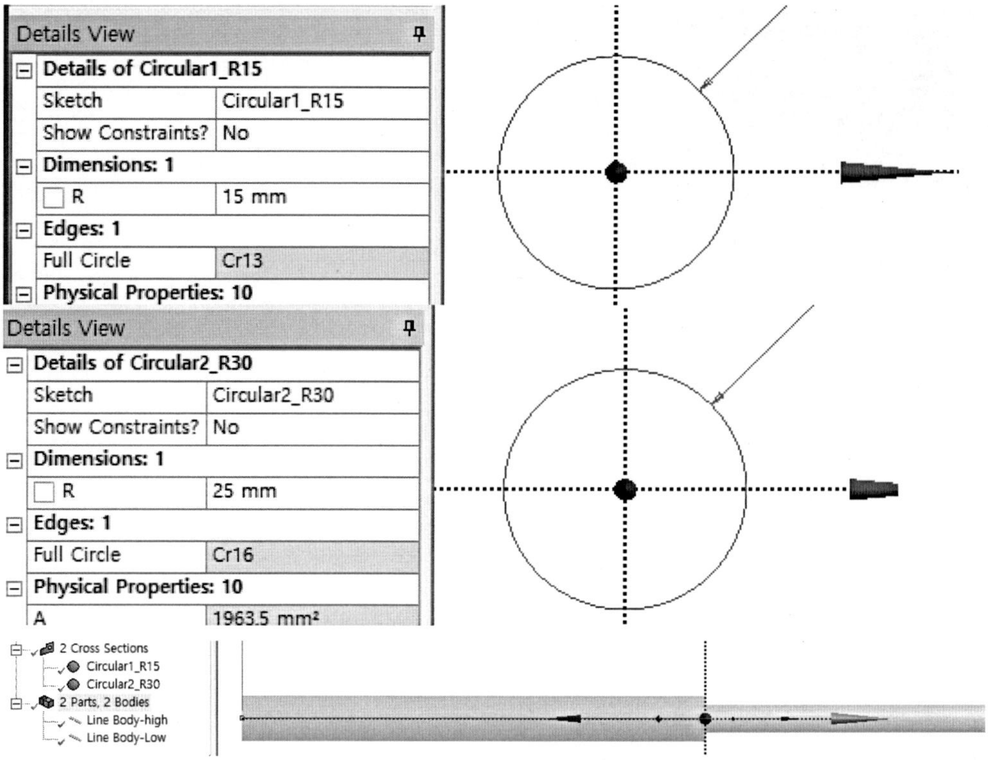

(5) 해석 모델의 환경을 설정한다. (Model)

① Project Schematic의 Static Structural에서 Model을 더블클릭하여 Mechanical 창 활성화 한다.

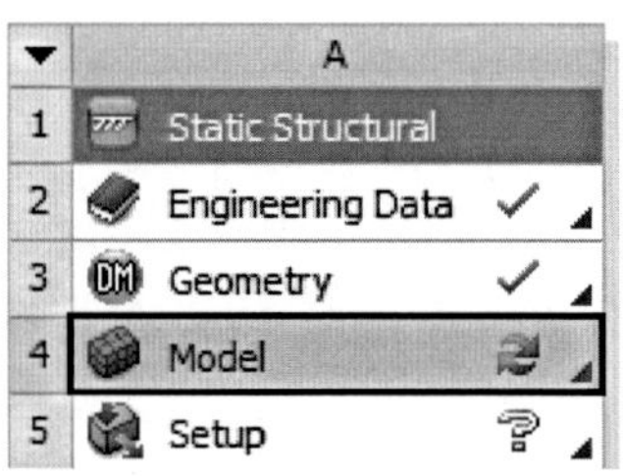

② Outline화면에서 Model > Geometry > Solid 를 선택한다.

③ View > Cross section Solid를 선택한다.

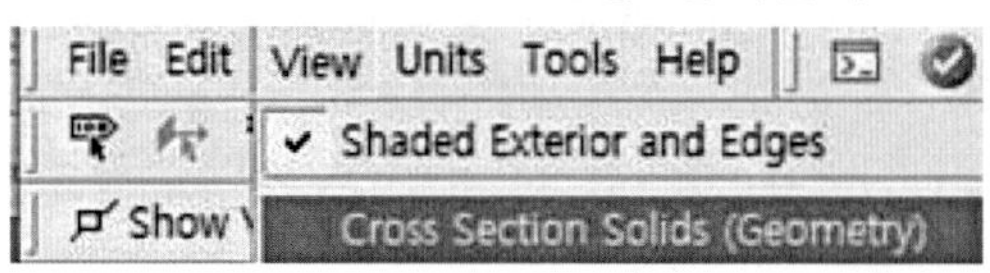

(6) 좌표계 설정 (Coordinate Systems) : 변경내용 없음

(7) 연결 관계 정의(Connections) : 기본설정을 사용한다.

① Outline화면에서 Connection > RMB > Insert > Spot Weld를 선택.

② Menu화면에서 Explode Factor의 슬라이더를 밀어서 부재를 그래픽적으로 벌려놓는다. 그러면 접촉했던 a,b가 벌어진다.

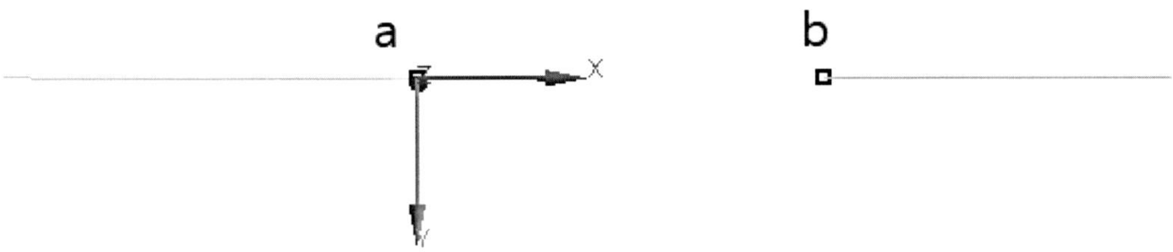

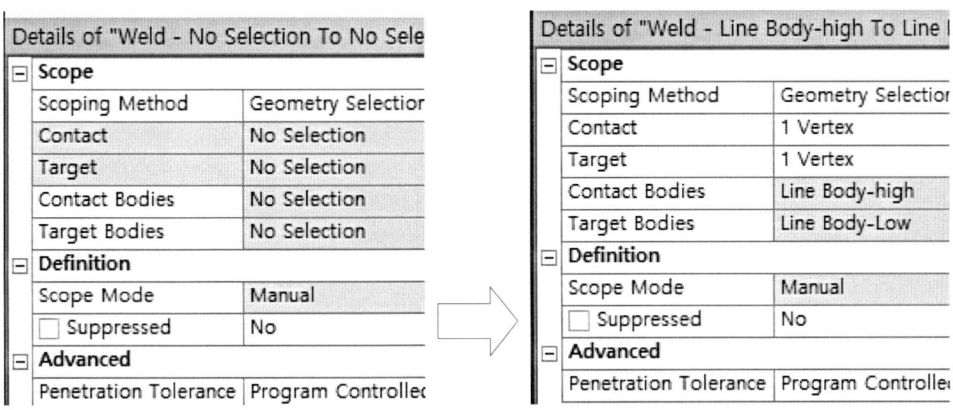

Details of "Weld - No Selection To No Sele

Scope	
Scoping Method	Geometry Selectior
Contact	No Selection
Target	No Selection
Contact Bodies	No Selection
Target Bodies	No Selection
Definition	
Scope Mode	Manual
Suppressed	No
Advanced	
Penetration Tolerance	Program Controllec

Details of "Weld - Line Body-high To Line I

Scope	
Scoping Method	Geometry Selectior
Contact	1 Vertex
Target	1 Vertex
Contact Bodies	Line Body-high
Target Bodies	Line Body-Low
Definition	
Scope Mode	Manual
Suppressed	No
Advanced	
Penetration Tolerance	Program Controlle

③ Detail화면에서 다음과 같이 설정한다.

-1. 그래픽화면에서 a점을 클릭하고 Detail화면에서 Scope의 Contact를 클릭하면 노란색이 빨간색으로 바뀌고 1vortex, Line Body-high로 설정이 변경된다.

-2. 그래픽화면에서 b점을 클릭하고 Detail화면에서 Scope의 Target를 클릭하면 노란색이 파란색으로 바뀌고 1vortex, Line Body-Low로 설정이 변경된다.

(8) 격자 모델 생성 (Mesh)

① Outline화면에서 Model > RMB> Insert> Sizing 를 선택한다.

② Element size를 입력한다.

③ Outline화면에서 Model > Mesh 를 선택하고 RMB > Update 실행한다.

Details of "Sizing" - Sizing	
Scope	
Scoping Method	Geometry Selection
Geometry	No Selection
Definition	
Suppressed	No
Type	Element Size
Element Size	Default
Advanced	
Defeature Size	Default
Behavior	Soft

Details of "Body Sizing" - Sizing	
Scope	
Scoping Method	Geometry Selection
Geometry	2 Bodies
Definition	
Suppressed	No
Type	Element Size
Element Size	50.0 mm
Advanced	
Defeature Size	Default
Behavior	Soft

(9) 해석 설정 정의(Analysis Settings) : 설정되어 있는 값을 사용한다.

(10) 초기 조건 정의 : 고려하지 않는다.

(11) 구속조건 정의
ⓐ 고정 지점 설정
① Outline화면에서 Static structure > RMB > Insert > Fixed Support 선택.
② Outline화면에서 Static structure > Fixed support를 클릭하고,
Graphic window에서 단순보의 절점을 선택한다.
*끝단을 선택하기 위하여 Edge 메뉴 사용한다.

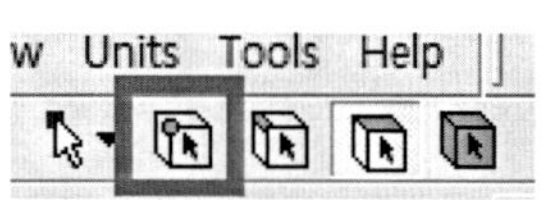

Details of "Fixed Support"	
Scope	
Scoping Method	Geometry Selection
Geometry	1 Vertex
Definition	
Type	Fixed Support
Suppressed	No

(12) 하중조건 정의
ⓐ Force 설정
① Outline화면에서 Static structure > RMB > Insert > Force를 선택한다.
② a Detail view에 Force에 대한 Scope, Definition이 나타난다.
b Force가 작용하는 점을 선택한다.
c Apply를 클릭한다.
③ Magnitude를 100KN으로 설정하고 Direction을 Apply한다.

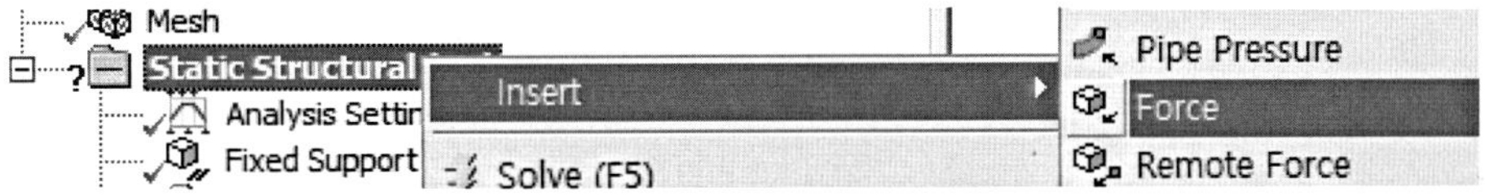

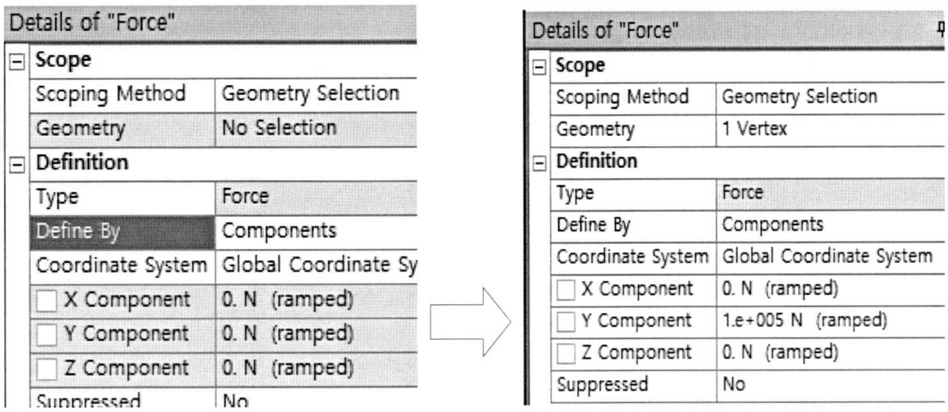

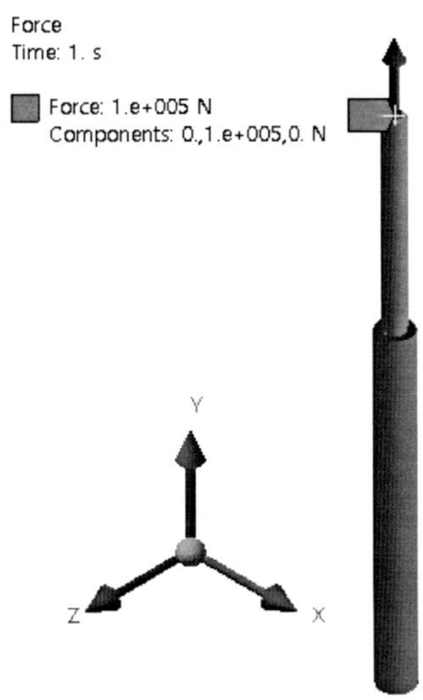

(13) 해석 결과 설정

① Deformation(변형) 결과 세팅

a. Outline화면에서 Solution >RMB >Insert >Deformation >Directional 항목 선택

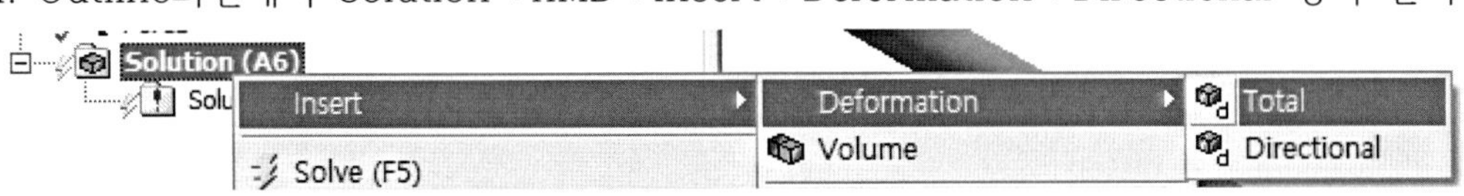

(14) 해석 수행

① Outline화면에서 Static structure 를 선택한다.

② Tool bar에서 Solve를 클릭하거나, Solution > RMB > Solve 를 클릭한다.

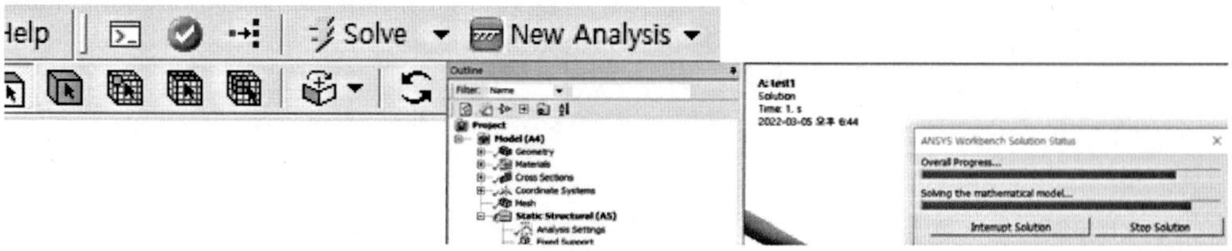

(15) 해석 결과 확인

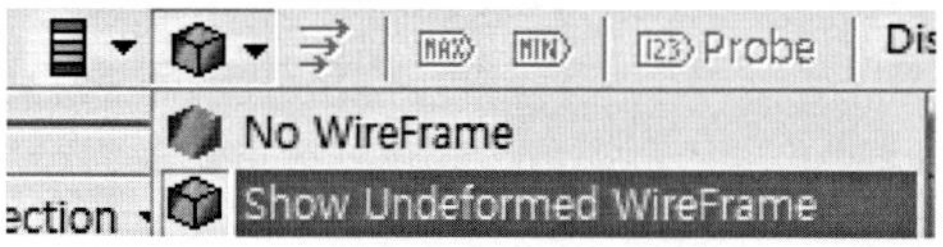

Show Undeformed WireFrame을 사용

① Total Deformation을 확인한다.

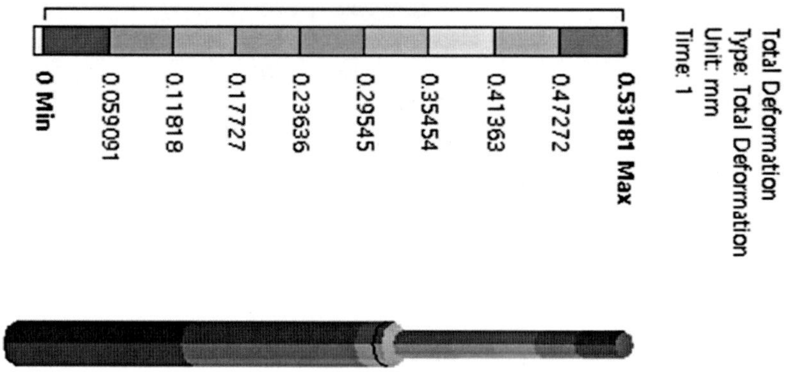

② Axial Force

Outline화면에서 Solution > RMB > Insert> Beam Result > Axial Force를 선택하고, Evaluate All Results를 실행한다.

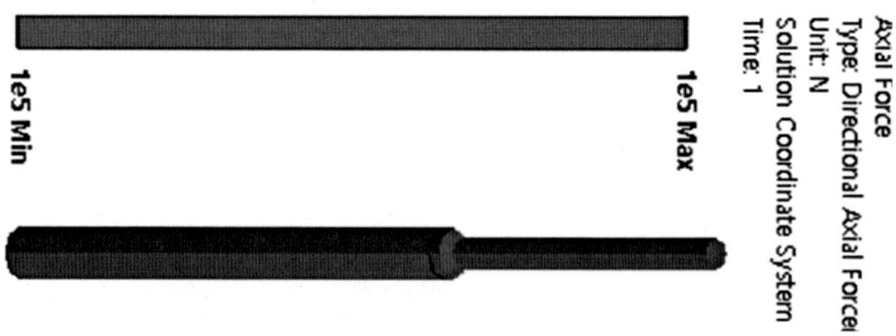

③ Force Reaction을 확인한다. (D점)

Maximum Value Over Time	
X Axis	1.0155e-010 N
Y Axis	-1.e+005 N
Z Axis	-4.647e-010 N
Total	1.e+005 N

문제10 압축하중을 받는 지름이 다른 봉의 반력과 변형량 산정

그림과 같이 서로 단면이 다른 두 단면을 가지는 봉이 있다. 이 봉에 인장력 P=100kN이 작용한다. 부재 전체의 변위량과 변형률을 구하시오.

L1 = 500mm,

D1 = 30mm, D2 = 50mm

E = 200,000 MPa

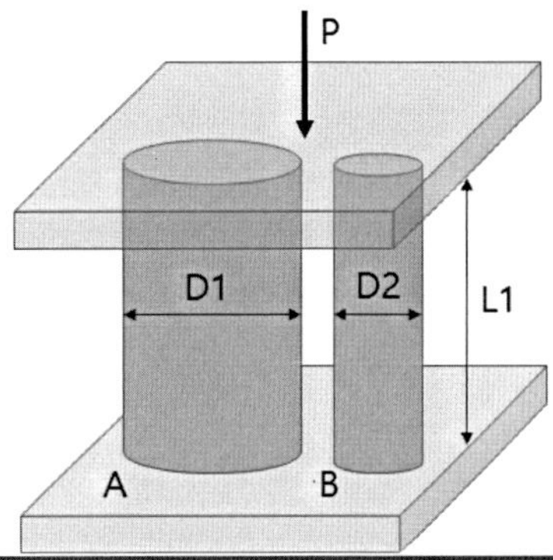

(1) 해석대상을 분석하고 자유물체도를 작성한다.

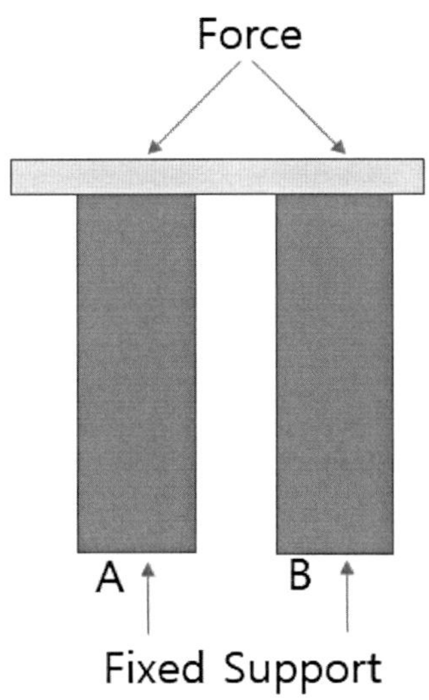

(2) 해석 시스템을 생성한다.(Static structural)

① Project Schematic에 Static Structural 시스템 추가한다.

② Project 이름을 변경한다.

③ Mechanical 창에서 Units menu를 클릭하고 단위를 설정한다.

- Metric (mm, kg, N, s, mV, mA)

(3) 재료의 물성을 정의한다. (Engineering Data)

① 기본 설정된 값을 사용한다. (기본설정은 Structural steel로 되어 있다.)

(4) 해석 모델을 불러들이거나 모델링을 수행한다. (Geometry)

본 문제에 대한 Design Modeler를 사용한 모델링 방법은 다음과 같다.
부재 2개를 모델링 한다.
① Geometry에서 RMB > Design Modeler를 클릭한다.

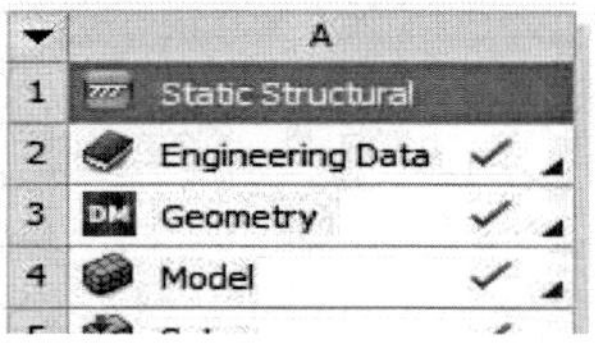

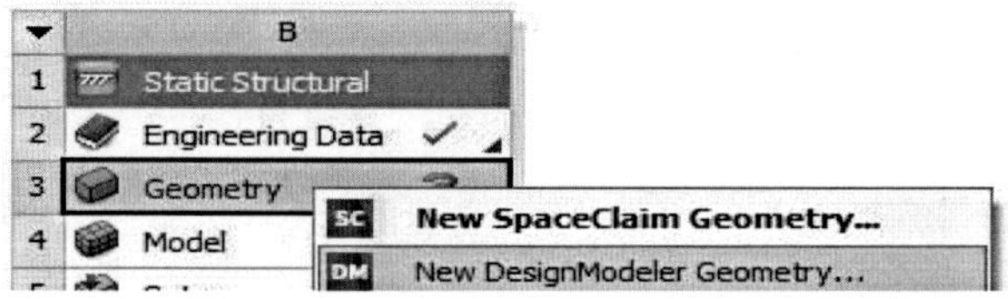

먼저 단위를 mm로 변경한다.

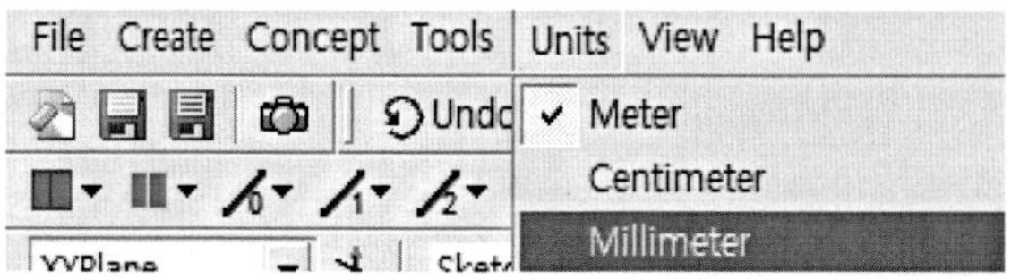

다음과 같은 절차로 모델링 한다.

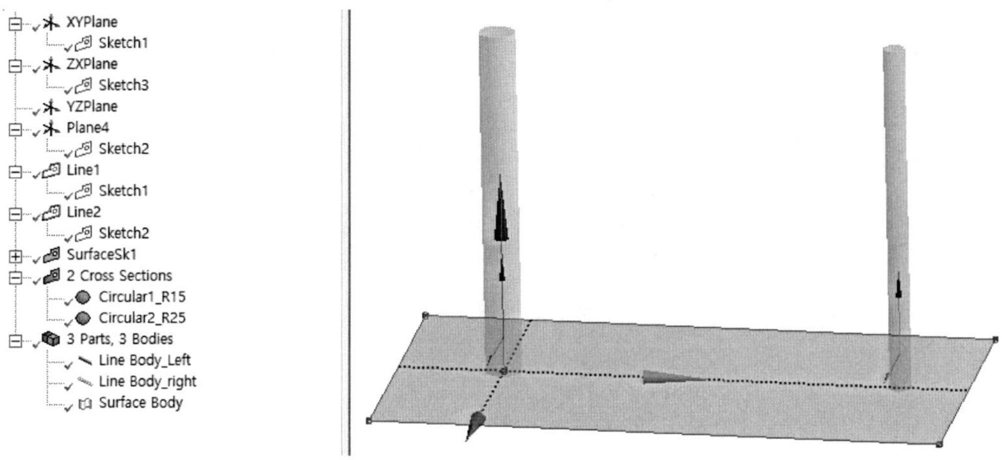

② XYPlane을 선택한 후 New Plane을 클릭하여 Plane4를 생성하고, Generate를 실행한다.

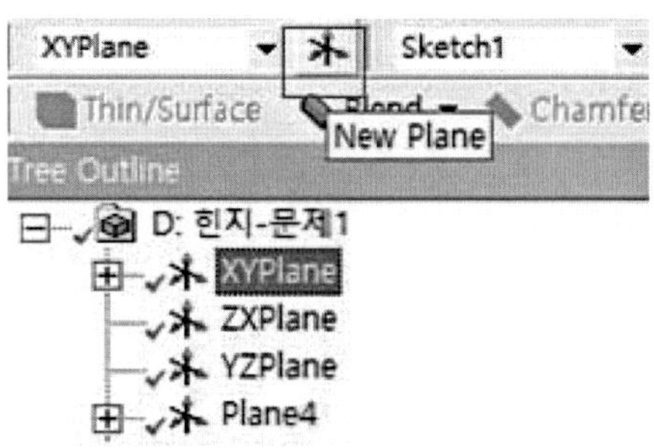

③ XPLane을 선택하고 Look at을 클릭한다.

-1. Sketching 화면에서 Line을 그린다.
-2. Detail Views에서 Dimensions에 Line의 치수를 입력한다.
V 을 500mm로 입력한다.
-3. Modeling 화면에서 Concept > Lines From Sketches를 클릭한다.

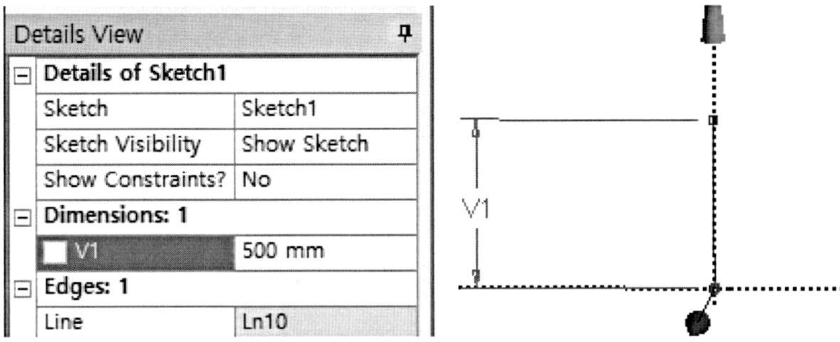

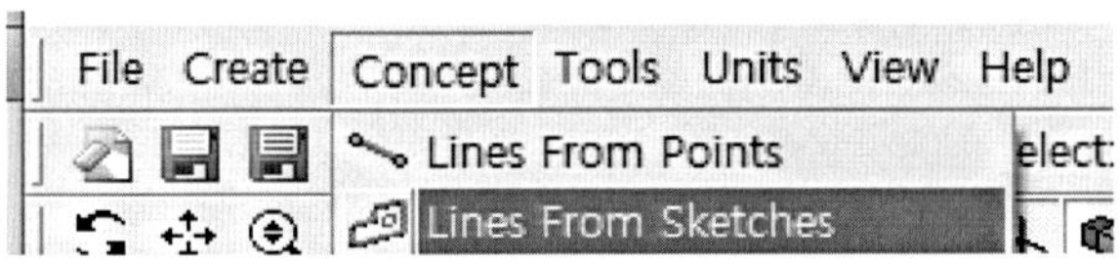

-4. sketch1을 선택하고 Apply를 실행한다.

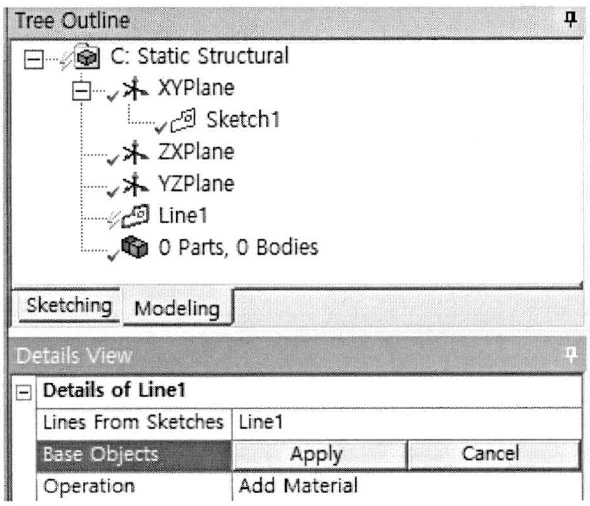

-5 Generate를 실행한다. Generate를 실행할 Operation을 Add Material로 한다.

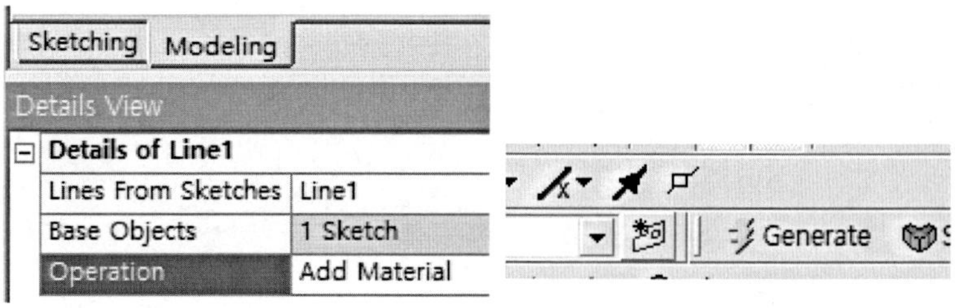

④ PLane4을 선택하고 Look at을 클릭한다.

-1. Sketching 화면에서 Line을 그린다.

-2. Detail Views에서 Dimensions에 Line의 치수를 입력한다.

V 을 500mm로 입력한다.

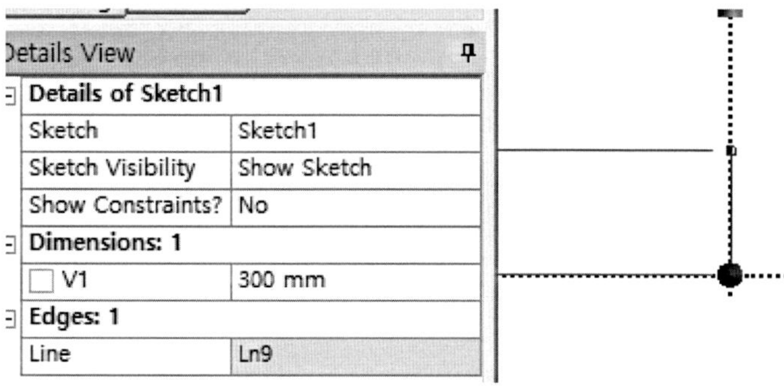

-3. Modeling 화면에서 Concept > Lines From Sketches를 클릭한다.

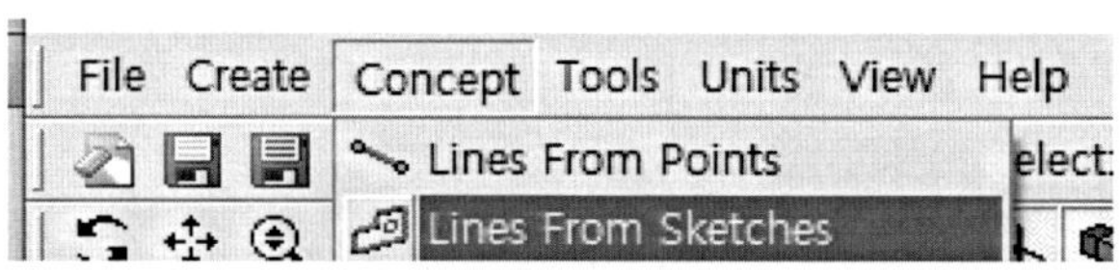

-4. sketch2을 선택하고 Apply를 실행한다.

-5 Generate를 실행한다. Generate를 실행할 Operation을 Add Frozen으로 한다.

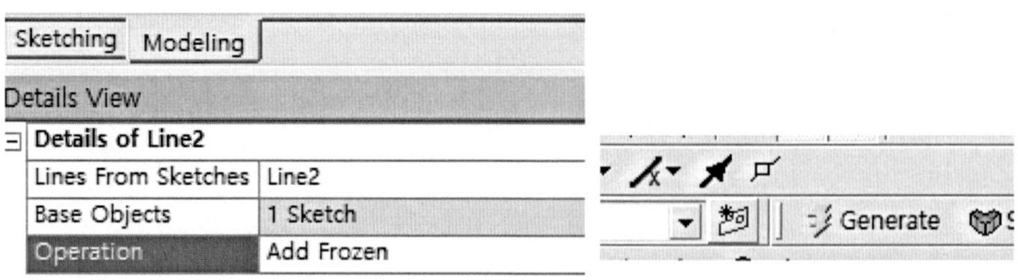

⑤ ZXPlane을 선택하고 Look at을 클릭한다.

-1. Sketching 화면에서 Rectangle을 그린다.

-2. Modeling 화면에서 Concept > Surface From Sketches를 클릭한다.

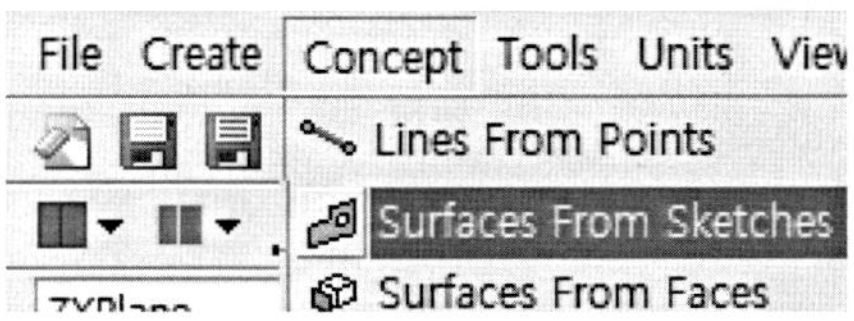

-3. sketch2을 선택하고 Thickness를500mm로 설정하고 Apply를 실행한다.

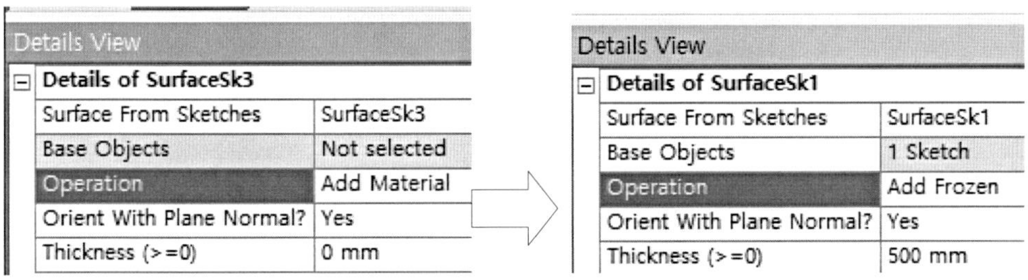

-4. Generate를 실행한다. Generate를 실행할 Operation을 Add Frozen으로 한다.

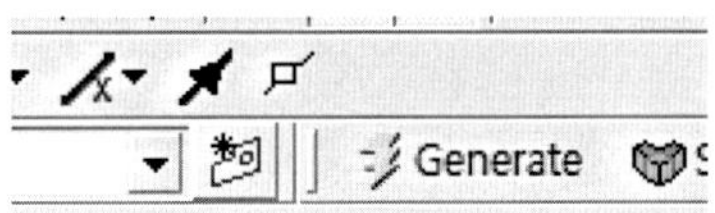

⑥ Concept > Cross Section에서 단면형상을 선택한다.

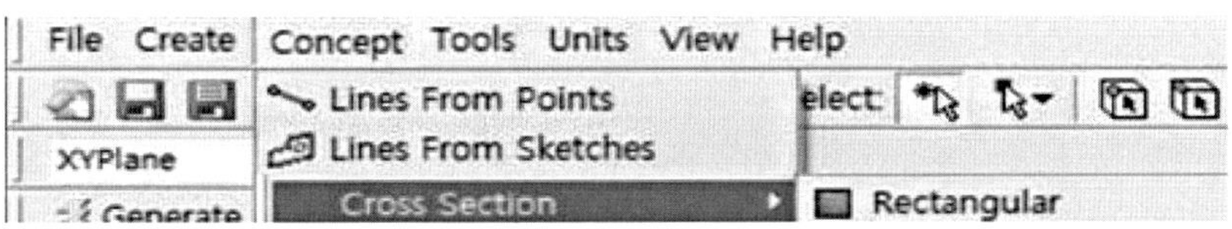

Detail View에서 Dimensions에 단면의 치수를 입력한다.

⑦ Detail View에서 Line Body를 선택하고, Cross Section을 선택한다.

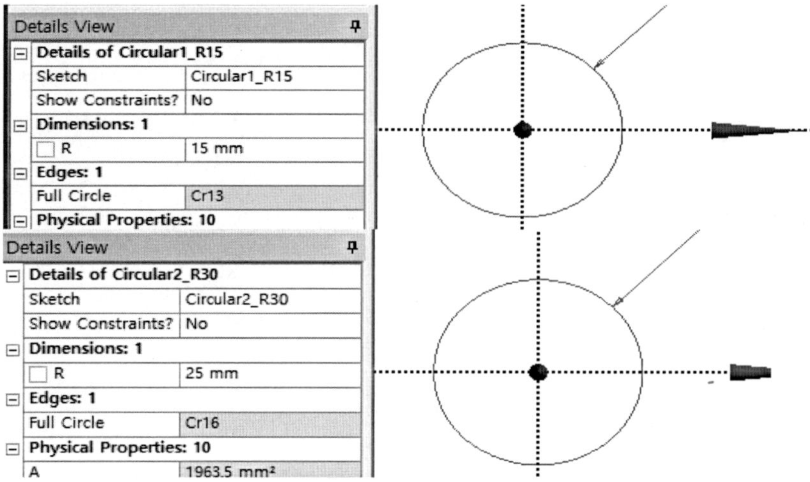

(5) 해석 모델의 환경을 설정한다. (Model)

① Project Schematic의 Static Structural에서 Model을 더블클릭하여 Mechanical 창 활성화 한다.

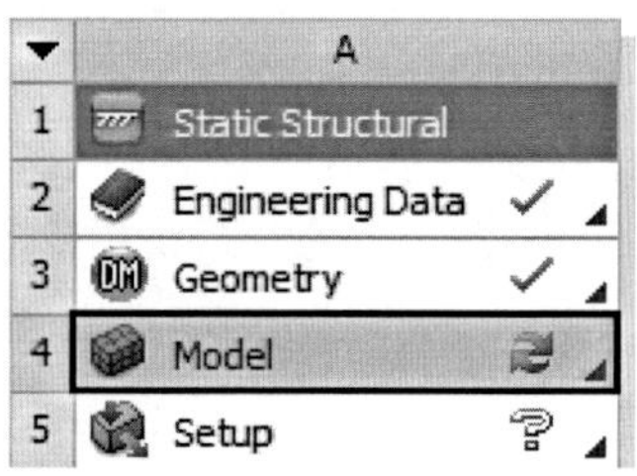

② Outline화면에서 Model > Geometry > Solid 를 선택한다.

③ View > Cross section Solid를 선택한다.

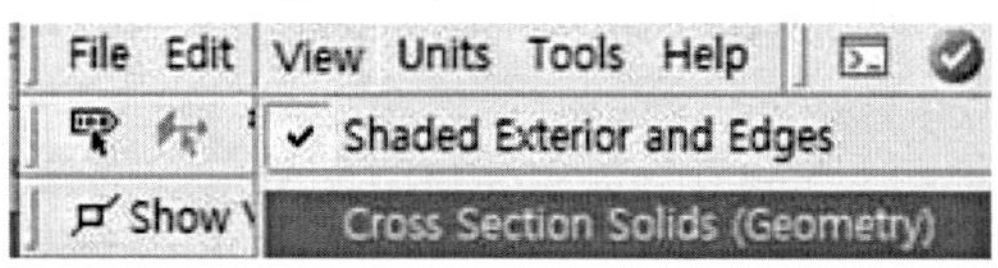

(6) 좌표계 설정 (Coordinate Systems) : 변경내용 없음

(7) 연결 관계 정의(Connections) : 기본설정을 사용한다.

① Outline화면에서 Connection > RMB > Insert > Joint를 선택.

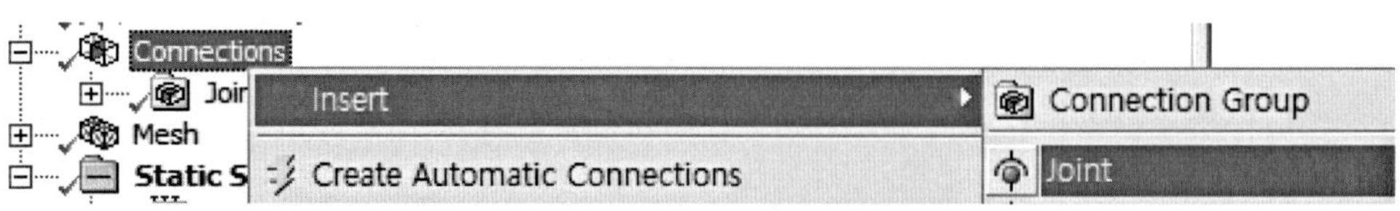

② Menu화면에서 Explode Factor의 슬라이더를 밀어서 부재를 그래픽적으로 벌려 놓는다. 그러면 접촉했던 a,b가 벌어진다.

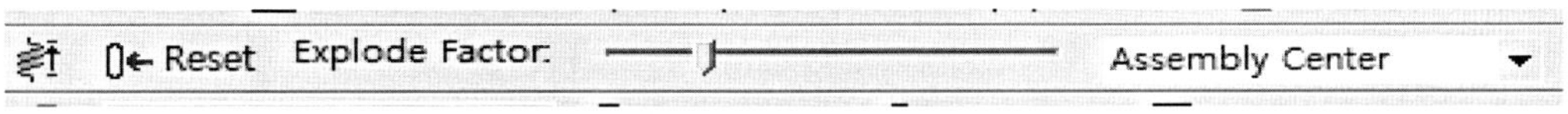

③ Detail화면에서 다음과 같이 설정한다.

-1. Type을 Revolute 로 한다.

-2. 그래픽화면에서 a점을 클릭하고 Detail화면에서 Reference 의 Scope를 클릭하면 노란색이 빨간색으로 바뀌고 1vortex, Line Body로 설정이 변경된다.

-3. 그래픽화면에서 b점을 클릭하고 Detail화면에서 Mobile의 Scope를 클릭하면 노란색이 파란색으로 바뀌고 1vortex, Line Body로 설정이 변경된다.

Details of "Fixed - No Selection To No Selection"	
Definition	
Connection Type	Body-Body
Type	Fixed
Solver Element Type	Program Controlled
Suppressed	No
Element APDL Name	
Reference	
Scoping Method	Geometry Selection
Applied By	Remote Attachment
Scope	No Selection
Body	No Selection
Coordinate System	Reference Coordinate System
Behavior	Rigid
Pinball Region	All
Mobile	
Scoping Method	Geometry Selection
Applied By	Remote Attachment
Scope	No Selection
Body	No Selection
Initial Position	Unchanged
Behavior	Rigid
Pinball Region	All

Details of "Fixed - Surface Body To Multiple"	
Definition	
Connection Type	Body-Body
Type	Fixed
Solver Element Type	Program Controlled
Suppressed	No
Element APDL Name	
Reference	
Scoping Method	Geometry Selection
Applied By	Remote Attachment
Scope	1 Face
Body	Surface Body
Coordinate System	Reference Coordinate System
Behavior	Rigid
Pinball Region	All
Mobile	
Scoping Method	Geometry Selection
Applied By	Remote Attachment
Scope	2 Vertices
Body	Multiple
Initial Position	Unchanged
Pinball Region	All

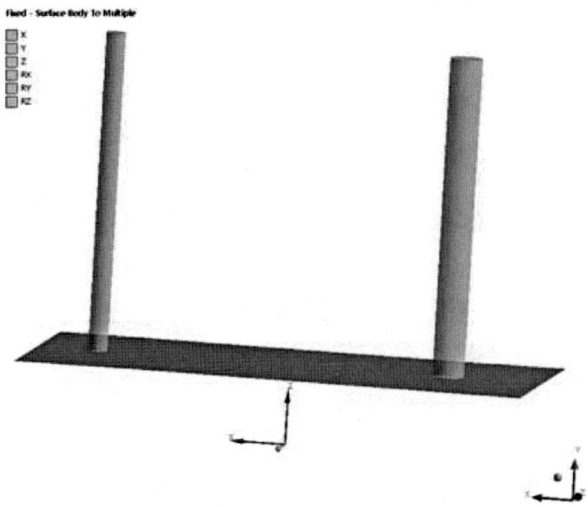

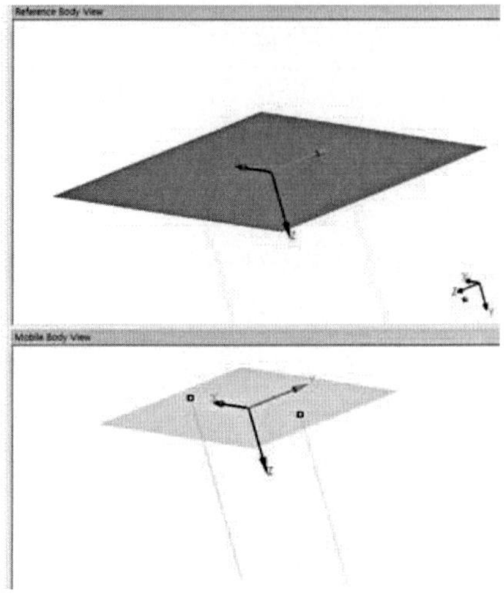

(8) 격자 모델 생성 (Mesh)

① Outline화면에서 Model > RMB> Insert> Sizing 를 선택한다.

② Element size를 입력한다.

③ Outline화면에서 Model > Mesh 를 선택하고 RMB > Update 실행한다.

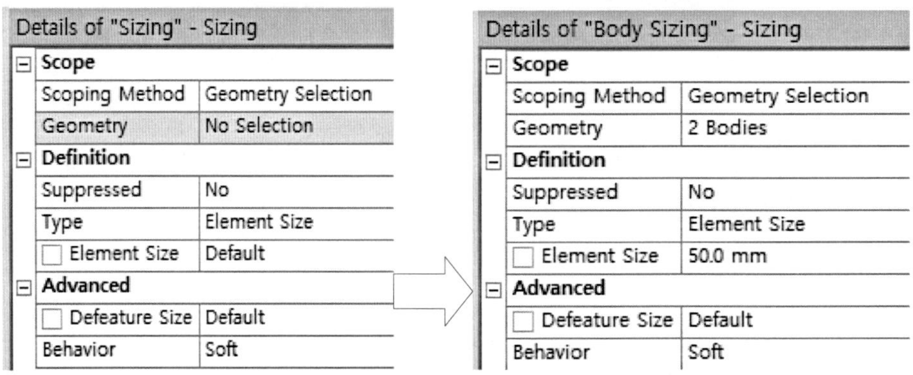

Details of "Sizing" - Sizing

Scope	
Scoping Method	Geometry Selection
Geometry	No Selection
Definition	
Suppressed	No
Type	Element Size
Element Size	Default
Advanced	
Defeature Size	Default
Behavior	Soft

Details of "Body Sizing" - Sizing

Scope	
Scoping Method	Geometry Selection
Geometry	2 Bodies
Definition	
Suppressed	No
Type	Element Size
Element Size	50.0 mm
Advanced	
Defeature Size	Default
Behavior	Soft

(9) 해석 설정 정의(Analysis Settings) : 설정되어 있는 값을 사용한다.

(10) 초기 조건 정의 : 고려하지 않는다.

(11) 구속조건 정의

ⓐ 고정 지점 설정

① Outline화면에서 Static structure > RMB > Insert > Fixed Support 선택.

② Outline화면에서 Static structure > Fixed support를 클릭하고,
Graphic window에서 단순보의 절점을 선택한다.

*끝단을 선택하기 위하여 Edge 메뉴 사용한다.

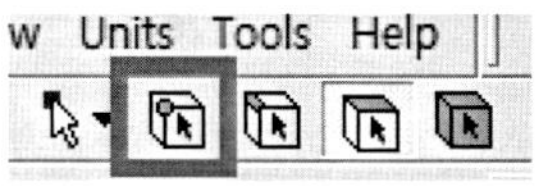

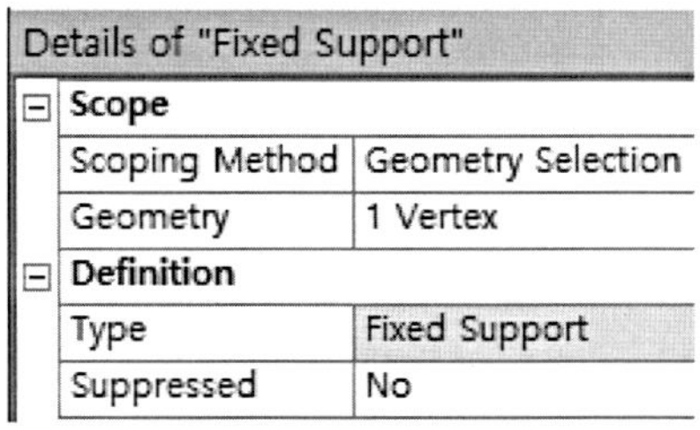

(12) 하중조건 정의

ⓐ Force 설정

① Outline화면에서 Static structure > RMB > Insert > Force를 선택한다.

② a Detail view에 Force에 대한 Scope, Definition이 나타난다.

b Force가 작용하는 점을 선택한다.

c Apply를 클릭한다.

③ Magnitude를 100KN으로 설정하고 Direction을 Apply한다.

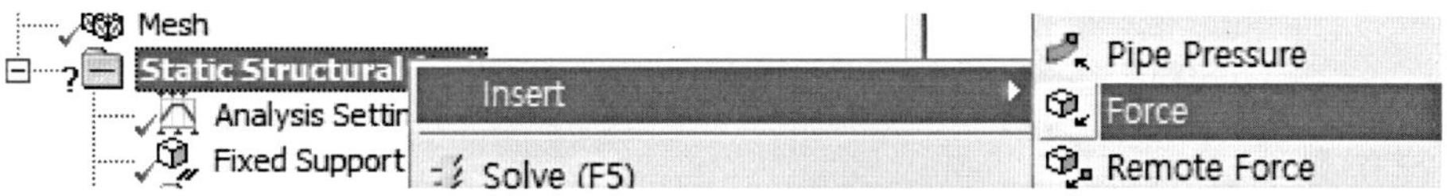

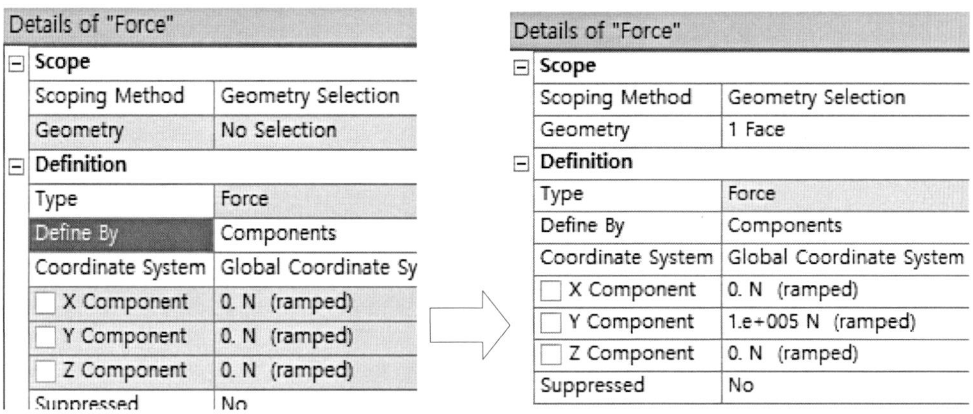

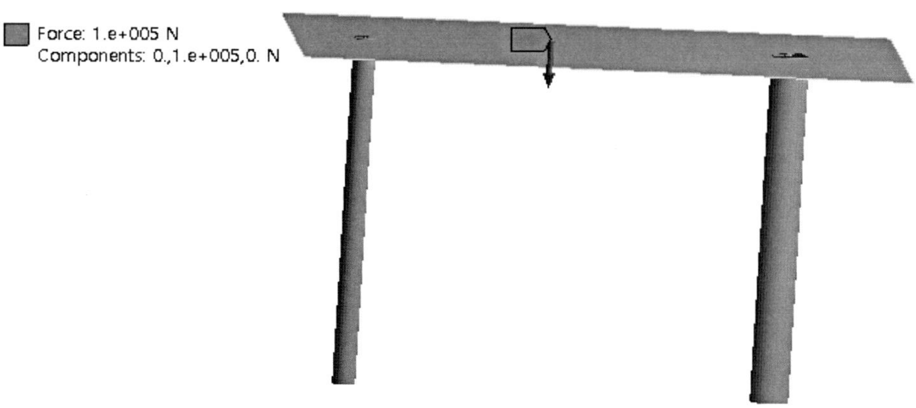

(13) 해석 결과 설정

① Deformation(변형) 결과 세팅

a. Outline화면에서 Solution >RMB >Insert >Deformation >Directional 항목 선택

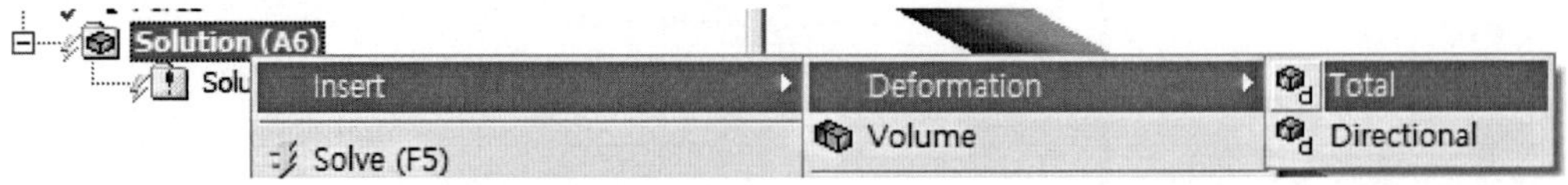

(14) 해석 수행

① Outline화면에서 Static structure 를 선택한다.

② Tool bar에서 Solve를 클릭하거나, Solution > RMB > Solve 를 클릭한다.

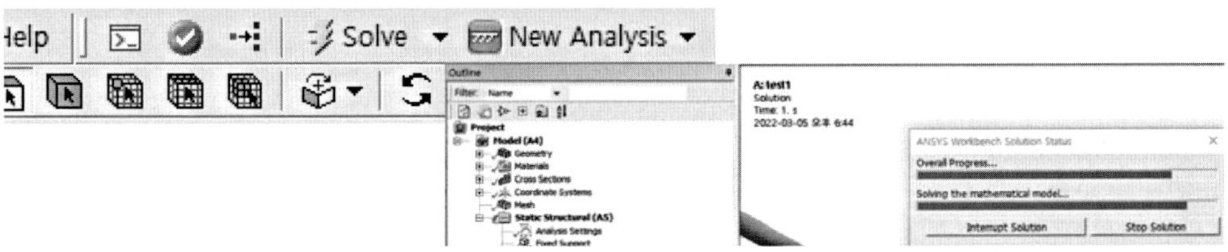

(15) 해석 결과 확인

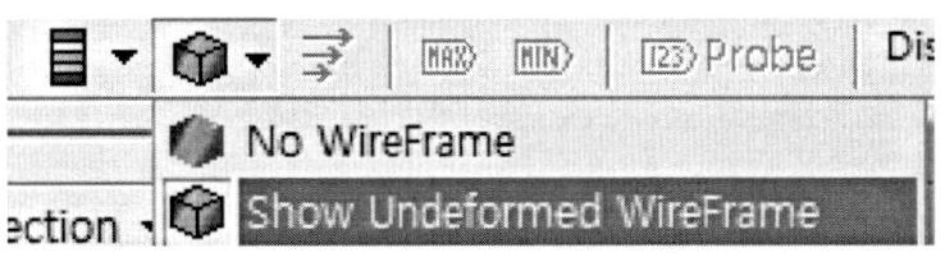

Show Undeformed WireFrame을 사용

① Total Deformation을 확인한다.

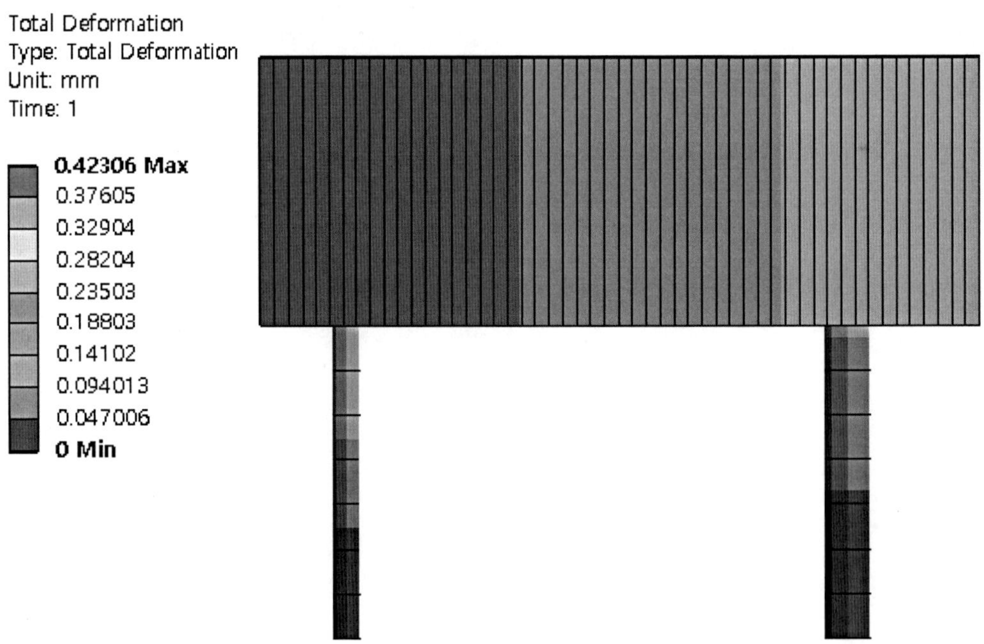

② Axial Force

Outline화면에서 Solution > RMB > Insert> Beam Result > Axial Force를 선택하고, Evaluate All Results를 실행한다.

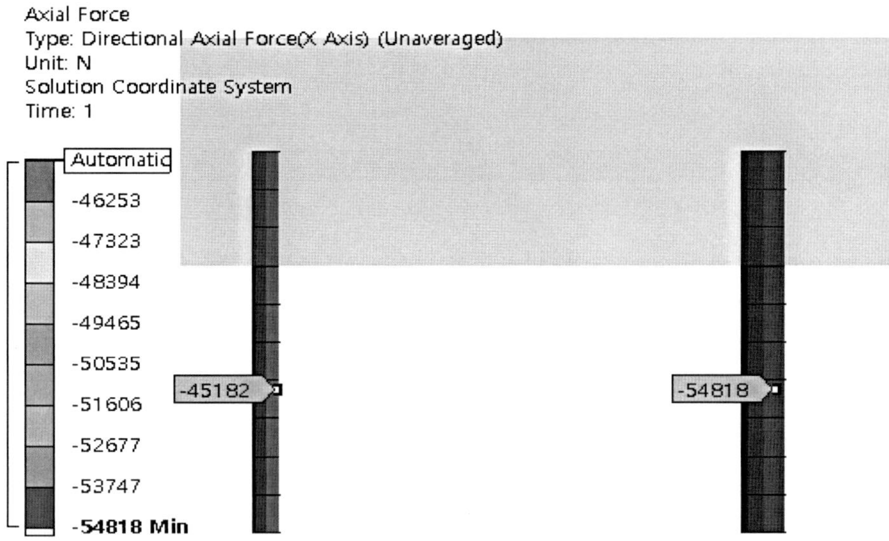

③ Force Reaction을 확인한다.

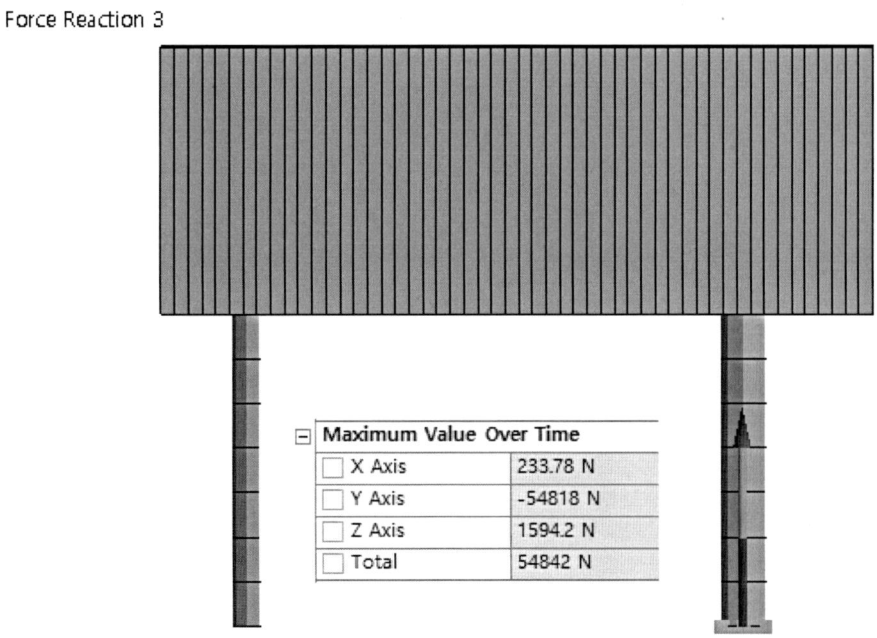

Maximum Value Over Time	
X Axis	233.78 N
Y Axis	-54818 N
Z Axis	1594.2 N
Total	54842 N

Force Reaction 4

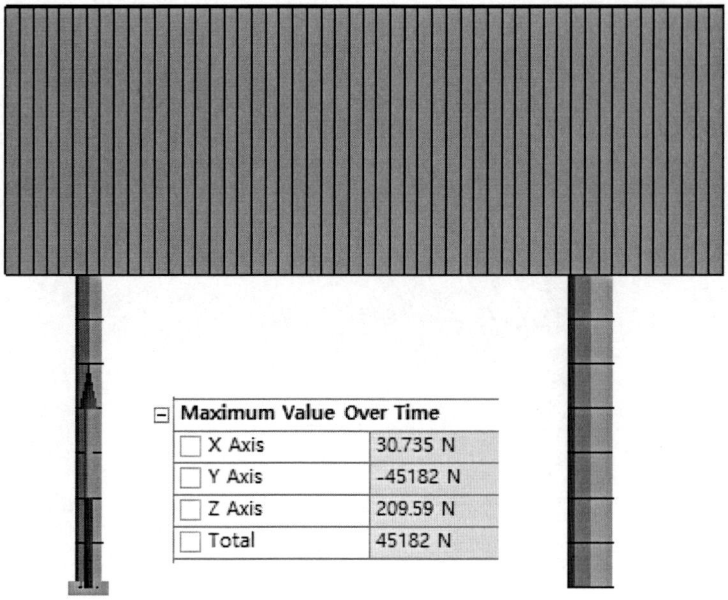

문제11. 볼트반력에 작용하는 합력 산정

볼트 A에 작용하는 두 힘 P, Q의 합력에 대한 반력을 구하시오.

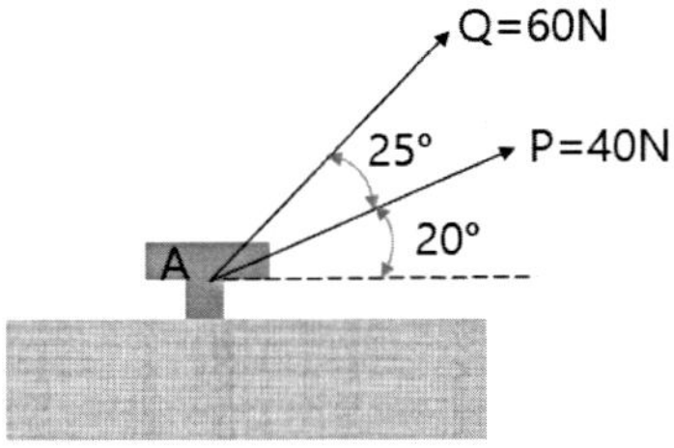

(1) 해석대상을 분석하고 자유물체도를 작성한다.

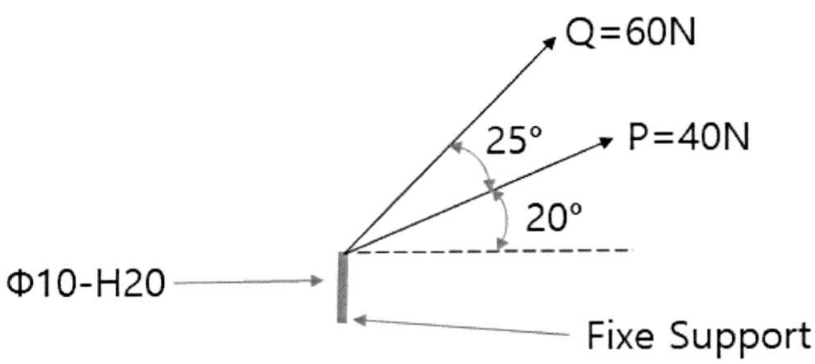

(2) 해석 시스템을 생성한다.(Static structural)

① Project Schematic에 Static Structural 시스템 추가한다.

② Project 이름을 변경한다.

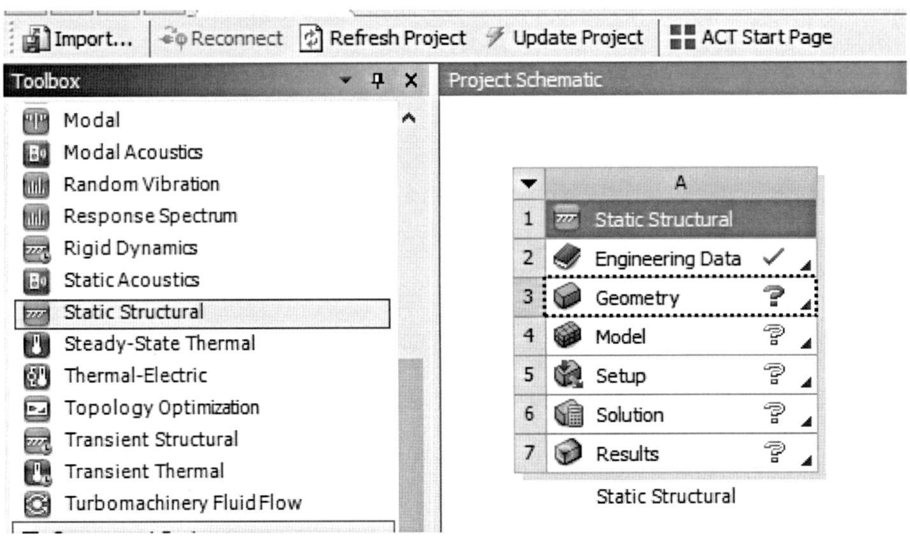

③ Mechanical 창에서 Units menu를 클릭하고 단위를 설정한다.

- Metric (mm, kg, N, s, mV, mA)

(3) 재료의 물성을 정의한다. (Engineering Data)

① 기본 설정된 값을 사용한다. (기본설정은 Structural steel로 되어 있다.)

(4) 해석 모델을 불러들이거나 모델링을 수행한다. (Geometry)

본 문제에 대한 Design Modeler를 사용한 모델링 방법은 다음과 같다.

① Geometry에서 RMB > Design Modeler를 클릭한다.

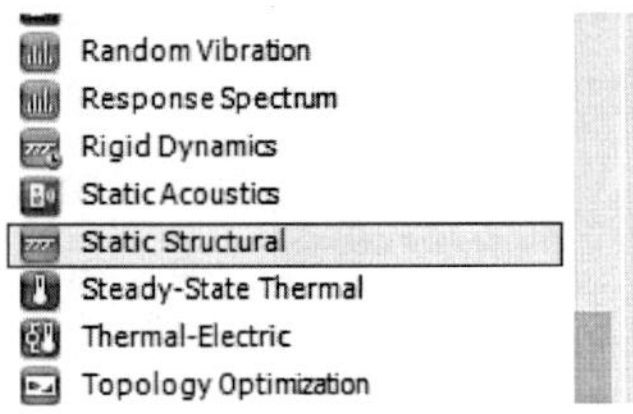

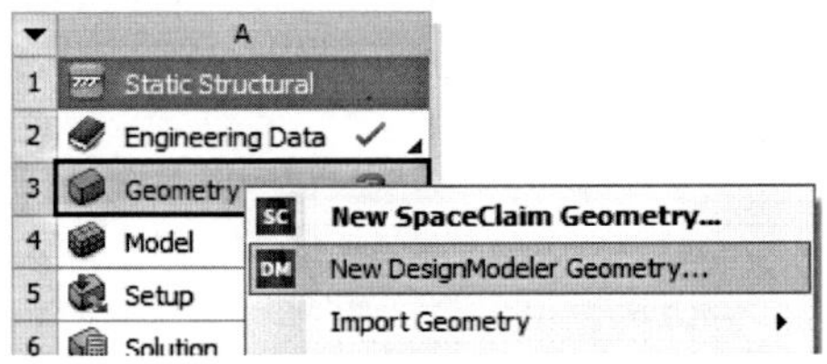

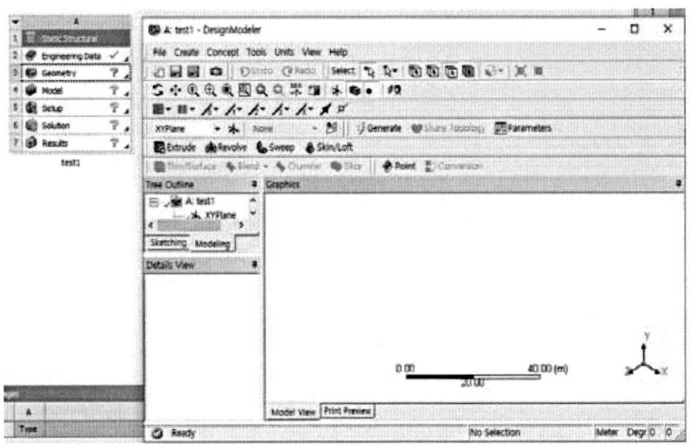

먼저 단위를 mm로 변경한다.

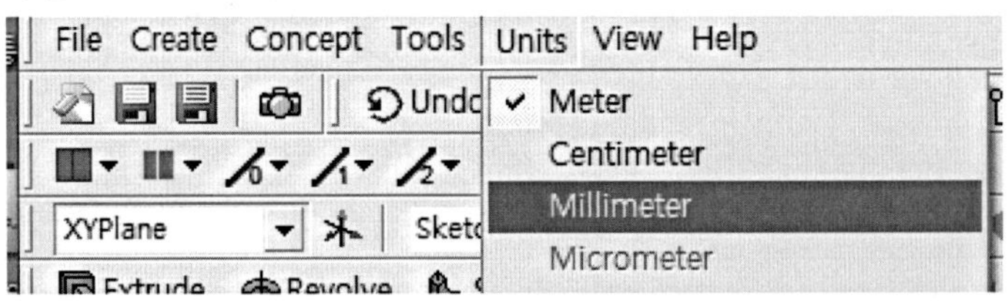

② XPLane을 선택하고 Look at을 클릭한다.

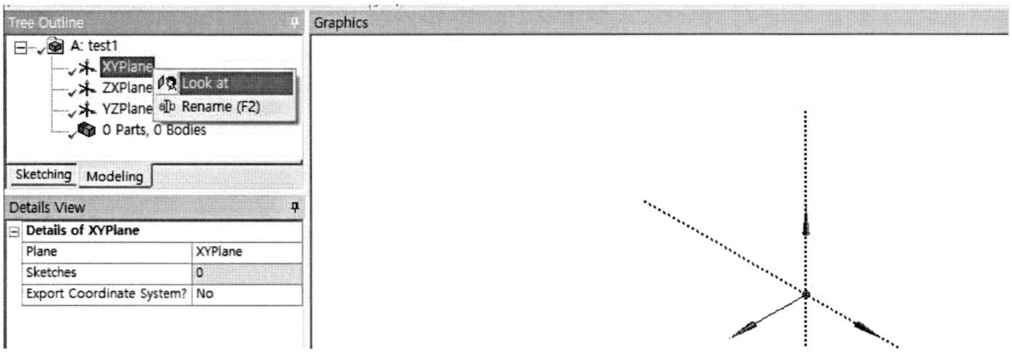

③ Sketching 화면에서 Line을 그린다.

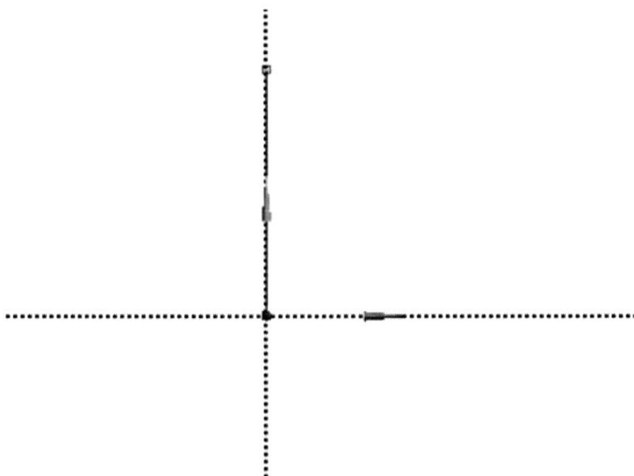

④ Dimension에서 Horizontal 을 선택하여 line에 치수를 기입한다.
20mm를 기입한다.

⑤ Detail Views에서 Dimensions에 Line의 치수를 입력한다.
R을 5mm로 설정한다.

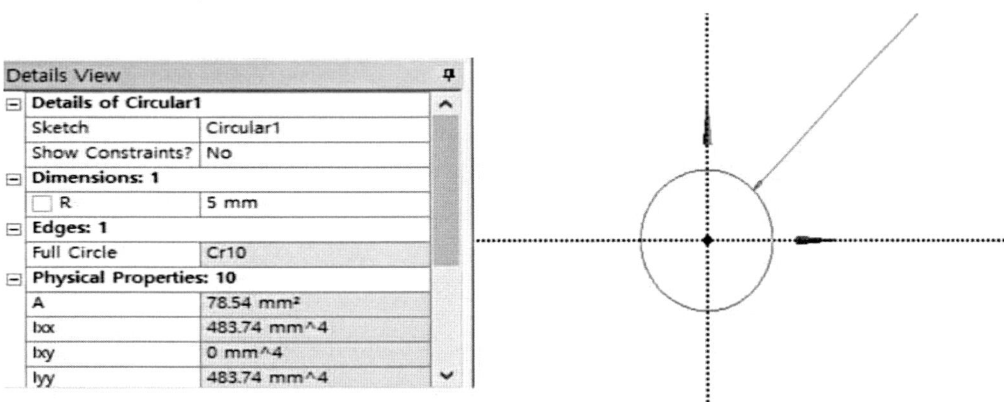

⑥ Modeling 화면에서 Concept > Lines From Sketches를 클릭한다.

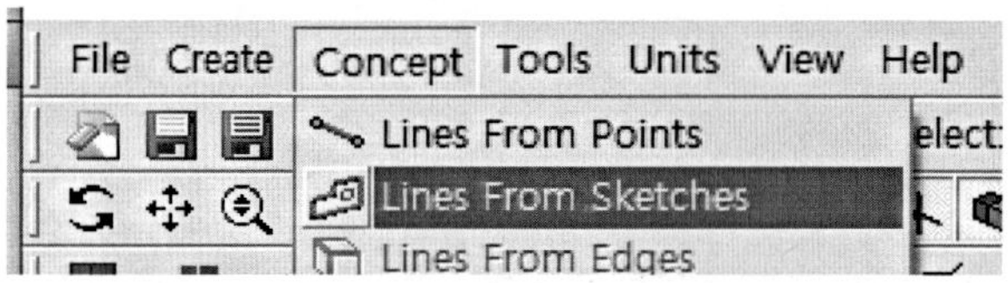

⑦ sketch1을 선택하고 Apply를 실행한다.

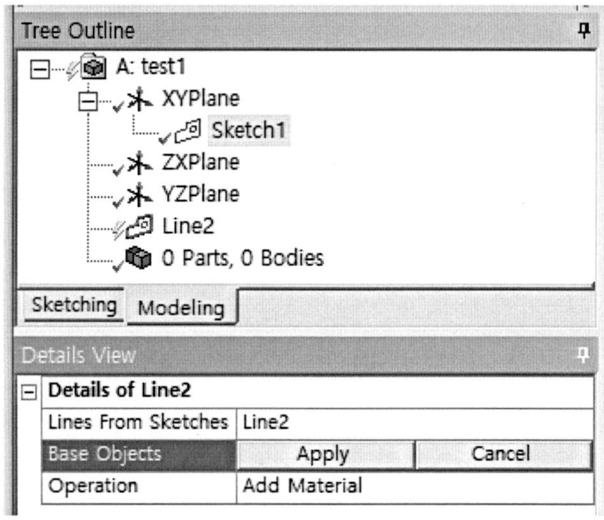

⑧ Generate를 실행한다.

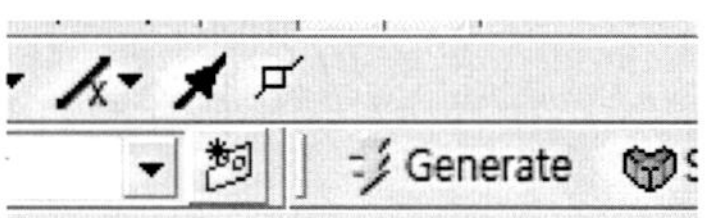

⑨ Concept > Cross Section에서 단면형상을 선택한다.

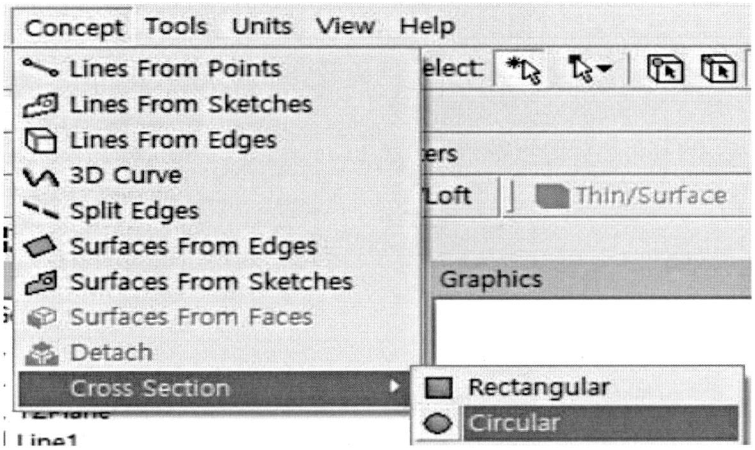

Detail View에서 Dimensions에 단면의 치수를 입력한다.

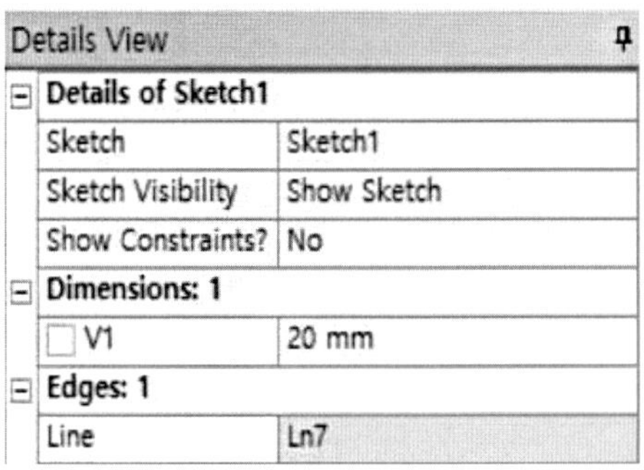

⑩ Detail View에서 Line Body를 선택하고, Cross Section을 선택한다.

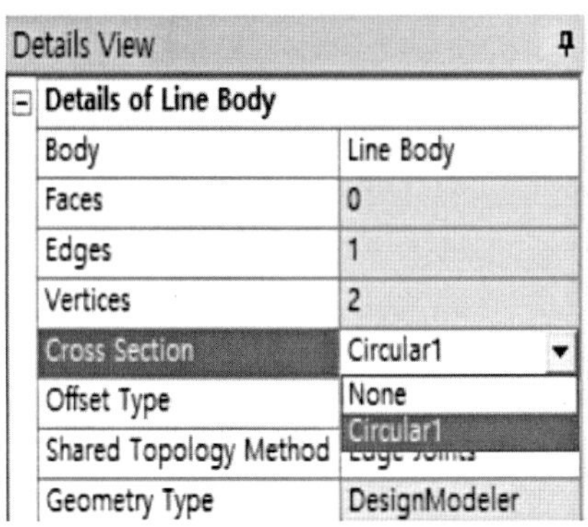

⑪ Generate를 실행한다.

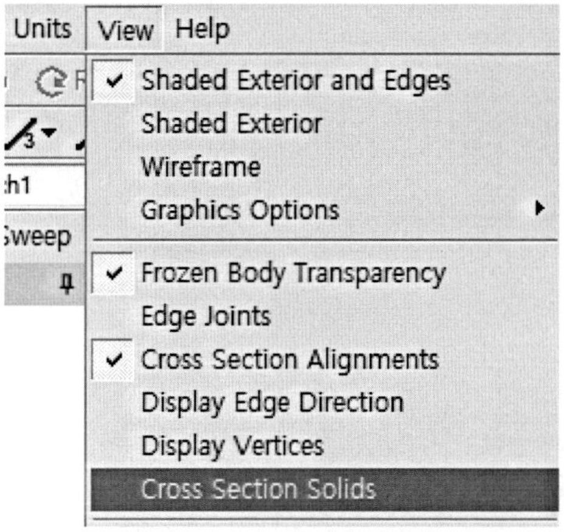

(5) 해석 모델의 환경을 설정한다. (Model)

① Project Schematic의 Static Structural에서 Model을 더블클릭하여 Mechanical 창 활성화 한다.

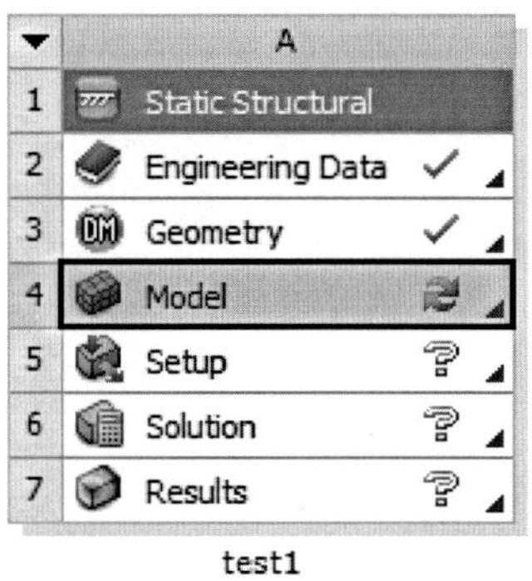

② Outline화면에서 Model > Geometry > Solid 를 선택한다.

③ View > Cross section Solid를 선택한다.

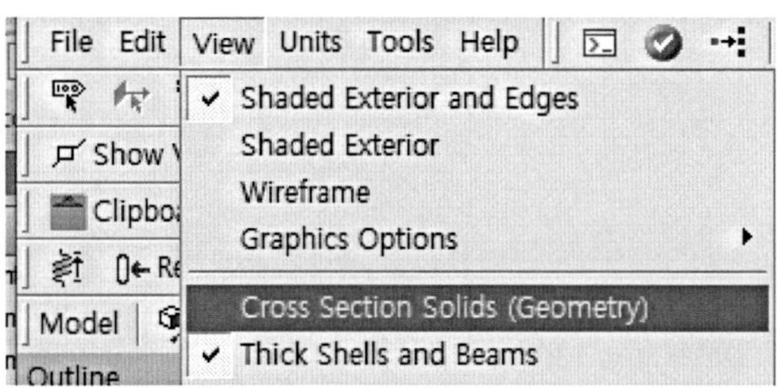

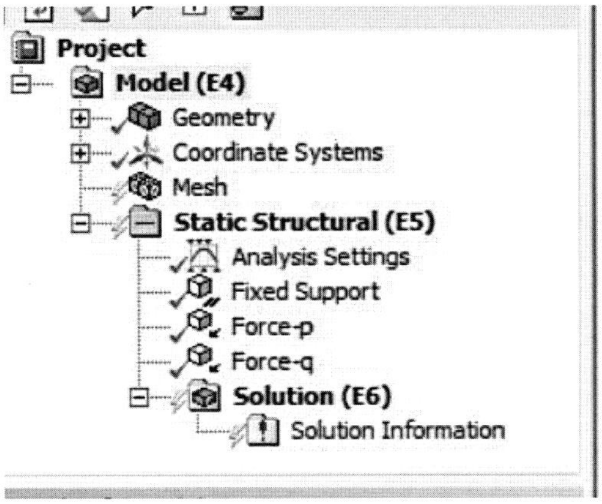

(6) 좌표계 설정 (Coordinate Systems) : 변경내용 없음

(7) 연결 관계 정의(Connections) : 기본설정을 사용한다.

(8) 격자 모델 생성 (Mesh)
① Outline화면에서 Model > Mesh 를 선택한다.
② Outline화면에서 Model > Mesh 를 선택하고 RMB > Update 실행한다.
③ Graphic화면에서 모델에 메시가 생성된 것 을 확인할 수 있다.

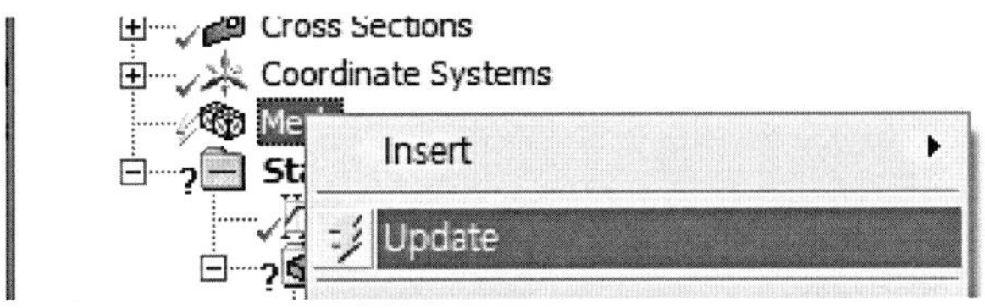

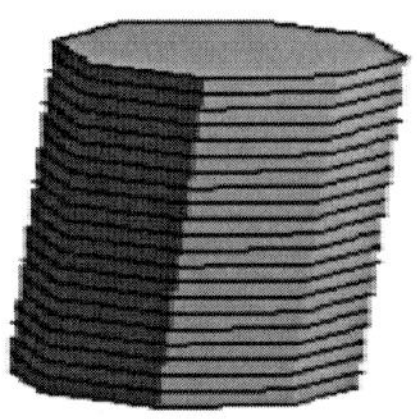

(9) 해석 설정 정의(Analysis Settings) : 설정되어 있는 값을 사용한다.

(10) 초기 조건 정의 : 고려하지 않는다.

(11) 구속조건 정의

ⓐ 고정 지점 설정

① Outline화면에서 Static structure > RMB > Insert > Fixed Support 선택.
(또는 Menu > Supports > Fixed support)

② Outline화면에서 Static structure > Fixed support를 클릭하고,
Graphic window에서 단순보의 절점을 선택한다.

*끝단을 선택하기 위하여 Edge 메뉴 사용한다.

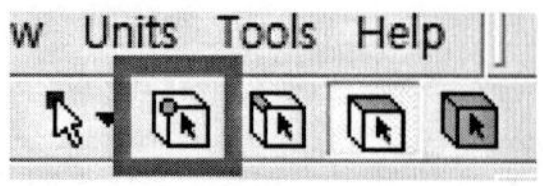

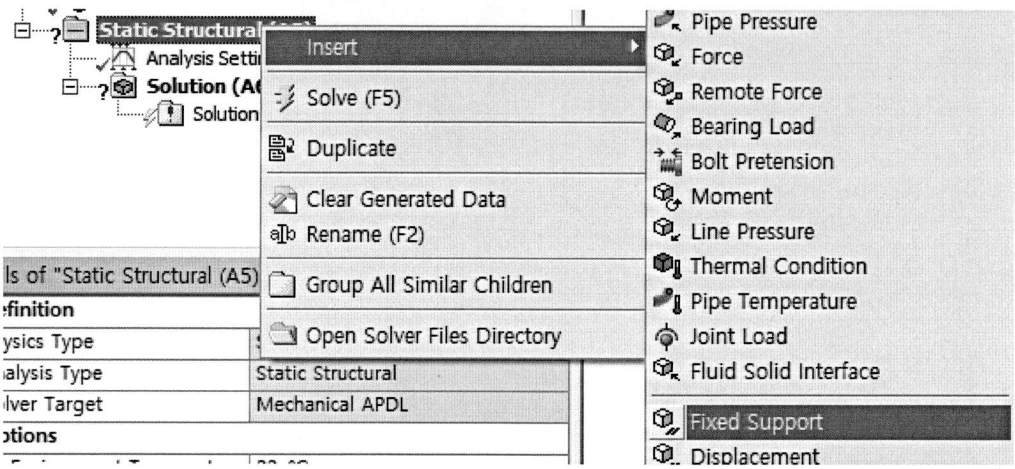

(12) 하중조건 정의

ⓐ Force 설정

① Outline화면에서 Static structure > RMB > Insert > Force를 선택한다.

② a Detail view에 Force에 대한 Scope, Definition이 나타난다.
b Force가 작용하는 점을 선택한다.
c Apply를 클릭한다.

③ Magnitude를 40N으로 설정하고 Direction을 Apply한다.

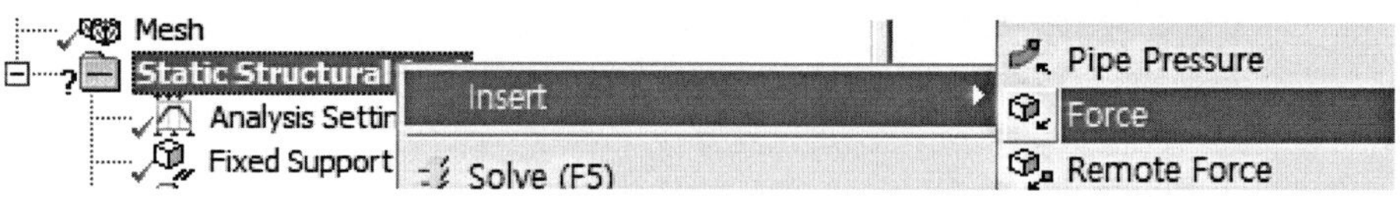

Force-P

Details of "Force-p"	
Scope	
Scoping Method	Geometry Selection
Geometry	1 Vertex
Definition	
Type	Force
Define By	Components
Coordinate System	Global Coordinate System
X Component	37.5 N (ramped)
Y Component	13.6 N (ramped)
Z Component	0. N (ramped)
Suppressed	No

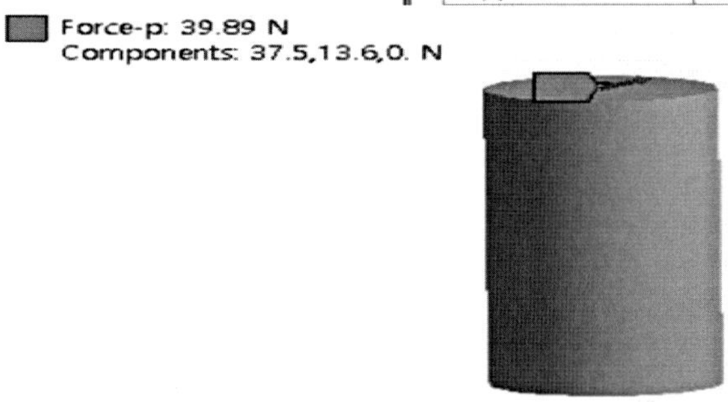

Force-q

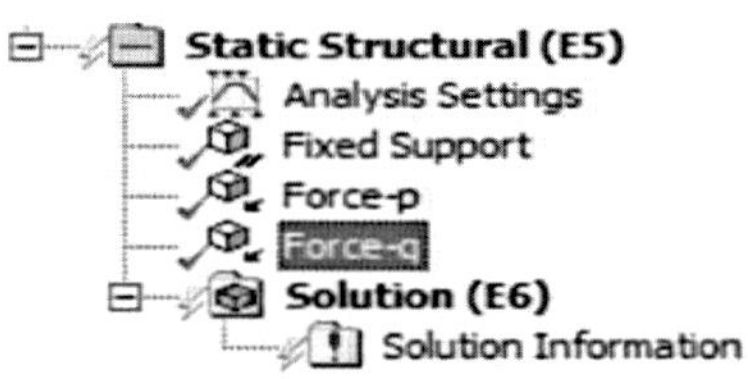

Details of "Force-q"	
Scope	
Scoping Method	Geometry Selection
Geometry	1 Vertex
Definition	
Type	Force
Define By	Components
Coordinate System	Global Coordinate System
X Component	42.42 N (ramped)
Y Component	42.42 N (ramped)
Z Component	0. N (ramped)
Suppressed	No

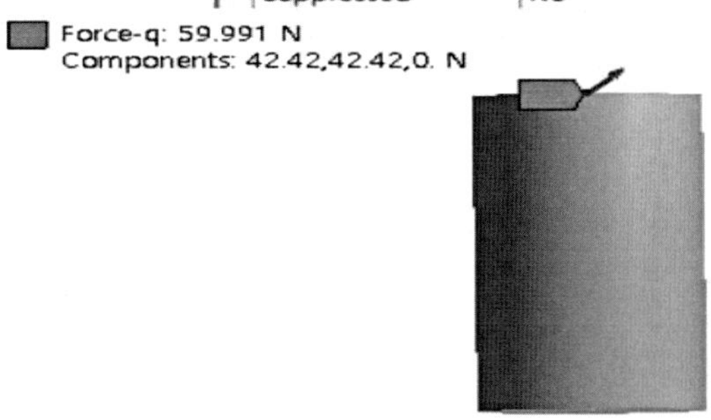

(13) 해석 결과 설정

① Deformation(변형) 결과 세팅

a. Outline화면에서 Solution >RMB >Insert >Deformation >Directional 항목 선택

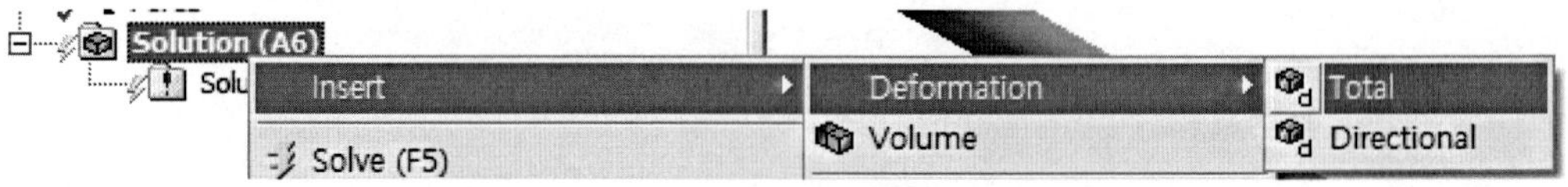

② Force Reaction 결과 세팅

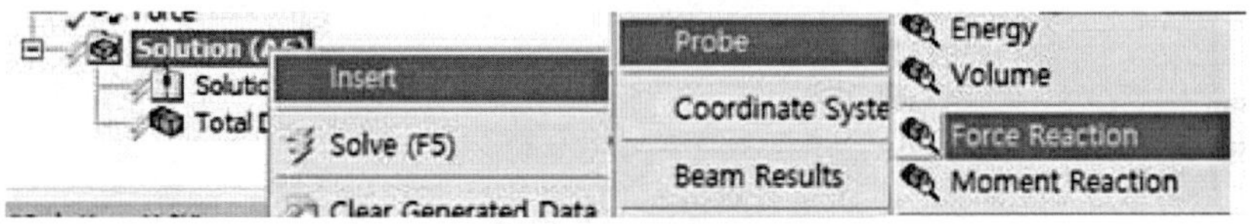

Boundary condition을 Fixed Support를 선택한다.

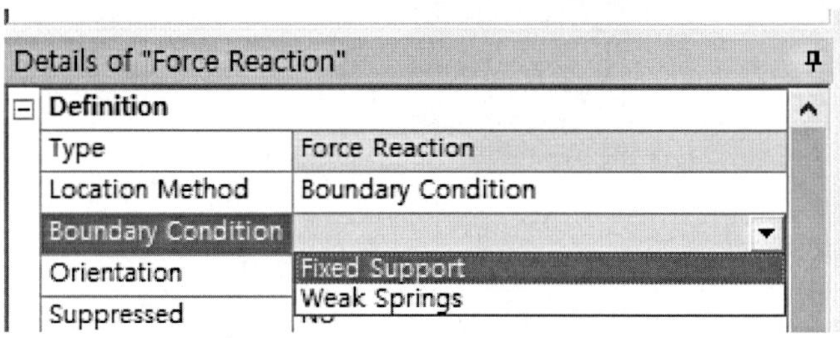

③ Moment Reaction 결과 세팅

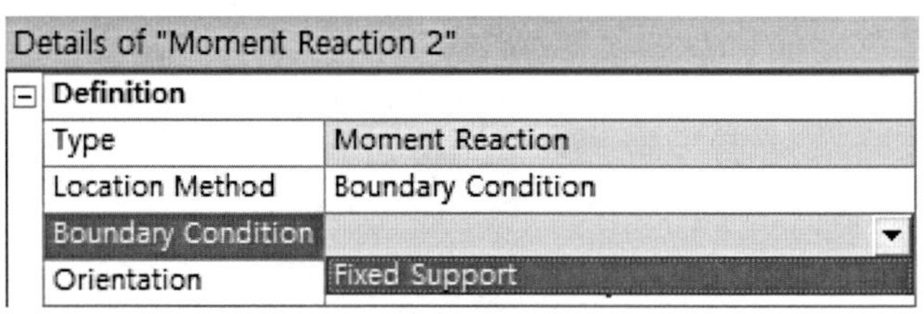

(14) 해석 수행

① Outline화면에서 Static structure 를 선택한다.

② Tool bar에서 Solve를 클릭하거나, Solution > RMB > Solve 를 클릭한다.

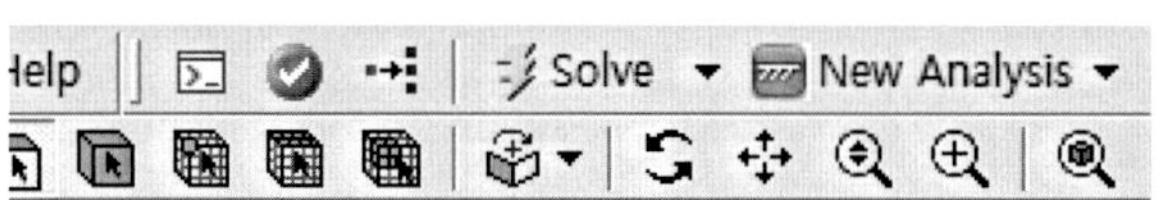

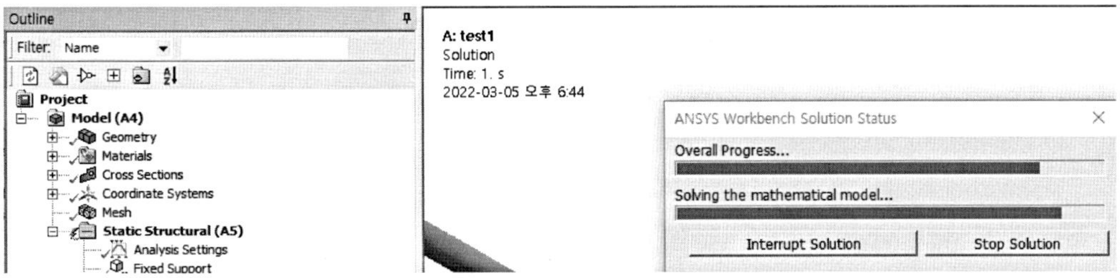

(15) 해석 결과 확인

① Total Deformation을 확인한다.

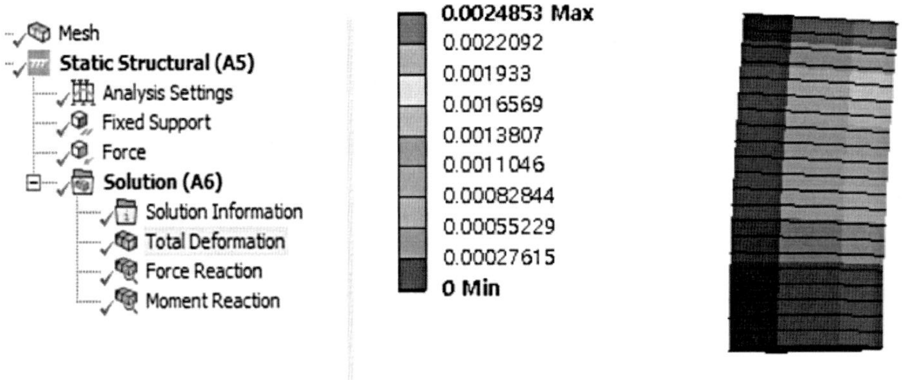

② Force Reaction을 확인한다.

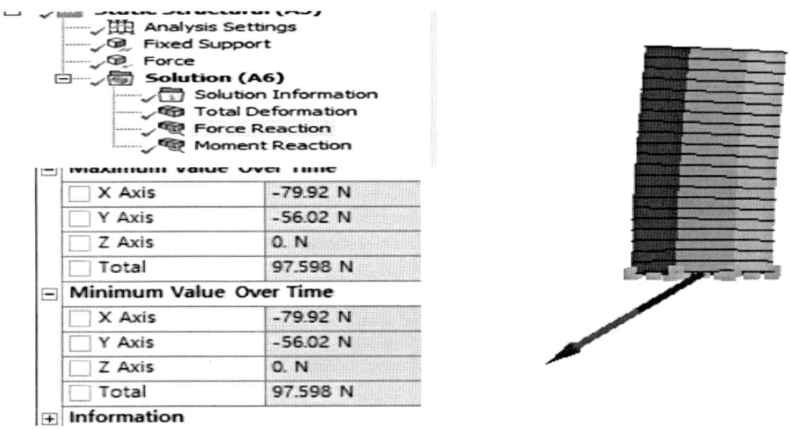

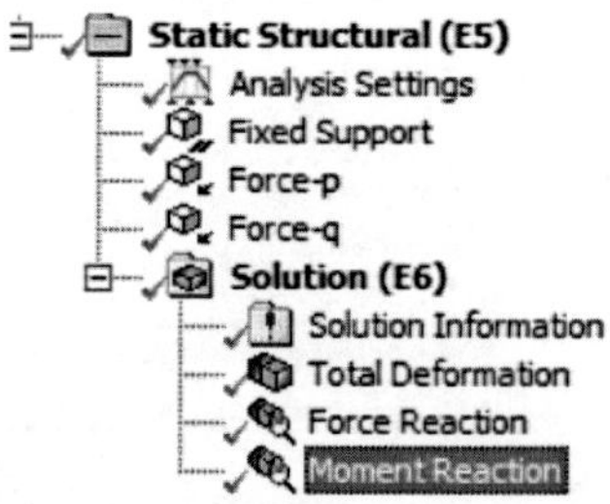

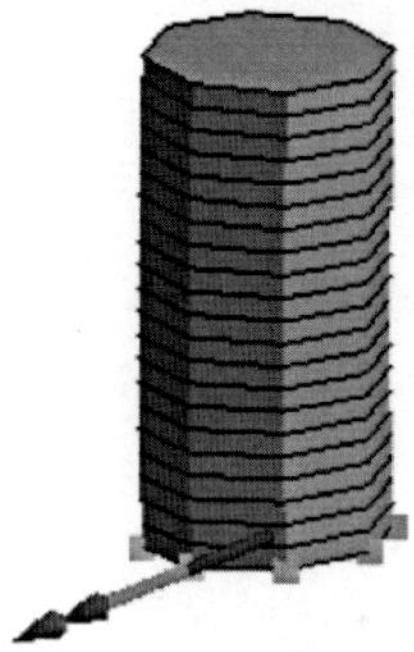

Maximum Value Over Time	
X Axis	-2.3001e-014 N·mm
Y Axis	3.6334e-015 N·mm
Z Axis	1598.4 N·mm
Total	1598.4 N·mm
Minimum Value Over Time	
X Axis	-2.3001e-014 N·mm
Y Axis	3.6334e-015 N·mm
Z Axis	1598.4 N·mm
Total	1598.4 N·mm
Information	

해석 결과 반력(Force Reaction)은 97.598N 이고, 모멘트 반력(Moment Reaction)은 1598.4 Nmm 이다.

문제12. I 볼트에 작용하는 합력 산정

볼트 A에 작용하는 두 힘 P, Q의 합력에 대한 반력을 구하시오.

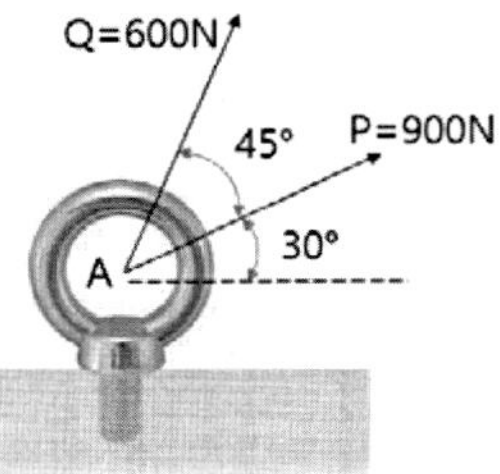

(1) 해석대상을 분석하고 자유물체도를 작성한다.

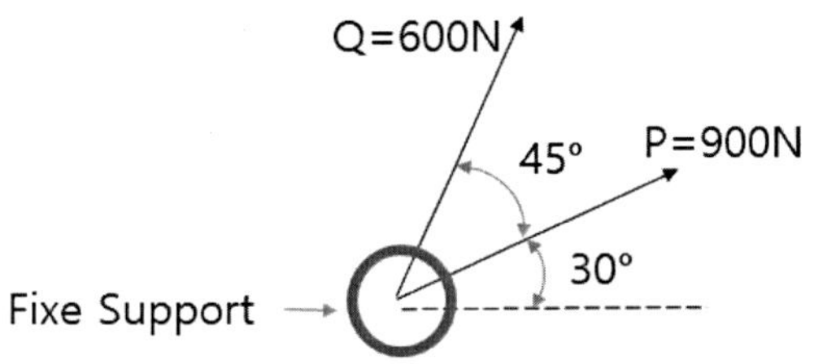

(2) 해석 시스템을 생성한다.(Static structural)

① Project Schematic에 Static Structural 시스템 추가한다.

② Project 이름을 변경한다.

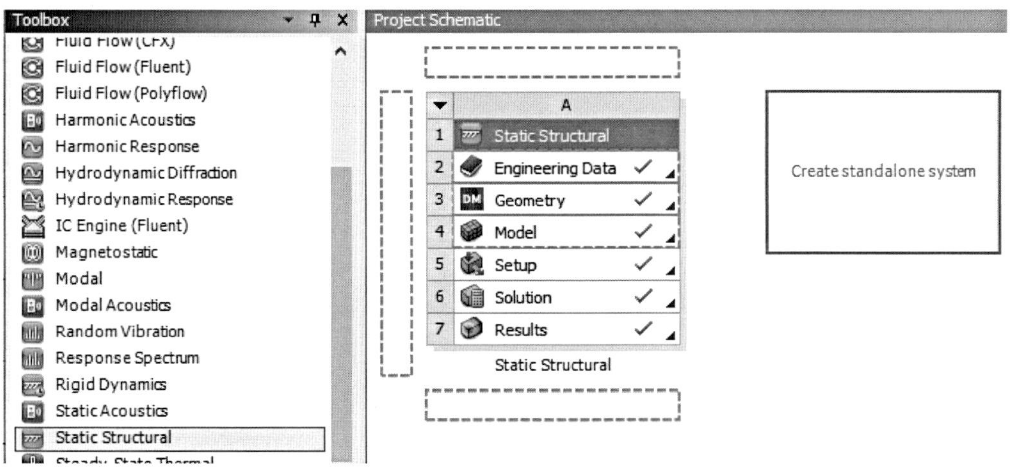

③ Mechanical 창에서 Units menu를 클릭하고 단위를 설정한다.

- Metric (mm, kg, N, s, mV, mA)

(3) 재료의 물성을 정의한다. (Engineering Data)
① 기본 설정된 값을 사용한다. (기본설정은 Structural steel로 되어 있다.)

(4) 해석 모델을 불러들이거나 모델링을 수행한다. (Geometry)
본 문제에 대한 Design Modeler를 사용한 모델링 방법은 다음과 같다.

① Geometry에서 RMB > Design Modeler를 클릭한다.

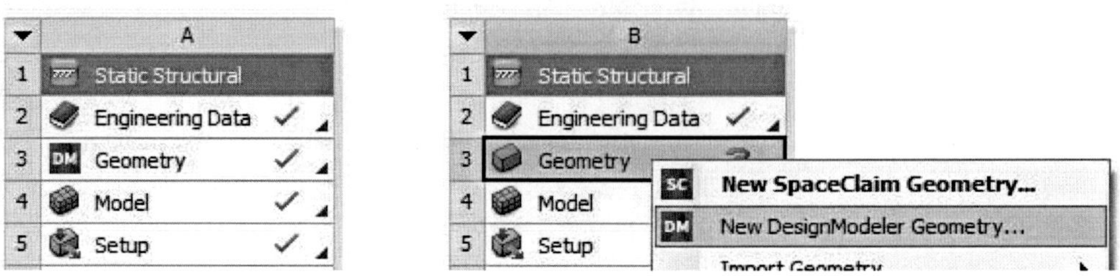

먼저 단위를 mm로 변경한다.

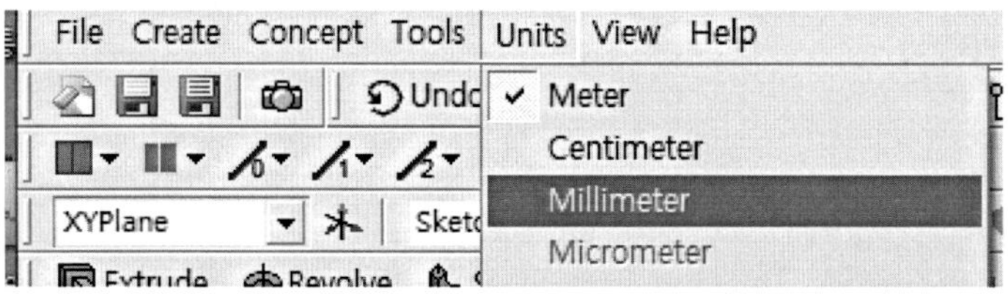

② XPLane을 선택하고 Look at을 클릭한다.

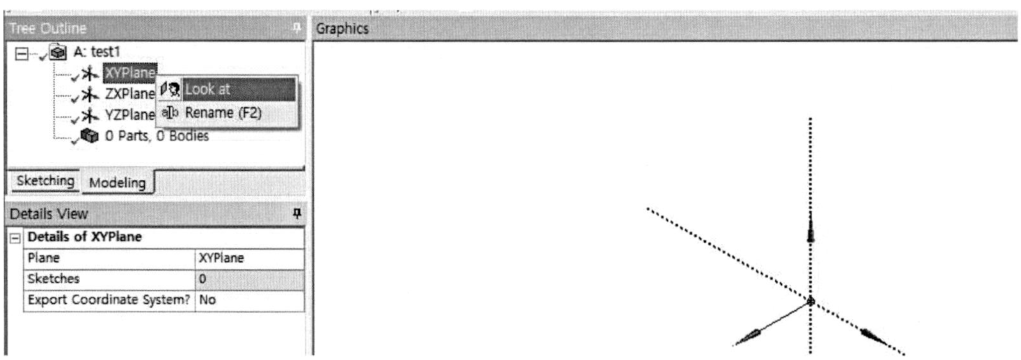

③ Sketching 화면에서 Circle을 그린다.

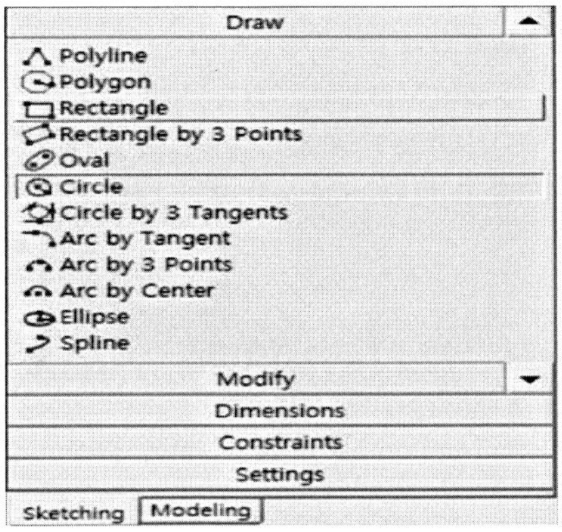

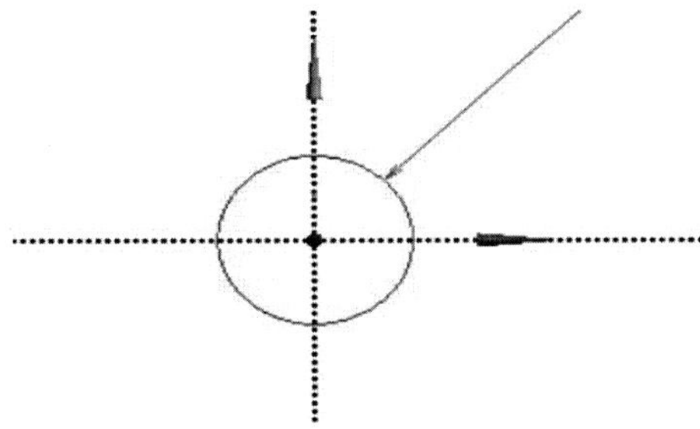

④ Detail Views에서 Dimensions에 Line의 치수를 입력한다.
R1 을 20mm을 입력한다.

⑤ Modeling 화면에서 Concept > Lines From Sketches를 클릭한다.

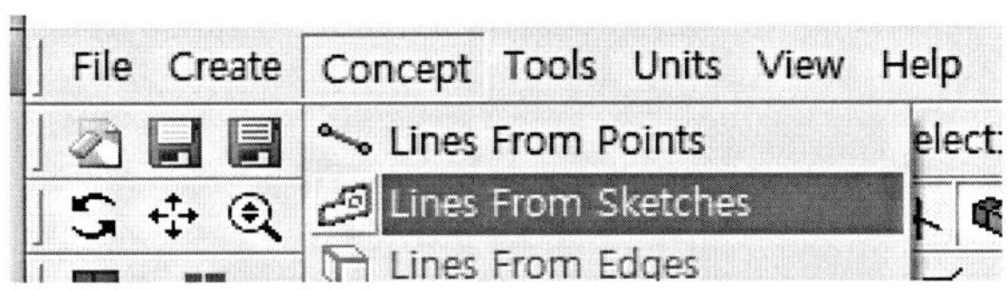

⑥ sketch1을 선택하고 Apply를 실행한다.

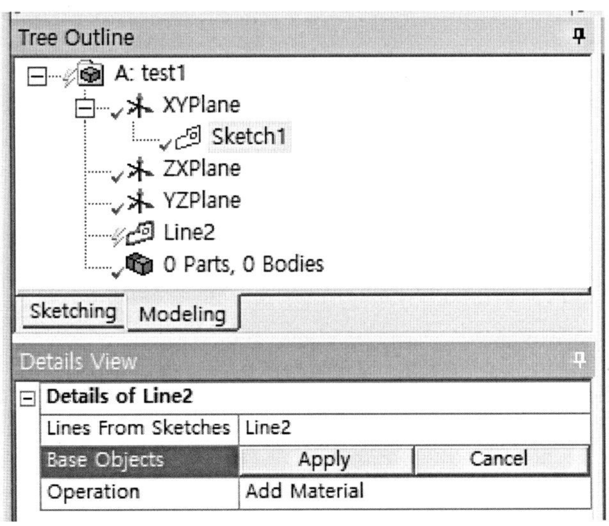

⑦ Generate를 실행한다.

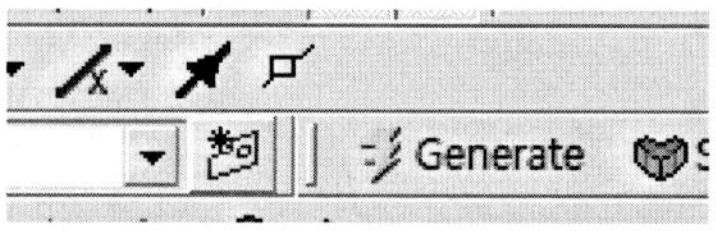

⑧ Concept > Cross Section에서 단면형상을 선택한다.

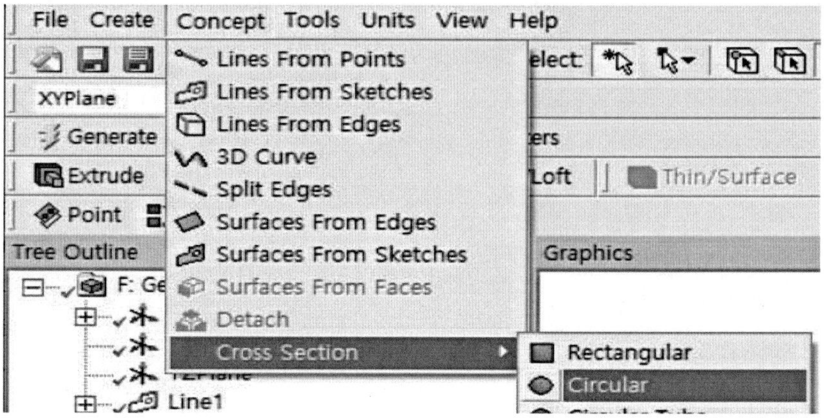

Detail View에서 Dimensions에 단면의 치수를 입력한다.

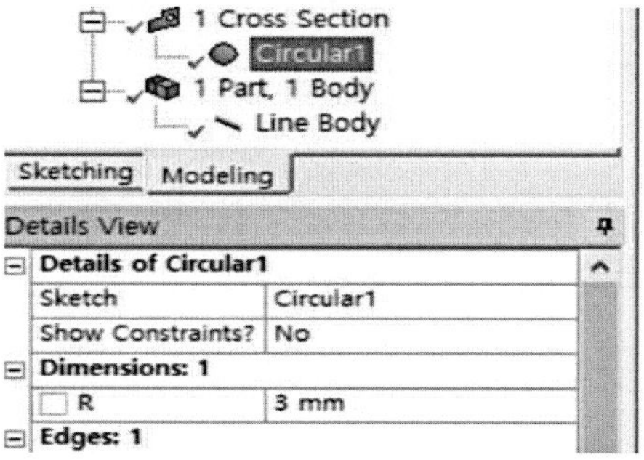

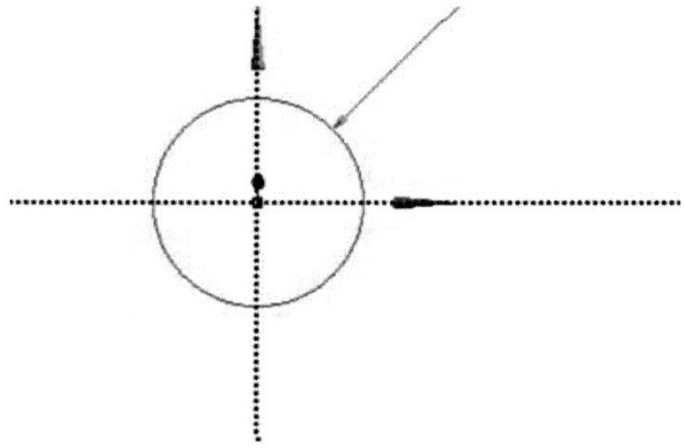

⑨ Detail View에서 Line Body를 선택하고, Cross Section을 선택한다.

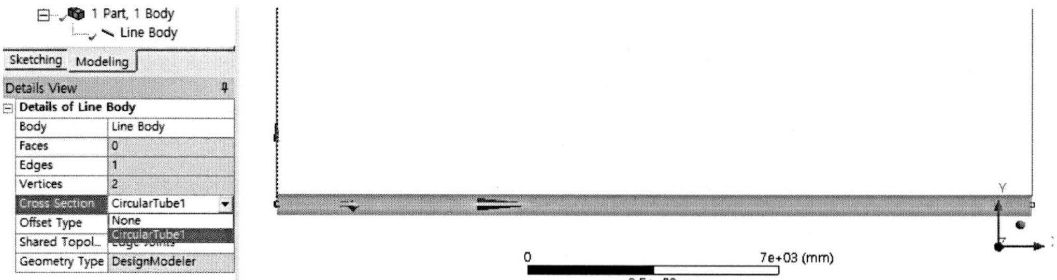

(5) 해석 모델의 환경을 설정한다. (Model)

① Project Schematic의 Static Structural에서 Model을 더블클릭하여 Mechanical 창 활성화 한다.

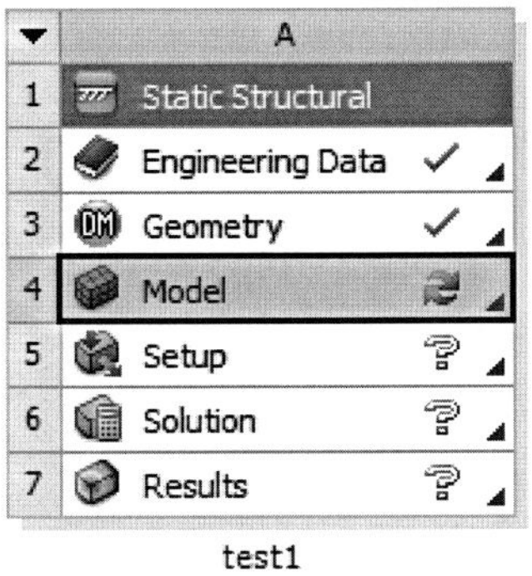

② Outline화면에서 Model > Geometry > Solid 를 선택한다.

③ View > Cross section Solid를 선택한다.

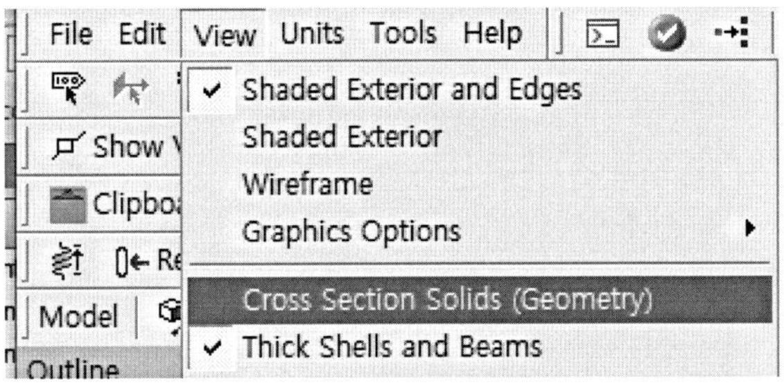

(6) 좌표계 설정 (Coordinate Systems) : 변경내용 없음

(7) 연결 관계 정의(Connections) : 기본설정을 사용한다.

(8) 격자 모델 생성 (Mesh)

① Outline화면에서 Model > Mesh 를 선택한다.

② Outline화면에서 Model > Mesh 를 선택하고 RMB > Update 실행한다.

③ Graphic화면에서 모델에 메시가 생성된 것 을 확인할 수 있다.

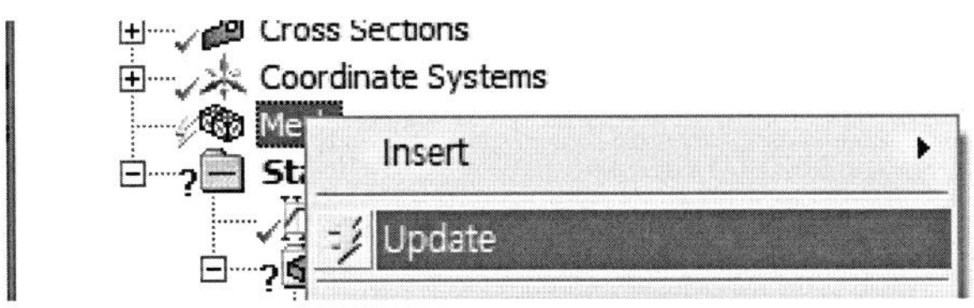

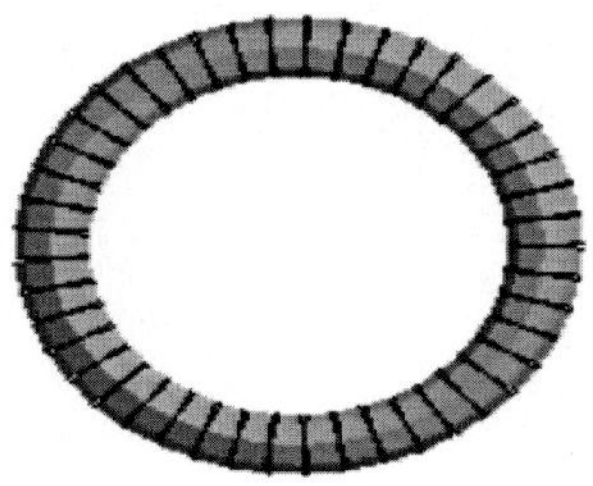

(9) 해석 설정 정의(Analysis Settings) : 설정되어 있는 값을 사용한다.

(10) 초기 조건 정의 : 고려하지 않는다.

(11) 구속조건 정의

ⓐ 고정 지점 설정

① Outline화면에서 Static structure > RMB > Insert > Fixed Support 선택.
(또는 Menu > Supports > Fixed support)

② Outline화면에서 Static structure > Fixed support를 클릭하고,
Graphic window에서 단순보의 절점을 선택한다.

*끝단을 선택하기 위하여 Edge 메뉴 사용한다.

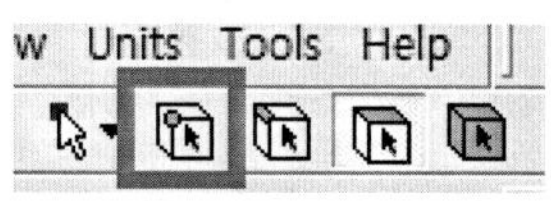

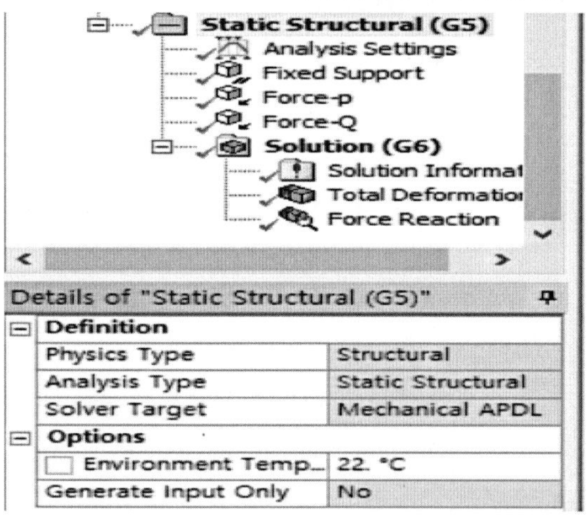

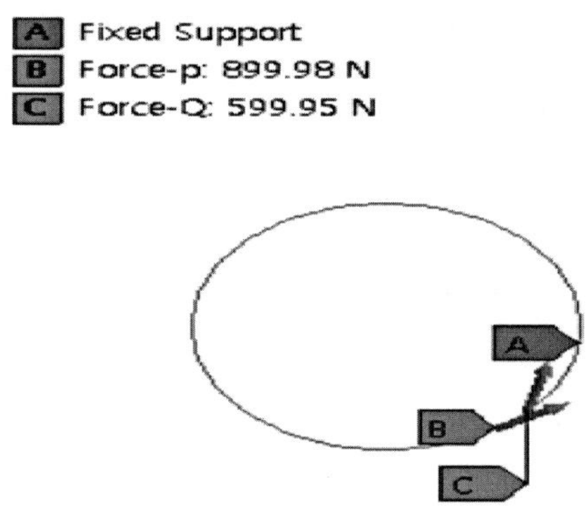

(12) 하중조건 정의

① Outline화면에서 Static structure > RMB > Insert > Force를 선택한다.

② a Detail view에 Force에 대한 Scope, Definition이 나타난다.
b Force가 작용하는 점을 선택한다.

c Apply를 클릭한다.

③ Magnitude를 10kN으로 설정하고 Direction을 Apply한다.

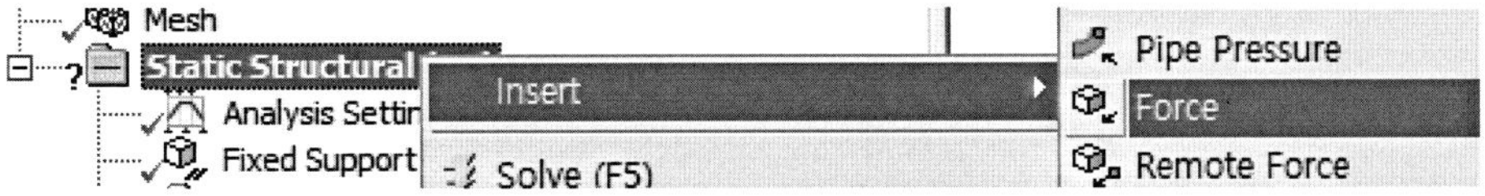

(13) 해석 결과 설정

① Deformation(변형) 결과 세팅

a. Outline화면에서 Solution >RMB >Insert >Deformation >Directional 항목 선택

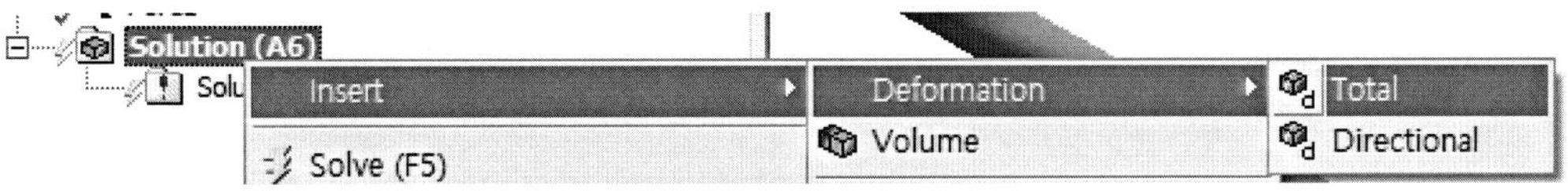

② Force Reaction 결과 세팅

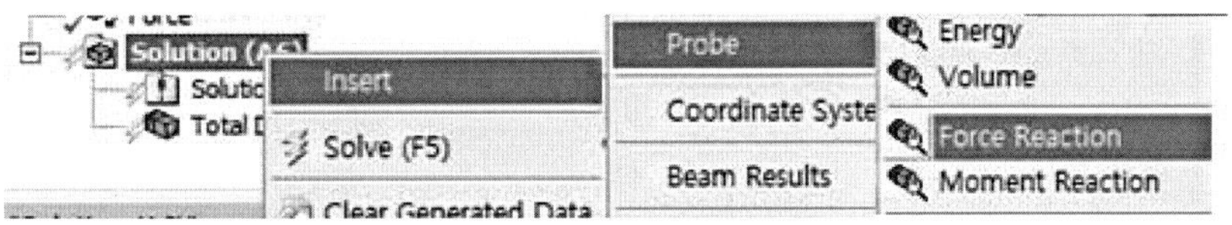

Boundary condition을 Fixed Support를 선택한다.

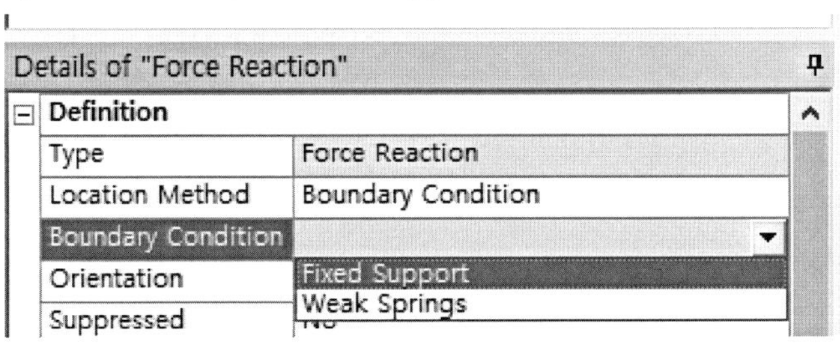

(14) 해석 수행

① Outline화면에서 Static structure 를 선택한다.

② Tool bar에서 Solve를 클릭하거나, Solution > RMB > Solve 를 클릭한다.

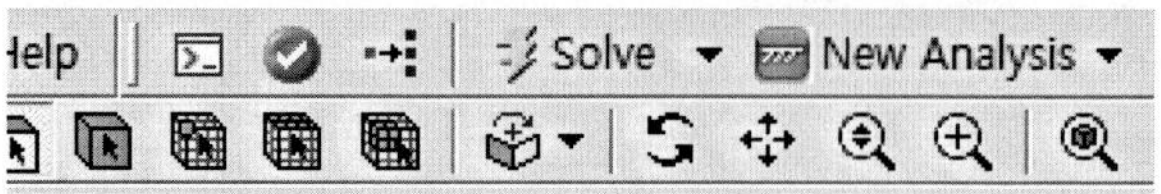

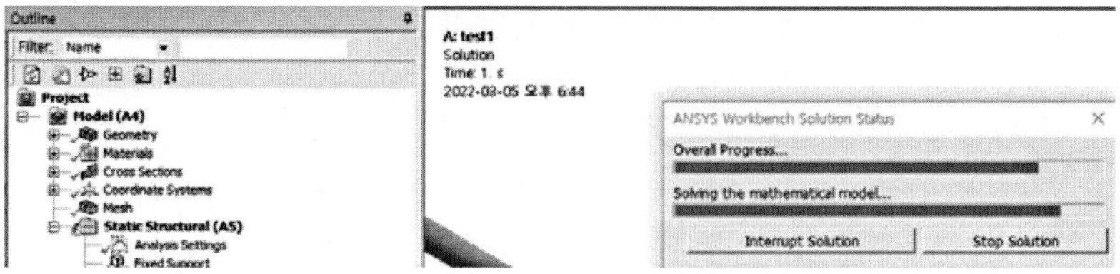

(15) 해석 결과 확인

① Total Deformation을 확인한다.

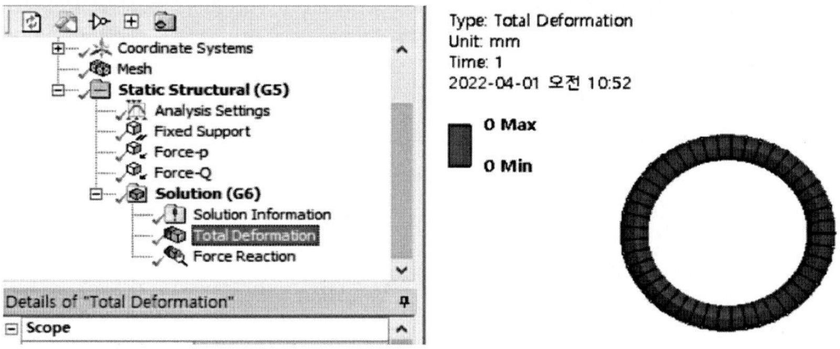

② Force Reaction을 확인한다.

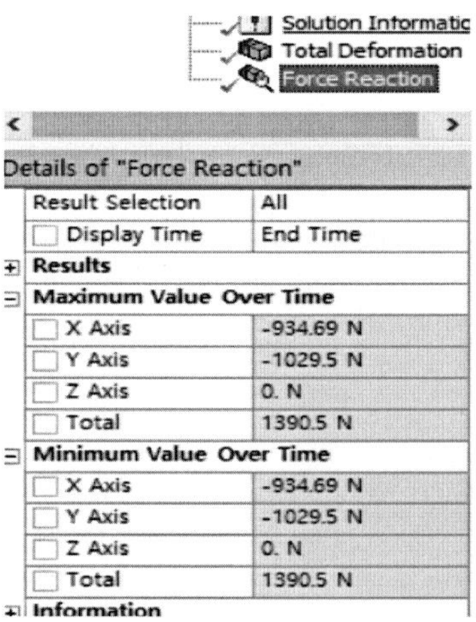

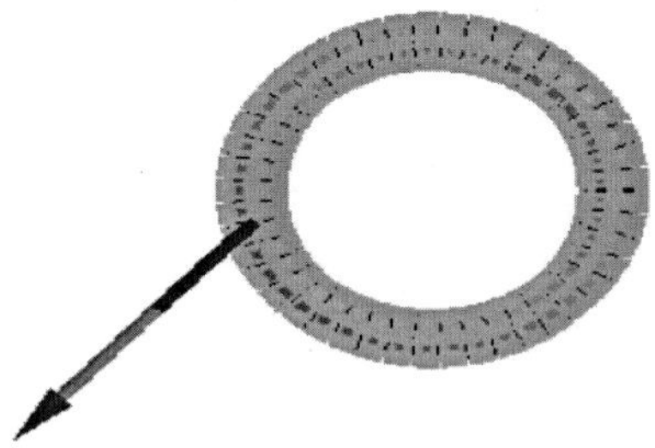

해석 결과 반력(Force Reaction)은 1390.5N 이다.

문제13. 고정된 이중 가새에 작용하는 반력산정

구조물의 A점과 B점의 반력을 구하시오.
하중 W는 800N이 작용한다. 구조물의 지름은 10mm 이고, 재질은 구조용강이다.

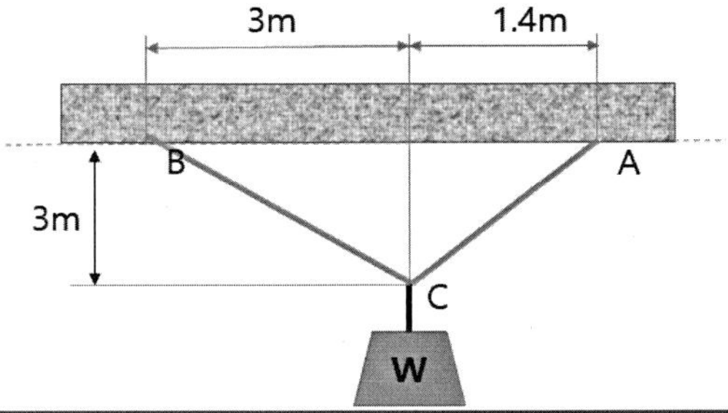

(1) 해석대상을 분석하고 자유물체도를 작성한다.

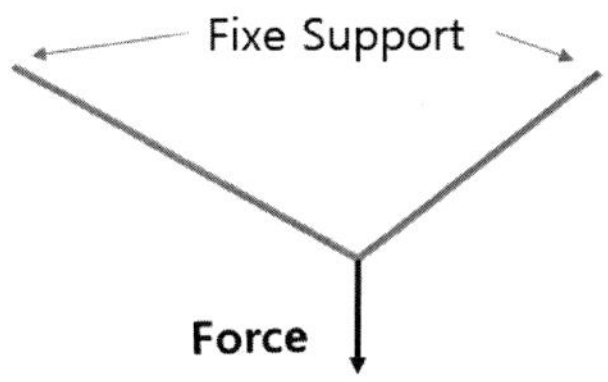

작용하중은 Force로 800N을 적용한다.

(2) 해석 시스템을 생성한다.(Static structural)
① Project Schematic에 Static Structural 시스템 추가한다.
② Project 이름을 변경한다.
③ Mechanical 창에서 Units menu를 클릭하고 단위를 설정한다.
- Metric (mm, kg, N, s, mV, mA)

(3) 재료의 물성을 정의한다. (Engineering Data)
① 기본 설정된 값을 사용한다. (기본설정은 Structural steel로 되어 있다.)

(4) Design Modeler를 사용하여 모델링을 수행한다. (Geometry)
① Geometry에서 RMB > Design Modeler를 클릭한다.

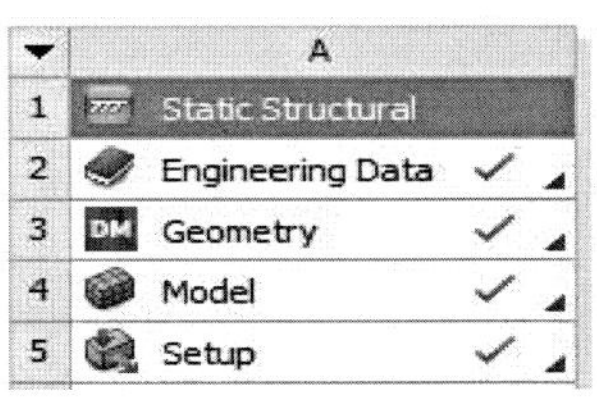

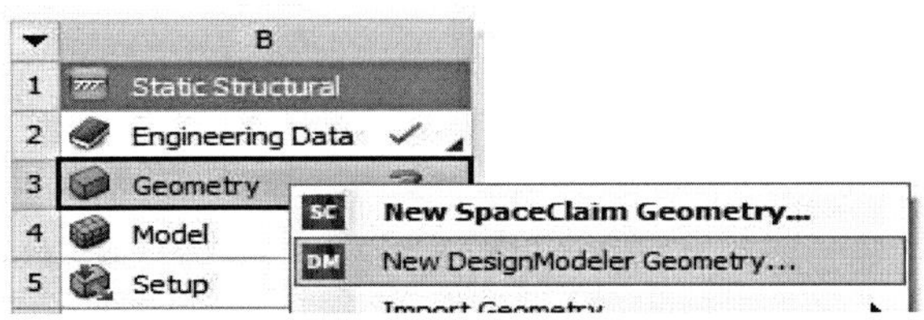

먼저 단위를 mm로 변경한다.

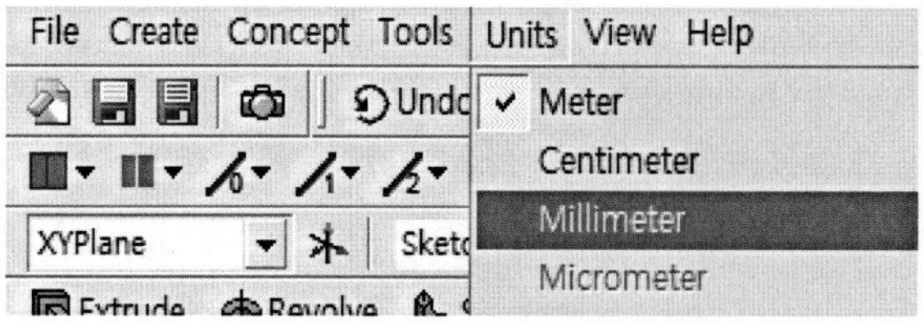

② XPLane을 선택하고 Look at을 클릭한다.

② XPLane을 선택하고 Look at을 클릭한다.

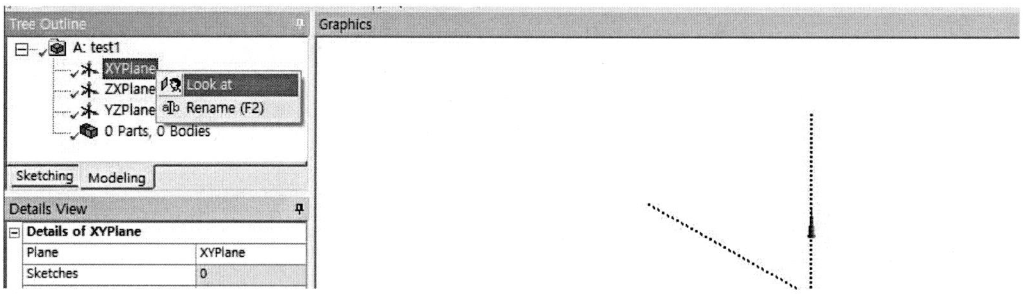

③ Sketching 화면에서 Line을 그린다.

④ Detail Views에서 Dimensions에 Line의 치수를 입력한다.

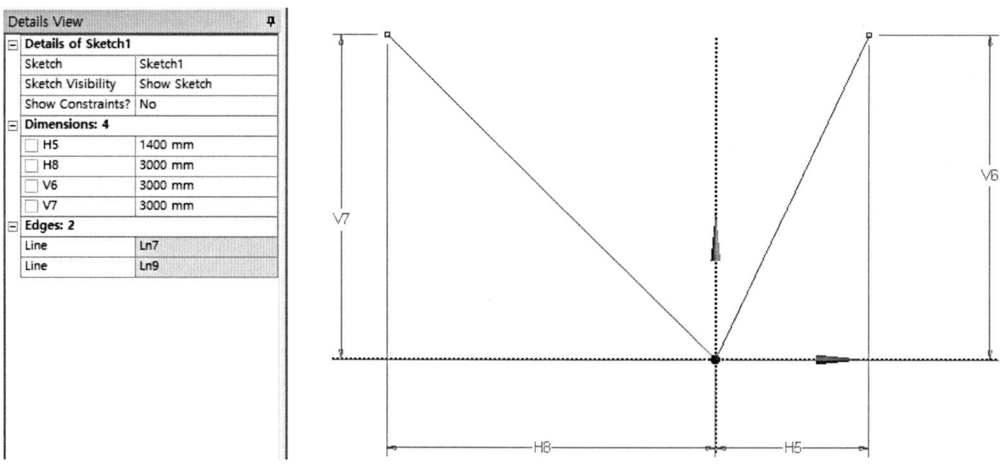

⑤ Modeling 화면에서 Concept > Lines From Sketches를 클릭한다.

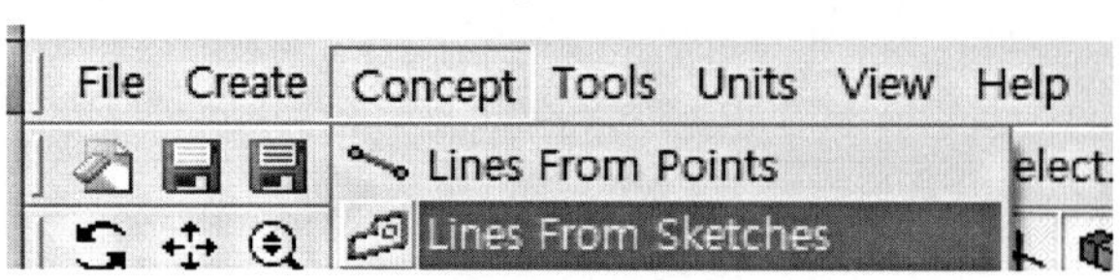

⑥ sketch1을 선택하고 Apply를 실행한다.

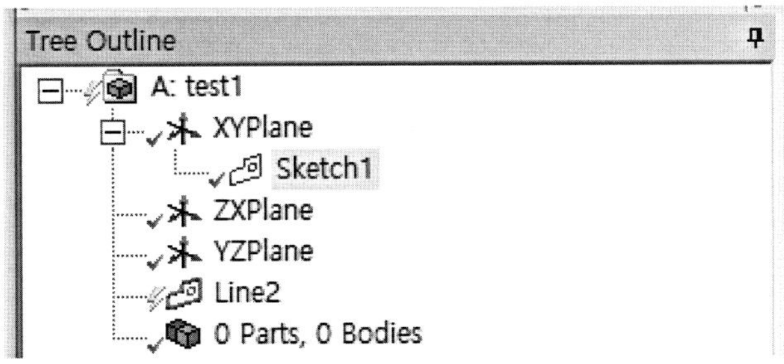

⑦ Generate를 실행한다.

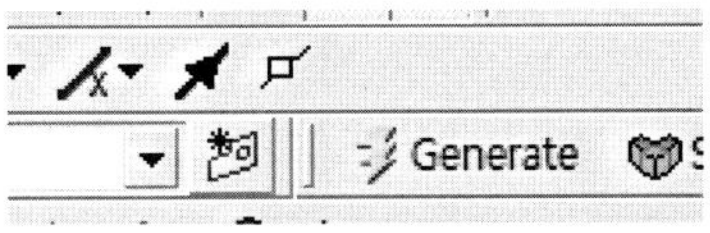

⑧ Concept > Cross Section에서 단면형상을 선택한다.

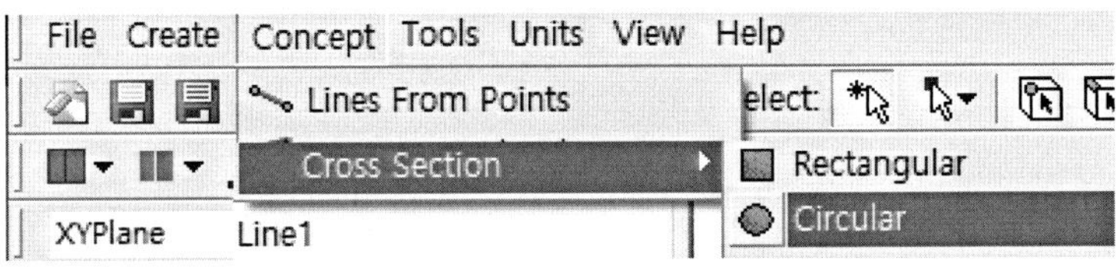

Detail View에서 Dimensions에 단면의 치수를 입력한다.

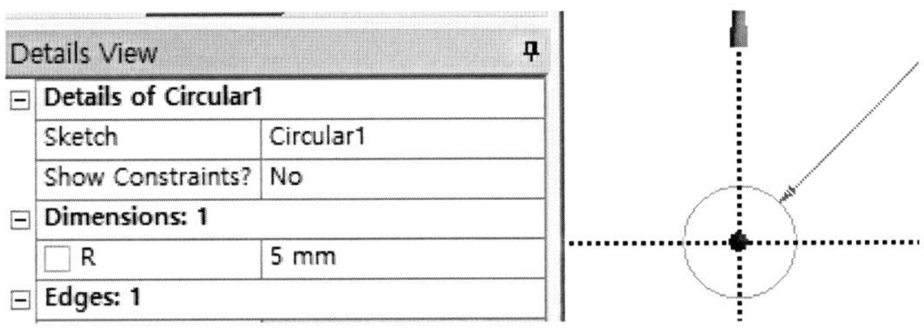

⑨ Detail View에서 Line Body를 선택하고, Cross Section을 선택한다.

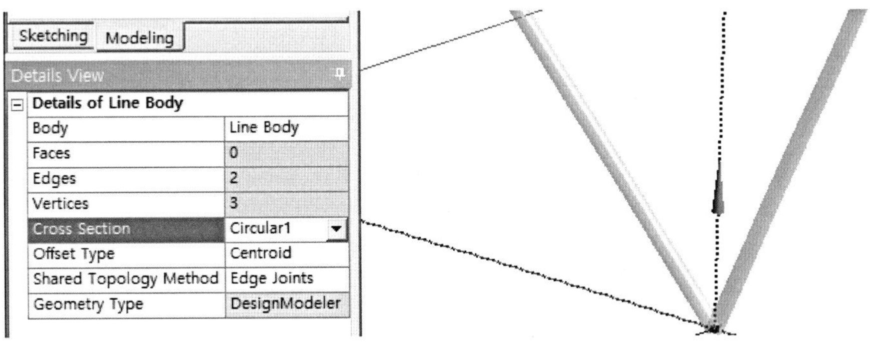

(5) 해석 모델의 환경을 설정한다. (Model)

① Project Schematic의 Static Structural에서 Model을 더블클릭하여 Mechanical 창 활성화 한다.

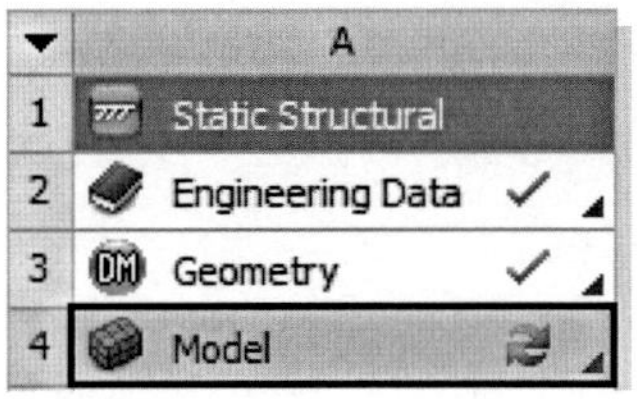

② Outline화면에서 Model > Geometry > Solid 를 선택한다.

③ View > Cross section Solid를 선택한다.

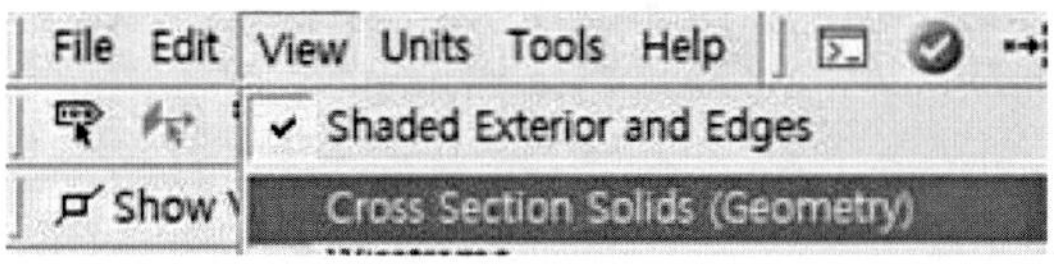

(6) 좌표계 설정 (Coordinate Systems) : 변경내용 없음

(7) 연결 관계 정의(Connections) : 기본설정을 사용한다.

(8) 격자 모델 생성 (Mesh)

① Outline화면에서 Model > Mesh 를 선택하고 RMB > Update 실행한다.

② Graphic화면에서 모델에 메시가 생성된 것 을 확인할 수 있다.

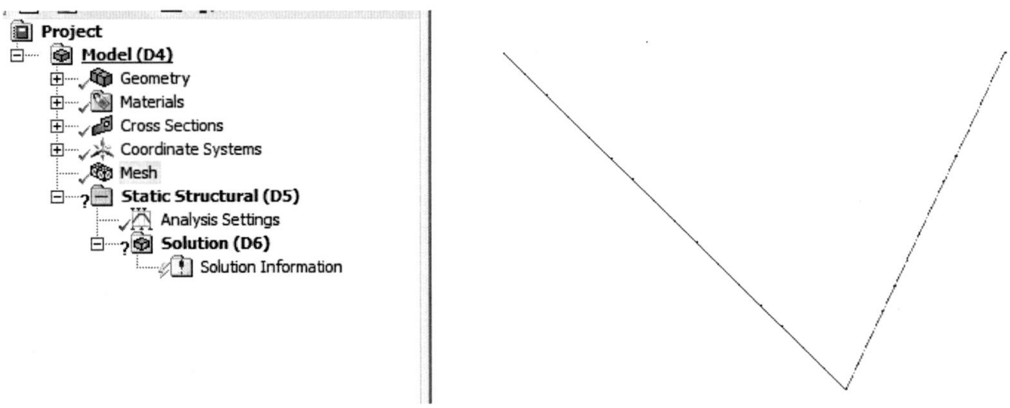

(9) 해석 설정 정의(Analysis Settings) : 설정되어 있는 값을 사용한다.

(10) 초기 조건 정의 : 고려하지 않는다.

(11) 구속조건 정의

양쪽단 모두 고정지점을 사용한다.

ⓐ 고정 지점 설정

① Outline화면에서 Static structure > RMB > Insert > Fixed Support 선택.

② Outline화면에서 Static structure > Fixed support를 클릭하고,
Graphic window에서 단순보의 절점을 선택한다.

*끝단을 선택하기 위하여 Edge 메뉴 사용한다.

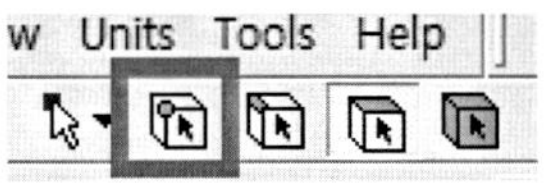

(12) 하중조건 정의

① Outline화면에서 Static structure > RMB > Insert > Force를 선택한다.

② a Detail view에 Force에 대한 Scope, Definition이 나타난다.
b Force가 작용하는 점을 선택한다.
c Apply를 클릭한다.

③ Magnitude를 800N으로 설정하고 Direction을 Apply한다.

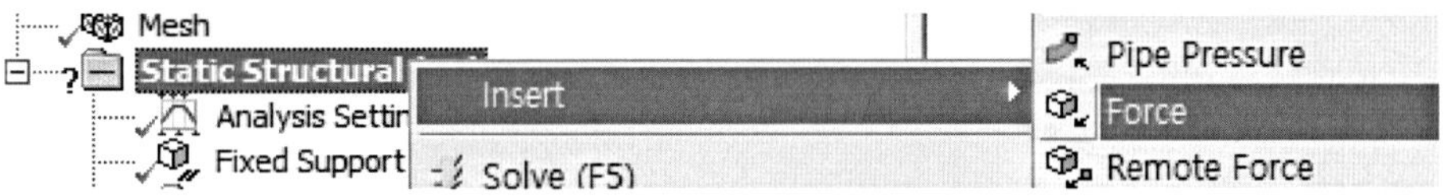

(13) 해석 결과 설정

① Deformation(변형) 결과 세팅

a. Outline화면에서 Solution >RMB >Insert >Deformation >Directional 항목 선택

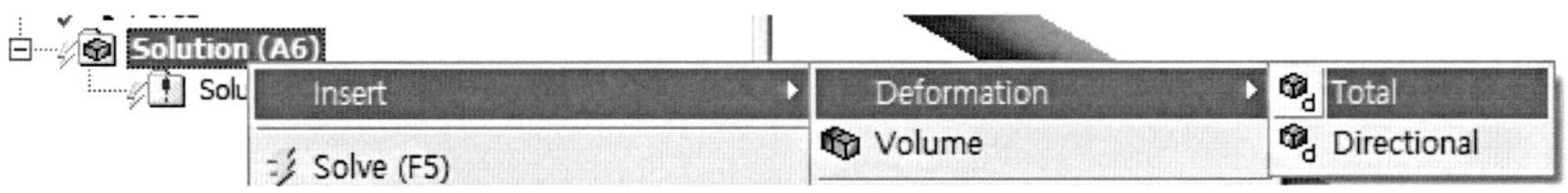

② Force Reaction 결과 세팅

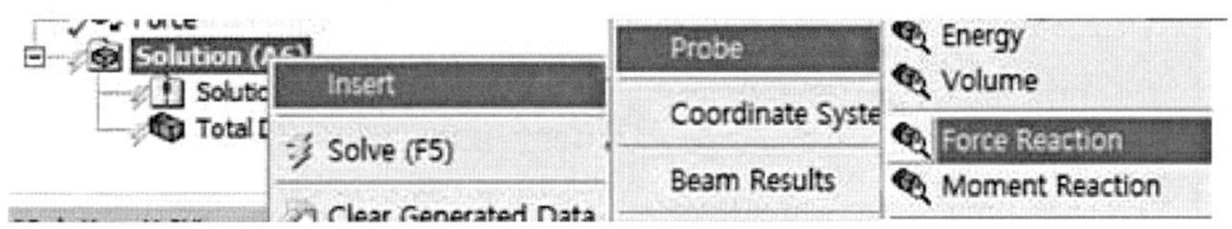

Boundary condition을 Fixed Support를 선택한다.

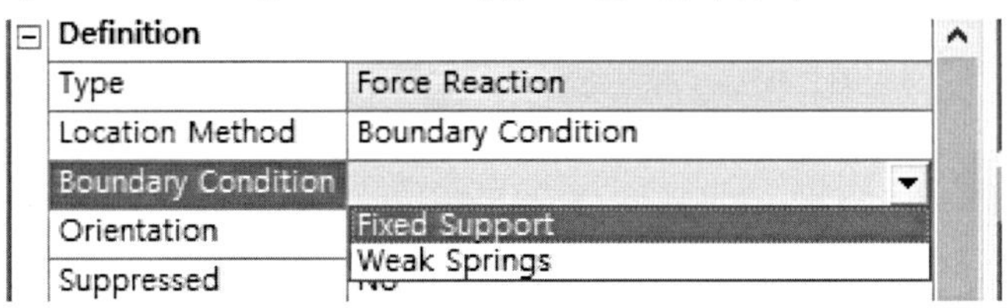

③ Moment Reaction 결과 세팅

(14) 해석 수행

① Outline화면에서 Static structure 를 선택한다.

② Tool bar에서 Solve를 클릭하거나, Solution > RMB > Solve 를 클릭한다.

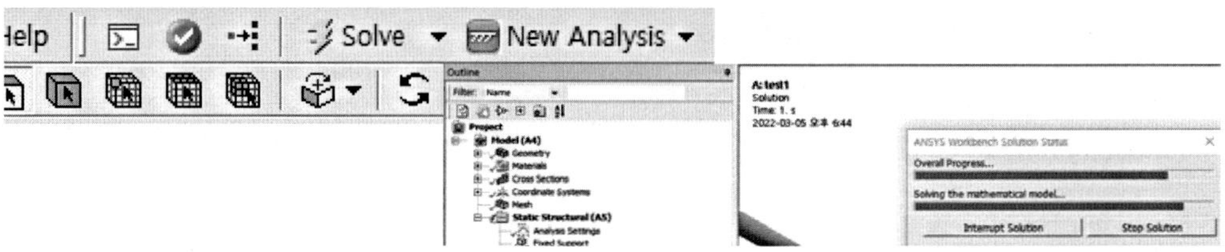

(15) 해석 결과 확인

① Total Deformation을 확인한다.

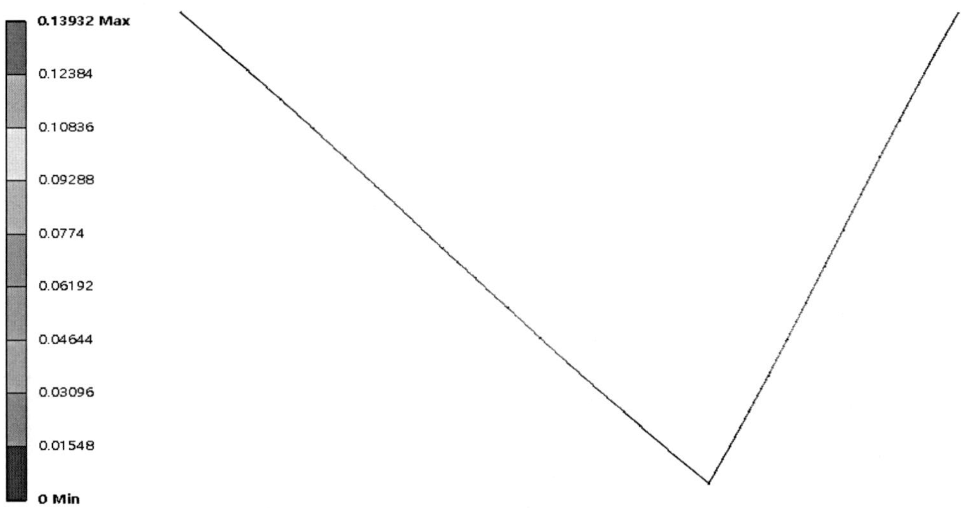

② Force Reaction을 확인한다.

(a) 왼쪽 지점

Display Time	End Time
Results	
Maximum Value Over Time	
X Axis	-254.54 N
Y Axis	254.55 N
Z Axis	0. N
Total	359.98 N
Minimum Value Over Time	
X Axis	-254.54 N
Y Axis	254.55 N
Z Axis	0. N
Total	359.98 N
Information	

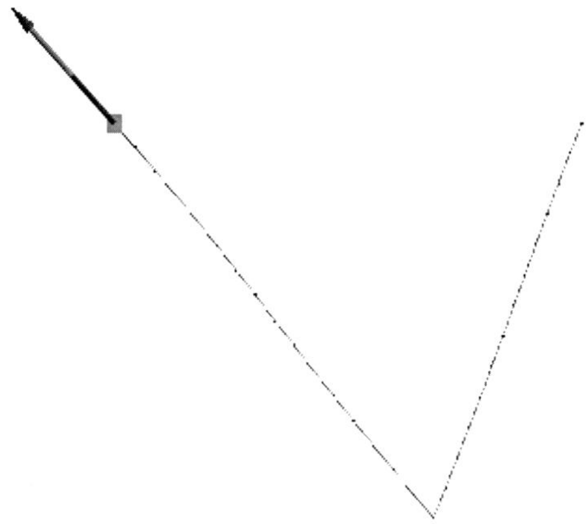

(b) 오른쪽 지점

Location Method	Boundary Condit...
Boundary Condition	Fixed Support 2
Orientation	Global Coordina...
Suppressed	No
Options	
Result Selection	All
Display Time	End Time
Results	
Maximum Value Over Time	
X Axis	254.54 N
Y Axis	545.45 N
Z Axis	7.7257e-024 N
Total	601.92 N
Minimum Value Over Time	
X Axis	254.54 N
Y Axis	545.45 N
Z Axis	7.7257e-024 N
Total	601.92 N
Information	

③ Moment Reaction을 확인한다.

(a) 왼쪽 지점

Maximum Value Over Time	
X Axis	1.2099e-017 N·m...
Y Axis	1.2135e-017 N·m...
Z Axis	3.2169 N·mm
Total	3.2169 N·mm
Minimum Value Over Time	
X Axis	1.2099e-017 N·m...
Y Axis	1.2135e-017 N·m...
Z Axis	3.2169 N·mm
Total	3.2169 N·mm
Information	

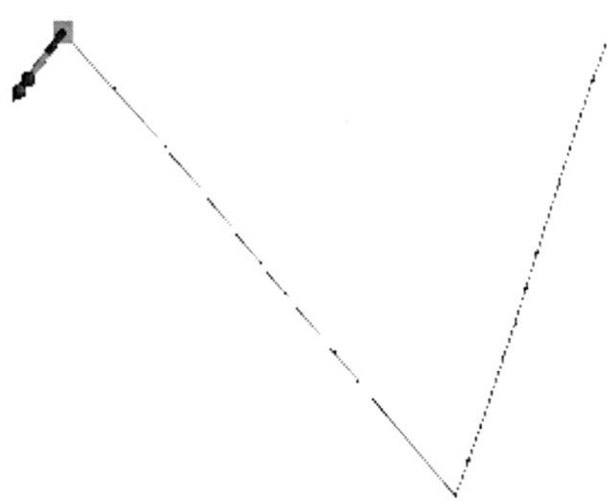

(b) 오른쪽 지점

Result Selection	All
Display Time	End Time
Results	
Maximum Value Over Time	
X Axis	-1.503e-017 N·m...
Y Axis	6.9788e-018 N·m...
Z Axis	-3.1273 N·mm
Total	3.1273 N·mm
Minimum Value Over Time	
X Axis	-1.503e-017 N·m...
Y Axis	6.9788e-018 N·m...
Z Axis	-3.1273 N·mm
Total	3.1273 N·mm
Information	

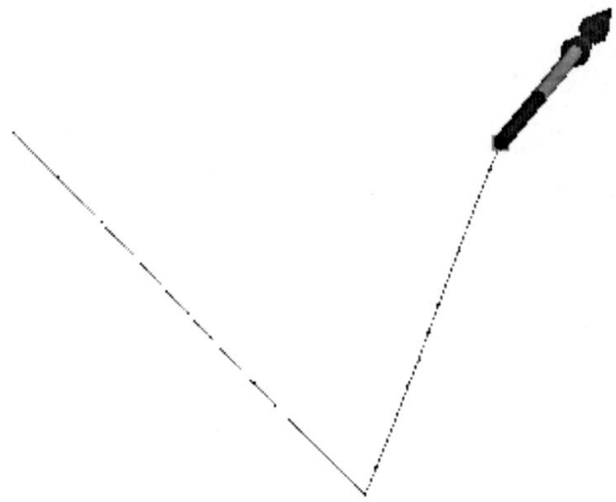

문제14. 힌지로 연결된 이중 가새에 작용하는 반력산정

구조물의 A점과 B점의 반력을 구하시오.
하중 W는 800N이 작용한다. 구조물의 지름은 10mm 이고, 재질은 구조용강이다.

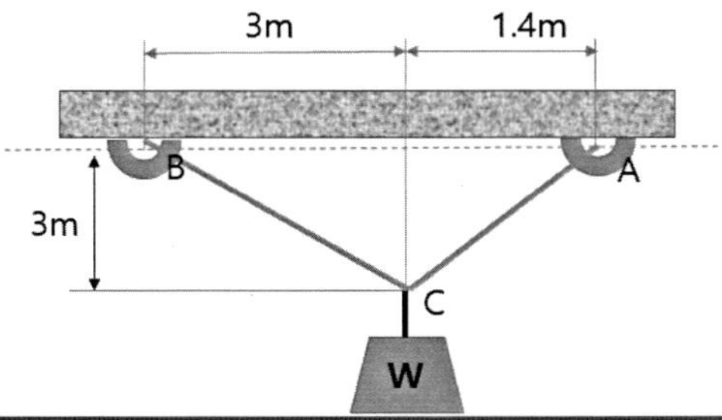

(1) 해석대상을 분석하고 자유물체도를 작성한다.

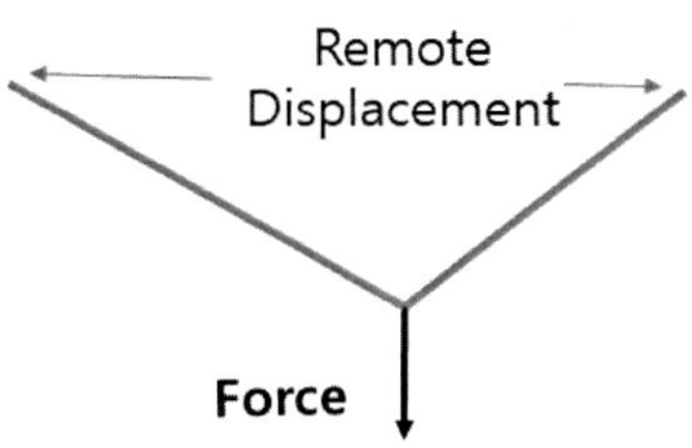

작용하중은 Force로 800N을 적용한다.

(2) 해석 시스템을 생성한다.(Static structural)
① Project Schematic에 Static Structural 시스템 추가한다.
② Project 이름을 변경한다.

(3) 재료의 물성을 정의한다. (Engineering Data)
이전문제의 재질정보와 모델정보를 같이 사용한다.
(4) 모델링 가져오기를 수행한다. (Geometry)
이전 Project에서 Engineering Data와 Gemetry를 선택하고 드래그하여 새로운 Project위에 올려놓는다.

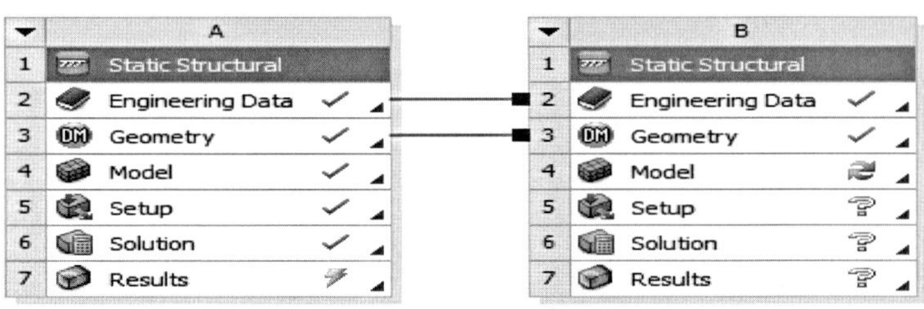

(5) 해석 모델의 환경을 설정한다. (Model)
① Project Schematic의 Static Structural에서 Model을 더블클릭하여 Mechanical 창 활성화 한다.

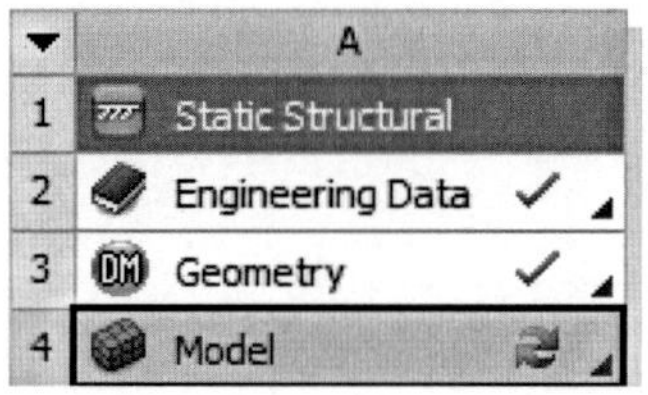

② Outline화면에서 Model > Geometry > Solid 를 선택한다.
③ View > Cross section Solid를 선택한다.

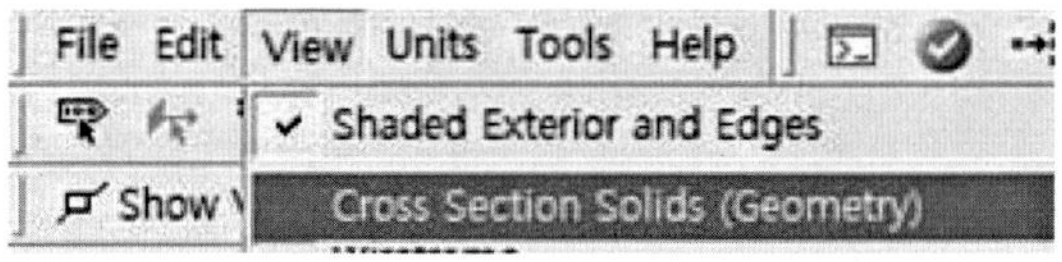

(6) 좌표계 설정 (Coordinate Systems) : 변경내용 없음

(7) 연결 관계 정의(Connections) : 기본설정을 사용한다.

(8) 격자 모델 생성 (Mesh)
① Outline화면에서 Model > Mesh 를 선택하고 RMB > Update 실행한다.
② Graphic화면에서 모델에 메시가 생성된 것 을 확인할 수 있다.

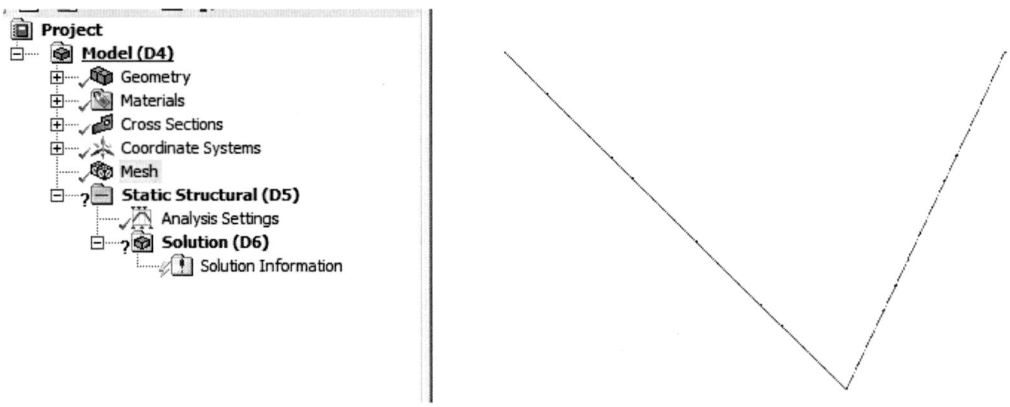

(9) 해석 설정 정의(Analysis Settings) : 설정되어 있는 값을 사용한다.

(10) 초기 조건 정의 : 고려하지 않는다.

(11) 구속조건 정의
양쪽단 모두 이종지점을 사용한다.
ⓐ Remote Displacement 지점 설정

① Outline화면에서 Static structure > RMB > Insert > Remote Displacementt 선택.

② Graphic window에서 단순보의 절점을 선택한다.

*끝단을 선택하기 위하여 Edge 메뉴 사용한다.

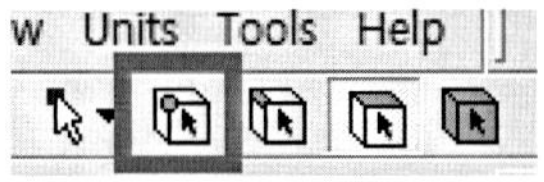

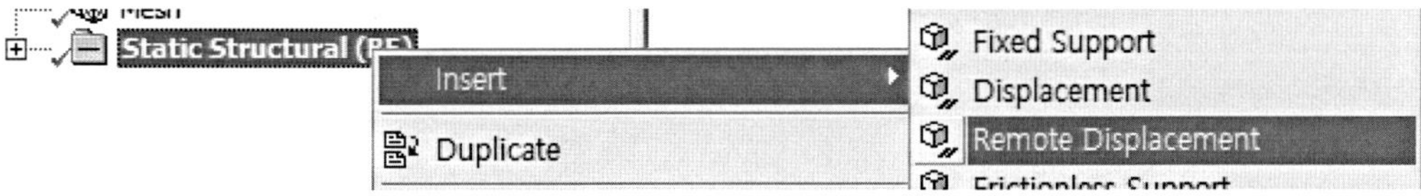

③ Definition을 아래와 같이 설정한다.

Details of "Remote Displacement"	
Scope	
Scoping Method	Geometry Selection
Geometry	1 Vertex
Coordinate System	Global Coordinate System
X Coordinate	-3000. mm
Y Coordinate	3000. mm
Z Coordinate	0. mm
Location	Click to Change
Definition	
Type	Remote Displacement
X Component	0. mm (ramped)
Y Component	0. mm (ramped)
Z Component	0. mm (ramped)
Rotation X	0. ° (ramped)
Rotation Y	0. ° (ramped)
Rotation Z	Free
Suppressed	No
Advanced	

A지점 조건

Details of "Remote Displacement 2"	
Scope	
Scoping Method	Geometry Selection
Geometry	1 Vertex
Coordinate System	Global Coordinate System
X Coordinate	1400. mm
Y Coordinate	3000. mm
Z Coordinate	0. mm
Location	Click to Change
Definition	
Type	Remote Displacement
X Component	0. mm (ramped)
Y Component	0. mm (ramped)
Z Component	0. mm (ramped)
Rotation X	0. ° (ramped)
Rotation Y	0. ° (ramped)
Rotation Z	Free
Suppressed	No
Advanced	

B지점 조건

(12) 하중조건 정의

① Outline화면에서 Static structure > RMB > Insert > Force를 선택한다.

② a Detail view에 Force에 대한 Scope, Definition이 나타난다.

b Force가 작용하는 점을 선택한다.

c Apply를 클릭한다.

③ Magnitude를 800N으로 설정하고 Direction을 Apply한다.

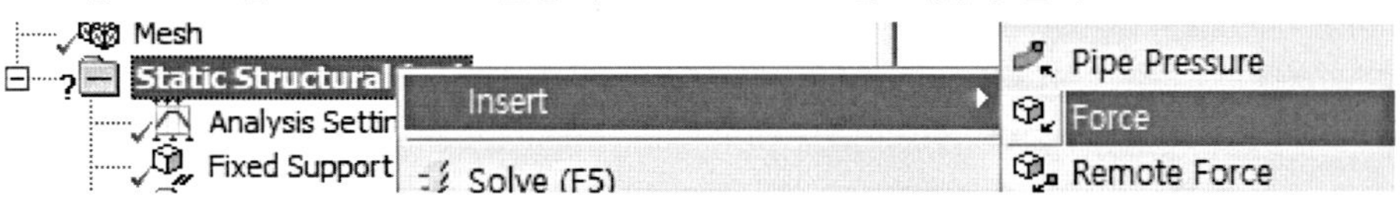

(13) 해석 결과 설정

① Deformation(변형) 결과 세팅

a. Outline화면에서 Solution >RMB >Insert >Deformation >Directional 항목 선택

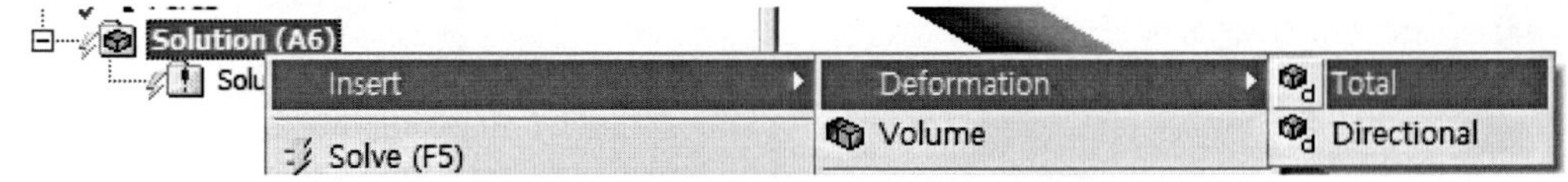

② Force Reaction 결과 세팅

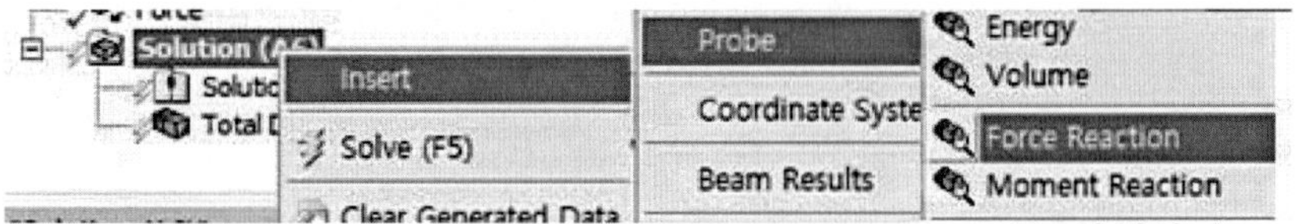

Boundary condition을 Remote Displacement를 선택한다.

③ Moment Reaction 결과 세팅

Boundary condition을 Remote Displacement를 선택한다.

(14) 해석 수행

① Outline화면에서 Static structure 를 선택한다.

② Tool bar에서 Solve를 클릭하거나, Solution > RMB > Solve 를 클릭한다.

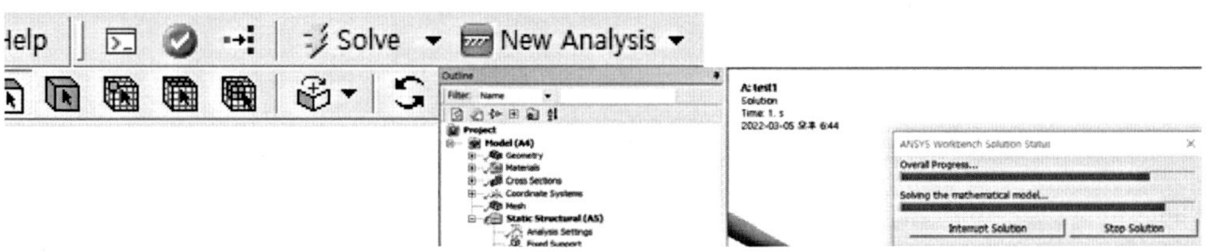

(15) 해석 결과 확인

해석결과를 하중을 받지 전과 비교하기 위하여 Show Undeformed WireFrame을 실행한다.

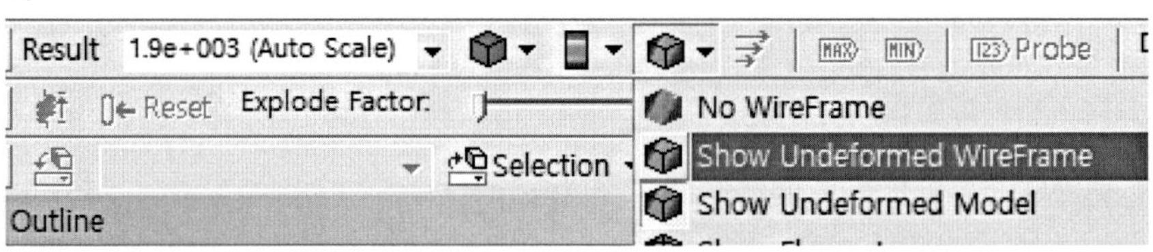

① Total Deformation을 확인한다.

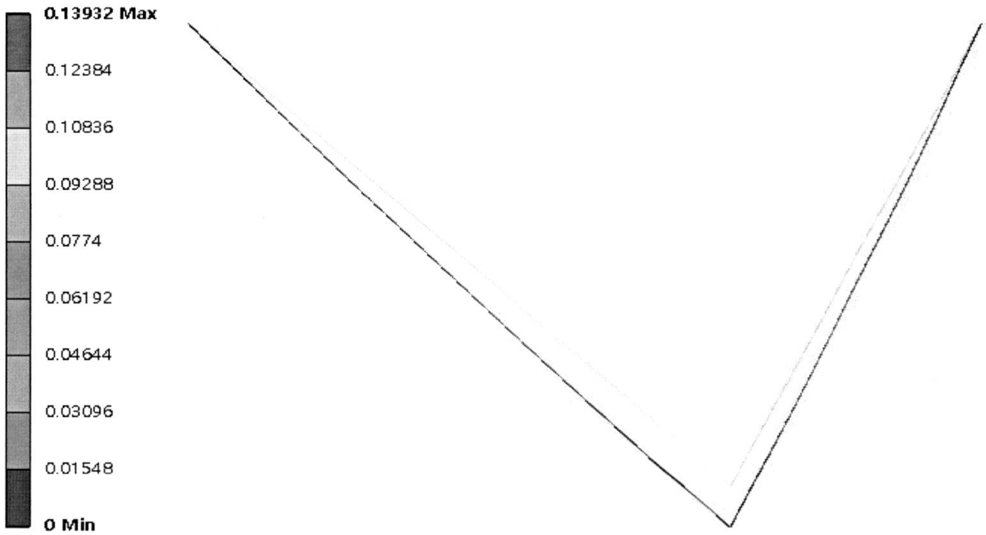

② Force Reaction을 확인한다.

(a) 왼쪽 지점

Results	
Maximum Value Over Time	
X Axis	-254.54 N
Y Axis	254.55 N
Z Axis	0. N
Total	359.98 N
Minimum Value Over Time	
X Axis	-254.54 N
Y Axis	254.55 N
Z Axis	0. N
Total	359.98 N
Information	

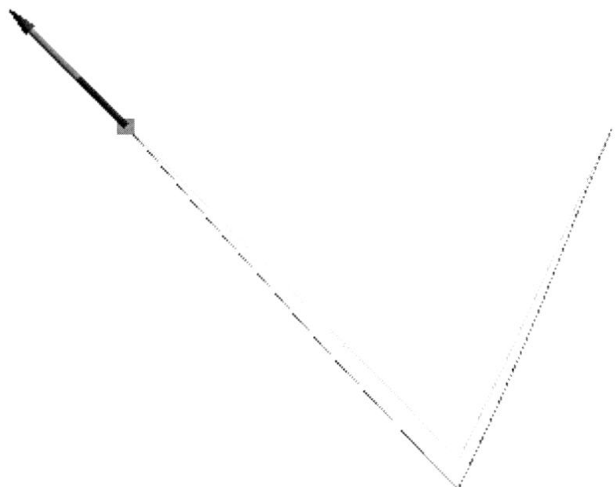

③ Moment Reaction을 확인한다. (Total 값이 거의 0이다.)

Maximum Value Over Time	
X Axis	-6.8101e-020 N·mm
Y Axis	-5.9213e-020 N·mm
Z Axis	0. N·mm
Total	9.0244e-020 N·mm
Minimum Value Over Time	
X Axis	-6.8101e-020 N·mm
Y Axis	-5.9213e-020 N·mm
Z Axis	0. N·mm
Total	9.0244e-020 N·mm
Information	

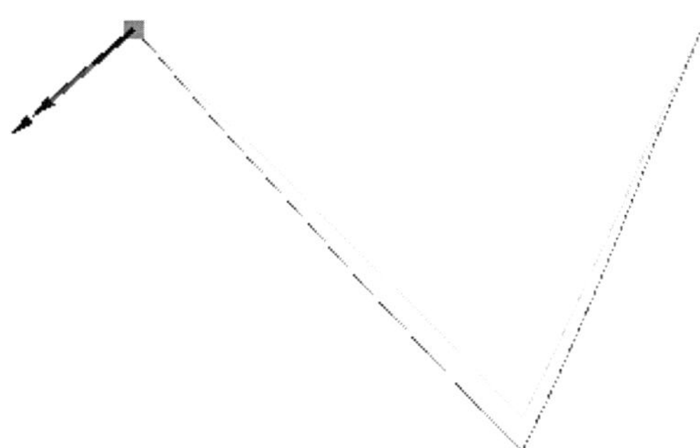

문제15. 힌지로 연결된 수평과 수직 가새에 작용하는 반력산정

구조물의 A점과 B점의 반력을 구하시오.
하중 W는 200N이 작용한다. 구조물의 지름은 10mm 이고, 재질은 구조용강이다.

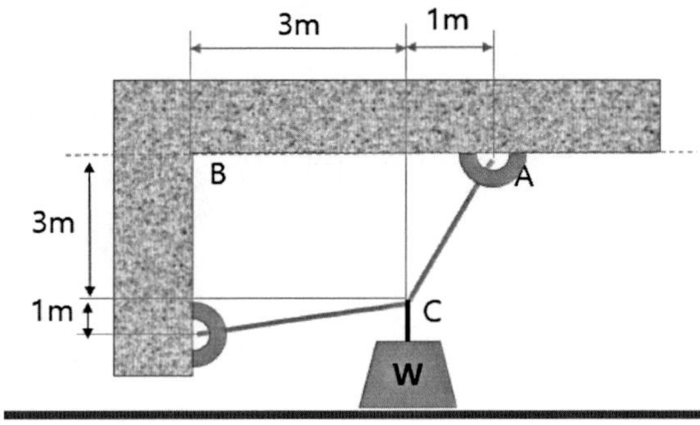

(1) 해석대상을 분석하고 자유물체도를 작성한다.

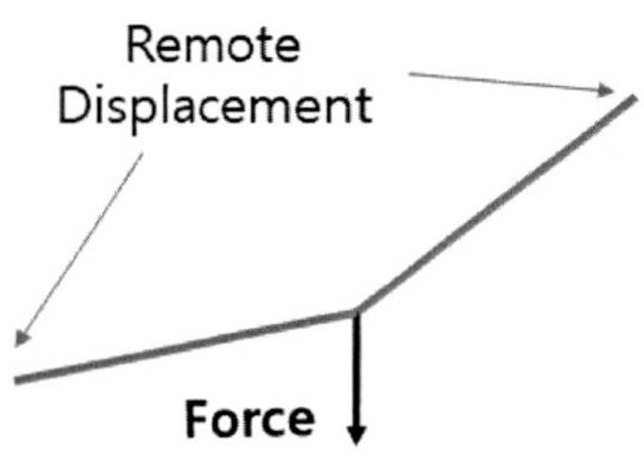

작용하중은 Force로 200N을 적용한다.

(2) 해석 시스템을 생성한다.(Static structural)
① Project Schematic에 Static Structural 시스템 추가한다.
② Project 이름을 변경한다.
③ Mechanical 창에서 Units menu를 클릭하고 단위를 설정한다.
- Metric (mm, kg, N, s, mV, mA)

(3) 재료의 물성을 정의한다. (Engineering Data)
① 기본 설정된 값을 사용한다. (기본설정은 Structural steel로 되어 있다.)

(4) Design Modeler를 사용하여 모델링을 수행한다. (Geometry)
① Geometry에서 RMB > Design Modeler를 클릭한다.

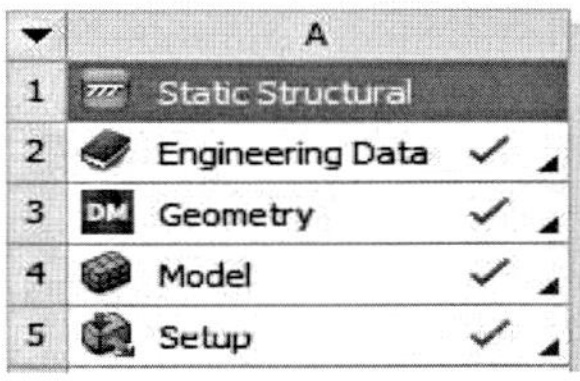

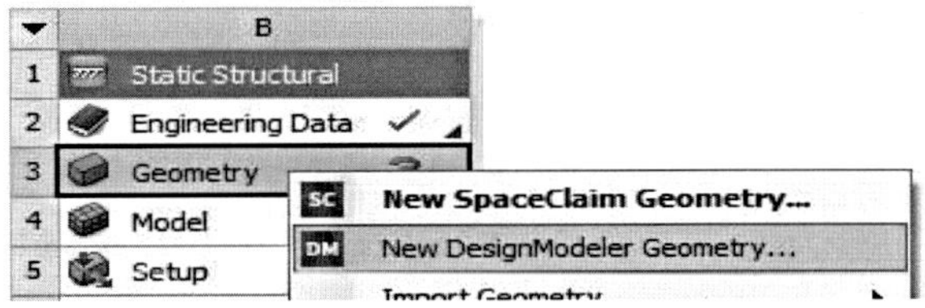

먼저 단위를 mm로 변경한다.

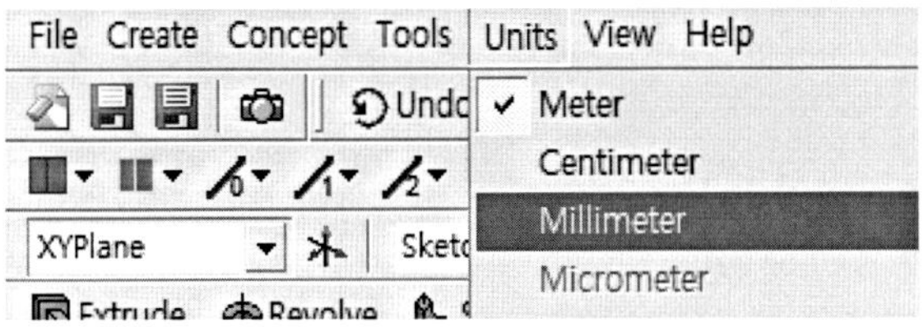

② XPLane을 선택하고 Look at을 클릭한다.

② XPLane을 선택하고 Look at을 클릭한다.

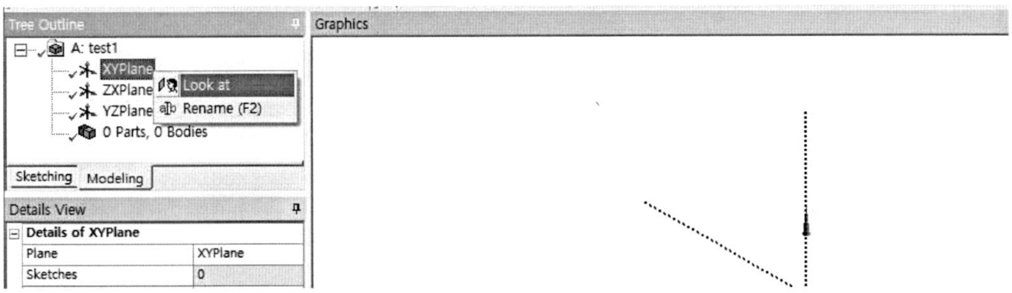

③ Sketching 화면에서 Line을 그린다.

④ Detail Views에서 Dimensions에 Line의 치수를 입력한다.

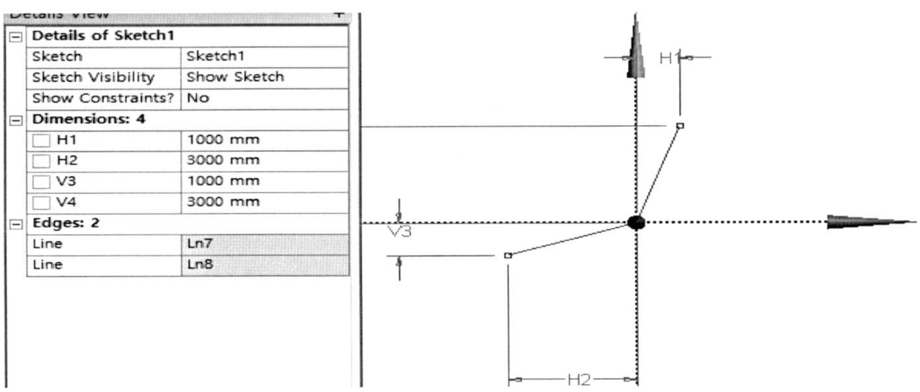

⑤ Modeling 화면에서 Concept > Lines From Sketches를 클릭한다.

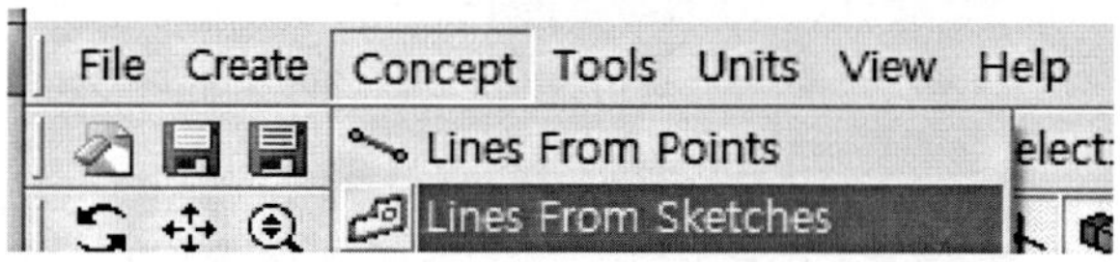

⑥ sketch1을 선택하고 Apply를 실행한다.

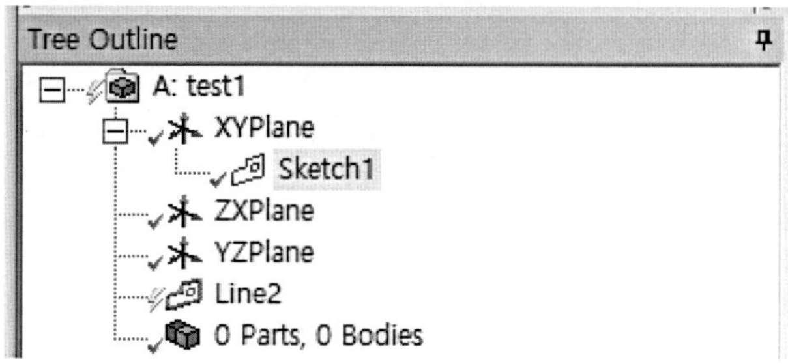

⑦ Generate를 실행한다.

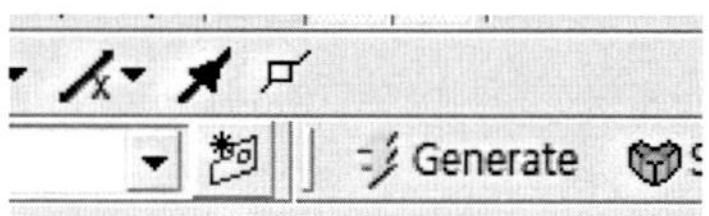

⑧ Concept > Cross Section에서 단면형상을 선택한다.

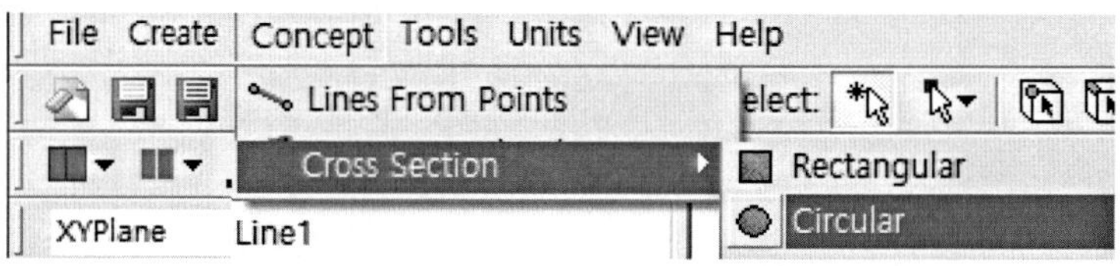

Detail View에서 Dimensions에 단면의 치수를 입력한다.

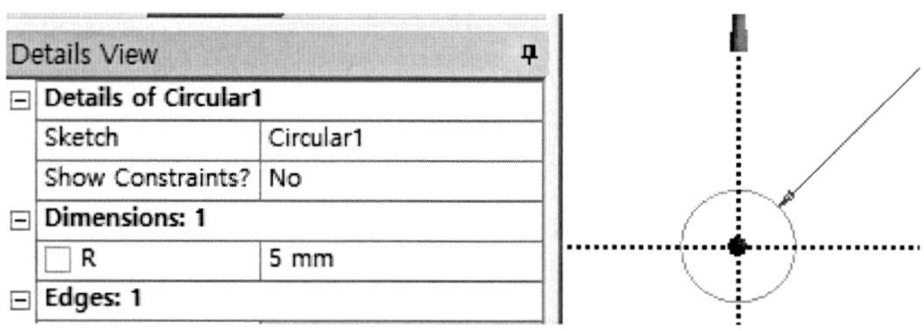

⑨ Detail View에서 Line Body를 선택하고, Cross Section을 선택한다.

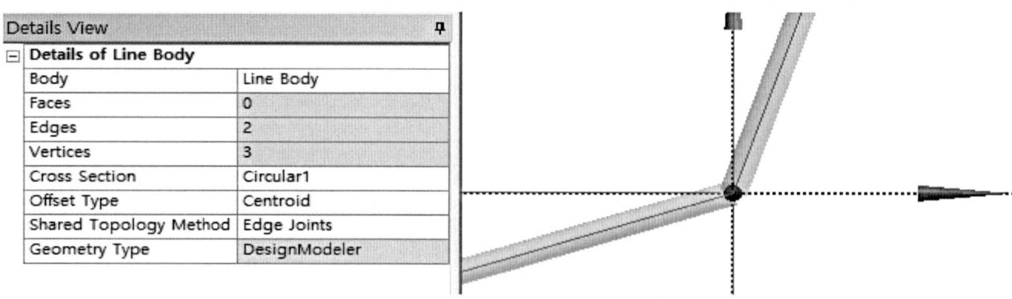

(5) 해석 모델의 환경을 설정한다. (Model)

① Project Schematic의 Static Structural에서 Model을 더블클릭하여 Mechanical 창 활성화 한다.

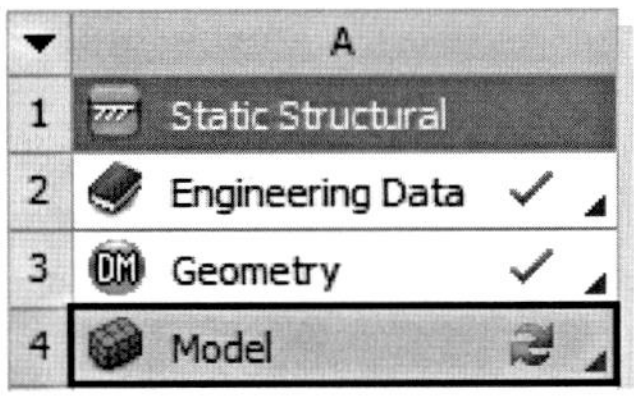

② Outline화면에서 Model > Geometry > Solid 를 선택한다.

③ View > Cross section Solid를 선택한다.

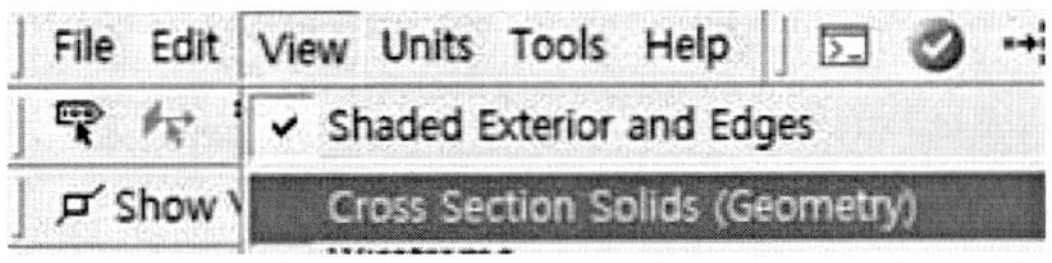

(6) 좌표계 설정 (Coordinate Systems) : 변경내용 없음

(7) 연결 관계 정의(Connections) : 기본설정을 사용한다.

(8) 격자 모델 생성 (Mesh)

① Outline화면에서 Model > Mesh 를 선택하고 RMB > Update 실행한다.

② Graphic화면에서 모델에 메시가 생성된 것 을 확인할 수 있다.

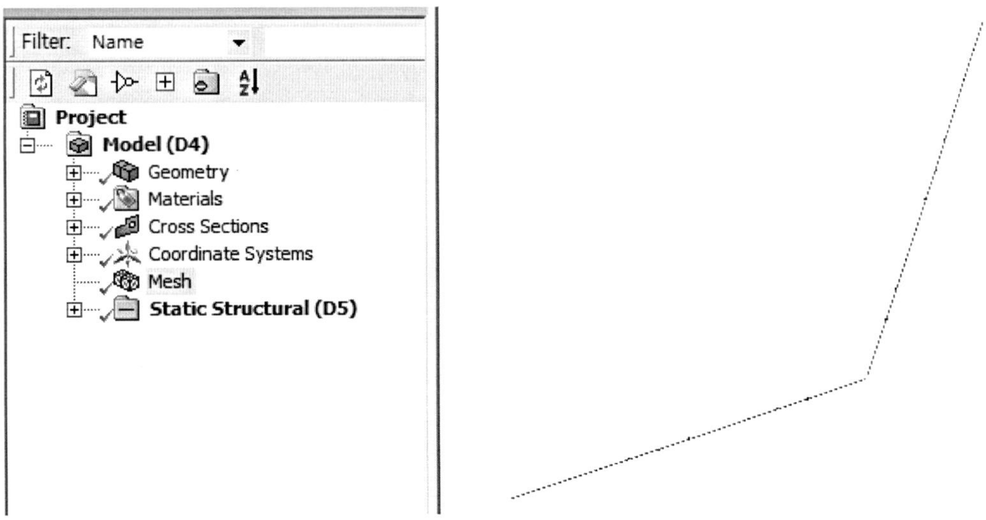

(9) 해석 설정 정의(Analysis Settings) : 설정되어 있는 값을 사용한다.

(10) 초기 조건 정의 : 고려하지 않는다.

(11) 구속조건 정의

양쪽단 모두 고정지점을 사용한다.

ⓐ 고정 지점 설정

① Outline화면에서 Static structure > RMB > Insert > Fixed Support 선택.

② Outline화면에서 Static structure > Fixed support를 클릭하고, Graphic window에서 단순보의 절점을 선택한다.

*끝단을 선택하기 위하여 Edge 메뉴 사용한다.

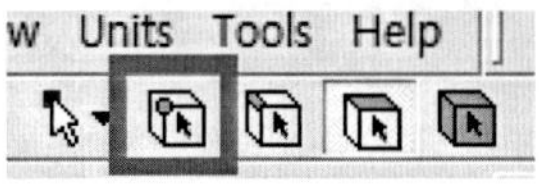

(12) 하중조건 정의

① Outline화면에서 Static structure > RMB > Insert > Force를 선택한다.

② a Detail view에 Force에 대한 Scope, Definition이 나타난다.

b Force가 작용하는 점을 선택한다.

c Apply를 클릭한다.

③ Magnitude를 200N으로 설정하고 Direction을 Apply한다.

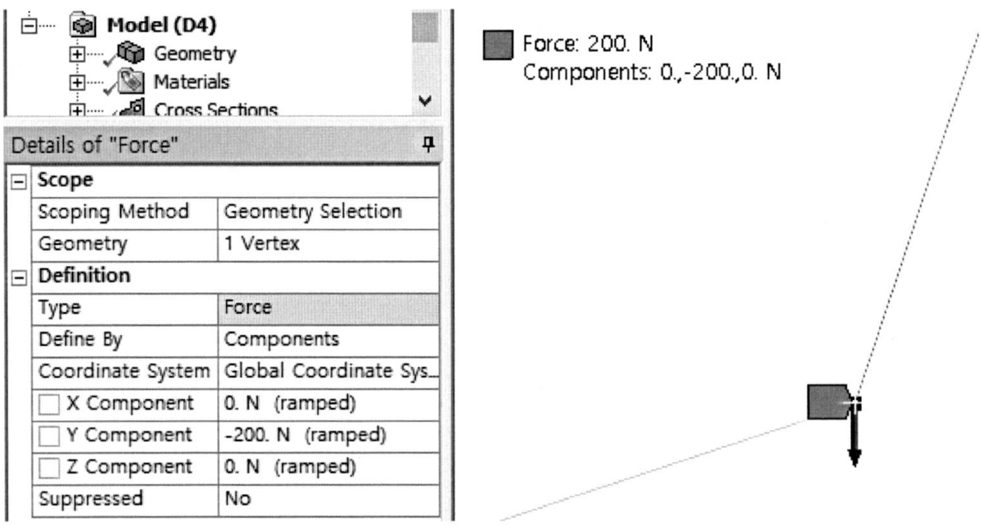

(13) 해석 결과 설정

① Deformation(변형) 결과 세팅

a. Outline화면에서 Solution >RMB >Insert >Deformation >Directional 항목 선택

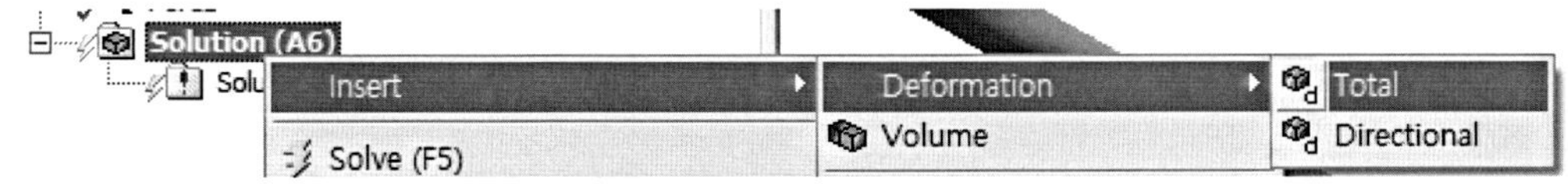

② Force Reaction 결과 세팅

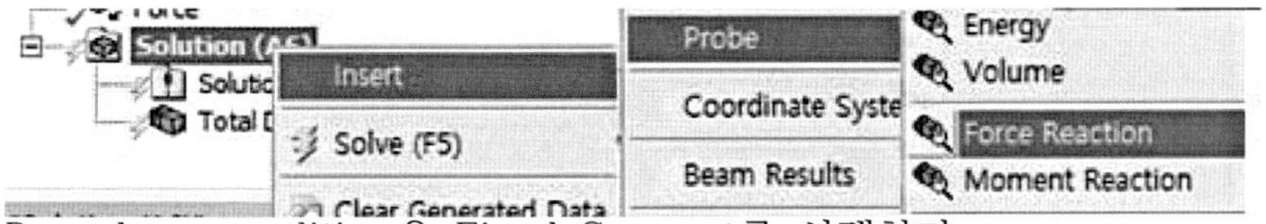

Boundary condition을 Fixed Support를 선택한다.

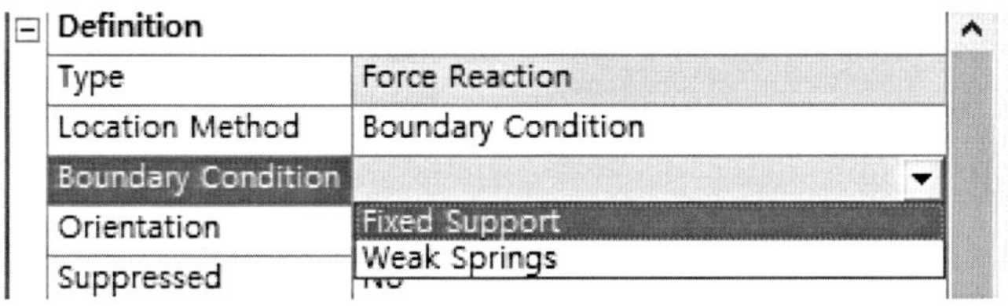

③ Moment Reaction 결과 세팅

(14) 해석 수행

① Outline화면에서 Static structure 를 선택한다.

② Tool bar에서 Solve를 클릭하거나, Solution > RMB > Solve 를 클릭한다.

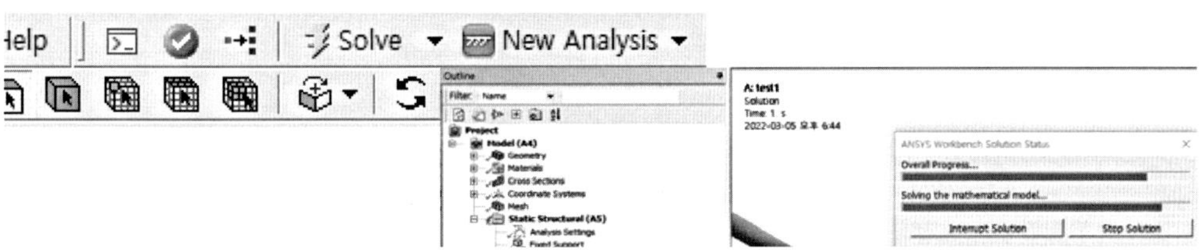

(15) 해석 결과 확인

① Total Deformation을 확인한다.

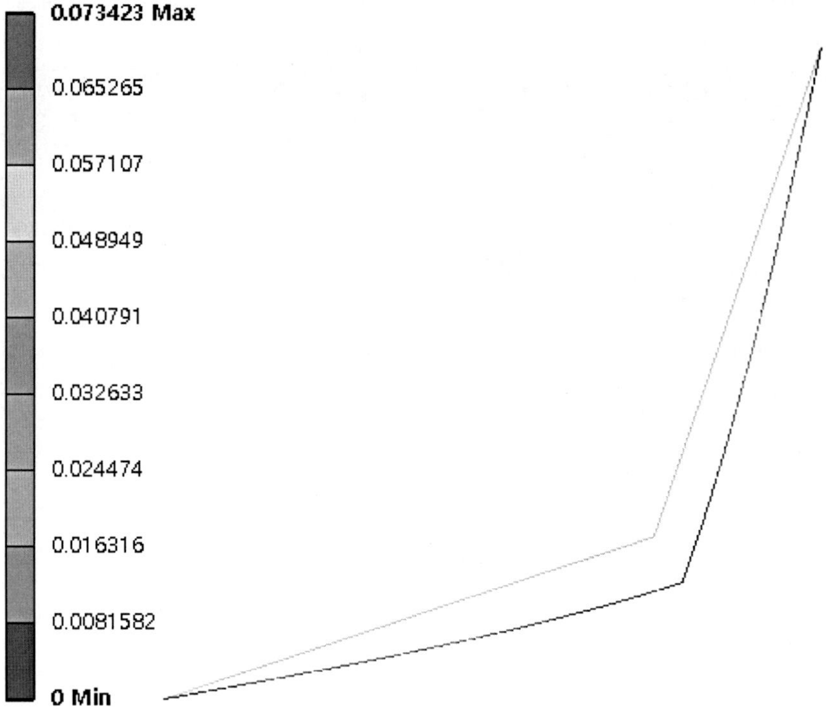

② Force Reaction을 확인한다.

(a) 왼쪽 지점

Options	
Result Selection	All
Display Time	End Time
Results	
Maximum Value Over Time	
X Axis	-74.999 N
Y Axis	-24.999 N
Z Axis	-4.4727e-024 N
Total	79.056 N
Minimum Value Over Time	
X Axis	-74.999 N
Y Axis	-24.999 N
Z Axis	-4.4727e-024 N
Total	79.056 N
Information	

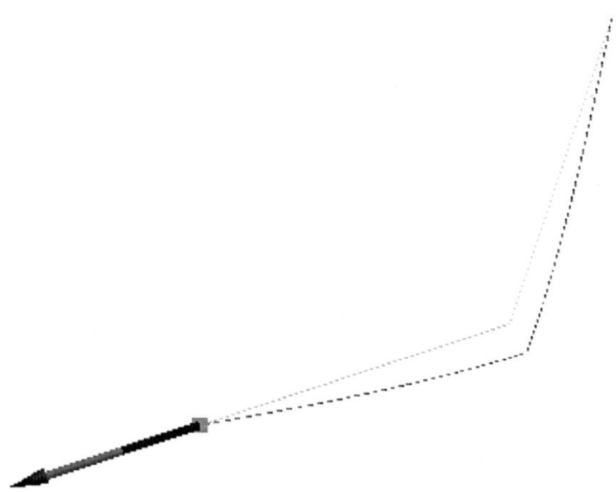

③ Moment Reaction을 확인한다.

(a) 왼쪽 지점

Display Time	End Time
Results	
Maximum Value Over Time	
X Axis	3.5191e-020 N·mm
Y Axis	-1.37e-019 N·mm
Z Axis	0. N·mm
Total	1.4145e-019 N·mm
Minimum Value Over Time	
X Axis	3.5191e-020 N·mm
Y Axis	-1.37e-019 N·mm
Z Axis	0. N·mm
Total	1.4145e-019 N·mm
Information	

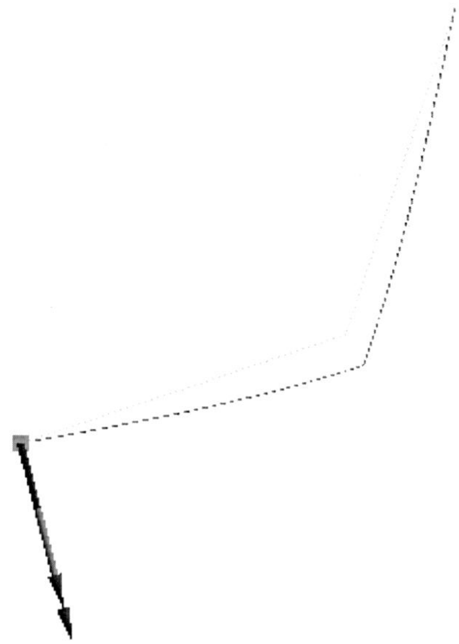

문제16. 단순지지교량의 반력 산정

그림과 같은 단순교량에 처짐에 대하여 해석하시오.

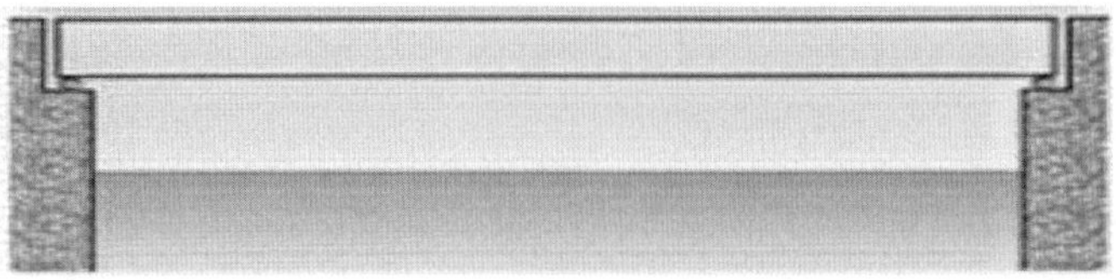

교량은 길이 10,000mm, 폭 2000mm, 두께 40 mm의 강판으로 되어 있다.
단순지지교량에 0.0025MPa의 균일 분포하중을 받고 있다. 보의 재질은 Structural Steel로 탄성계수는 200,000 MPa, 푸아송 비 0.3 이며, 항복응력은 2.5 x 10^8 Pa 이다. 최대 처짐을 구하시오.

(1) 해석대상을 분석하고 자유물체도를 작성한다.

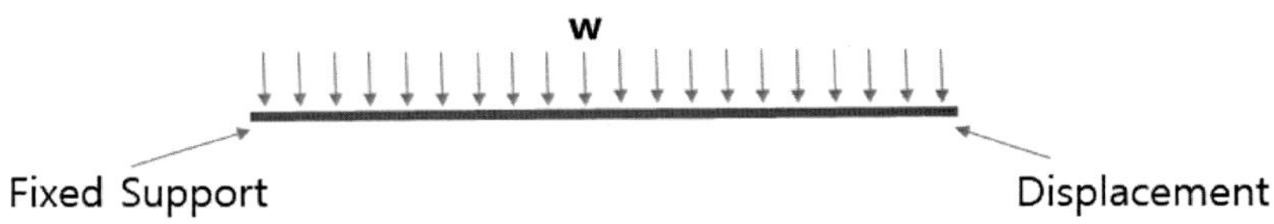

작용하중이 0.0025MPa이므로 길이방향의 하중은 0.0025N/mm^2*2000mm=5N/mm을 Line Pressure를 사용하여 적용한다.

(2) 해석 시스템을 생성한다.(Static structural)

① Project Schematic에 Static Structural 시스템 추가한다.

② Project 이름을 변경한다.

③ Mechanical 창에서 Units menu를 클릭하고 단위를 설정한다.

- Metric (mm, kg, N, s, mV, mA)

(3) 재료의 물성을 정의한다. (Engineering Data)

① 기본 설정된 값을 사용한다. (기본설정은 Structural steel로 되어 있다.)

(4) Design Modeler를 사용하여 모델링을 수행한다. (Geometry)

① Geometry에서 RMB > Design Modeler를 클릭한다.

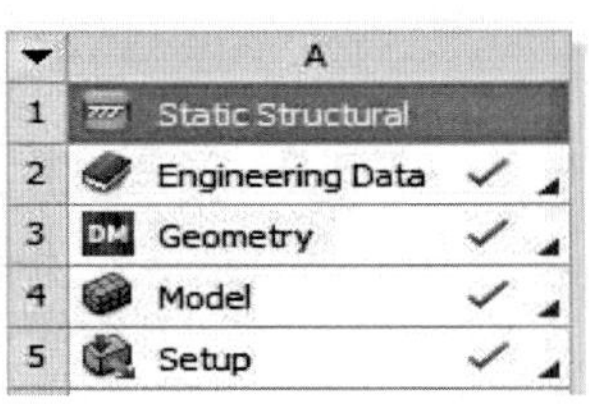

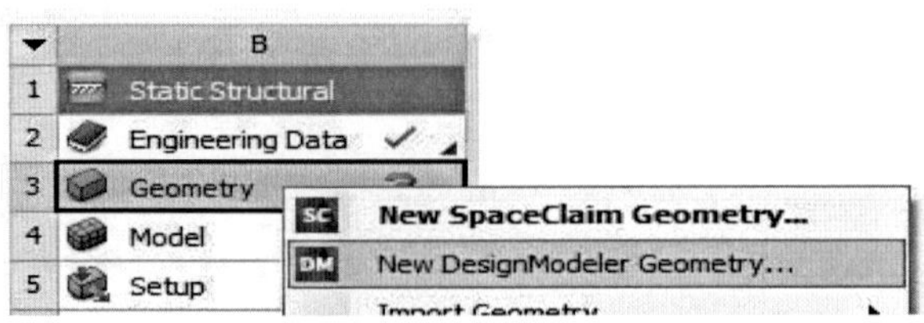

먼저 단위를 mm로 변경한다.

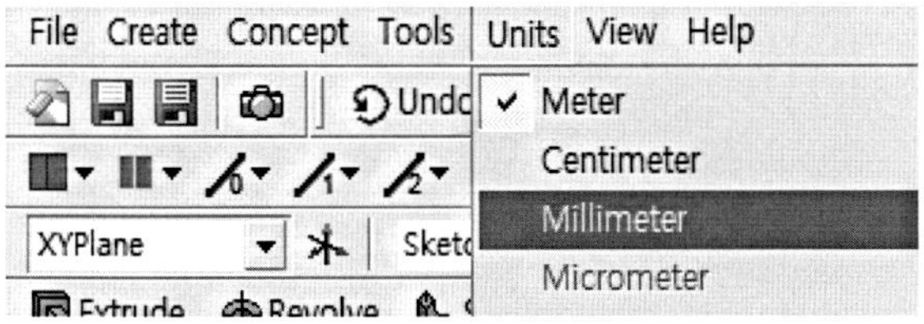

② XPLane을 선택하고 Look at을 클릭한다.

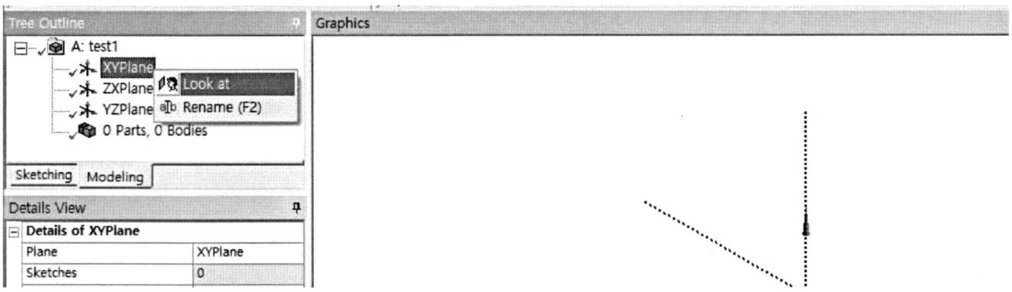

③ Sketching 화면에서 Line을 그린다.

④ Detail Views에서 Dimensions에 Line의 치수를 입력한다.
H1을 10000mm을 입력한다.

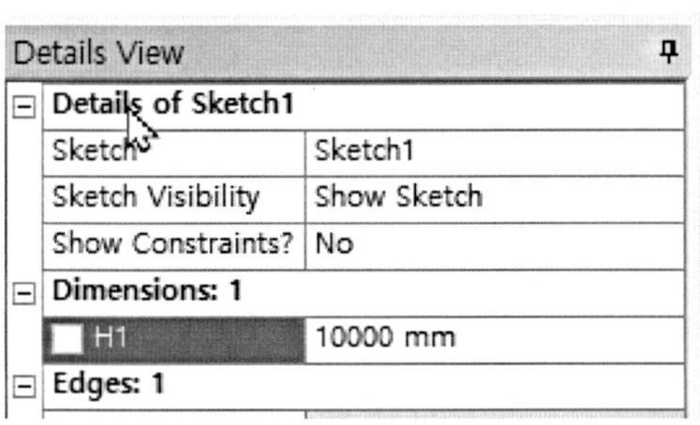

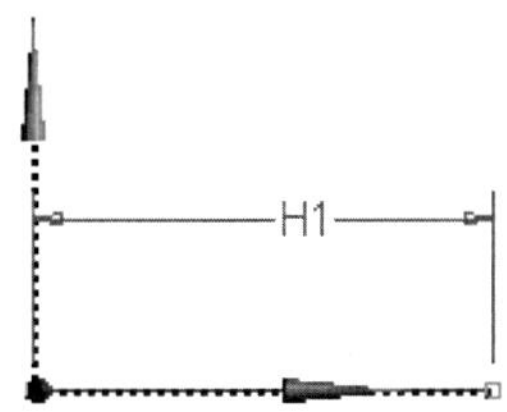

⑤ Modeling 화면에서 Concept > Lines From Sketches를 클릭한다.

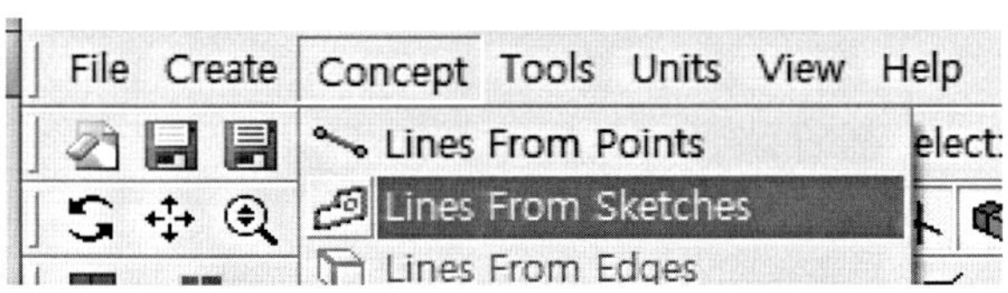

⑥ sketch1을 선택하고 Apply를 실행한다.

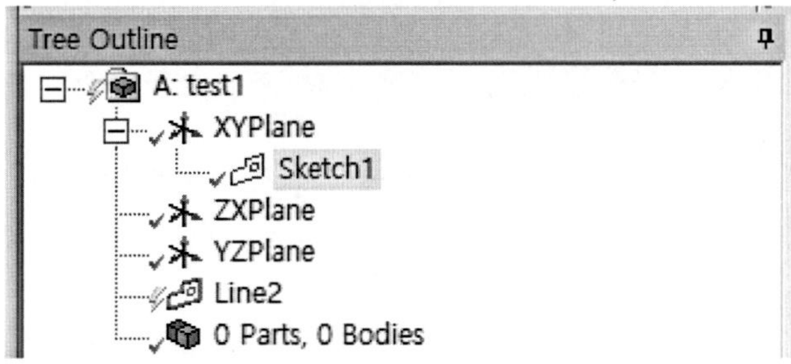

⑦ Generate를 실행한다.

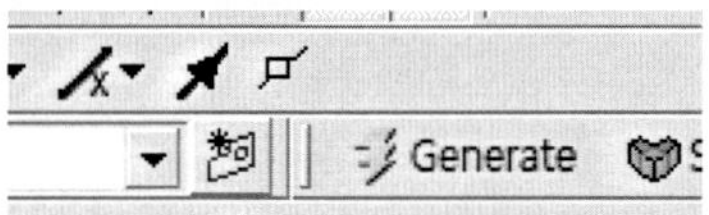

⑧ Concept > Cross Section에서 단면형상을 선택한다.

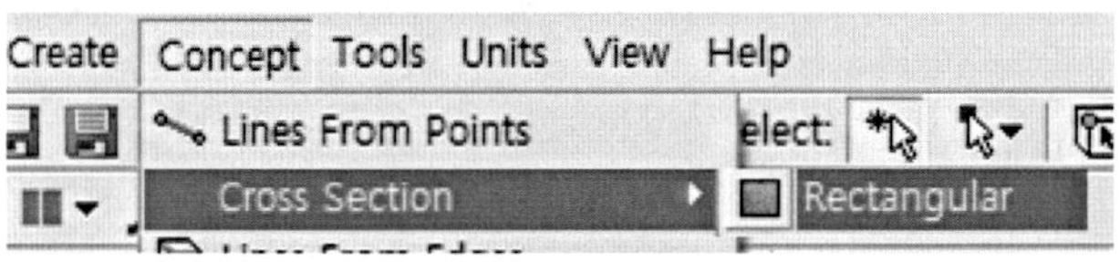

Detail View에서 Dimensions에 단면의 치수를 입력한다.

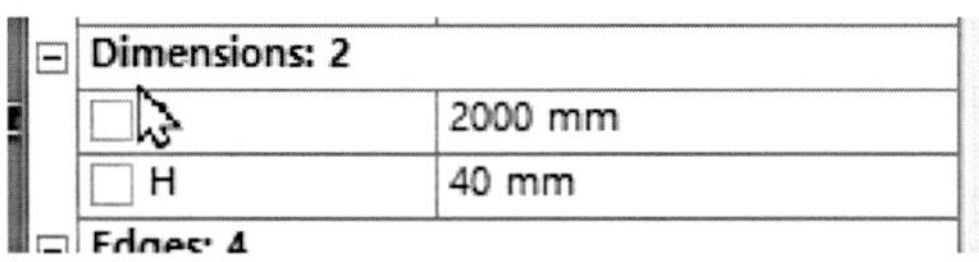

⑨ Detail View에서 Line Body를 선택하고, Cross Section을 선택한다.

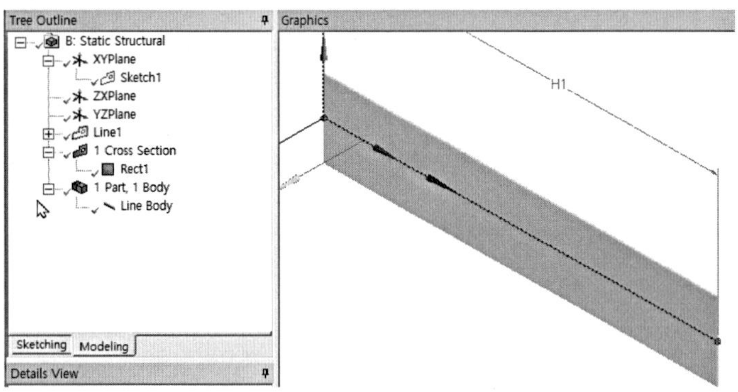

(5) 해석 모델의 환경을 설정한다. (Model)

① Project Schematic의 Static Structural에서 Model을 더블클릭하여 Mechanical 창 활성화 한다.

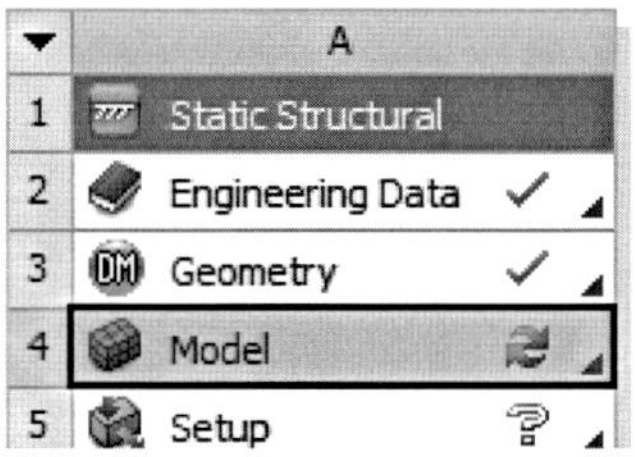

② Outline화면에서 Model > Geometry > Solid 를 선택한다.

③ View > Cross section Solid를 선택한다.

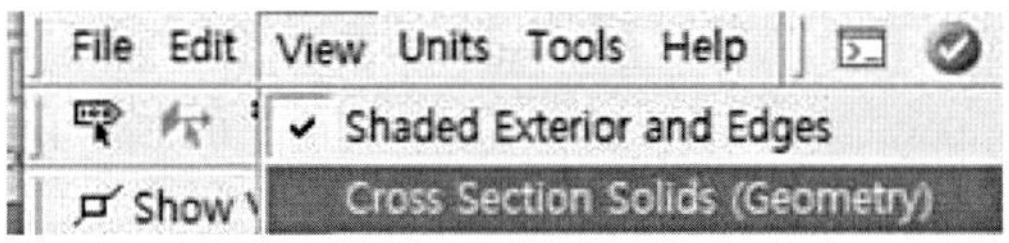

(6) 좌표계 설정 (Coordinate Systems) : 변경내용 없음

(7) 연결 관계 정의(Connections) : 기본설정을 사용한다.

(8) 격자 모델 생성 (Mesh)

① Outline화면에서 Model > Mesh 를 선택한다.

② Outline화면에서 Model > Mesh 를 선택하고 RMB > Update 실행한다.

③ Graphic화면에서 모델에 메시가 생성된 것 을 확인할 수 있다.

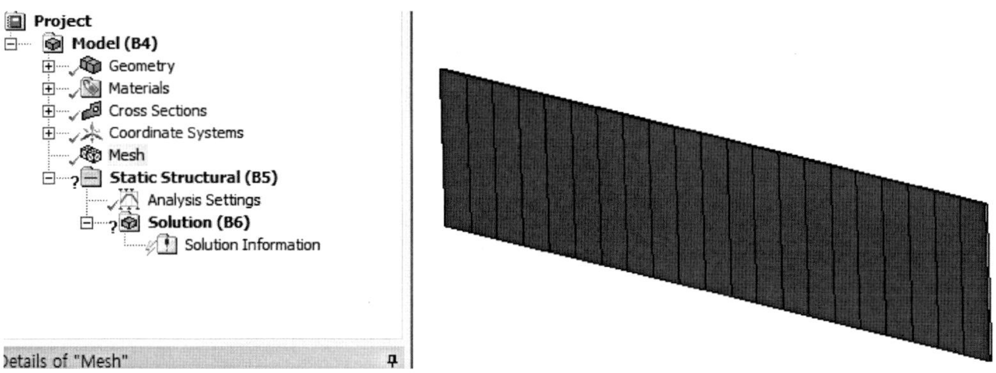

(9) 해석 설정 정의(Analysis Settings) : 설정되어 있는 값을 사용한다.

(10) 초기 조건 정의 : 고려하지 않는다.

(11) 구속조건 정의

ⓐ 고정 지점 설정

① Outline화면에서 Static structure > RMB > Insert > Fixed Support 선택.

② Outline화면에서 Static structure > Fixed support를 클릭하고,
Graphic window에서 단순보의 절점을 선택한다.

*끝단을 선택하기 위하여 Edge 메뉴 사용한다.

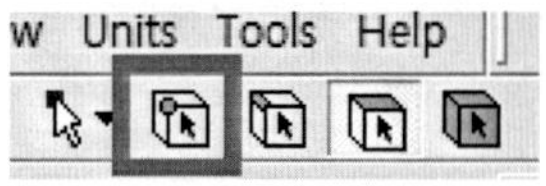

ⓑ 이동 지점 설정

① Outline화면에서 Static structure > RMB > Insert > Displacement Support 선택.

② Outline화면에서 Static structure > Displacement support를 클릭하고,
Graphic window에서 단순보의 절점을 선택한다.

*끝단을 선택하기 위하여 Edge 메뉴 사용한다.

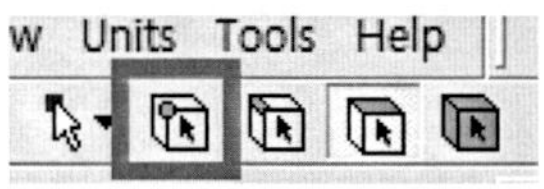

Details of Displacement에서 다음과 같이 설정한다.

Type	Displacement
Define By	Components
Coordinate System	Global Coordinate System
X Component	Free
Y Component	0. mm (ramped)
Z Component	0. mm (ramped)
Suppressed	No

(12) 하중조건 정의

① Outline화면에서 Static structure > RMB > Insert > Line Press를 선택한다.

② a Detail view에 Line Pressure에 대한 Scope, Definition이 나타난다.
b Geometry에 작용하는 선을 선택한다.
c Apply를 클릭한다.

③ Magnitude를 5N/mm으로 설정하고 Direction을 Apply한다.

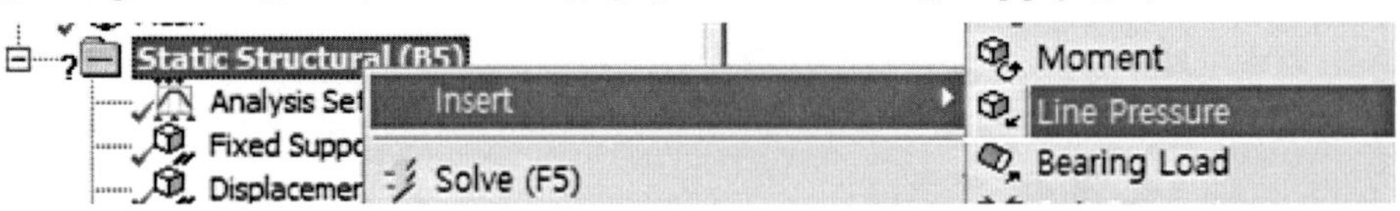

Scope	
Scoping Method	Geometry Selection
Geometry	1 Edge
Definition	
Type	Line Pressure
Define By	Components
Coordinate System	Global Coordinate System
X Component	0. N/mm (ramped)
Y Component	0. N/mm (ramped)
Z Component	5. N/mm (ramped)
Suppressed	No

(13) 해석 결과 설정

① Deformation(변형) 결과 세팅

a. Outline화면에서 Solution >RMB >Insert >Deformation >Directional 항목 선택

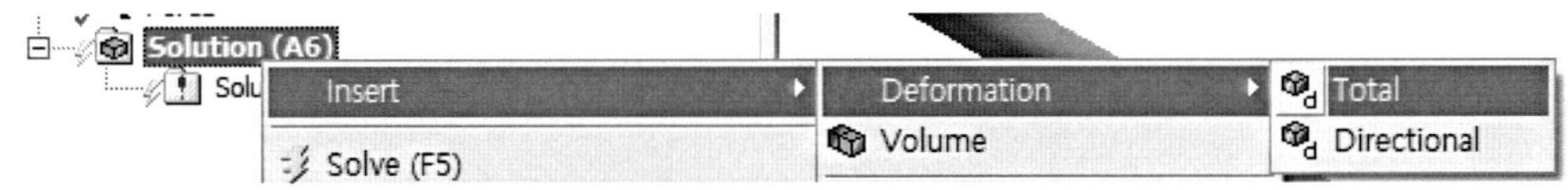

② Force Reaction 결과 세팅

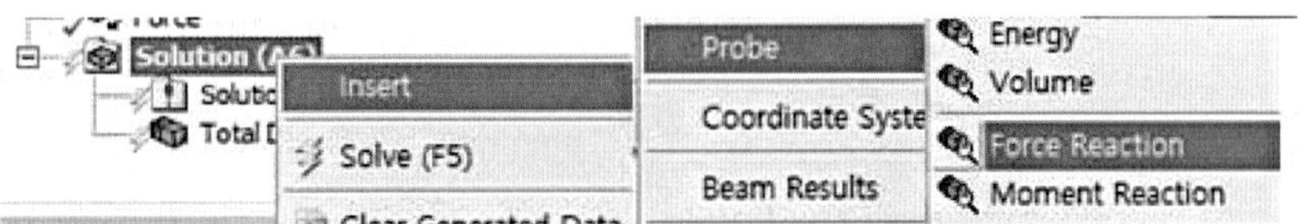

Boundary condition을 Fixed Support를 선택한다.

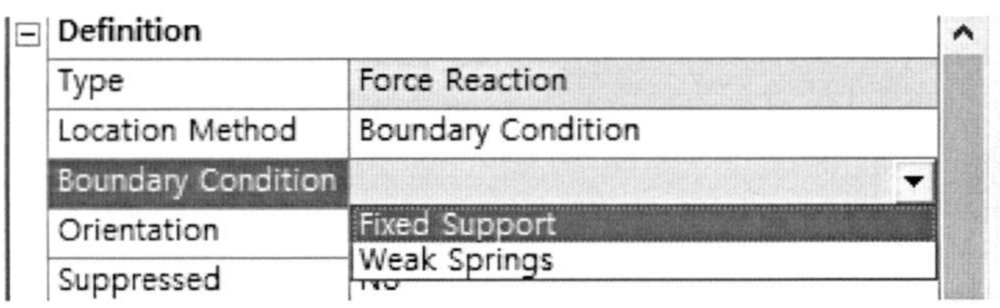

(14) 해석 수행

① Outline화면에서 Static structure 를 선택한다.

② Tool bar에서 Solve를 클릭하거나, Solution > RMB > Solve 를 클릭한다.

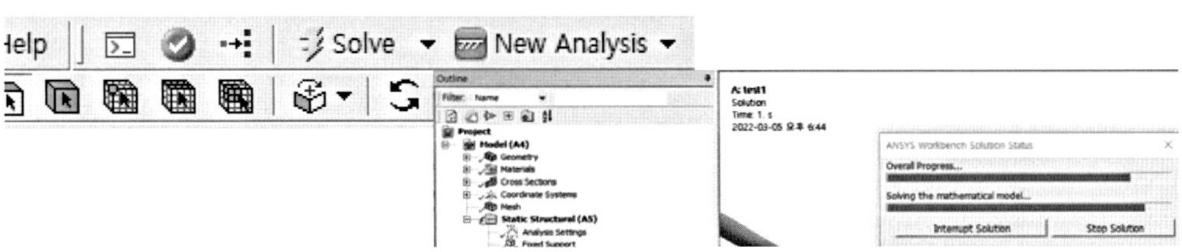

(15) 해석 결과 확인

① Total Deformation을 확인한다.

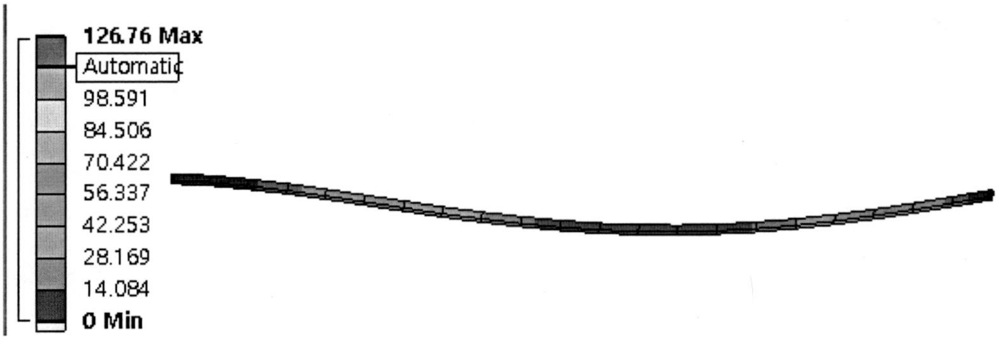

② Force Reaction을 확인한다.

③ Moment Reaction을 확인한다.

단순지지보에서는 지점에 모멘트가 없는 것으로 계산되어야 한다.
지점에 Fixed support를 지정하여 힌지로 작용하지 못하여 완전고정단으로 경계 조건이 적용되었다.

※ Fixed support 경계조건을 Remote Displacement로 변경하여 해석한다.

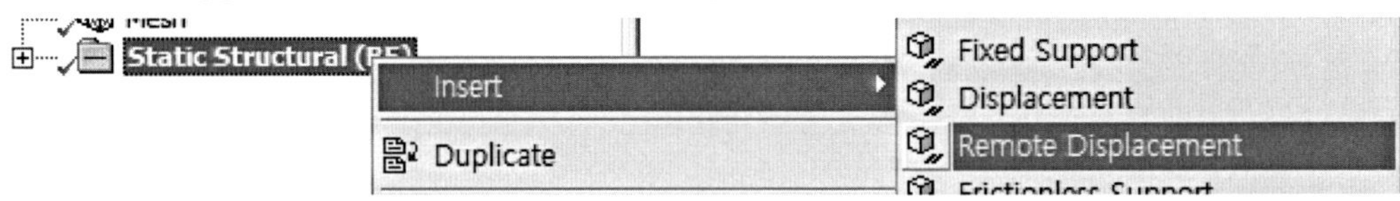

Details of "Remote Displacement"	
Scope	
Scoping Method	Geometry Selection
Geometry	1 Vertex
Coordinate System	Global Coordinate System
X Coordinate	0. mm
Y Coordinate	0. mm
Z Coordinate	0. mm
Location	Click to Change
Definition	
Type	Remote Displacement
X Component	0. mm (ramped)
Y Component	0. mm (ramped)
Z Component	0. mm (ramped)
Rotation X	0. ° (ramped)
Rotation Y	Free
Rotation Z	0. ° (ramped)
Suppressed	No

① Total Deformation을 확인한다.

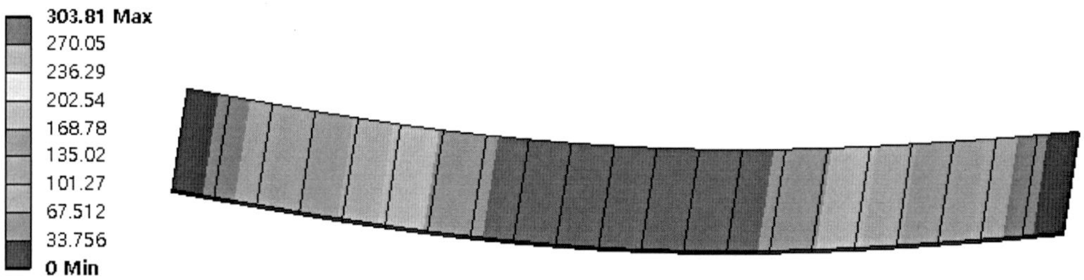

③ Moment Reaction을 확인한다.

Maximum Value Over Time	
X Axis	-5.4036e-002 N·mm
Y Axis	0. N·mm
Z Axis	-4.5243e-009 N·mm
Total	5.4036e-002 N·mm
Minimum Value Over Time	

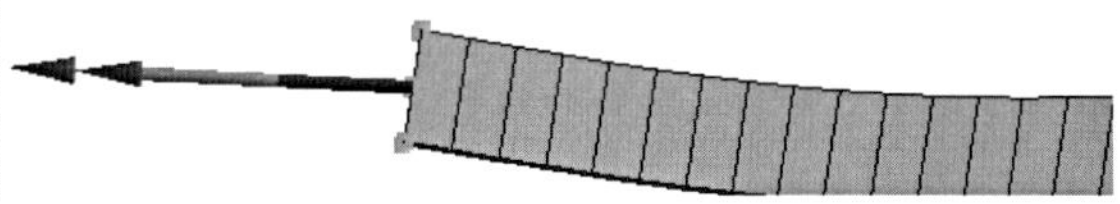

경계조건을 Remote Displacement로 변경한 후 지점 모멘트가 0으로 계산 되었다.

문제17. 분포하중을 받는 철골구조 보의 반력 산정

철골구조물에서 보가 연결되어 있다. 이 구조물에 처짐과 전단력, 모멘트를 구하시오. H형강은 H-500x500x13x16 이며 길이는 8m이다. 하중은 보에 고정하중 $4kN/m^2$,활하중 $2.5kN/m^2$이 작용한다고 가정한다. 적용하중은 고정하중의 1.2배와 활하중의 1.6배를 합한 하중을 적용한다. Line Body를 사용하여 모델링 한다.

(1) 해석대상을 분석하고 자유물체도를 작성한다.

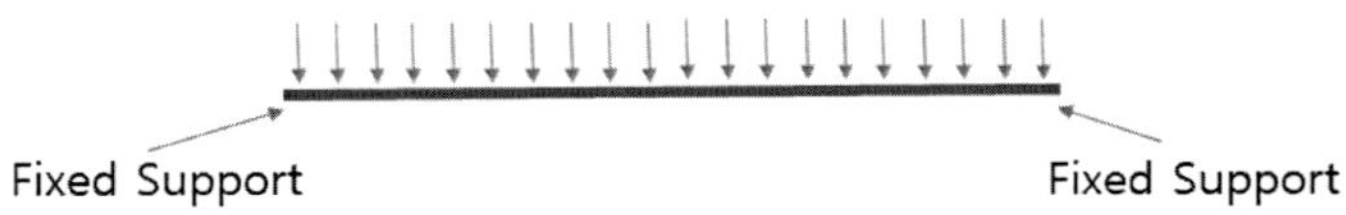

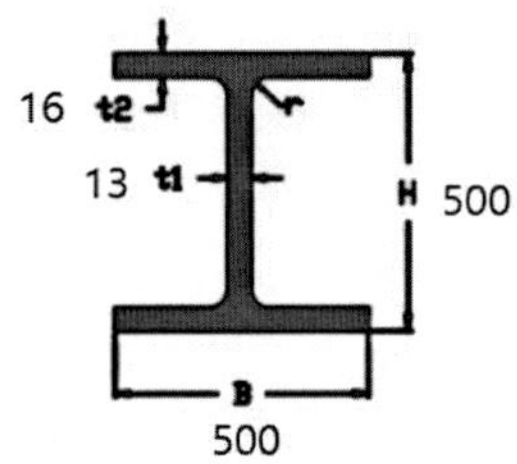

H형강의 단면 형상은 다음과 같다. r은 무시한다.

적용하중=1.2x4+1.6x2.4=$8.64kN/m^2$ 이므로 $0.00864N/mm^2$을 적용한다.
기둥과 기둥 사이의 거리를 8000mm 하면 작용하중은 69.12N/mm가 되며 Line Pressure를 사용하여 하중을 인가한다.

(2) 해석 시스템을 생성한다.(Static structural)
① Project Schematic에 Static Structural 시스템 추가한다.
② Project 이름을 변경한다.
③ Mechanical 창에서 Units menu를 클릭하고 단위를 설정한다.
- Metric (mm, kg, N, s, mV, mA)

(3) 재료의 물성을 정의한다. (Engineering Data)
① 기본 설정된 값을 사용한다. (기본설정은 Structural steel로 되어 있다.)

(4) 해석 모델을 불러들이거나 모델링을 수행한다. (Geometry)
본 문제에 대한 Design Modeler를 사용한 모델링 방법은 다음과 같다.

① Geometry에서 RMB > Design Modeler를 클릭한다.

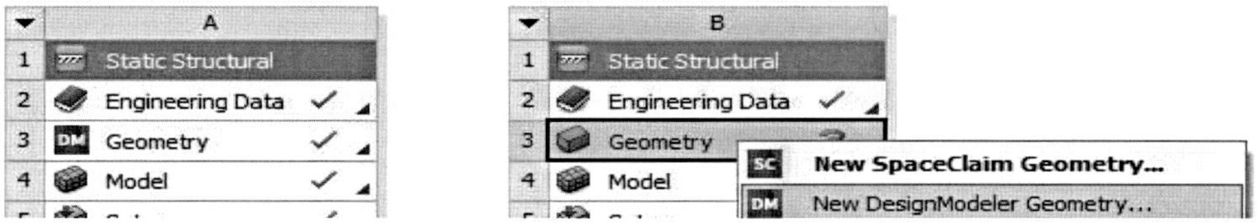

먼저 단위를 mm로 변경한다.

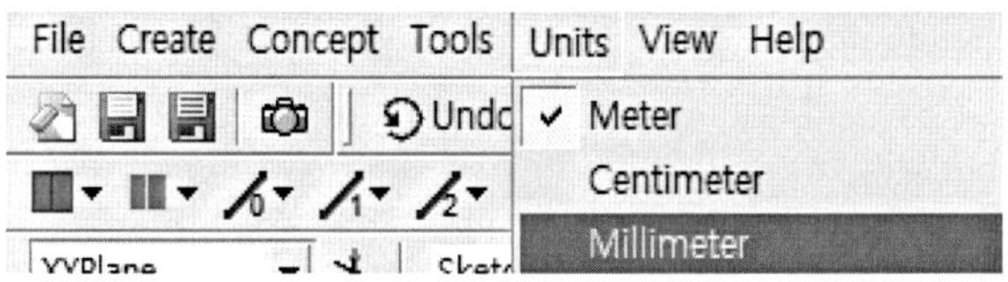

② XPLane을 선택하고 Look at을 클릭한다.

③ Sketching 화면에서 Line을 그린다.
④ Detail Views에서 Dimensions에 Line의 치수를 입력한다.
H1 을 8000mm을 입력한다.

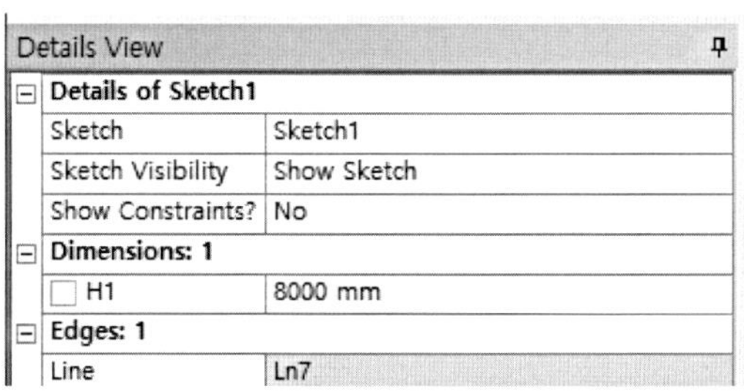

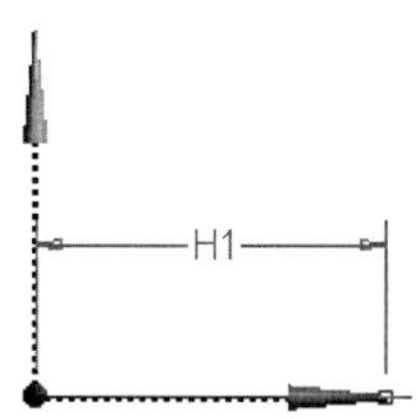

⑤ Modeling 화면에서 Concept > Lines From Sketches를 클릭한다.

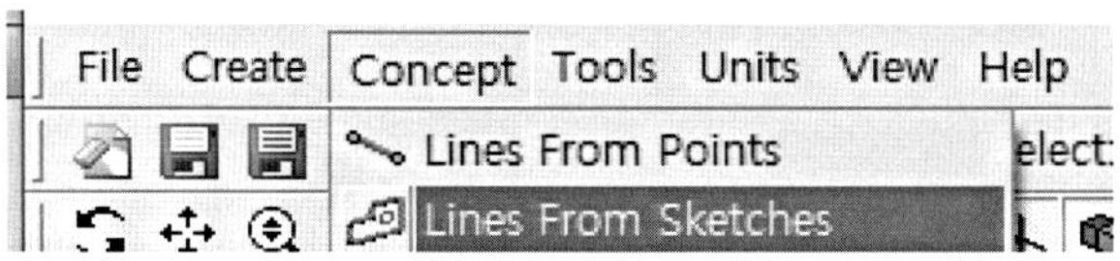

⑥ sketch1을 선택하고 Apply를 실행한다.

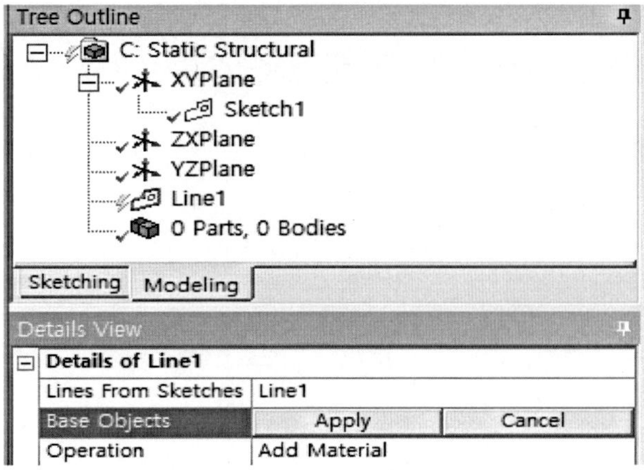

⑦ Generate를 실행한다.

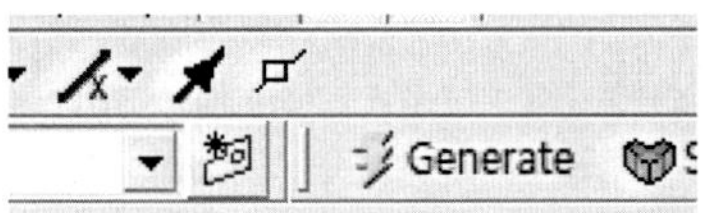

⑧ Concept > Cross Section에서 단면형상을 선택한다.

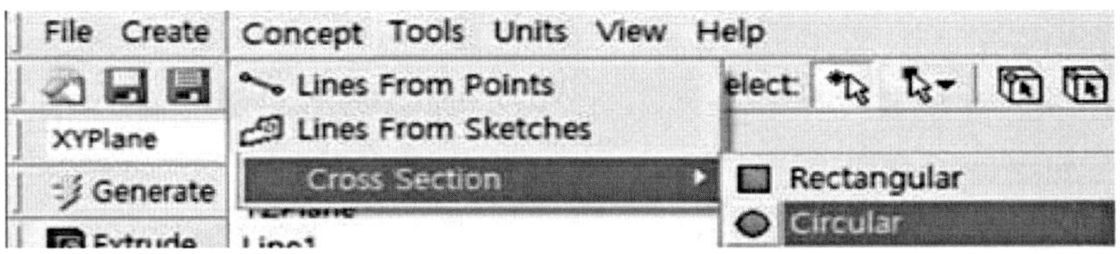

Detail View에서 Dimensions에 단면의 치수를 입력한다.

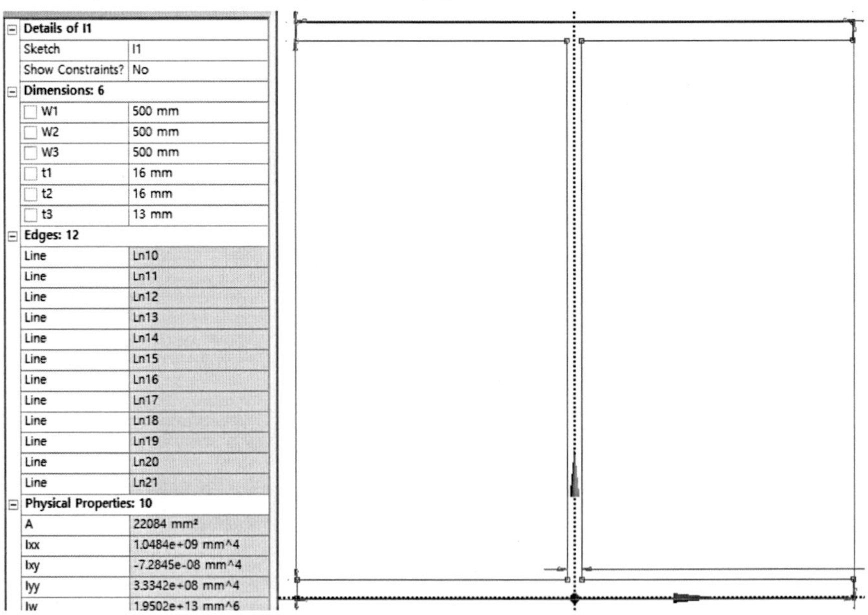

⑨ Detail View에서 Line Body를 선택하고, Cross Section을 선택한다.

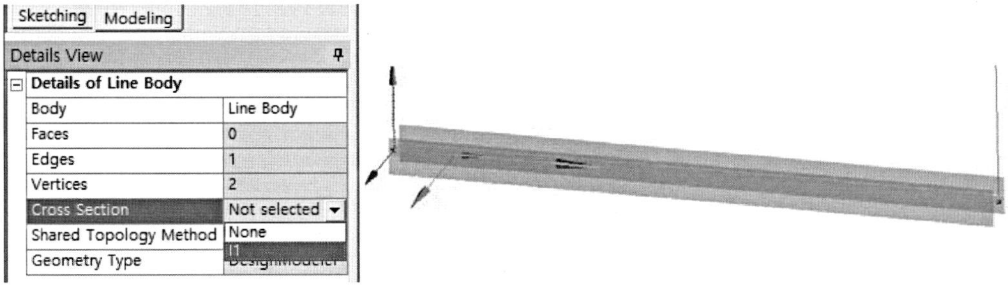

(5) 해석 모델의 환경을 설정한다. (Model)

① Project Schematic의 Static Structural에서 Model을 더블클릭하여 Mechanical 창 활성화 한다.

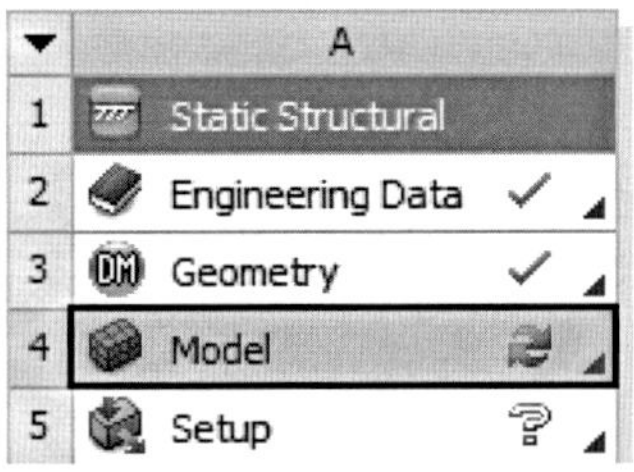

② Outline화면에서 Model > Geometry > Solid 를 선택한다.

③ View > Cross section Solid를 선택한다.

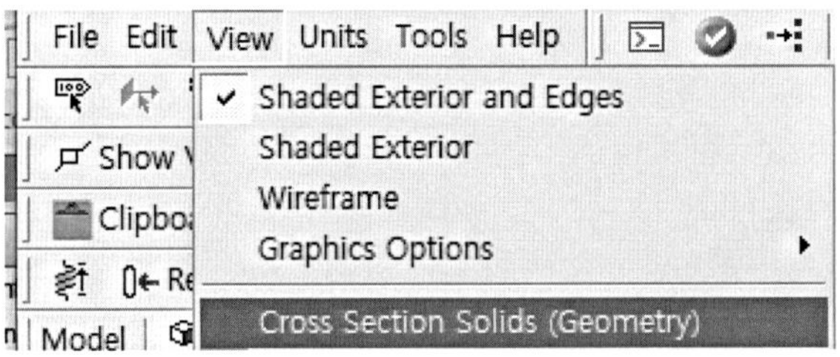

(6) 좌표계 설정 (Coordinate Systems) : 변경내용 없음

(7) 연결 관계 정의(Connections) : 기본설정을 사용한다.

(8) 격자 모델 생성 (Mesh)

① Outline화면에서 Model > Mesh 를 선택하고 RMB > Update 실행한다.

② Graphic화면에서 모델에 메시가 생성된 것 을 확인할 수 있다.

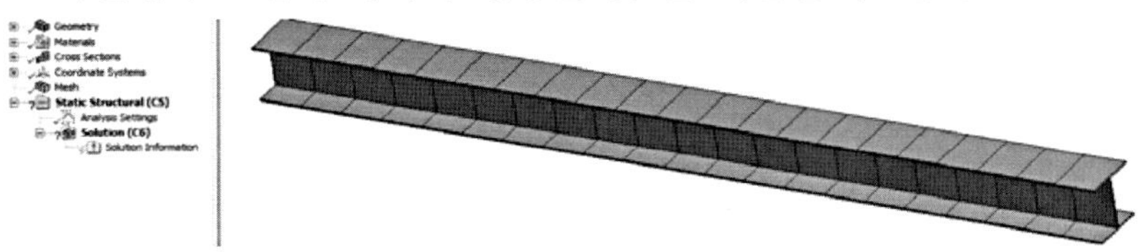

(9) 해석 설정 정의(Analysis Settings) : 설정되어 있는 값을 사용한다.

(10) 초기 조건 정의 : 고려하지 않는다.

(11) 구속조건 정의 : 양쪽을 동일하게 고정지점으로 설정한다.

ⓐ 고정 지점 설정

① Outline화면에서 Static structure > RMB > Insert > Fixed Support 선택.

② Outline화면에서 Static structure > Fixed support를 클릭하고,
   Graphic window에서 단순보의 절점을 선택한다.

*끝단을 선택하기 위하여 Edge 메뉴 사용한다.

(12) 하중조건 정의

① Outline화면에서 Static structure > RMB > Insert > Line Press를 선택한다.

② a Detail view에 Line Pressure에 대한 Scope, Definition이 나타난다.
   b Geometry에 작용하는 선을 선택한다.
   c Apply를 클릭한다.

③ Magnitude를 69.12N/mm으로 설정하고 Direction을 Apply한다.

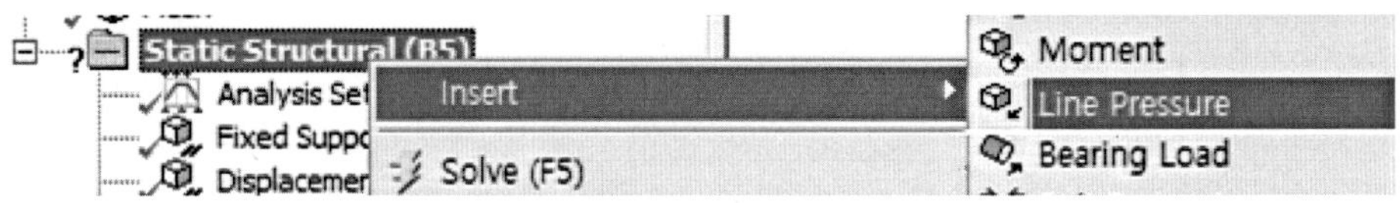

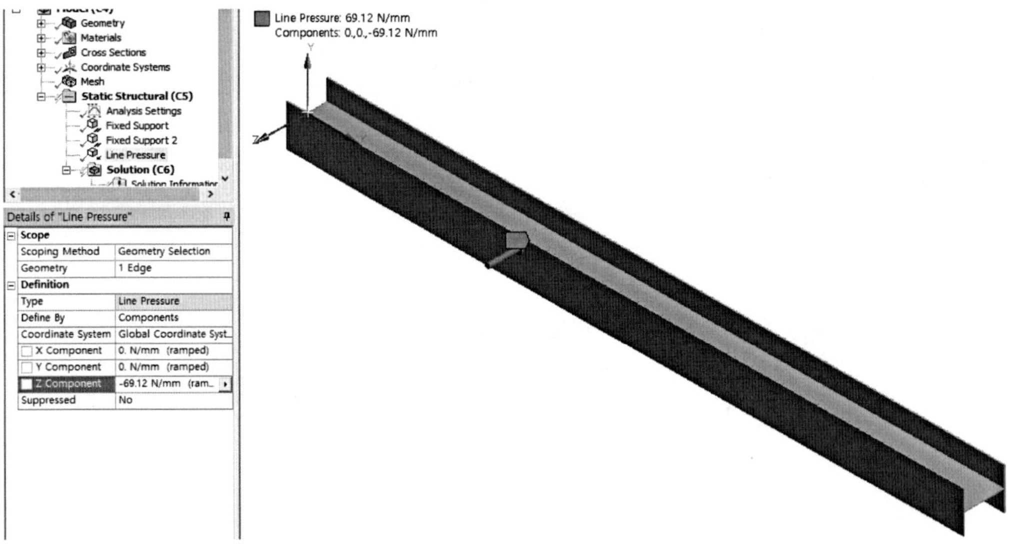

(13) 해석 결과 설정

① Deformation(변형) 결과 세팅

a. Outline화면에서 Solution >RMB >Insert >Deformation >Directional 항목 선택

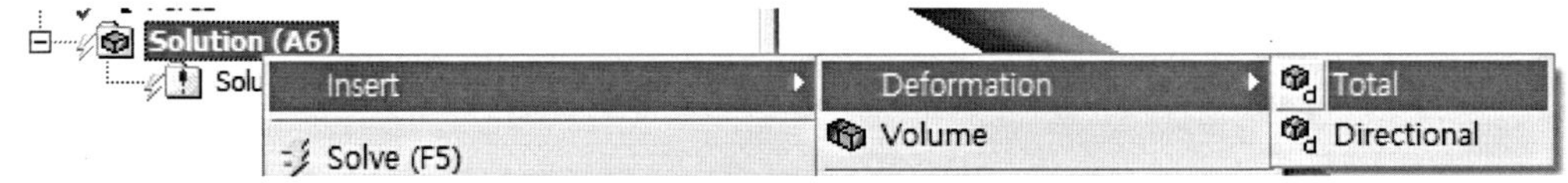

(14) 해석 수행

① Outline화면에서 Static structure 를 선택한다.

② Tool bar에서 Solve를 클릭하거나, Solution > RMB > Solve 를 클릭한다.

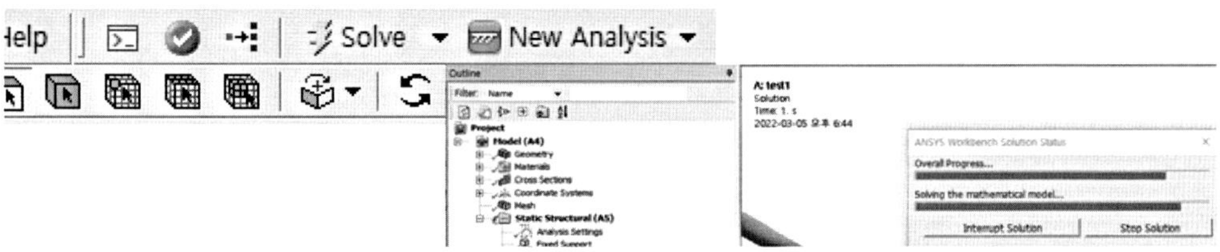

(15) 해석 결과 확인

① Total Deformation을 확인한다.

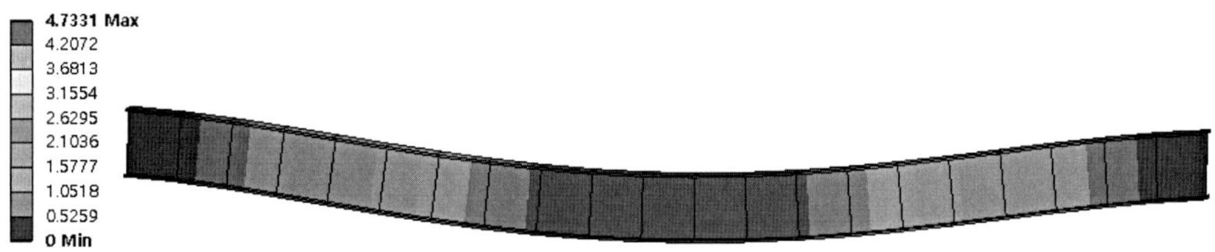

② Shear-Moment Diagram작성

(가) Plath 설정

① Outline화면에서 Model > RMB > Insert> Construction Geometry 를 선택한다.

② a Construction Geometry >RMB > Insert> Path를 설정한다.

b Path type에 Edge로 변경한다.

c Graphic 화면에서 선을 선택하고 Apply를 클릭한다.

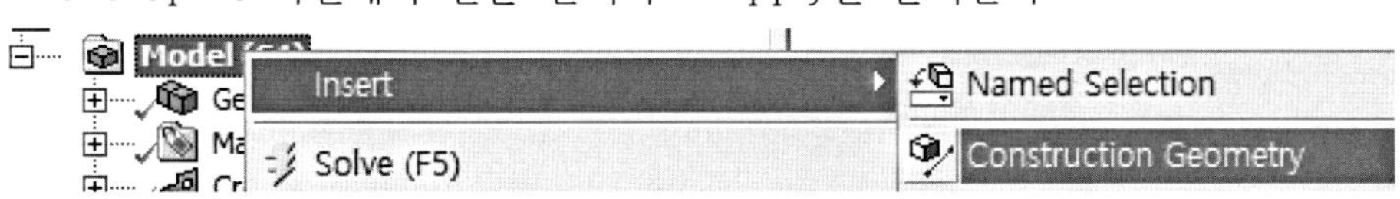

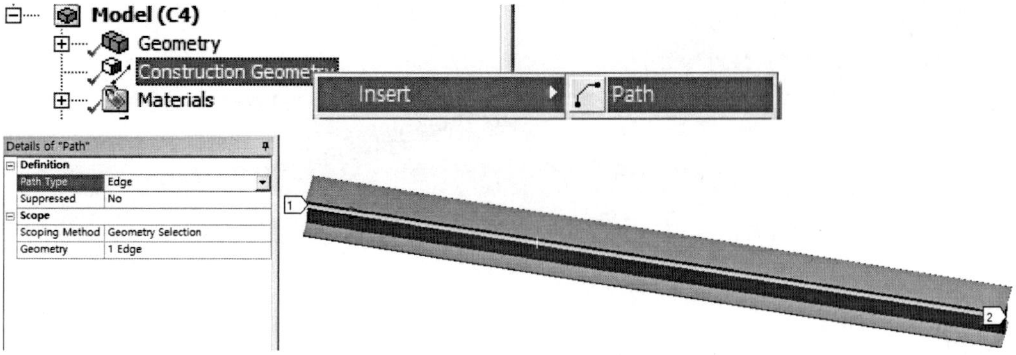

(나) Shear-Moment Diagram작성

① Outline화면에서 Solution > RMB > Insert> Beam Result > Shear-Moment Diagram 를 선택한다.

a Scoping Method를 Path로 설정한다.

b RMB > Evaluate All Results를 선택한다.

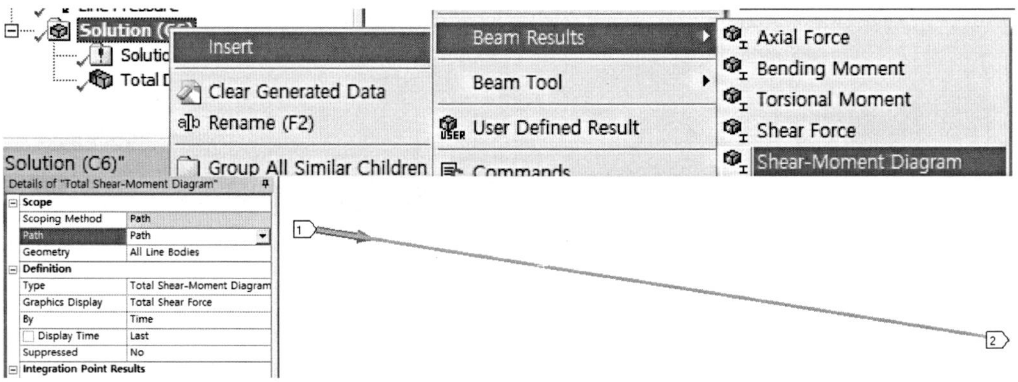

② Shear-Moment Diagram 결과

a Geometry 화면의 결과

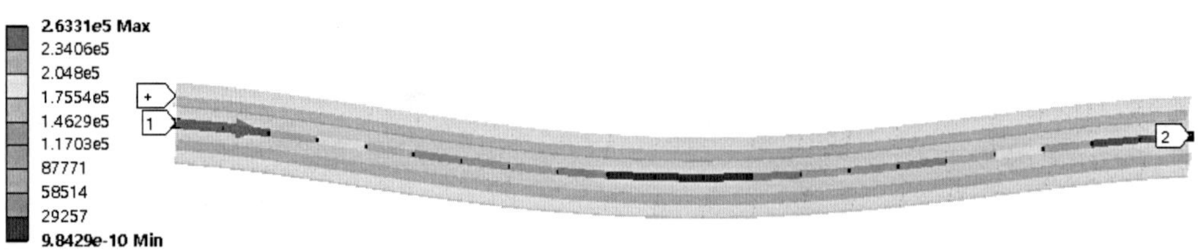

b Worksheet 화면의 결과

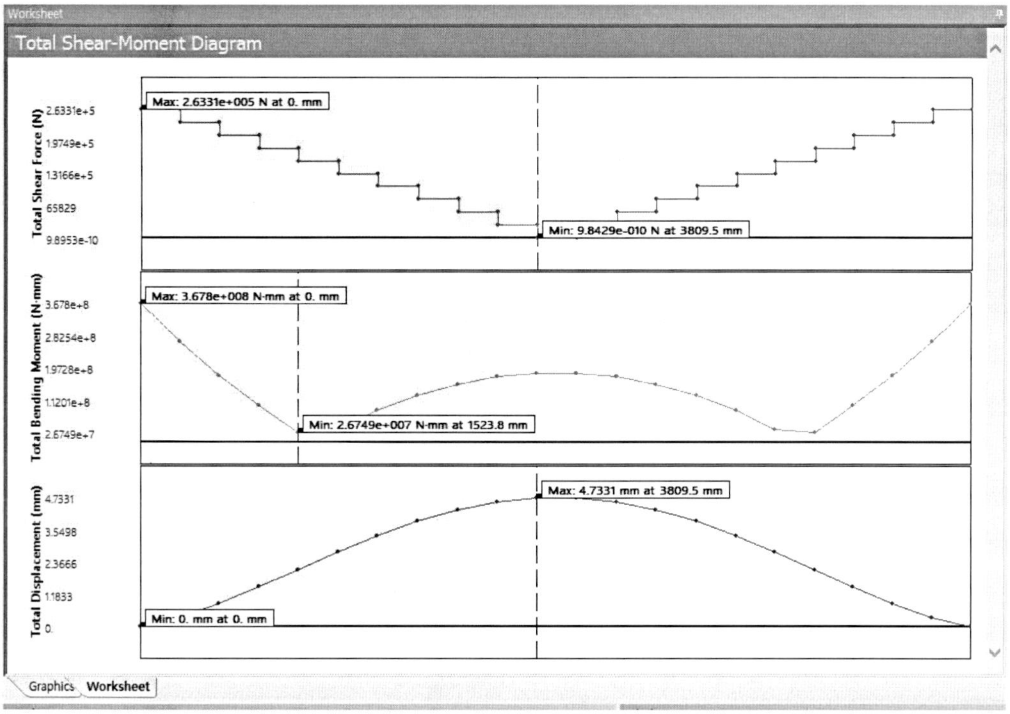

문제18. 이중 지점을 갖는 외팔보의 철골구조의 보의 반력산정

다음 보의 반력을 구하고 전단력도, 모멘트도를 그리시오. B점이 5cm침하 하였다. H형강은 H-300x200x6x8 이며 길이는 6m이다.

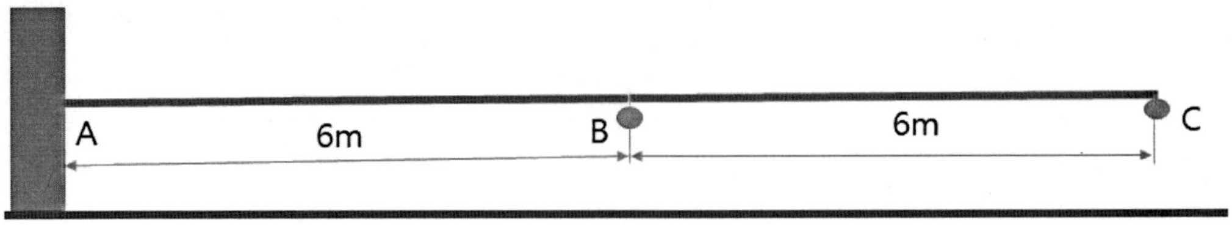

(1) 해석대상을 분석하고 자유물체도를 작성한다.

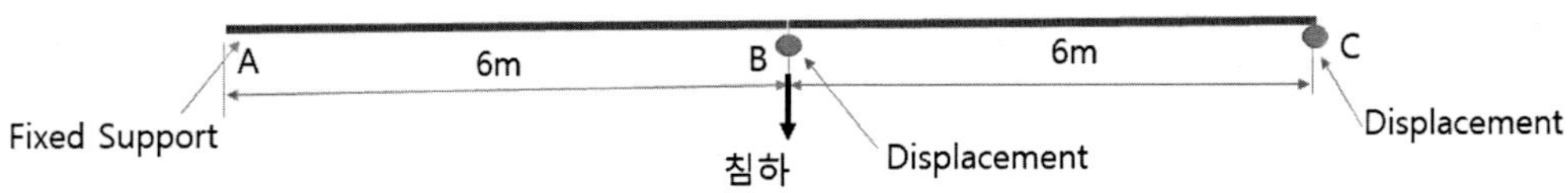

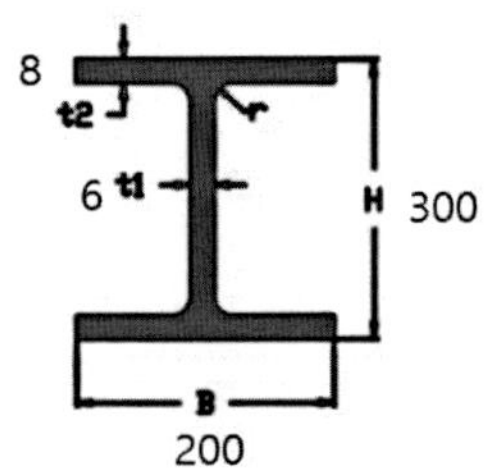

H형강의 단면 형상은 다음과 같다. r은 무시한다.

(2) 해석 시스템을 생성한다.(Static structural)

① Project Schematic에 Static Structural 시스템 추가한다.

② Project 이름을 변경한다.

③ Mechanical 창에서 Units menu를 클릭하고 단위를 설정한다.

- Metric (mm, kg, N, s, mV, mA)

(3) 재료의 물성을 정의한다. (Engineering Data)

① 기본 설정된 값을 사용한다. (기본설정은 Structural steel로 되어 있다.)

(4) 해석 모델을 불러들이거나 모델링을 수행한다. (Geometry)

본 문제에 대한 Design Modeler를 사용한 모델링 방법은 다음과 같다.

① Geometry에서 RMB > Design Modeler를 클릭한다.

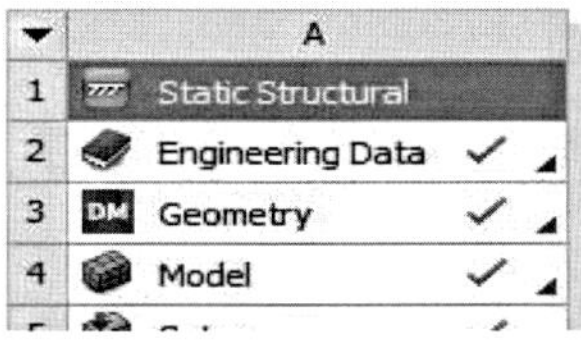

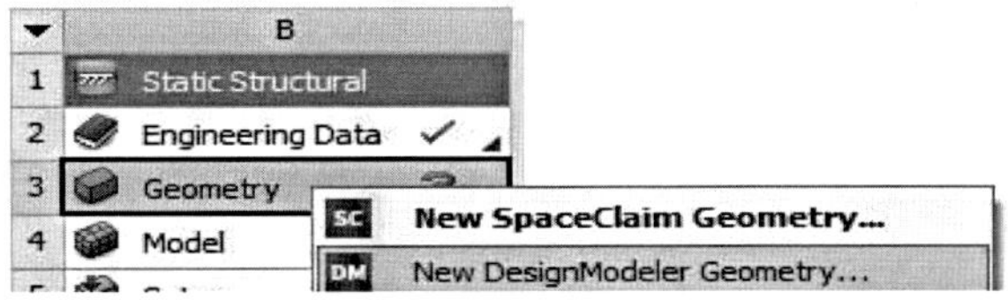

먼저 단위를 mm로 변경한다.

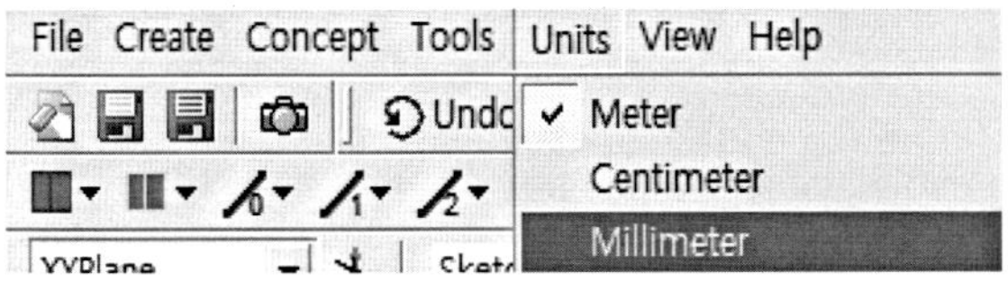

② XPLane을 선택하고 Look at을 클릭한다.

③ Sketching 화면에서 Line을 그린다.

④ Detail Views에서 Dimensions에 Line의 치수를 입력한다.

H1 을 6m, H2를 3m, H3를 3m로 입력한다.

⑤ Modeling 화면에서 Concept > Lines From Sketches를 클릭한다.

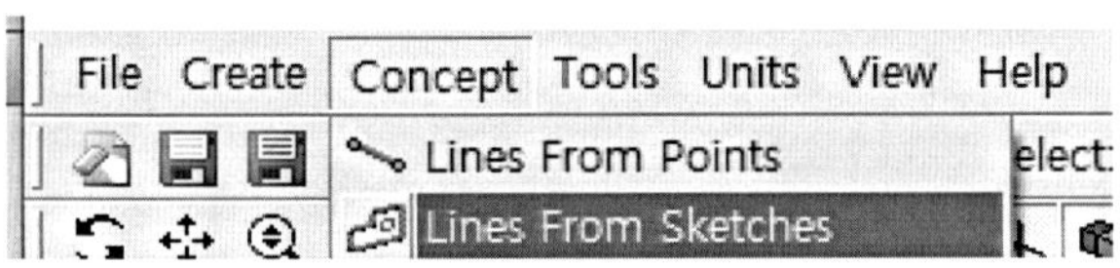

⑥ sketch1을 선택하고 Apply를 실행한다.

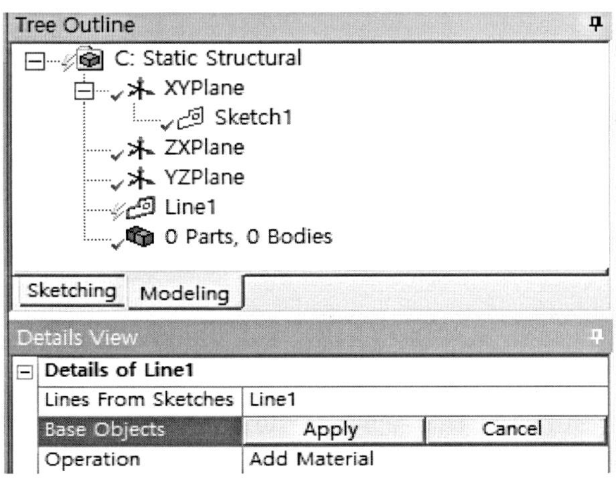

⑦ Generate를 실행한다.

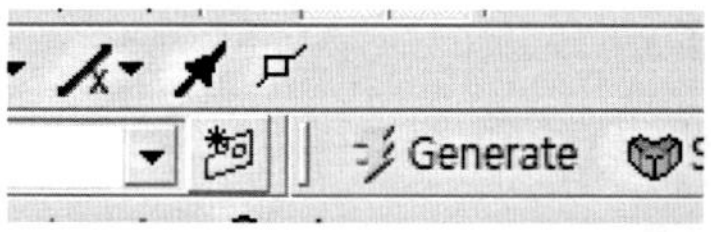

⑧ Concept > Cross Section에서 단면형상을 선택한다.

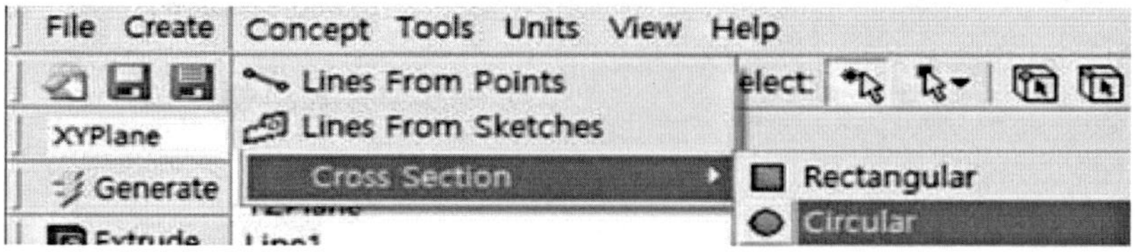

Detail View에서 Dimensions에 단면의 치수를 입력한다.

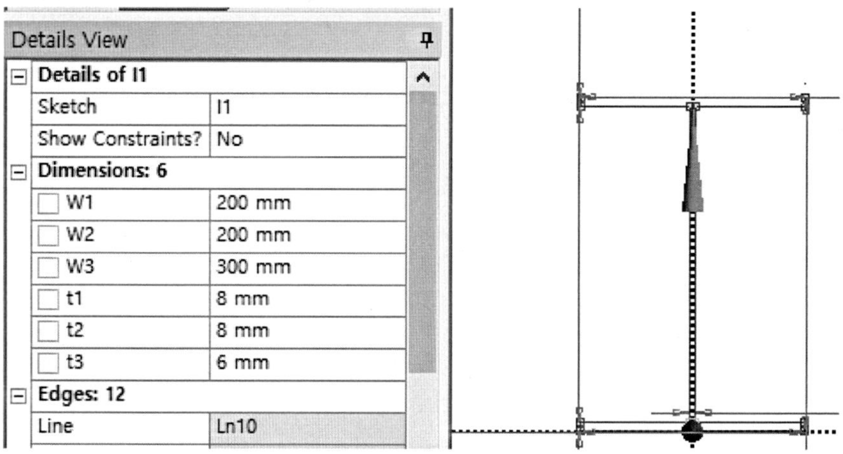

⑨ Detail View에서 Line Body를 선택하고, Cross Section을 선택한다.

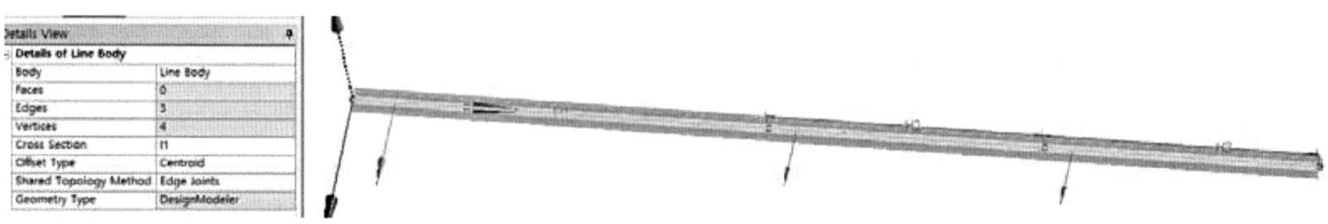

(5) 해석 모델의 환경을 설정한다. (Model)

① Project Schematic의 Static Structural에서 Model을 더블클릭하여 Mechanical 창 활성화 한다.

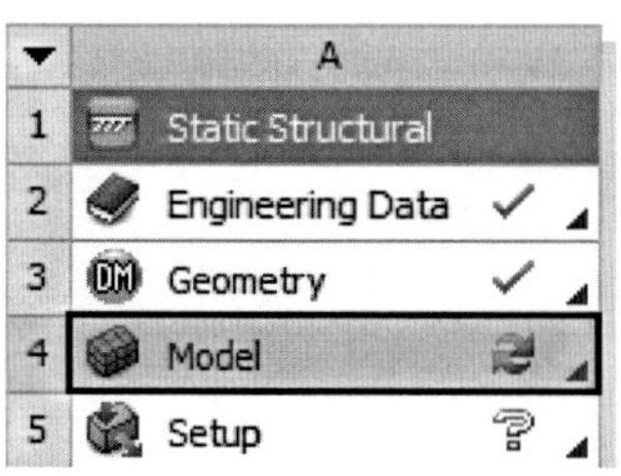

② Outline화면에서 Model > Geometry > Solid 를 선택한다.
③ View > Cross section Solid를 선택한다.

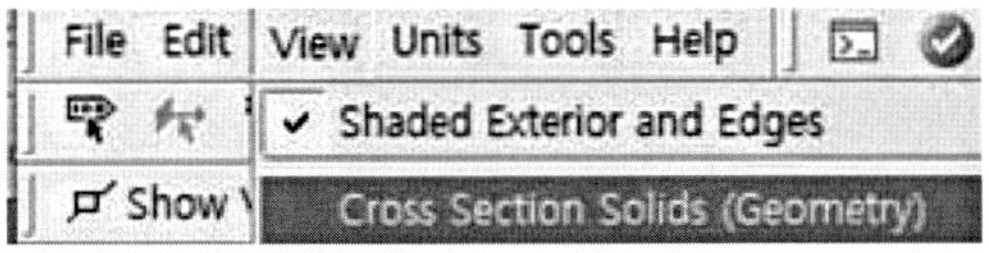

(6) 좌표계 설정 (Coordinate Systems) : 변경내용 없음

(7) 연결 관계 정의(Connections) : 기본설정을 사용한다.

(8) 격자 모델 생성 (Mesh)
① Outline화면에서 Model > RMB> Insert> Sizing 를 선택한다.
② Element size를 입력한다.
③ Outline화면에서 Model > Mesh 를 선택하고 RMB > Update 실행한다.

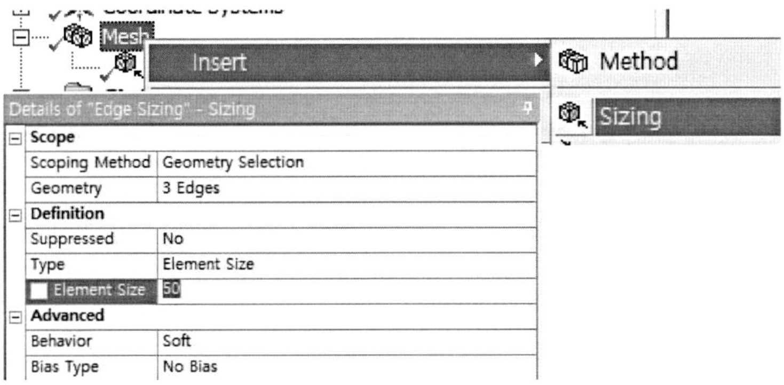

(9) 해석 설정 정의(Analysis Settings) : 설정되어 있는 값을 사용한다.

(10) 초기 조건 정의 : 고려하지 않는다.

(11) 구속조건 정의 : 양쪽을 동일하게 고정지점으로 설정한다.
ⓐ 고정 지점 설정
① Outline화면에서 Static structure > RMB > Insert > Fixed Support 선택.
② Outline화면에서 Static structure > Fixed support를 클릭하고,
Graphic window에서 단순보의 절점을 선택한다.
*끝단을 선택하기 위하여 Edge 메뉴 사용한다.

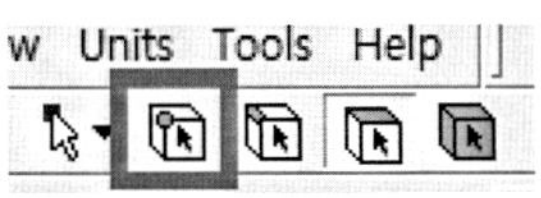

ⓑ 이동 지점 설정 (B와 D점)
① Outline화면에서 Static structure > RMB > Insert > Displacement Support 선택.

② Outline화면에서 Static structure > Displacement support를 클릭하고, Graphic window에서 단순보의 절점을 선택한다.

*끝단을 선택하기 위하여 Edge 메뉴 사용한다.

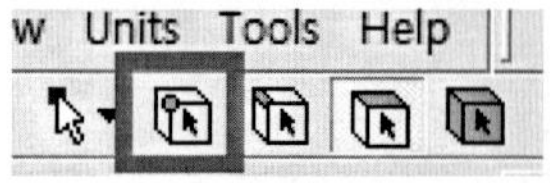

Details of Displacement에서 다음과 같이 설정한다.

Details of "Displacement"	
Scope	
Scoping Method	Geometry Selection
Geometry	1 Vertex
Definition	
Type	Displacement
Define By	Components
Coordinate System	Global Coordinate System
X Component	Free
Y Component	0. mm (ramped)
Z Component	-50. mm (ramped)
Suppressed	No

Details of "Displacement"	
Scope	
Scoping Method	Geometry Selection
Geometry	1 Vertex
Definition	
Type	Displacement
Define By	Components
Coordinate System	Global Coordinate System
X Component	Free
Y Component	0. mm (ramped)
Z Component	0. mm (ramped)

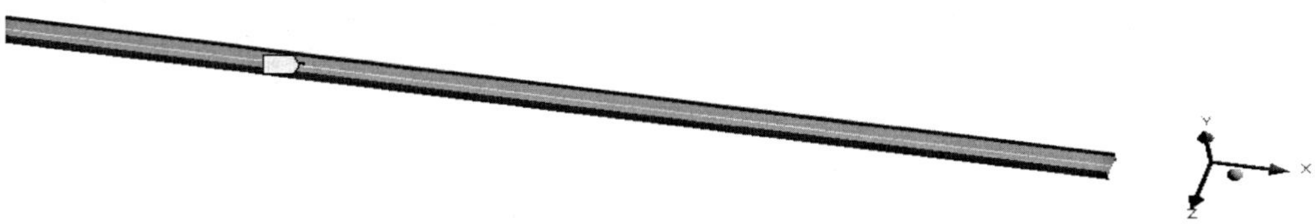

(12) 하중조건 정의

하중은 작용하지 않는다.

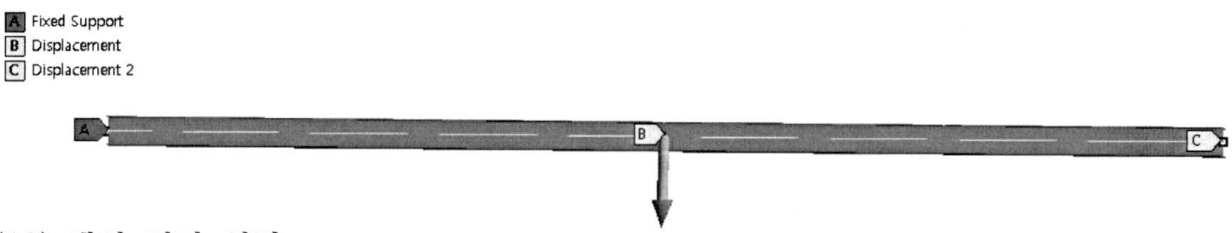

(13) 해석 결과 설정

① Deformation(변형) 결과 세팅

a. Outline화면에서 Solution >RMB >Insert >Deformation >Directional 항목 선택

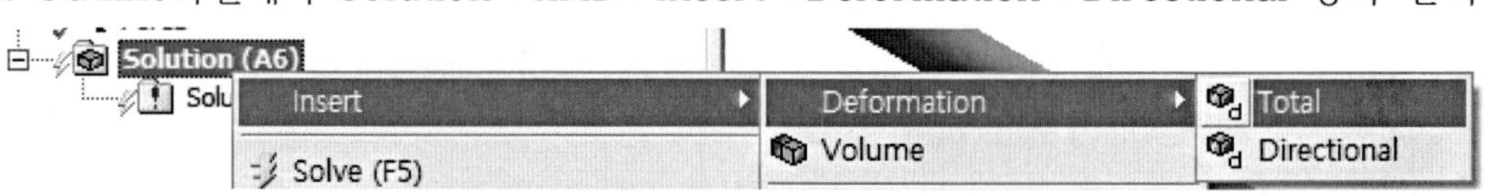

(14) 해석 수행

① Outline화면에서 Static structure 를 선택한다.

② Tool bar에서 Solve를 클릭하거나, Solution > RMB > Solve 를 클릭한다.

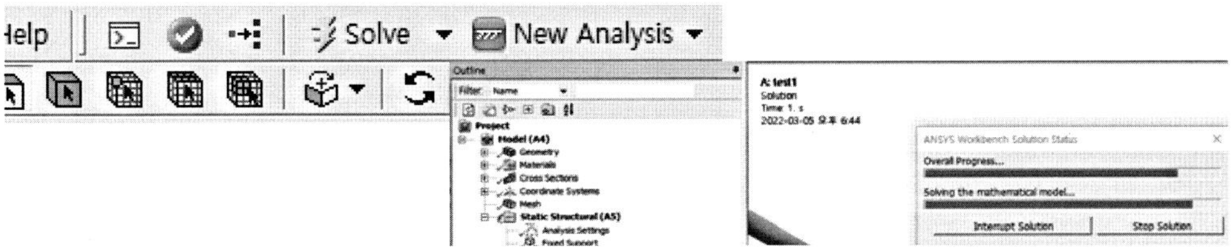

(15) 해석 결과 확인

① Total Deformation을 확인한다.

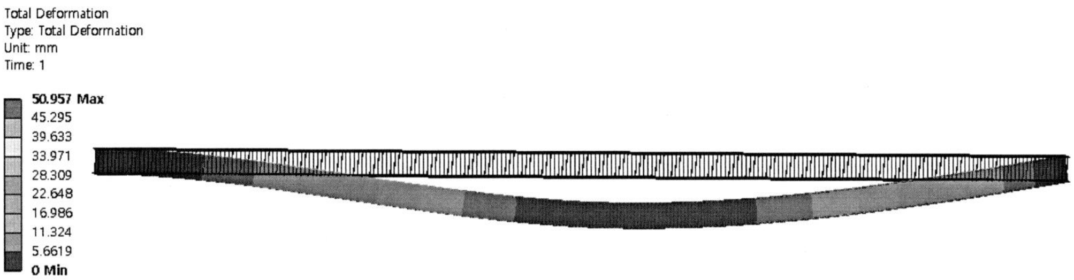

② Shear-Moment Diagram작성

(가) Plath 설정

① Outline화면에서 Model > RMB > Insert> Construction Geometry 를 선택한다.

② a Construction Geometry >RMB > Insert> Path를 설정한다.

b Path type에 Edge로 변경한다.

c Graphic 화면에서 선을 선택하고 Apply를 클릭한다.

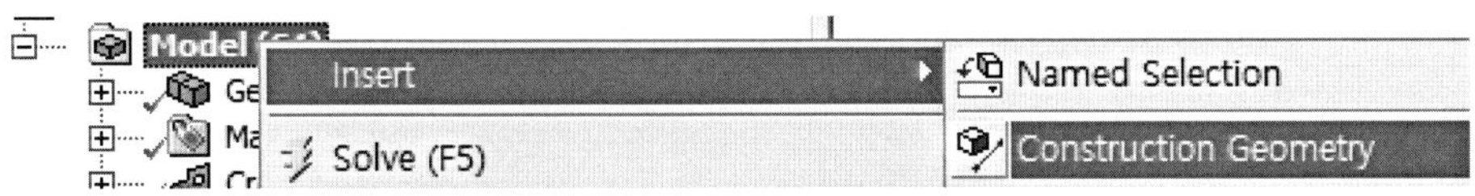

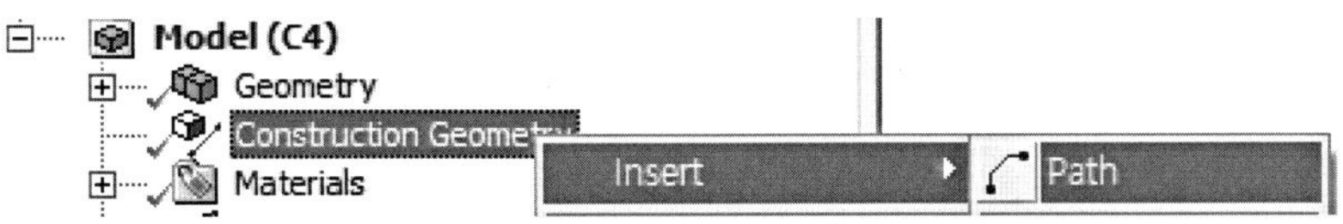

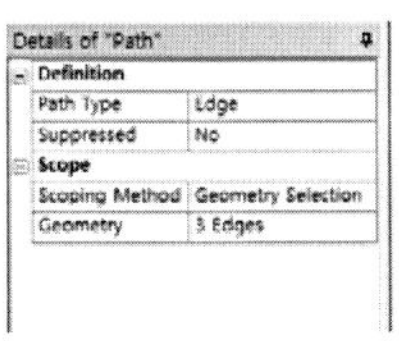

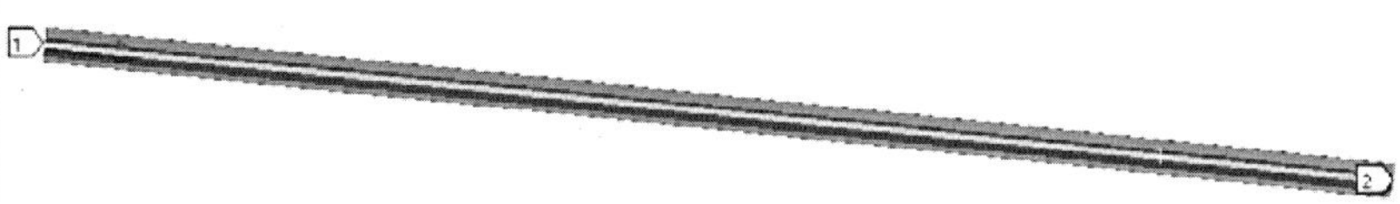

(나) Shear-Moment Diagram작성

① Outline화면에서 Solution > RMB > Insert> Beam Result > Shear-Moment Diagram 를 선택한다.

a Scoping Method를 Path로 설정한다.

b RMB > Evaluate All Results를 선택한다.

② Shear-Moment Diagram 결과

a Geometry 화면의 결과

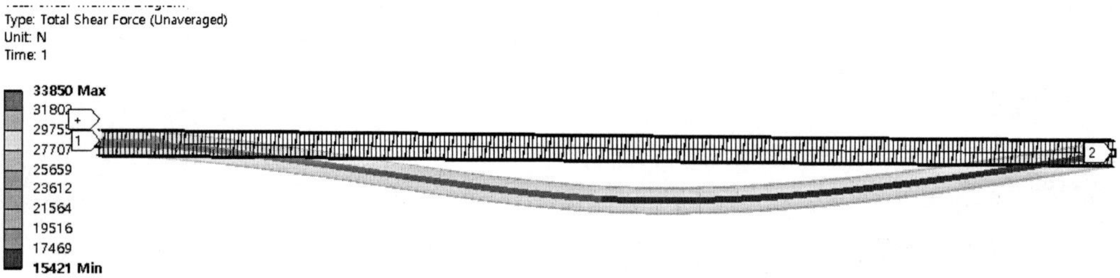

b Worksheet 화면의 결과

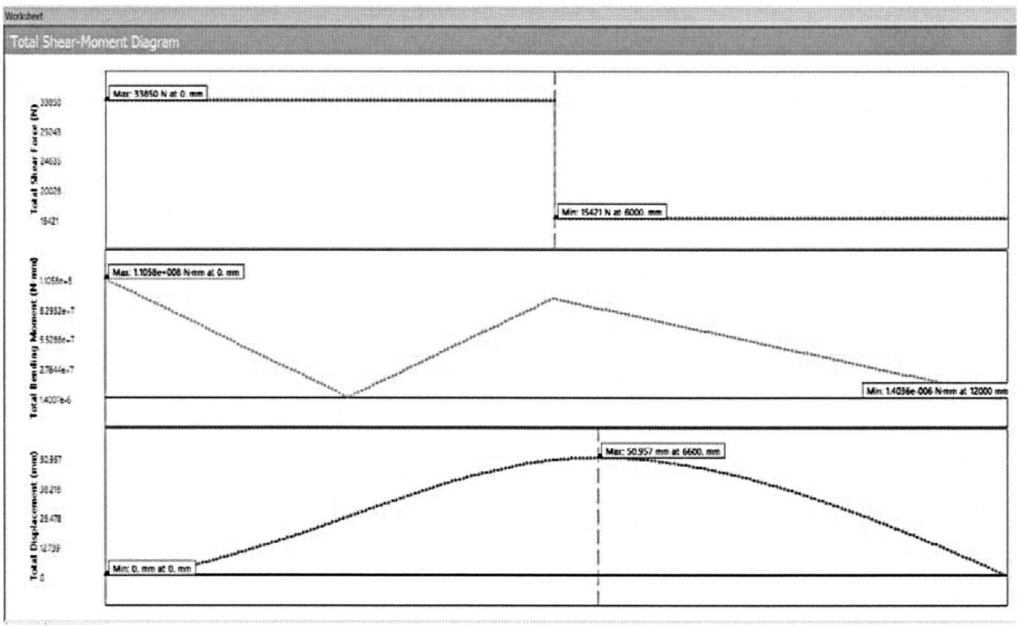

문제19. 분포하중을 받는 삼중 연속보의 반력산정

다음보의 반력을 구하고 전단력도, 모멘트도를 그리시오. H형강은 H-300x200x6x8 이며 길이는 6m이다. 분포하중은 8kN/m이rh 집중하중은 36kN이다.

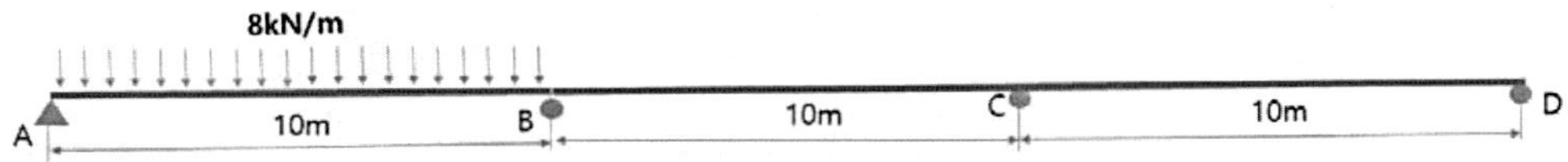

(1) 해석대상을 분석하고 자유물체도를 작성한다.

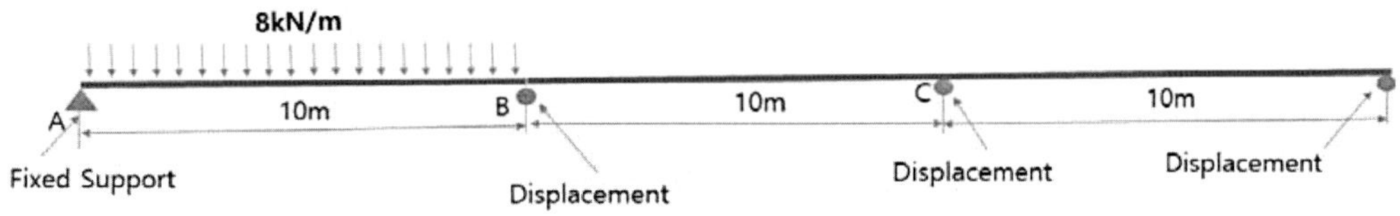

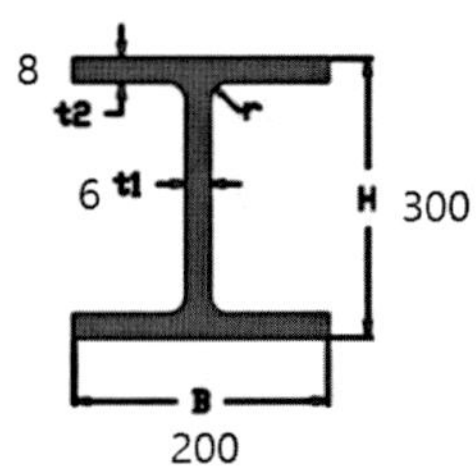

H형강의 단면 형상은 다음과 같다. r은 무시한다.
적용하중은 최대 160N/mm인 삼각분포하중이 작용한다. Line Pressure를 사용하여 하중을 인가한다.

(2) 해석 시스템을 생성한다.(Static structural)
① Project Schematic에 Static Structural 시스템 추가한다.
② Project 이름을 변경한다.
③ Mechanical 창에서 Units menu를 클릭하고 단위를 설정한다.
- Metric (mm, kg, N, s, mV, mA)

(3) 재료의 물성을 정의한다. (Engineering Data)
① 기본 설정된 값을 사용한다. (기본설정은 Structural steel로 되어 있다.)

(4) 해석 모델을 불러들이거나 모델링을 수행한다. (Geometry)
본 문제에 대한 Design Modeler를 사용한 모델링 방법은 다음과 같다.

① Geometry에서 RMB > Design Modeler를 클릭한다.

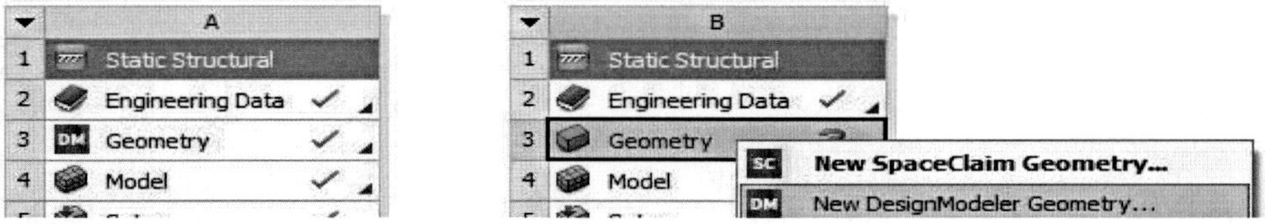

먼저 단위를 mm로 변경한다.

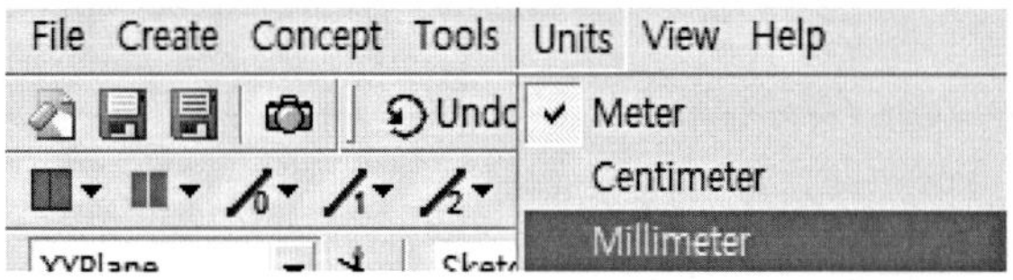

② XPLane을 선택하고 Look at을 클릭한다.

③ Sketching 화면에서 Line을 그린다.

④ Detail Views에서 Dimensions에 Line의 치수를 입력한다.

H1 을 6m, H2를 4m, H3를 4m로 입력한다.

⑤ Modeling 화면에서 Concept > Lines From Sketches를 클릭한다.

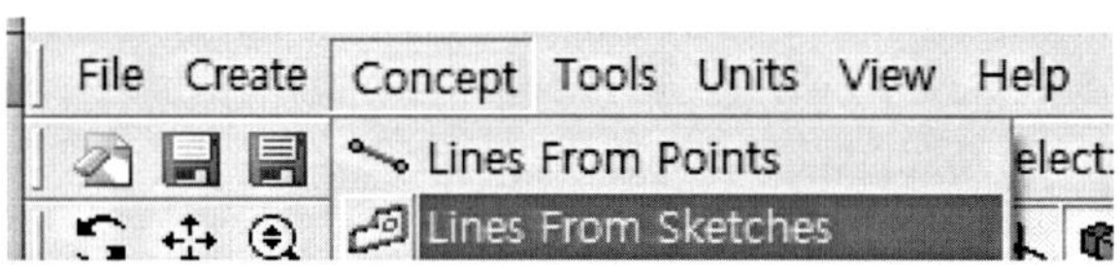

⑥ sketch1을 선택하고 Apply를 실행한다.

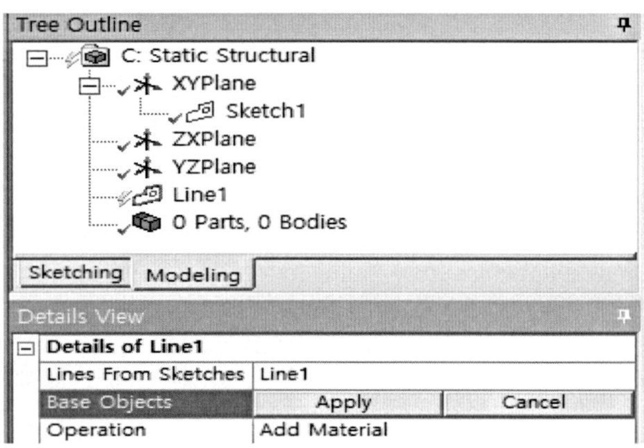

⑦ Generate를 실행한다.

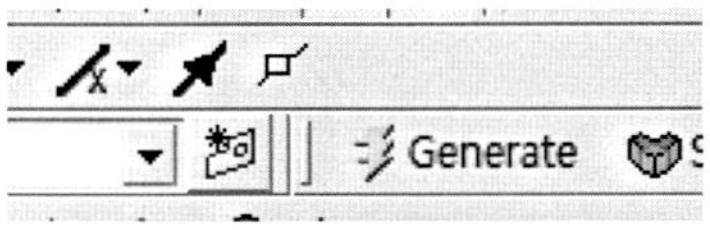

⑧ Concept > Cross Section에서 단면형상을 선택한다.

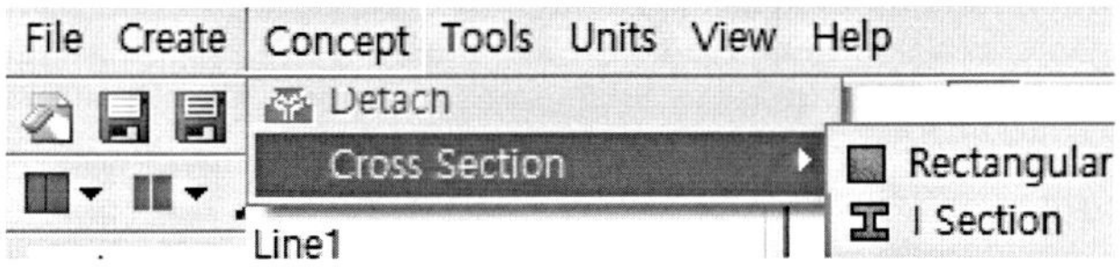

Detail View에서 Dimensions에 단면의 치수를 입력한다.

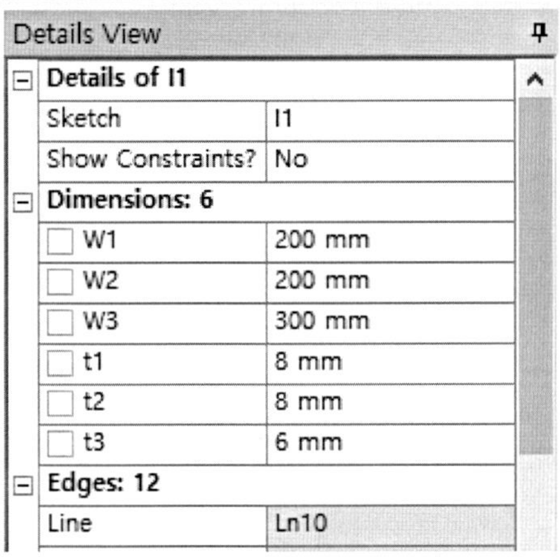

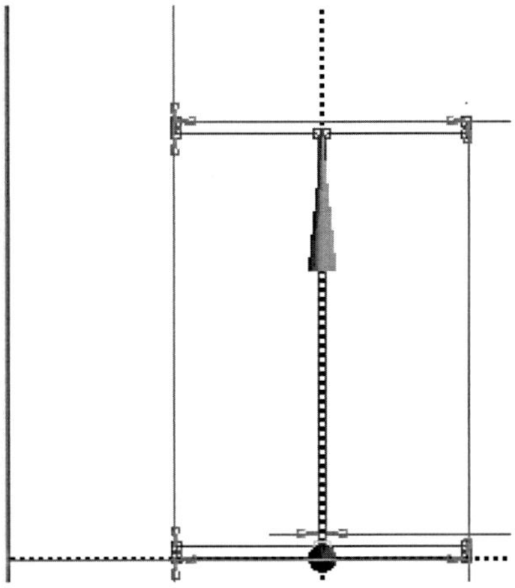

⑨ Detail View에서 Line Body를 선택하고, Cross Section을 선택한다.

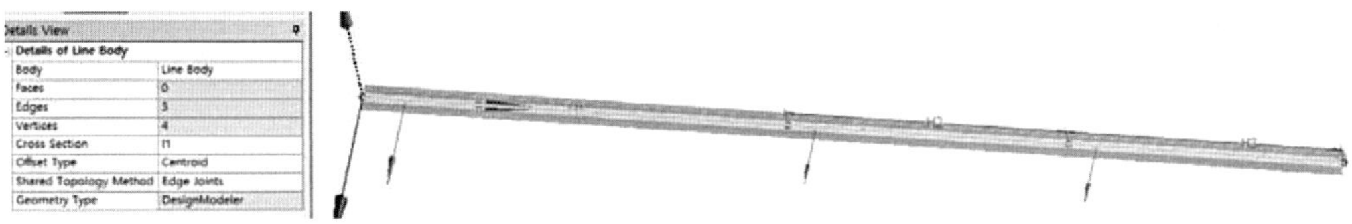

(5) 해석 모델의 환경을 설정한다. (Model)

① Project Schematic의 Static Structural에서 Model을 더블클릭하여 Mechanical 창 활성화 한다.

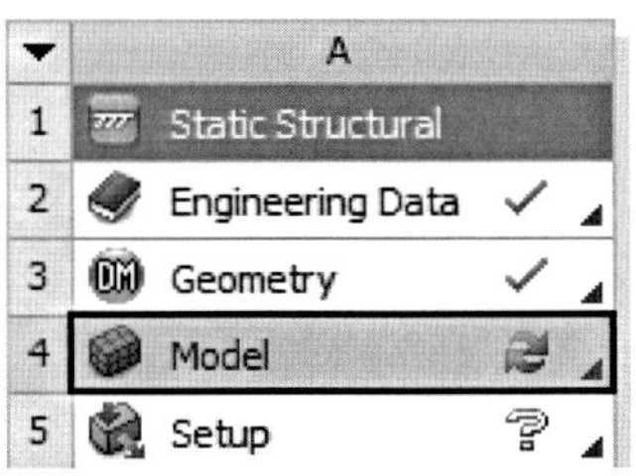

② Outline화면에서 Model > Geometry > Solid 를 선택한다.
③ View > Cross section Solid를 선택한다.

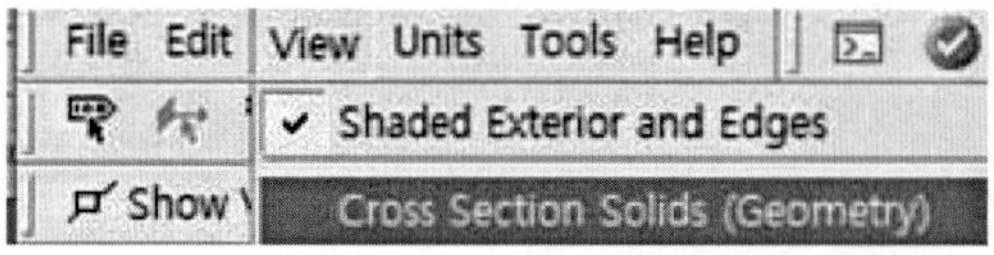

(6) 좌표계 설정 (Coordinate Systems) : 변경내용 없음

(7) 연결 관계 정의(Connections) : 기본설정을 사용한다.

(8) 격자 모델 생성 (Mesh)
① Outline화면에서 Model > RMB> Insert> Sizing 를 선택한다.
② Element size를 입력한다.
③ Outline화면에서 Model > Mesh 를 선택하고 RMB > Update 실행한다.

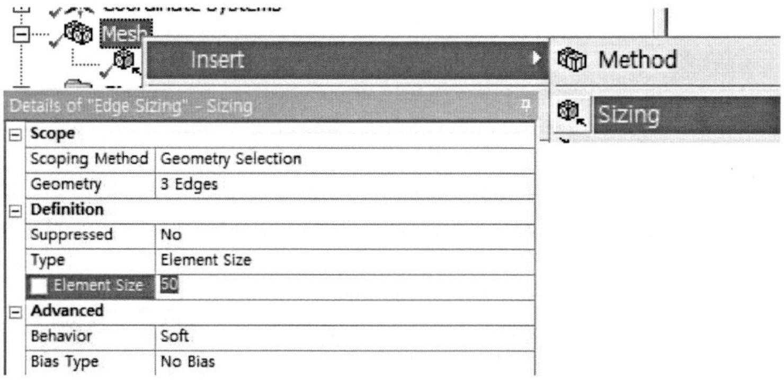

(9) 해석 설정 정의(Analysis Settings) : 설정되어 있는 값을 사용한다.

(10) 초기 조건 정의 : 고려하지 않는다.

(11) 구속조건 정의 : 양쪽을 동일하게 고정지점으로 설정한다.
ⓐ 고정 지점 설정
① Outline화면에서 Static structure > RMB > Insert > Fixed Support 선택.
② Outline화면에서 Static structure > Fixed support를 클릭하고,
Graphic window에서 단순보의 절점을 선택한다.
*끝단을 선택하기 위하여 Edge 메뉴 사용한다.

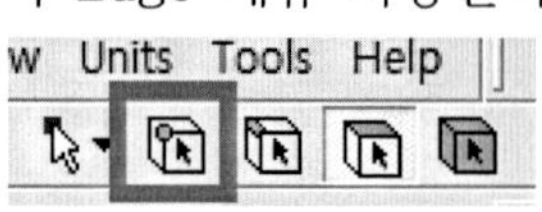

ⓑ 이동 지점 설정 (B와 D점)

① Outline화면에서 Static structure > RMB > Insert > Displacement Support 선택.

② Outline화면에서 Static structure > Displacement support를 클릭하고, Graphic window에서 단순보의 절점을 선택한다.

*끝단을 선택하기 위하여 Edge 메뉴 사용한다.

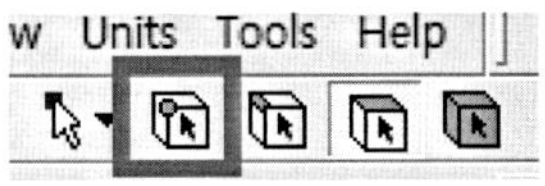

Details of Displacement에서 다음과 같이 설정한다.

Details of "Displacement"	
Scope	
Scoping Method	Geometry Selection
Geometry	1 Vertex
Definition	
Type	Displacement
Define By	Components
Coordinate System	Global Coordinate System
X Component	Free
Y Component	0. mm (ramped)
Z Component	0. mm (ramped)

(12) 하중조건 정의

(a) Line Press

① Outline화면에서 Static structure > RMB > Insert > Line Press를 선택한다.

② a Detail view에 Line Pressure에 대한 Scope, Definition이 나타난다.

b Geometry에 작용하는 선을 선택한다.

c Apply를 클릭한다.

③ Magnitude를 8kN/m으로 설정하고 Direction을 Apply한다.

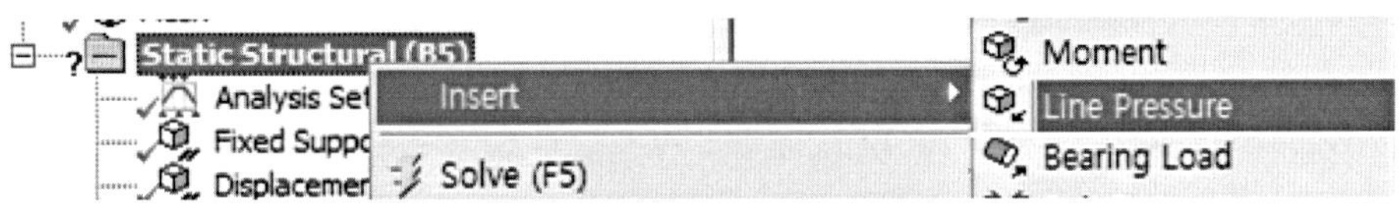

Details of "Line Pressure"	
Scope	
Scoping Method	Geometry Selection
Geometry	1 Edge
Definition	
Type	Line Pressure
Define By	Components
Coordinate System	Global Coordinate System
X Component	0. N/m (ramped)
Y Component	0. N/m (ramped)
Z Component	-8000. N/m (ramped)
Suppressed	No

(13) 해석 결과 설정

① Deformation(변형) 결과 세팅

a. Outline화면에서 Solution >RMB >Insert >Deformation >Directional 항목 선택

(14) 해석 수행

① Outline화면에서 Static structure 를 선택한다.

② Tool bar에서 Solve를 클릭하거나, Solution > RMB > Solve 를 클릭한다.

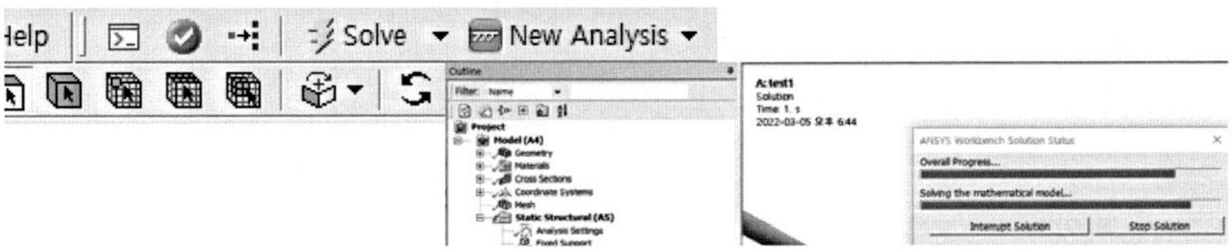

(15) 해석 결과 확인

① Total Deformation을 확인한다.

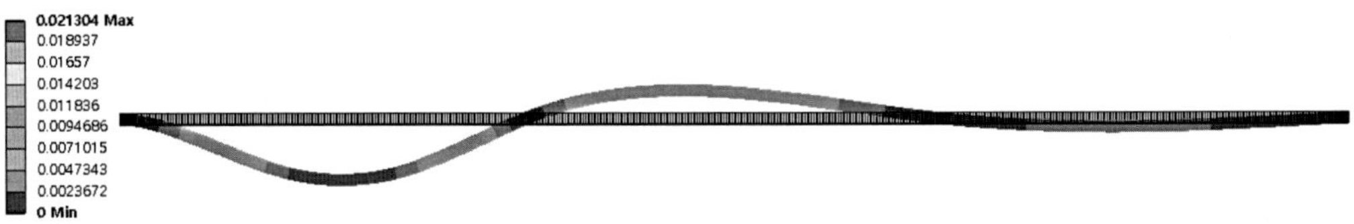

② Shear-Moment Diagram작성

(가) Plath 설정

① Outline화면에서 Model > RMB > Insert> Construction Geometry 를 선택한다.

② a Construction Geometry >RMB > Insert> Path를 설정한다.

b Path type에 Edge로 변경한다.

c Graphic 화면에서 선을 선택하고 Apply를 클릭한다.

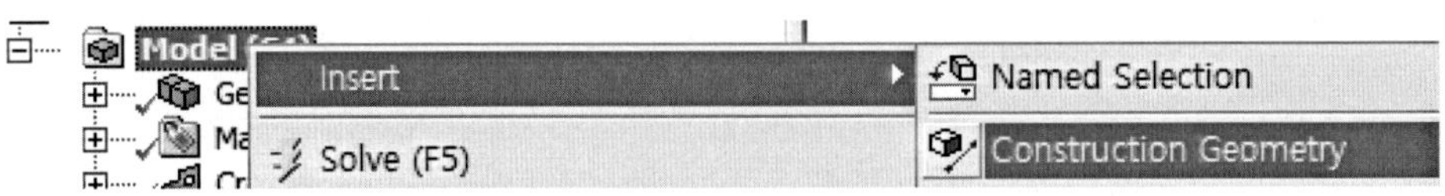

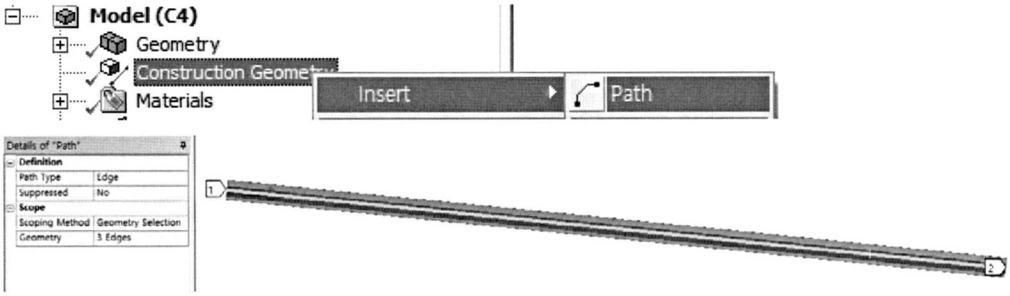

(나) Shear-Moment Diagram작성

① Outline화면에서 Solution > RMB > Insert> Beam Result > Shear-Moment Diagram 를 선택한다.

a Scoping Method를 Path로 설정한다.

b RMB > Evaluate All Results를 선택한다.

② Shear-Moment Diagram 결과

a Geometry 화면의 결과

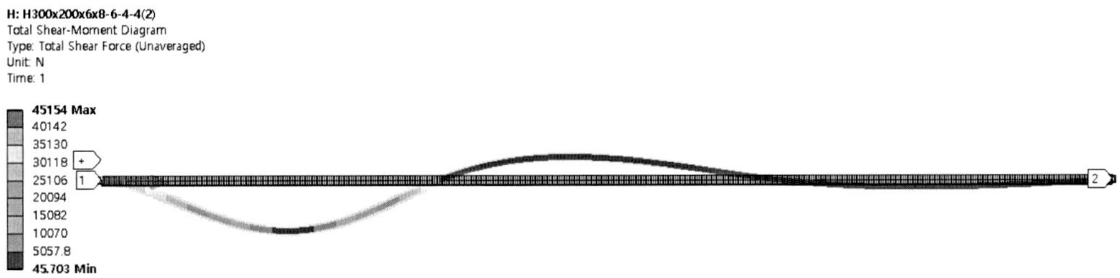

b Worksheet 화면의 결과

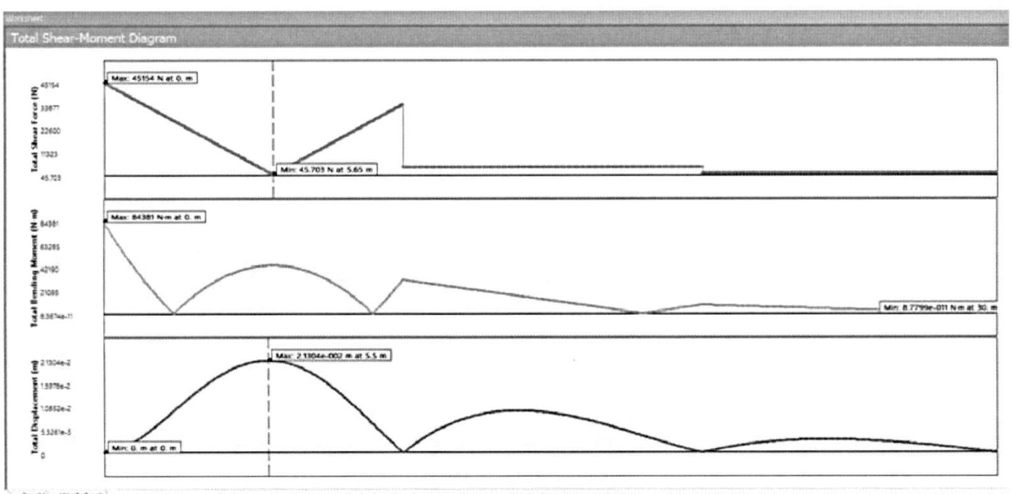

문제20. 분포하중과 집중하중을 받는 이중 연속보의 반력산정

다음보의 반력을 구하고 전단력도, 모멘트도를 그리시오. H형강은 H-300x200x8x8 이며 길이는 6m이다. 분포하중은 8kN/m이rh 집중하중은 36kN이다.

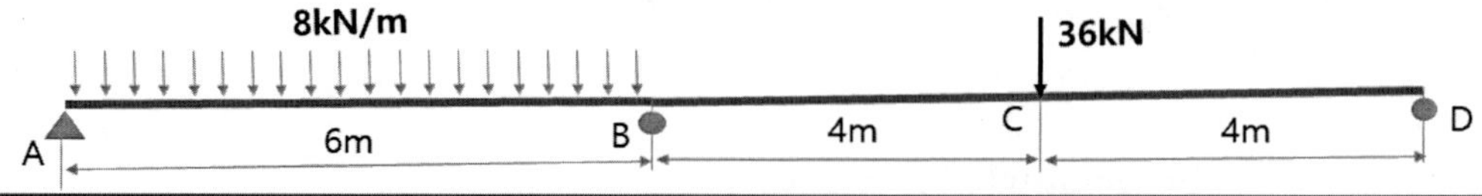

(1) 해석대상을 분석하고 자유물체도를 작성한다.

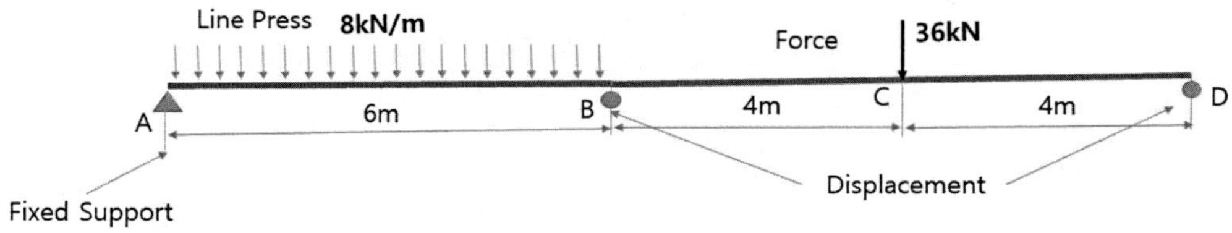

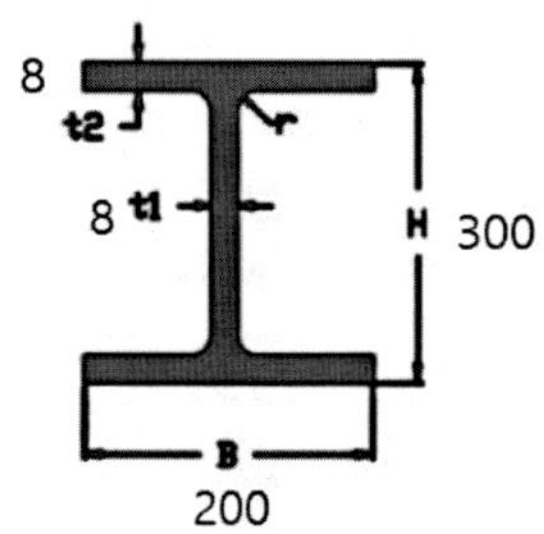

H형강의 단면 형상은 다음과 같다. r은 무시한다.
적용하중은 최대 160N/mm인 삼각분포하중이 작용한다. Line Pressure를 사용하여 하중을 인가한다.

(2) 해석 시스템을 생성한다.(Static structural)
① Project Schematic에 Static Structural 시스템 추가한다.
② Project 이름을 변경한다.
③ Mechanical 창에서 Units menu를 클릭하고 단위를 설정한다.
- Metric (mm, kg, N, s, mV, mA)

(3) 재료의 물성을 정의한다. (Engineering Data)
① 기본 설정된 값을 사용한다. (기본설정은 Structural steel로 되어 있다.)

(4) 해석 모델을 불러들이거나 모델링을 수행한다. (Geometry)

본 문제에 대한 Design Modeler를 사용한 모델링 방법은 다음과 같다.

① Geometry에서 RMB > Design Modeler를 클릭한다.

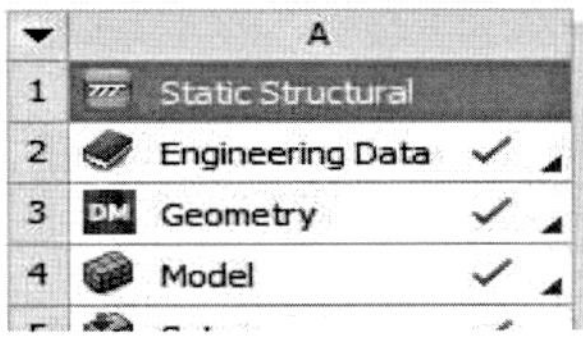

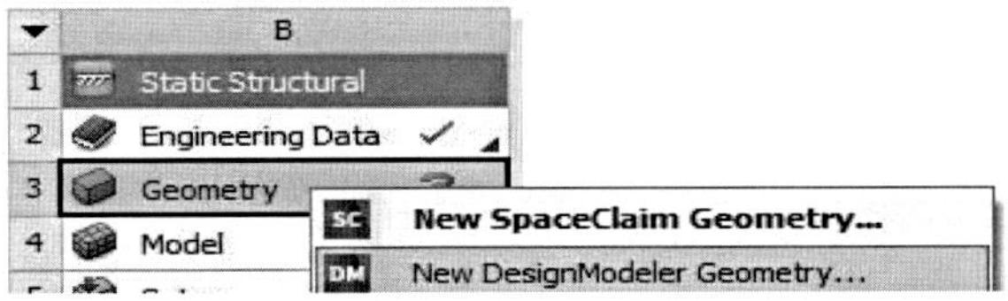

먼저 단위를 mm로 변경한다.

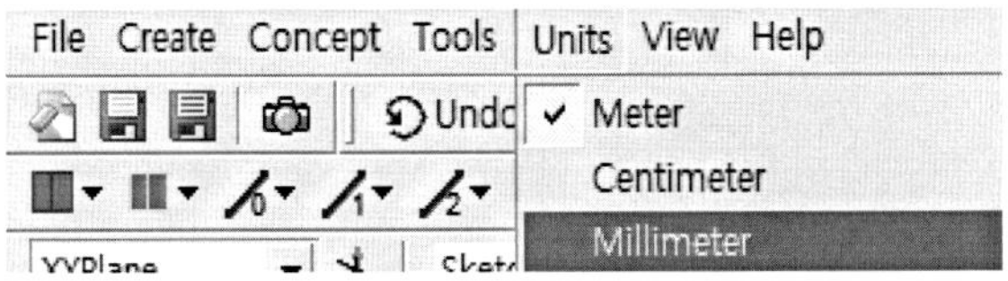

② XPLane을 선택하고 Look at을 클릭한다.

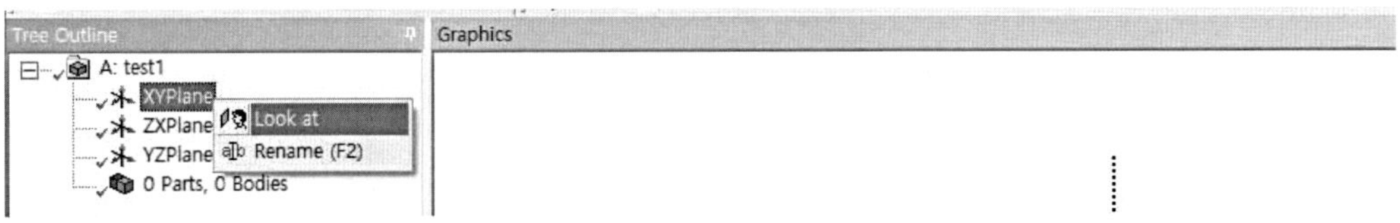

③ Sketching 화면에서 Line을 그린다.

④ Detail Views에서 Dimensions에 Line의 치수를 입력한다.

H1 을 6m, H2를 4m, H3를 4m로 입력한다.

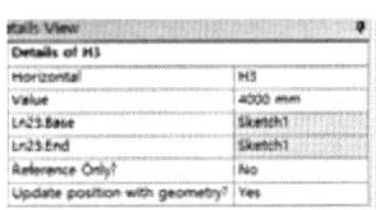

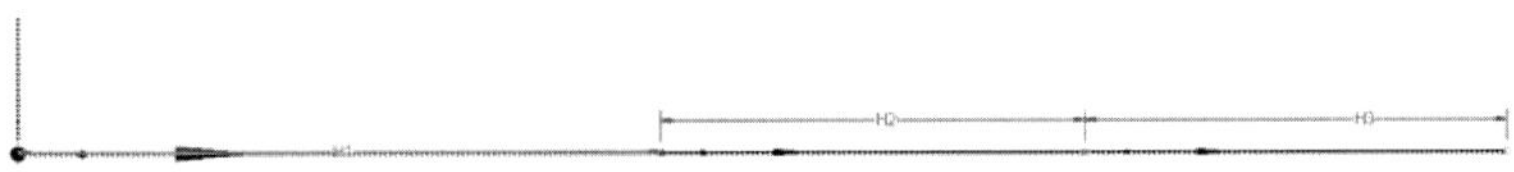

⑤ Modeling 화면에서 Concept > Lines From Sketches를 클릭한다.

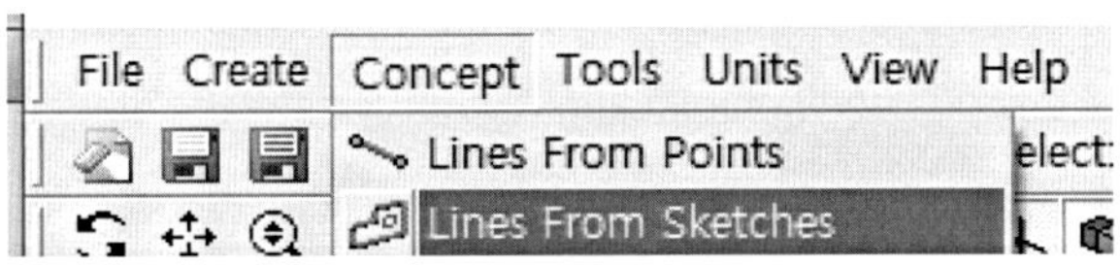

⑥ sketch1을 선택하고 Apply를 실행한다.

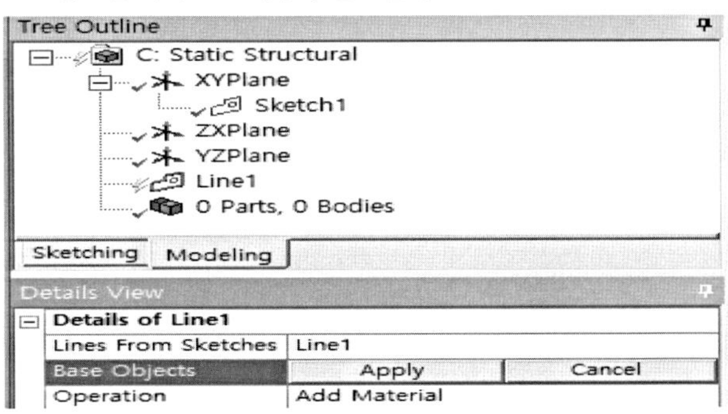

⑦ Generate를 실행한다.

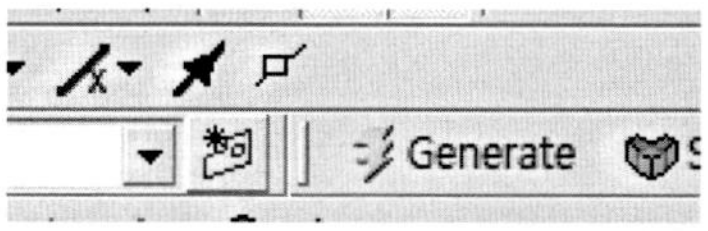

⑧ Concept > Cross Section에서 단면형상을 선택한다.

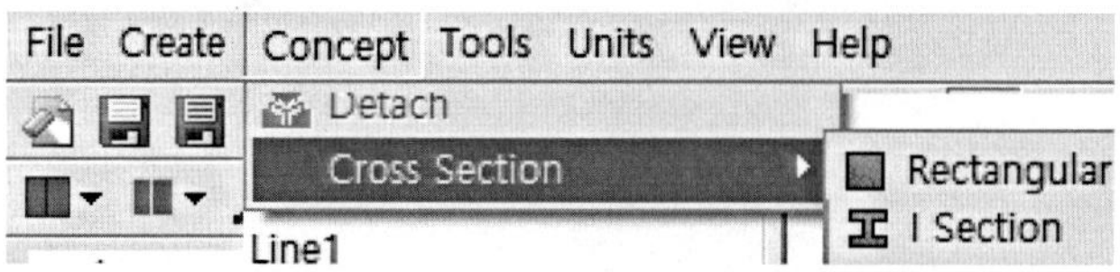

Detail View에서 Dimensions에 단면의 치수를 입력한다.

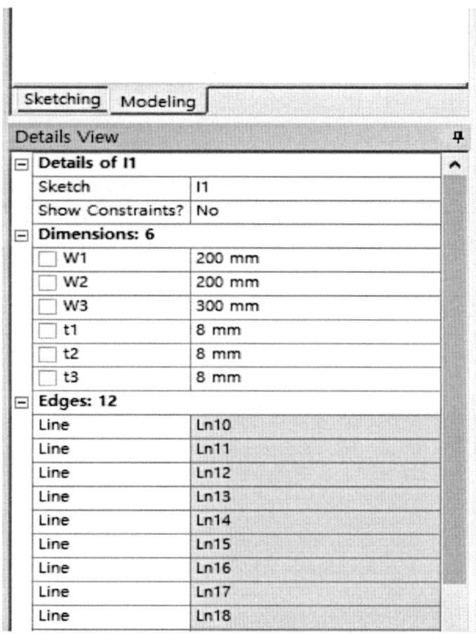

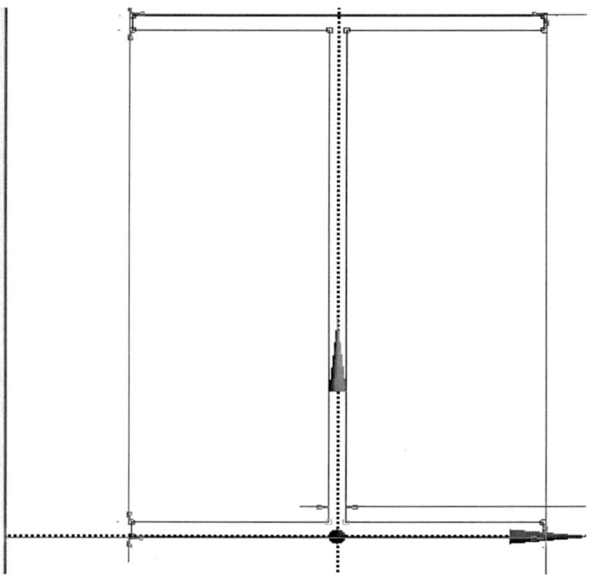

⑨ Detail View에서 Line Body를 선택하고, Cross Section을 선택한다.

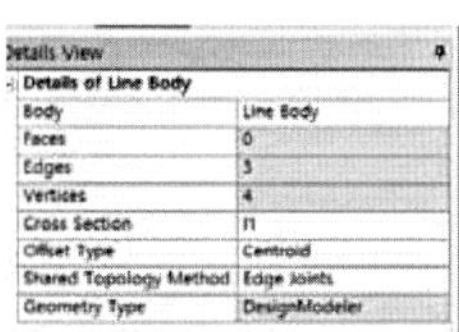

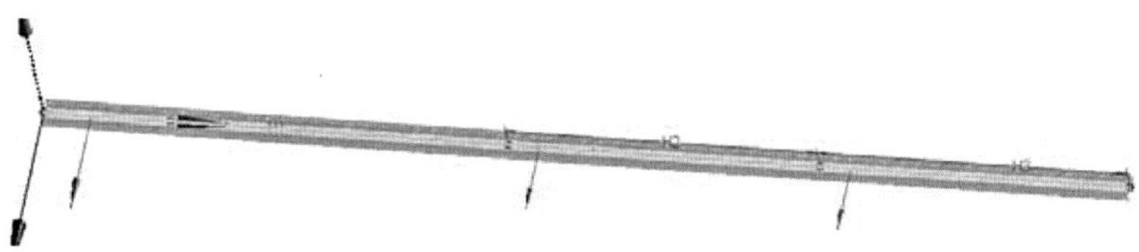

(5) 해석 모델의 환경을 설정한다. (Model)

① Project Schematic의 Static Structural에서 Model을 더블클릭하여 Mechanical 창 활성화 한다.

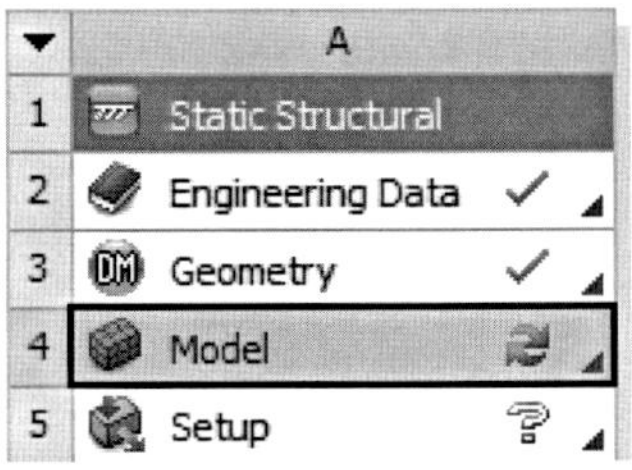

② Outline화면에서 Model > Geometry > Solid 를 선택한다.

③ View > Cross section Solid를 선택한다.

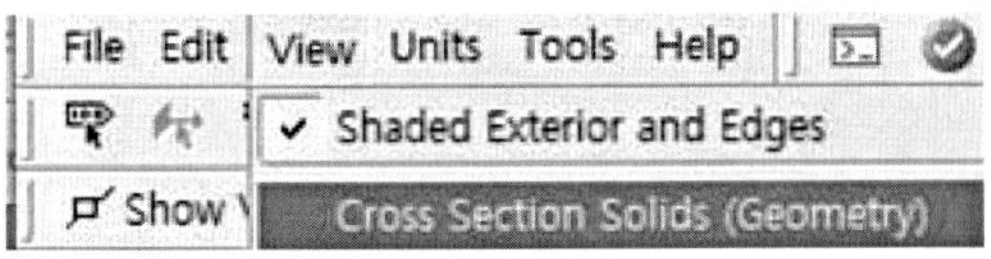

(6) 좌표계 설정 (Coordinate Systems) : 변경내용 없음

(7) 연결 관계 정의(Connections) : 기본설정을 사용한다.

(8) 격자 모델 생성 (Mesh)

① Outline화면에서 Model > RMB> Insert> Sizing 를 선택한다.

② Element size를 입력한다.

③ Outline화면에서 Model > Mesh 를 선택하고 RMB > Update 실행한다.

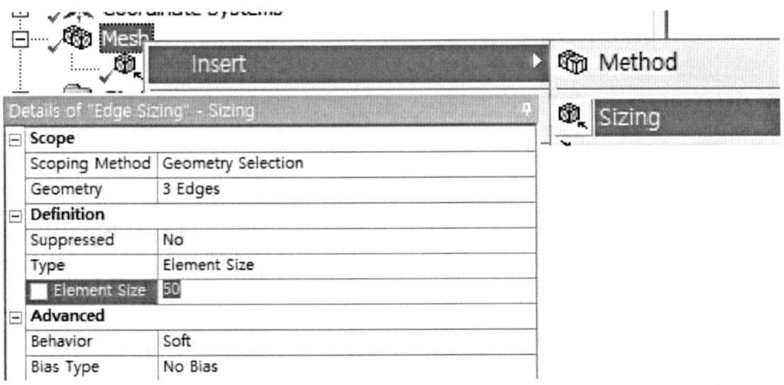

(9) 해석 설정 정의(Analysis Settings) : 설정되어 있는 값을 사용한다.

(10) 초기 조건 정의 : 고려하지 않는다.

(11) 구속조건 정의 : 양쪽을 동일하게 고정지점으로 설정한다.

ⓐ 고정 지점 설정

① Outline화면에서 Static structure > RMB > Insert > Fixed Support 선택.

② Outline화면에서 Static structure > Fixed support를 클릭하고,
Graphic window에서 단순보의 절점을 선택한다.

*끝단을 선택하기 위하여 Edge 메뉴 사용한다.

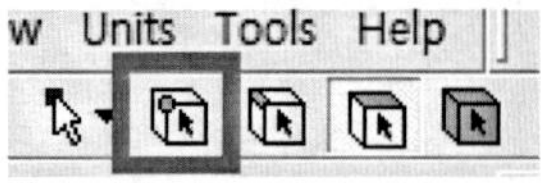

ⓑ 이동 지점 설정 (B와 D점)

① Outline화면에서 Static structure > RMB > Insert > Displacement Support 선택.

② Outline화면에서 Static structure > Displacement support를 클릭하고,
Graphic window에서 단순보의 절점을 선택한다.

*끝단을 선택하기 위하여 Edge 메뉴 사용한다.

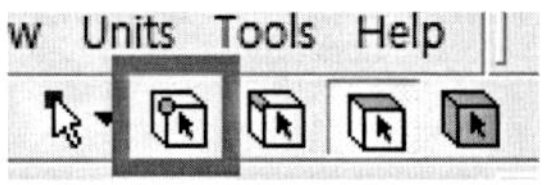

Details of Displacement에서 다음과 같이 설정한다.

Details of "Displacement"	
Scope	
Scoping Method	Geometry Selection
Geometry	1 Vertex
Definition	
Type	Displacement
Define By	Components
Coordinate System	Global Coordinate System
X Component	Free
Y Component	0. mm (ramped)
Z Component	0. mm (ramped)

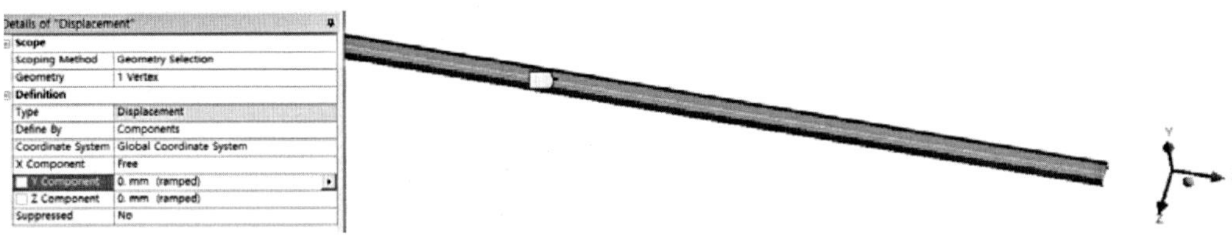

(12) 하중조건 정의

(a) Line Press

① Outline화면에서 Static structure > RMB > Insert > Line Press를 선택한다.

② a Detail view에 Line Pressure에 대한 Scope, Definition이 나타난다.

b Geometry에 작용하는 선을 선택한다.

c Apply를 클릭한다.

③ Magnitude를 8kN/m으로 설정하고 Direction을 Apply한다.

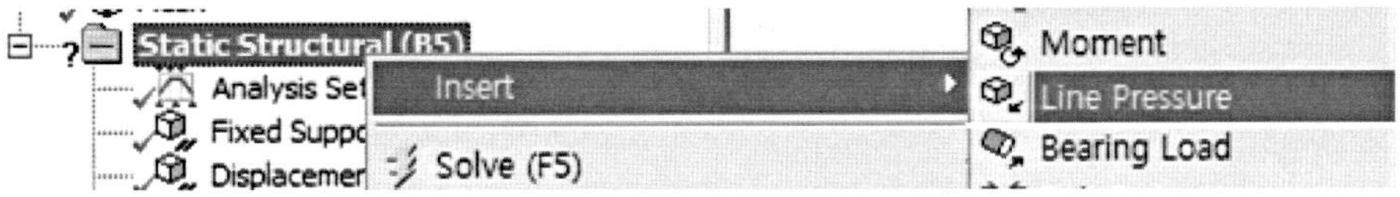

(b) Force

① Outline화면에서 Static structure > RMB > Insert > Force를 선택한다.

② a Detail view에 Force에 대한 Scope, Definition이 나타난다.

b Force가 작용하는 점을 선택한다.

c Apply를 클릭한다.

③ Magnitude를 36kN으로 설정하고 Direction을 Apply한다.

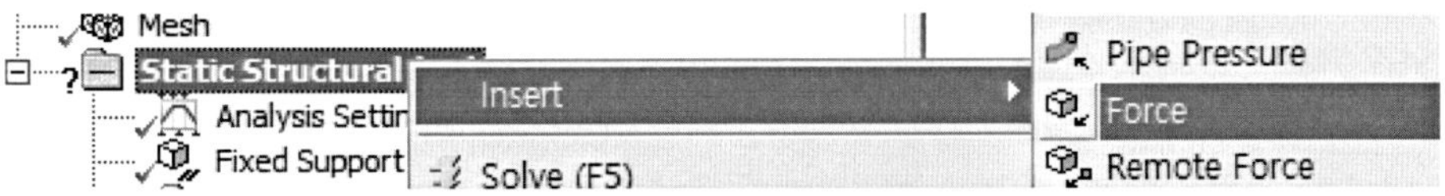

Details of "Force"

Scope	
Scoping Method	Geometry Selection
Geometry	1 Vertex
Definition	
Type	Force
Define By	Components
Coordinate System	Global Coordinate System
X Component	0. N (ramped)
Y Component	0. N (ramped)
Z Component	-36000
Suppressed	No

Details of "Line Pressure"

Scope	
Scoping Method	Geometry Selection
Geometry	1 Edge
Definition	
Type	Line Pressure
Define By	Components
Coordinate System	Global Coordinate System
X Component	0. N/m (ramped)
Y Component	0. N/m (ramped)
Z Component	-8000. N/m (ramped)
Suppressed	No

(13) 해석 결과 설정

① Deformation(변형) 결과 세팅

a. Outline화면에서 Solution >RMB >Insert >Deformation >Directional 항목 선택

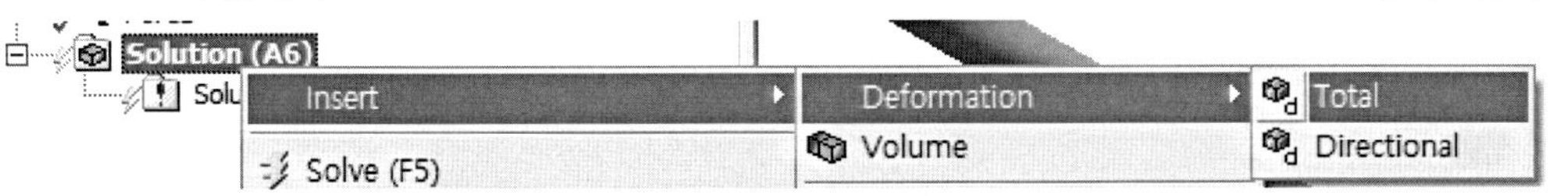

(14) 해석 수행

① Outline화면에서 Static structure 를 선택한다.

② Tool bar에서 Solve를 클릭하거나, Solution > RMB > Solve 를 클릭한다.

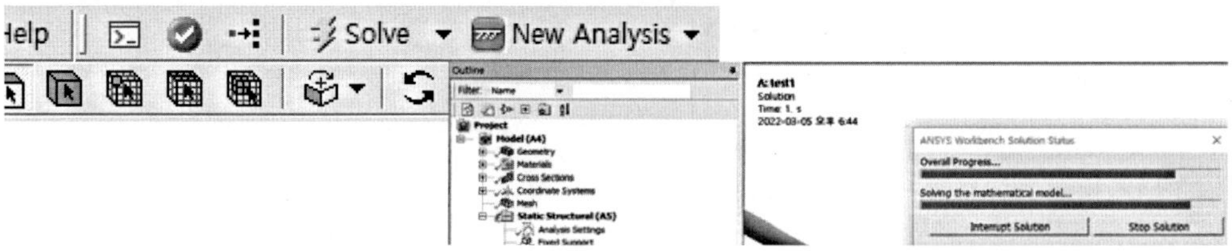

(15) 해석 결과 확인

① Total Deformation을 확인한다.

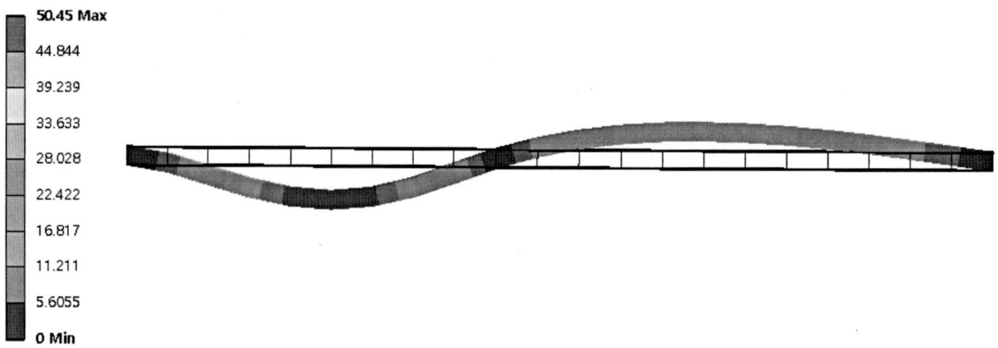

② Shear-Moment Diagram작성

(가) Plath 설정

① Outline화면에서 Model > RMB > Insert> Construction Geometry 를 선택한다.

② a Construction Geometry >RMB > Insert> Path를 설정한다.

b Path type에 Edge로 변경한다.

c Graphic 화면에서 선을 선택하고 Apply를 클릭한다.

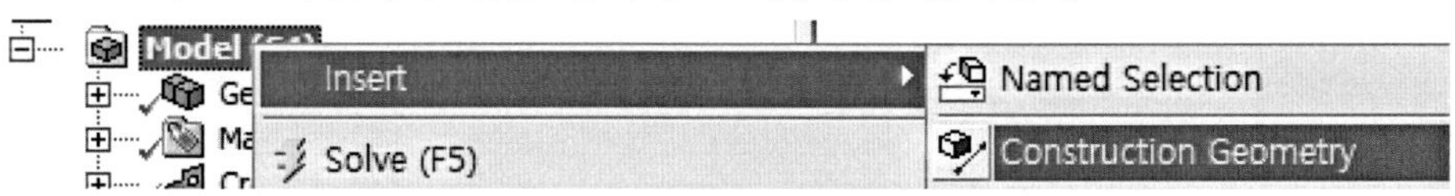

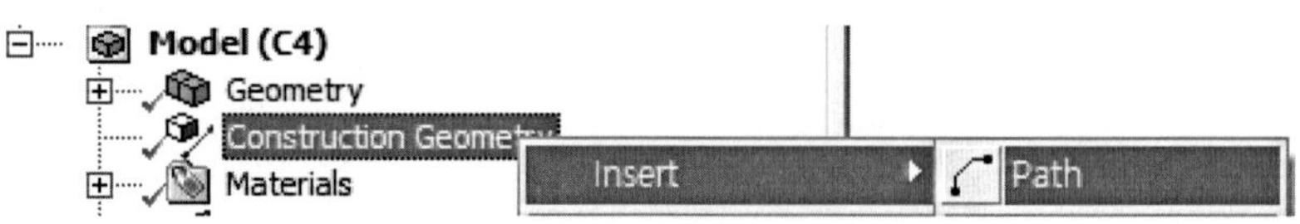

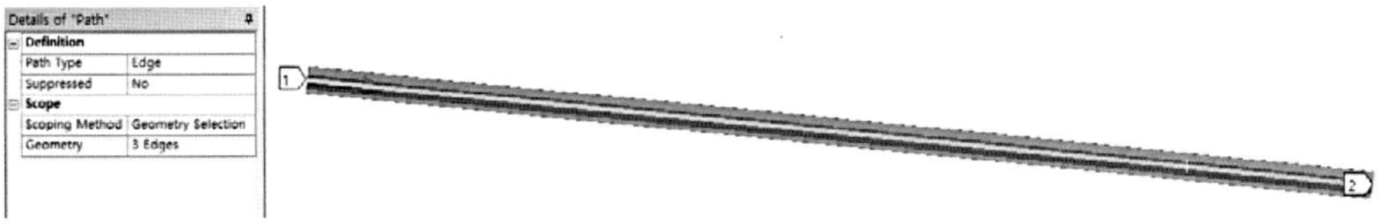

(나) Shear-Moment Diagram작성

① Outline화면에서 Solution > RMB > Insert> Beam Result > Shear-Moment Diagram 를 선택한다.

a Scoping Method를 Path로 설정한다.

b RMB > Evaluate All Results를 선택한다.

② Shear-Moment Diagram 결과

a Geometry 화면의 결과

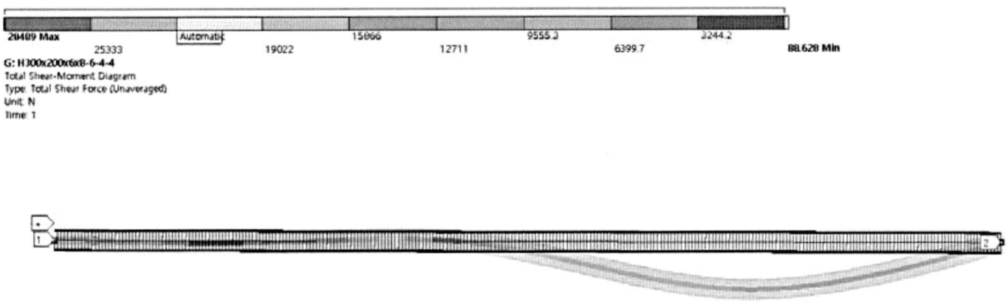

b Worksheet 화면의 결과

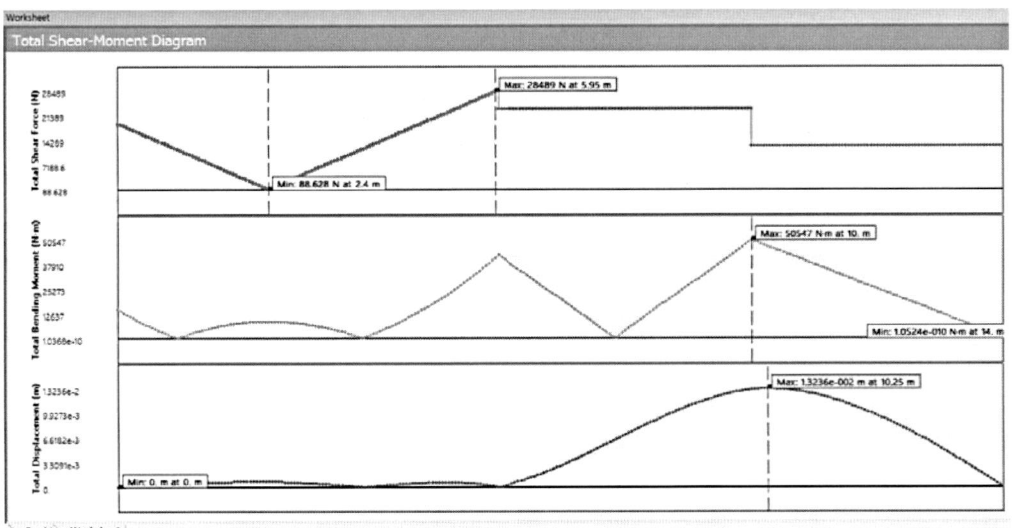

문제21. 분포하중과 편심 집중하중을 받는 이중 연속보의 반력산정

다음 보의 반력을 구하고 전단력도, 모멘트도를 그리시오. B점이 5cm 침하하였다. H형강은 H-300x200x8x8 이며 길이는 6m이다. 분포하중은 8kN/m이고 집중하중은 36kN이다.

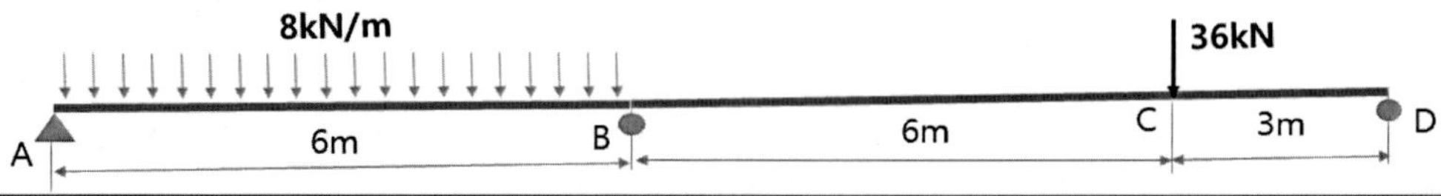

(1) 해석대상을 분석하고 자유물체도를 작성한다.

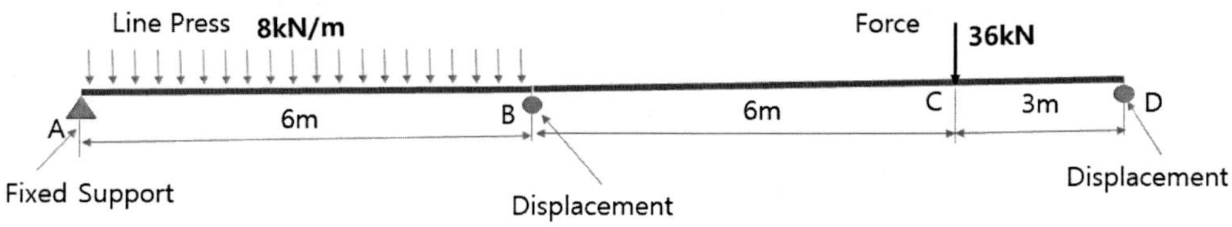

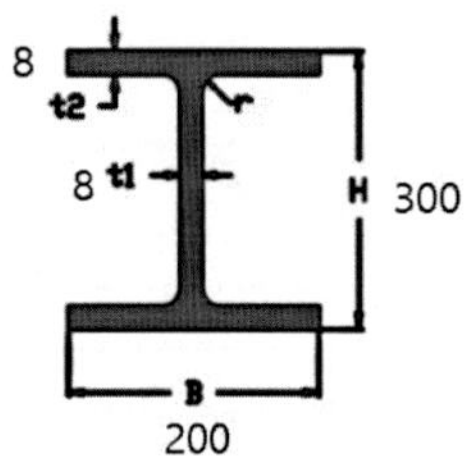

H형강의 단면 형상은 다음과 같다. r은 무시한다.
적용하중은 최대 160N/mm인 삼각분포하중이 작용한다. Line Pressure를 사용하여 하중을 인가한다.

(2) 해석 시스템을 생성한다.(Static structural)
① Project Schematic에 Static Structural 시스템 추가한다.
② Project 이름을 변경한다.
③ Mechanical 창에서 Units menu를 클릭하고 단위를 설정한다.
- Metric (mm, kg, N, s, mV, mA)

(3) 재료의 물성을 정의한다. (Engineering Data)
① 기본 설정된 값을 사용한다. (기본설정은 Structural steel로 되어 있다.)

(4) 해석 모델을 불러들이거나 모델링을 수행한다. (Geometry)

본 문제에 대한 Design Modeler를 사용한 모델링 방법은 다음과 같다.

① Geometry에서 RMB > Design Modeler를 클릭한다.

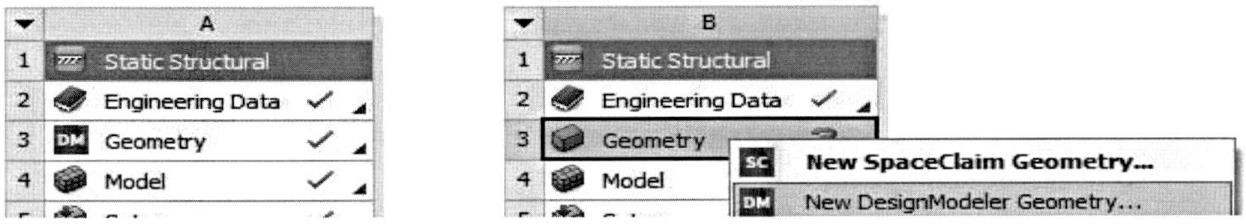

먼저 단위를 mm로 변경한다.

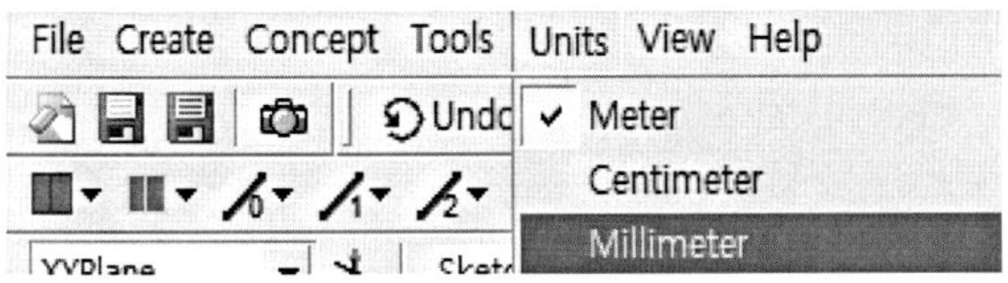

② XPLane을 선택하고 Look at을 클릭한다.

③ Sketching 화면에서 Line을 그린다.

④ Detail Views에서 Dimensions에 Line의 치수를 입력한다.

H1 을 6m, H2를 6m, H3를 3m로 입력한다.

⑤ Modeling 화면에서 Concept > Lines From Sketches를 클릭한다.

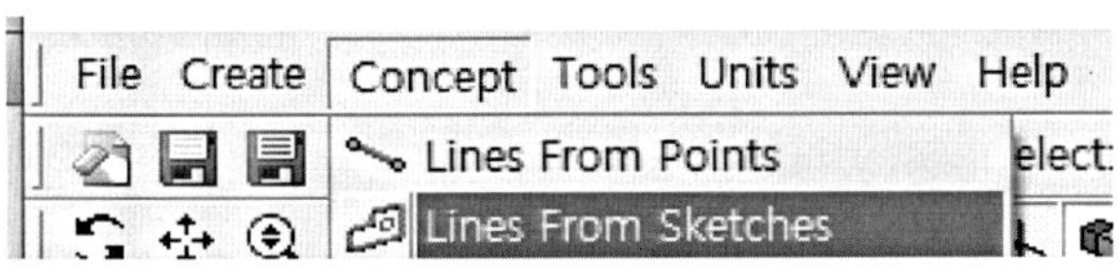

⑥ sketch1을 선택하고 Apply를 실행한다.

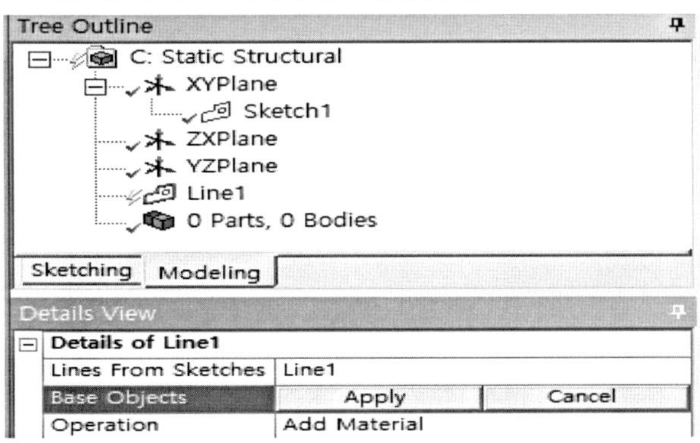

⑦ Generate를 실행한다.

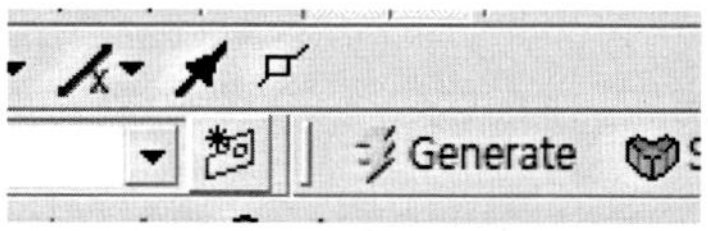

⑧ Concept > Cross Section에서 단면형상을 선택한다.

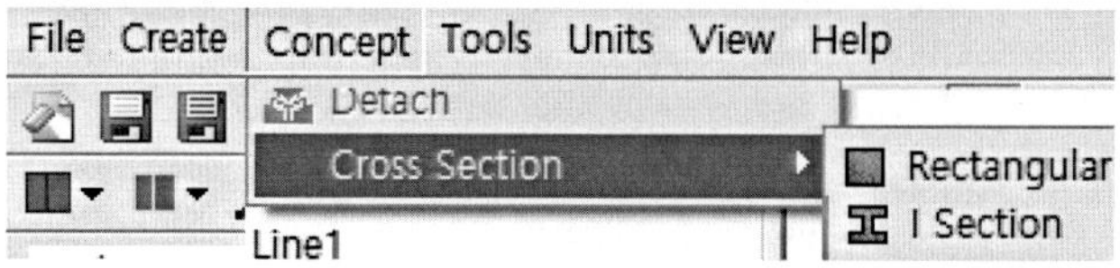

Detail View에서 Dimensions에 단면의 치수를 입력한다.

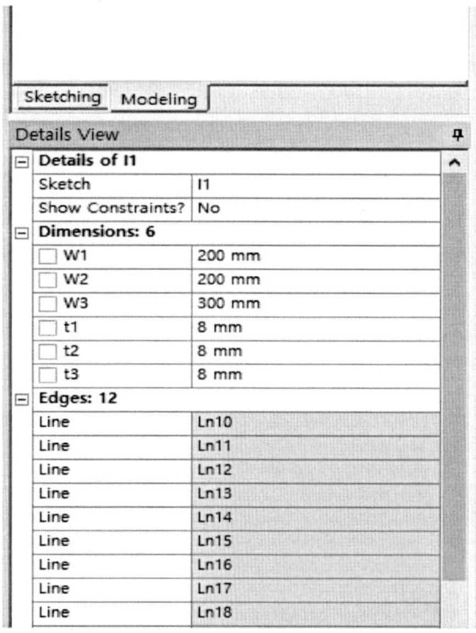

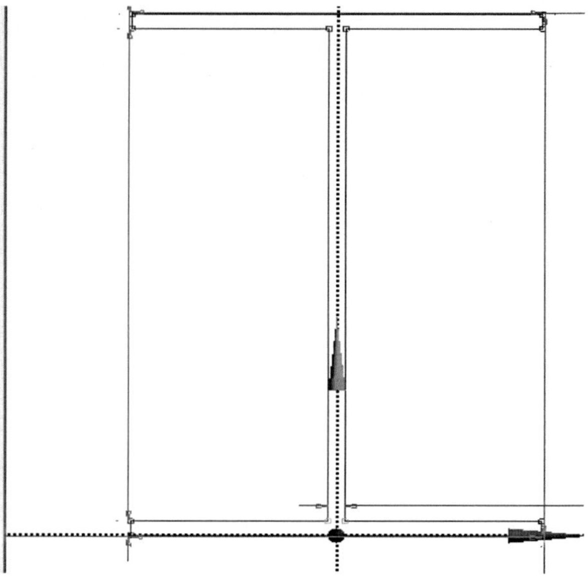

⑨ Detail View에서 Line Body를 선택하고, Cross Section을 선택한다.

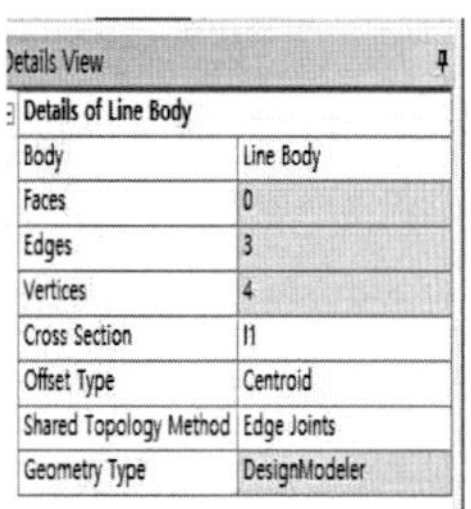

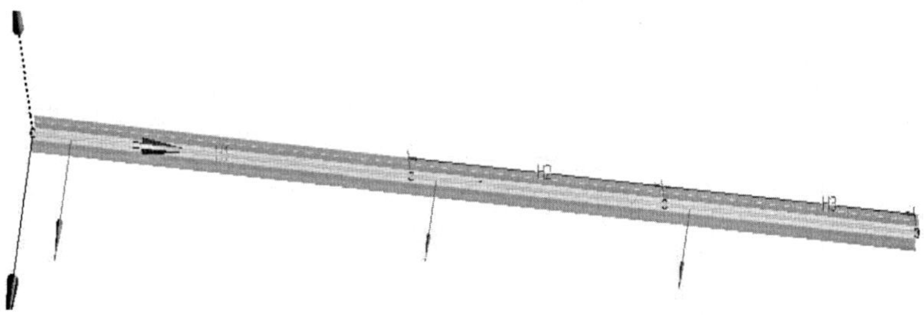

(5) 해석 모델의 환경을 설정한다. (Model)

① Project Schematic의 Static Structural에서 Model을 더블클릭하여 Mechanical 창 활성화 한다.

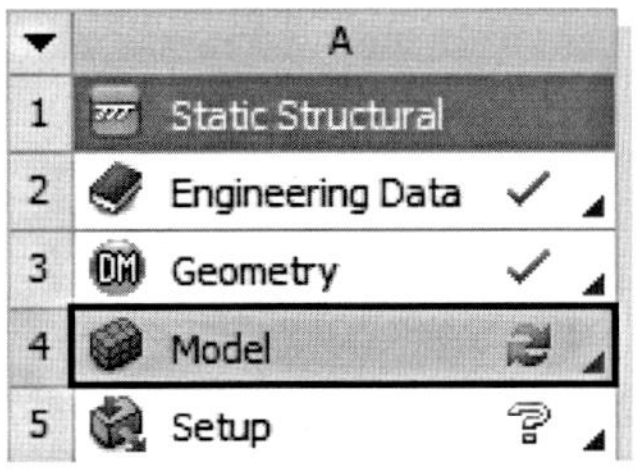

② Outline화면에서 Model > Geometry > Solid 를 선택한다.

③ View > Cross section Solid를 선택한다.

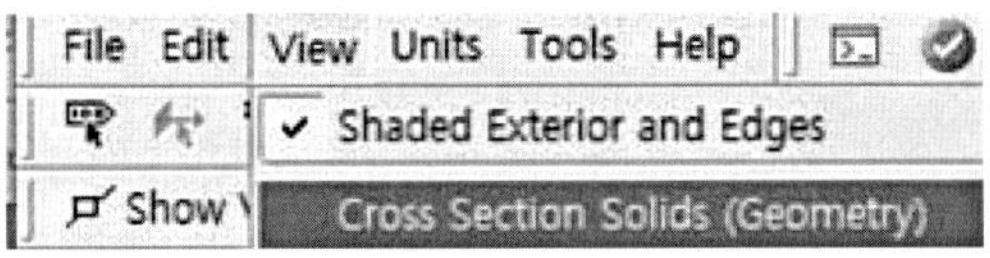

(6) 좌표계 설정 (Coordinate Systems) : 변경내용 없음

(7) 연결 관계 정의(Connections) : 기본설정을 사용한다.

(8) 격자 모델 생성 (Mesh)

① Outline화면에서 Model > RMB> Insert> Sizing 를 선택한다.

② Element size를 입력한다.

③ Outline화면에서 Model > Mesh 를 선택하고 RMB > Update 실행한다.

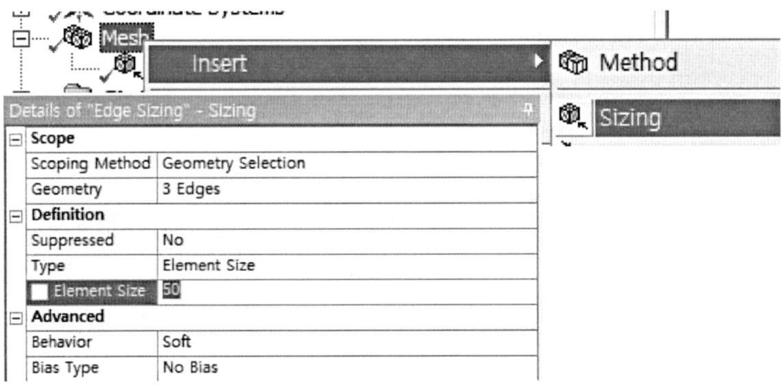

(9) 해석 설정 정의(Analysis Settings) : 설정되어 있는 값을 사용한다.

(10) 초기 조건 정의 : 고려하지 않는다.

(11) 구속조건 정의 : 양쪽을 동일하게 고정지점으로 설정한다.

ⓐ 고정 지점 설정

① Outline화면에서 Static structure > RMB > Insert > Fixed Support 선택.

② Outline화면에서 Static structure > Fixed support를 클릭하고,
   Graphic window에서 단순보의 절점을 선택한다.

*끝단을 선택하기 위하여 Edge 메뉴 사용한다.

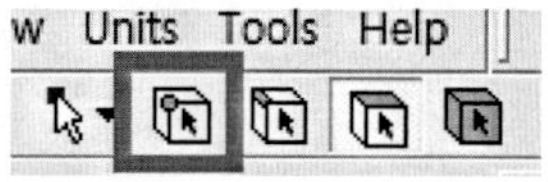

ⓑ 이동 지점 설정 (B와 D점)

① Outline화면에서 Static structure > RMB > Insert > Displacement Support 선택.

② Outline화면에서 Static structure > Displacement support를 클릭하고,
   Graphic window에서 단순보의 절점을 선택한다.

*끝단을 선택하기 위하여 Edge 메뉴 사용한다.

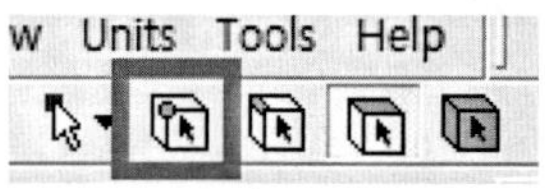

Details of Displacement에서 다음과 같이 설정한다.

Details of "Displacement"	
Scope	
Scoping Method	Geometry Selection
Geometry	1 Vertex
Definition	
Type	Displacement
Define By	Components
Coordinate System	Global Coordinate System
X Component	Free
Y Component	0. mm (ramped)
Z Component	-50. mm (ramped)
Suppressed	No

Details of "Displacement"	
Scope	
Scoping Method	Geometry Selection
Geometry	1 Vertex
Definition	
Type	Displacement
Define By	Components
Coordinate System	Global Coordinate System
X Component	Free
Y Component	0. mm (ramped)
Z Component	0. mm (ramped)

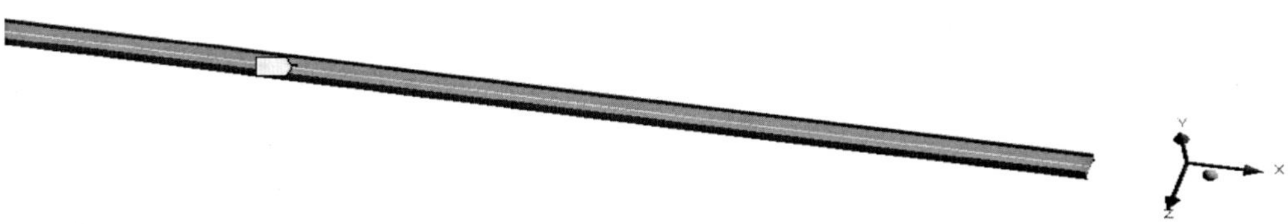

(12) 하중조건 정의

(a) Line Press

① Outline화면에서 Static structure > RMB > Insert > Line Press를 선택한다.

② a Detail view에 Line Pressure에 대한 Scope, Definition이 나타난다.
   b Geometry에 작용하는 선을 선택한다.
   c Apply를 클릭한다.

③ Magnitude를 8kN/m으로 설정하고 Direction을 Apply한다.

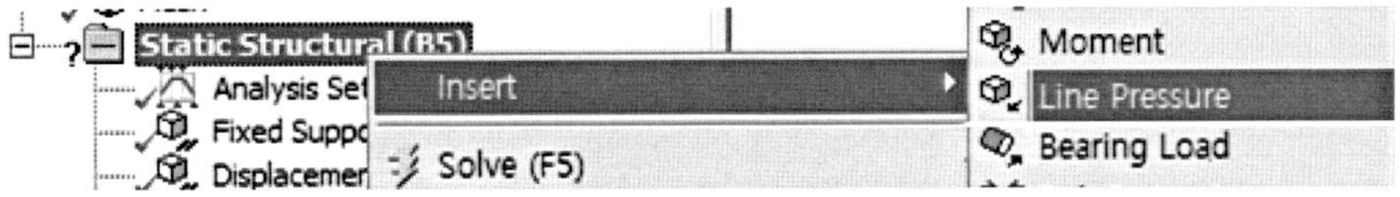

(b) Force

① Outline화면에서 Static structure > RMB > Insert > Force를 선택한다.

② a Detail view에 Force에 대한 Scope, Definition이 나타난다.

b Force가 작용하는 점을 선택한다.

c Apply를 클릭한다.

③ Magnitude를 36kN으로 설정하고 Direction을 Apply한다.

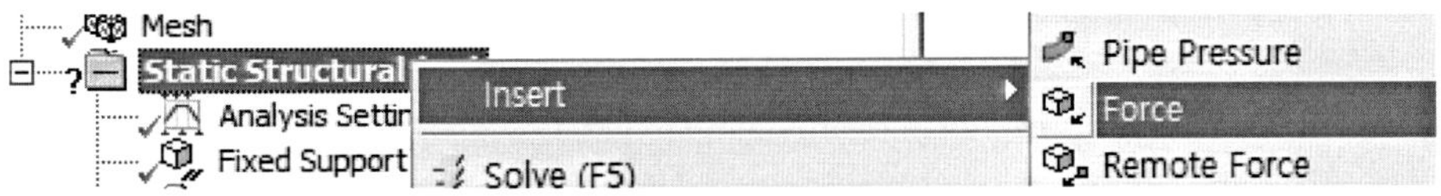

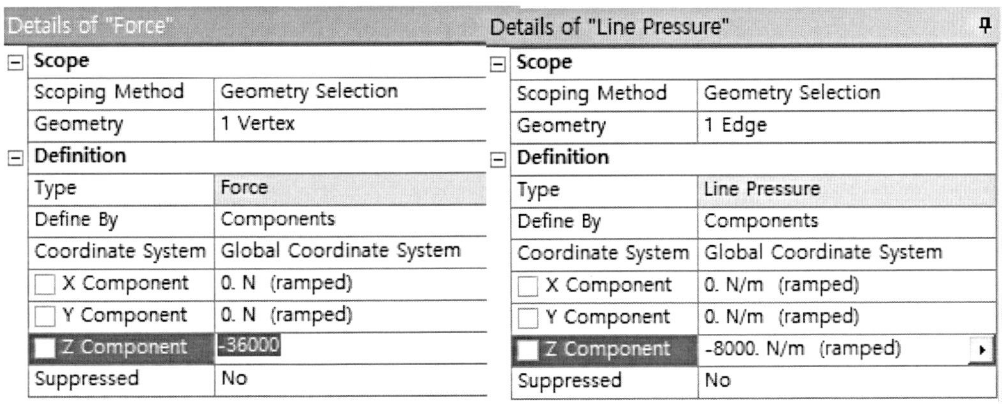

Details of "Force"

Scope	
Scoping Method	Geometry Selection
Geometry	1 Vertex
Definition	
Type	Force
Define By	Components
Coordinate System	Global Coordinate System
X Component	0. N (ramped)
Y Component	0. N (ramped)
Z Component	-36000
Suppressed	No

Details of "Line Pressure"

Scope	
Scoping Method	Geometry Selection
Geometry	1 Edge
Definition	
Type	Line Pressure
Define By	Components
Coordinate System	Global Coordinate System
X Component	0. N/m (ramped)
Y Component	0. N/m (ramped)
Z Component	-8000. N/m (ramped)
Suppressed	No

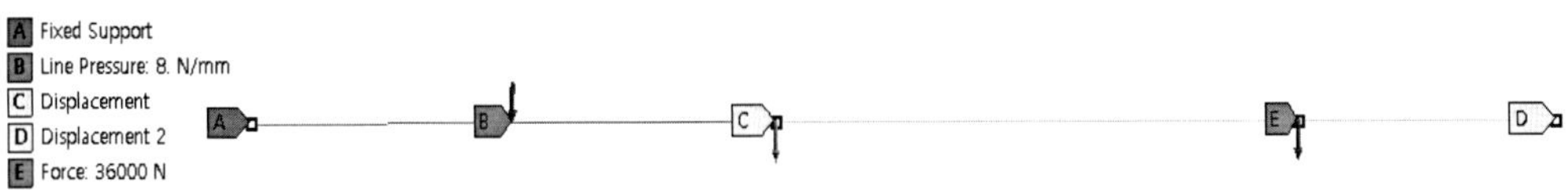

(13) 해석 결과 설정

① Deformation(변형) 결과 세팅

a. Outline화면에서 Solution >RMB >Insert >Deformation >Directional 항목 선택

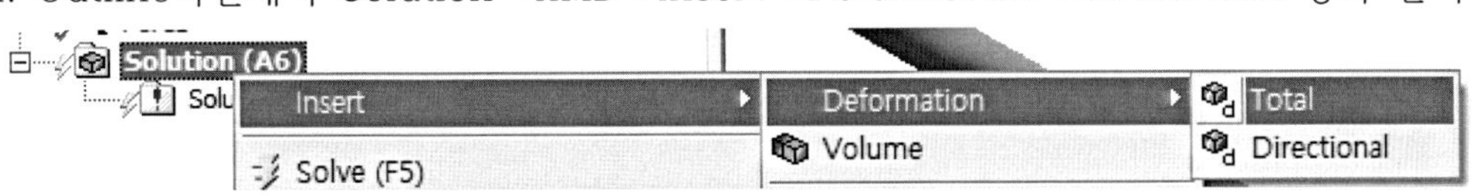

(14) 해석 수행

① Outline화면에서 Static structure 를 선택한다.

② Tool bar에서 Solve를 클릭하거나, Solution > RMB > Solve 를 클릭한다.

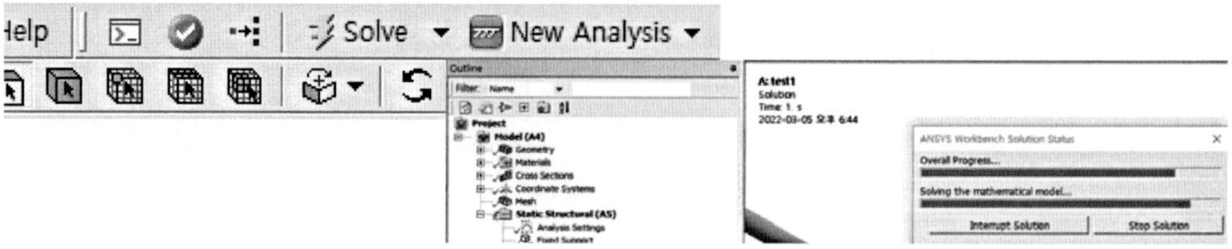

(15) 해석 결과 확인

① Total Deformation을 확인한다.

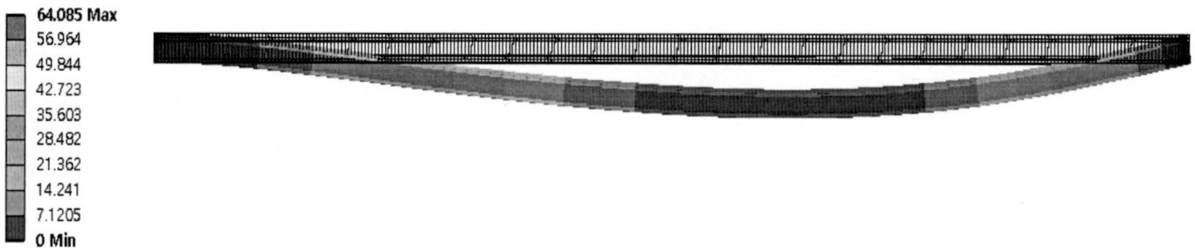

② Shear-Moment Diagram작성

(가) Plath 설정

① Outline화면에서 Model > RMB > Insert> Construction Geometry 를 선택한다.

② a Construction Geometry >RMB > Insert> Path를 설정한다.
   b Path type에 Edge로 변경한다.
   c Graphic 화면에서 선을 선택하고 Apply를 클릭한다.

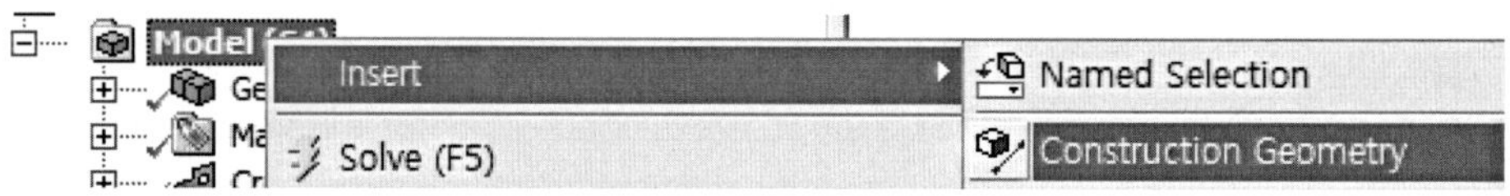

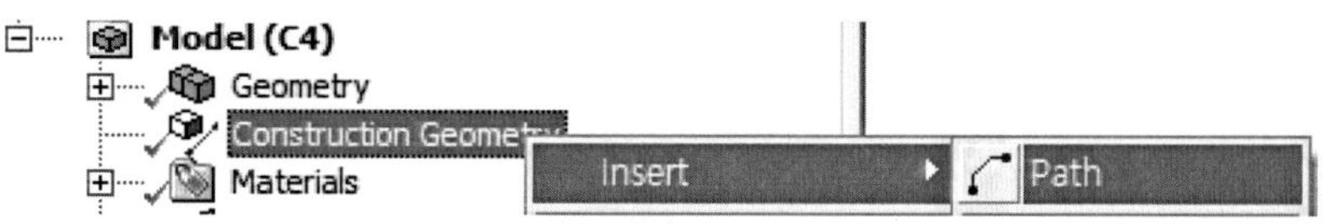

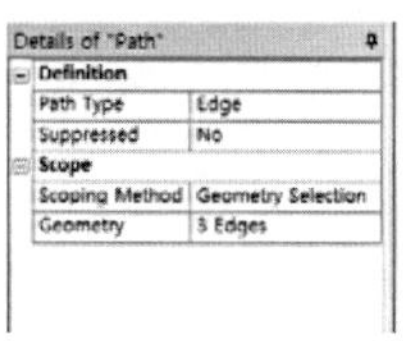

(나) Shear-Moment Diagram작성

① Outline화면에서 Solution > RMB > Insert> Beam Result > Shear-Moment Diagram 를 선택한다.

a Scoping Method를 Path로 설정한다.

b RMB > Evaluate All Results를 선택한다.

② Shear-Moment Diagram 결과

a Geometry 화면의 결과

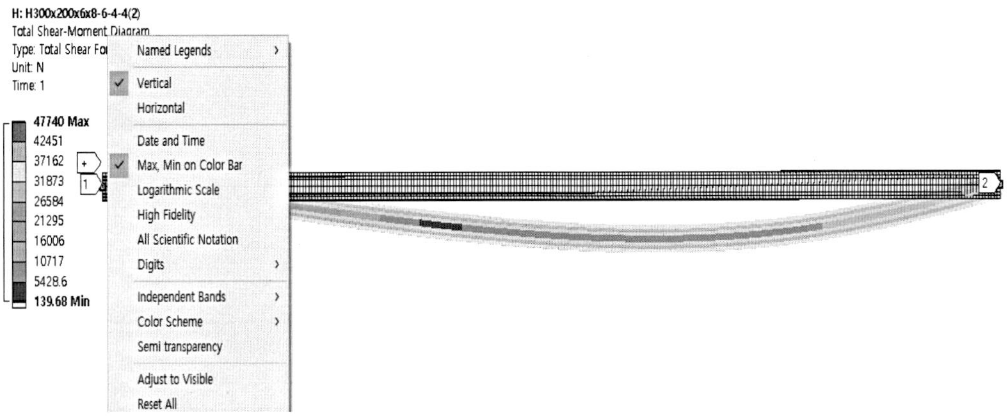

b Worksheet 화면의 결과

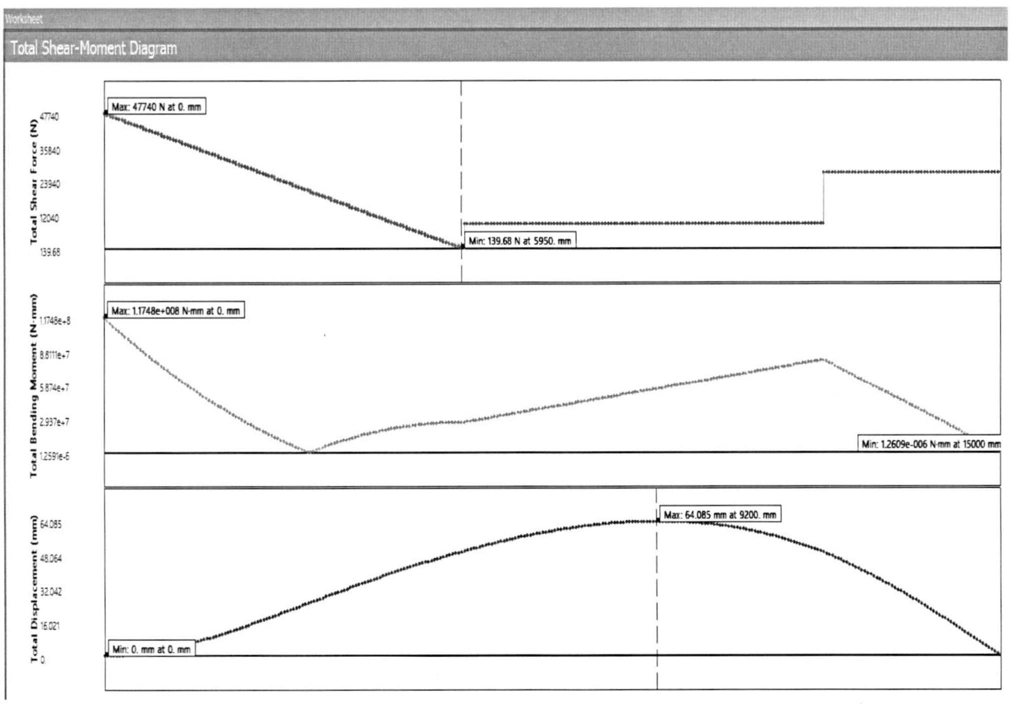

문제22. 고정하중을 받는 연속보에 활하중의 작용위치에 따른 반력산정

다음 보의 반력을 구하고 전단력도, 모멘트도를 그리시오.
H형강은 H-300x200x6x8 이며 길이는 10m이다. 고정하중은 4kN/m이고, 활하중은 4kN/m이다.
다음 4가지 경우에 대하여 모멘트도를 작성하시오.

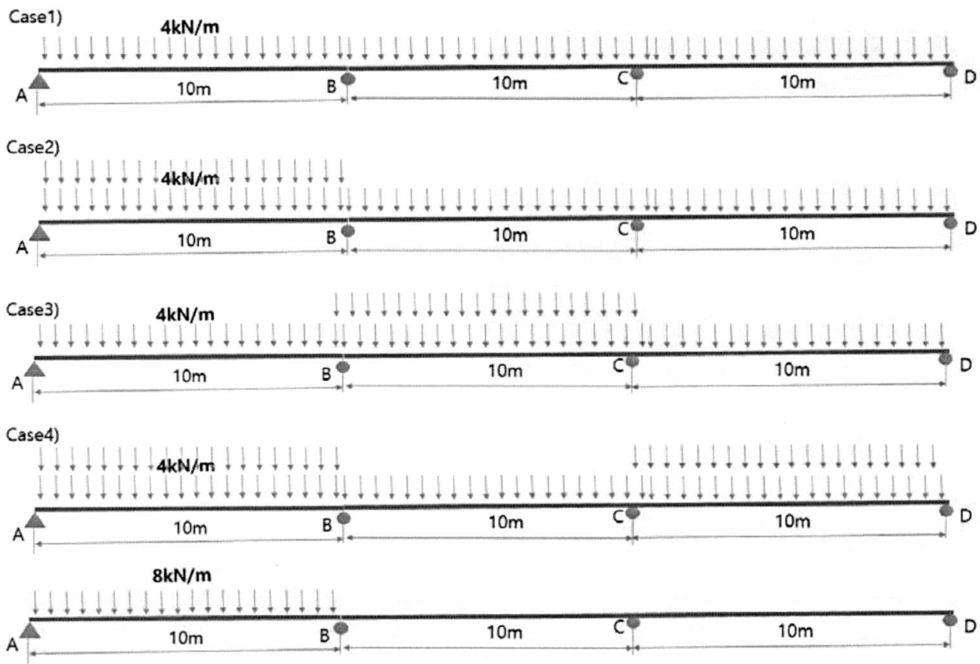

(1) 해석대상을 분석하고 자유물체도를 작성한다.

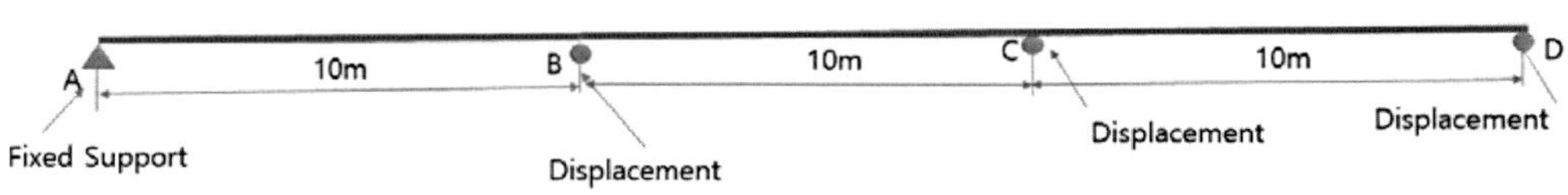

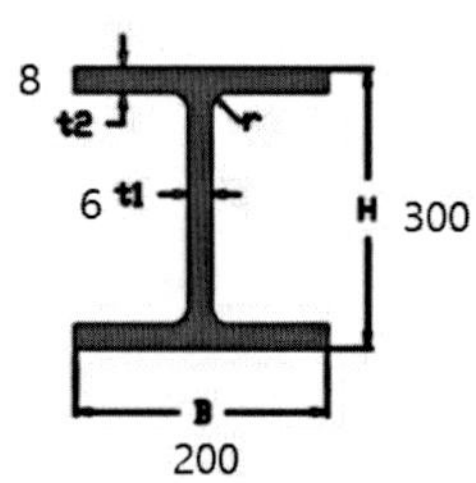

H형강의 단면 형상은 다음과 같다. r은 무시한다.
적용하중은 최대 160N/mm인 삼각분포하중이 작용한다. Line Pressure를 사용하여

하중을 인가한다.

(2) 해석 시스템을 생성한다.(Static structural)
① Project Schematic에 Static Structural 시스템 추가한다.
② Project 이름을 변경한다.
③ Mechanical 창에서 Units menu를 클릭하고 단위를 설정한다.
- Metric (mm, kg, N, s, mV, mA)

(3) 재료의 물성을 정의한다. (Engineering Data)
① 기본 설정된 값을 사용한다. (기본설정은 Structural steel로 되어 있다.)

(4) 해석 모델을 불러들이거나 모델링을 수행한다. (Geometry)
본 문제에 대한 Design Modeler를 사용한 모델링 방법은 다음과 같다.

① Geometry에서 RMB > Design Modeler를 클릭한다.

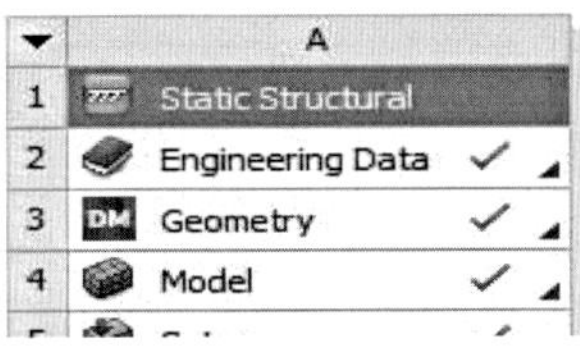

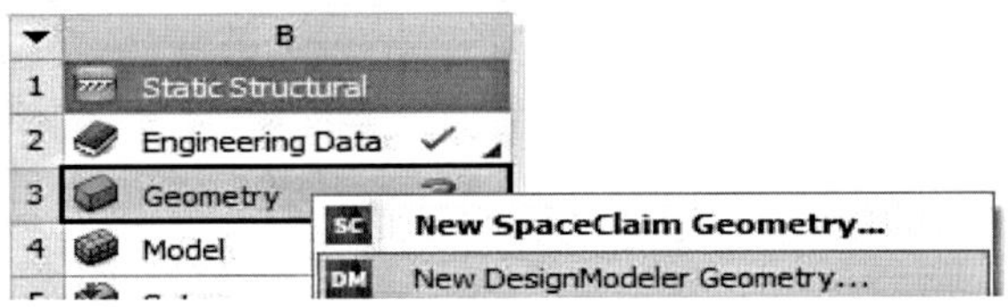

먼저 단위를 mm로 변경한다.

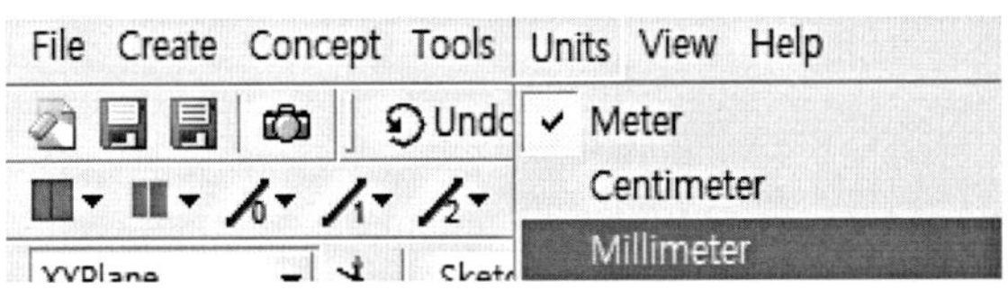

② XPLane을 선택하고 Look at을 클릭한다.

③ Sketching 화면에서 Line을 그린다.
④ Detail Views에서 Dimensions에 Line의 치수를 입력한다.
H1 을 10m, H2를 10m, H3를 10m로 입력한다.

⑤ Modeling 화면에서 Concept > Lines From Sketches를 클릭한다.

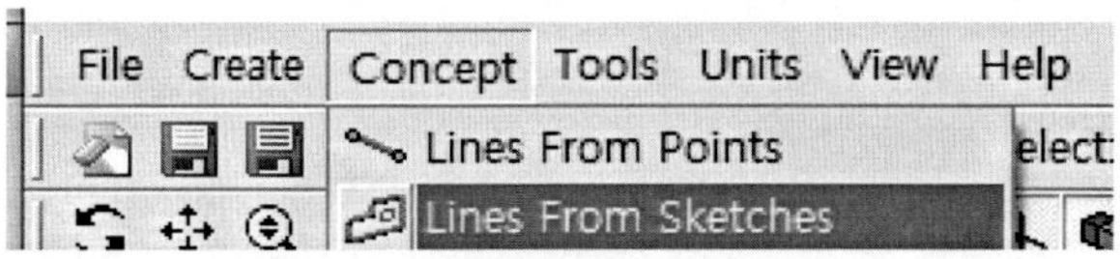

⑥ sketch1을 선택하고 Apply를 실행한다.

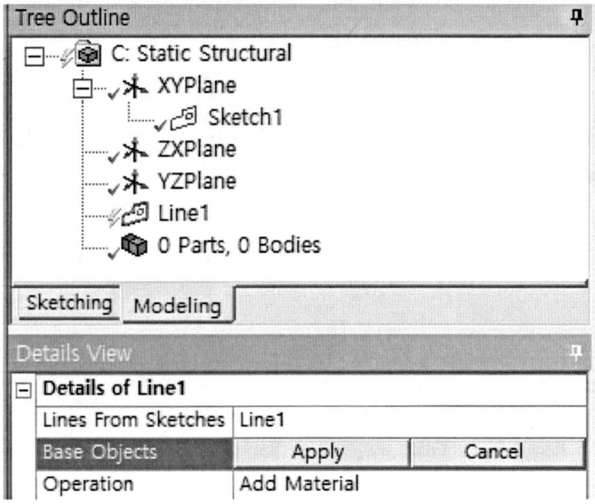

⑦ Generate를 실행한다.

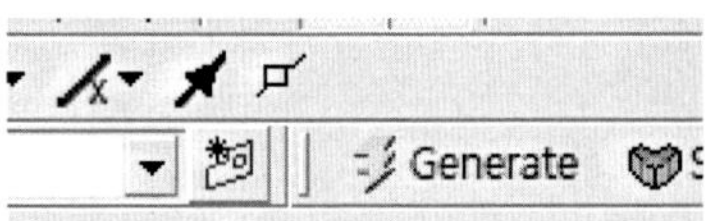

⑧ Concept > Cross Section에서 단면형상을 선택한다.

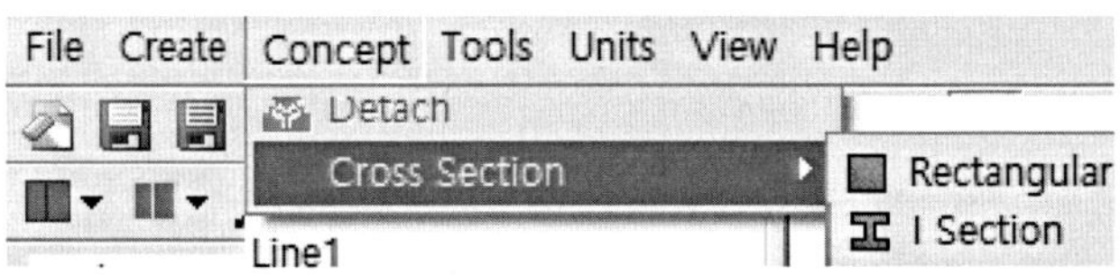

Detail View에서 Dimensions에 단면의 치수를 입력한다.

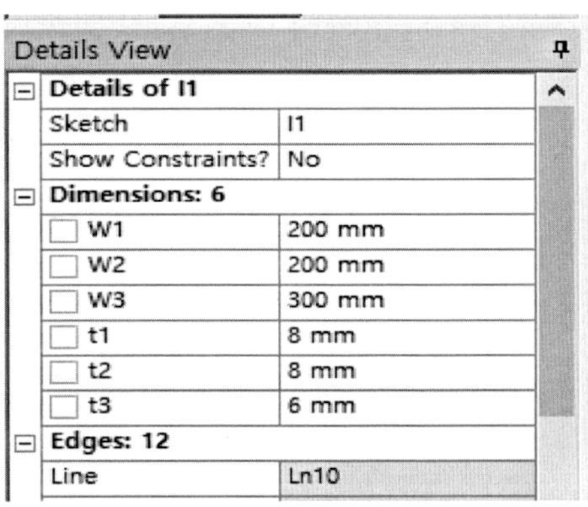

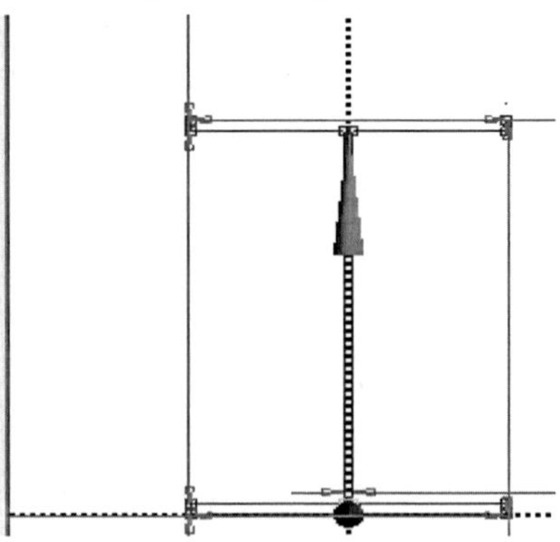

⑨ Detail View에서 Line Body를 선택하고, Cross Section을 선택한다.

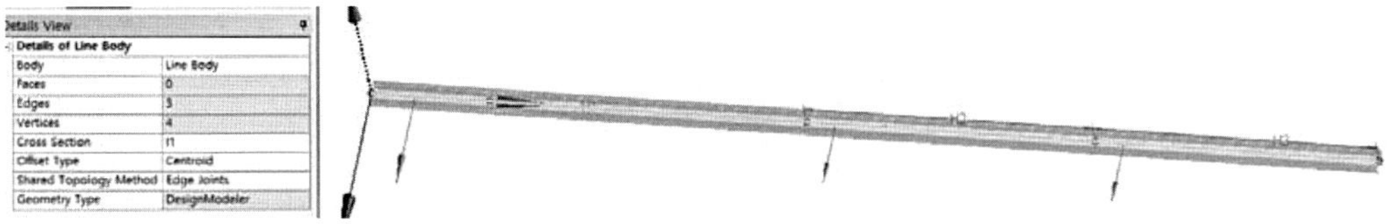

(5) 해석 모델의 환경을 설정한다. (Model)

① Project Schematic의 Static Structural에서 Model을 더블클릭하여 Mechanical 창 활성화 한다.

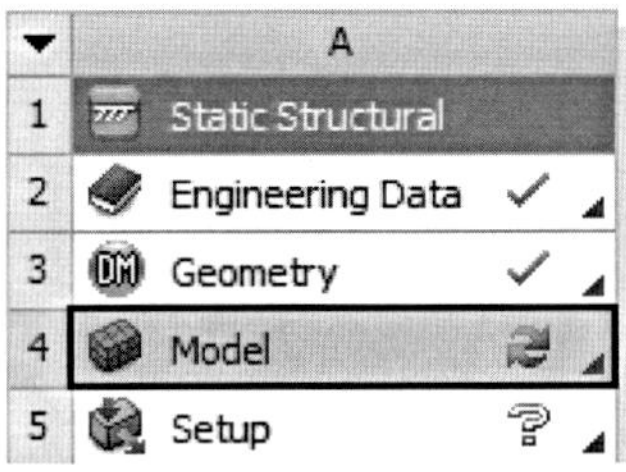

② Outline화면에서 Model > Geometry > Solid 를 선택한다.

③ View > Cross section Solid를 선택한다.

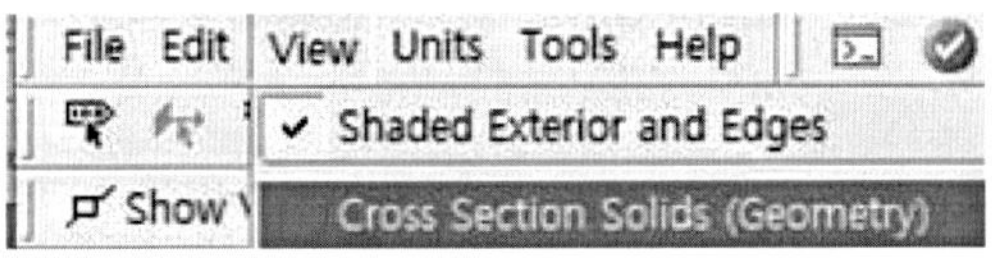

(6) 좌표계 설정 (Coordinate Systems) : 변경내용 없음

(7) 연결 관계 정의(Connections) : 기본설정을 사용한다.

(8) 격자 모델 생성 (Mesh)

① Outline화면에서 Model > RMB> Insert> Sizing 를 선택한다.

② Element size를 입력한다.

③ Outline화면에서 Model > Mesh 를 선택하고 RMB > Update 실행한다.

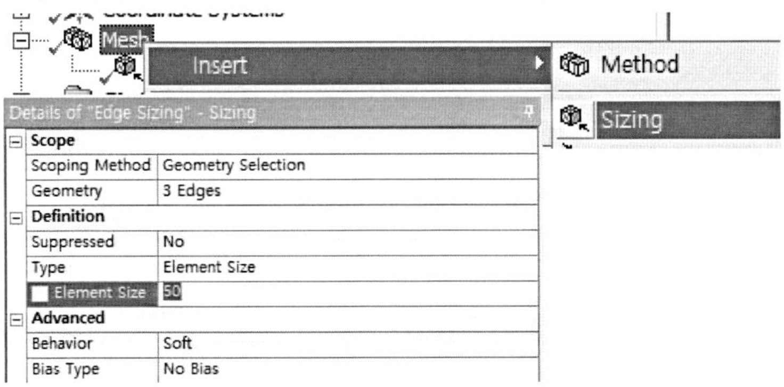

(9) 해석 설정 정의(Analysis Settings) : 설정되어 있는 값을 사용한다.

(10) 초기 조건 정의 : 고려하지 않는다.

(11) 구속조건 정의 : 양쪽을 동일하게 고정지점으로 설정한다.

ⓐ 고정 지점 설정

① Outline화면에서 Static structure > RMB > Insert > Fixed Support 선택.

② Outline화면에서 Static structure > Fixed support를 클릭하고,
Graphic window에서 단순보의 절점을 선택한다.

*끝단을 선택하기 위하여 Edge 메뉴 사용한다.

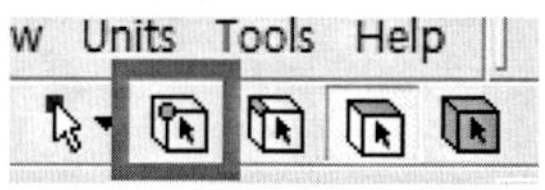

ⓑ 이동 지점 설정 (B와 C, D점)

① Outline화면에서 Static structure > RMB > Insert > Displacement Support 선택.

② Outline화면에서 Static structure > Displacement support를 클릭하고,
Graphic window에서 단순보의 절점을 선택한다.

*끝단을 선택하기 위하여 Edge 메뉴 사용한다.

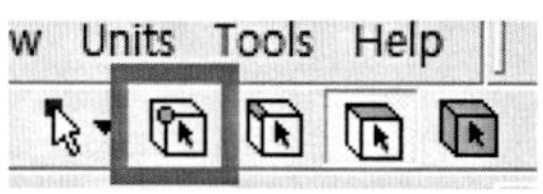

Details of Displacement에서 다음과 같이 설정한다.

Details of "Displacement"	
Scope	
Scoping Method	Geometry Selection
Geometry	1 Vertex
Definition	
Type	Displacement
Define By	Components
Coordinate System	Global Coordinate System
X Component	Free
Y Component	0. mm (ramped)
Z Component	0. mm (ramped)

(12) 하중조건 정의

(a) Line Press

① Outline화면에서 Static structure > RMB > Insert > Line Press를 선택한다.

② a Detail view에 Line Pressure에 대한 Scope, Definition이 나타난다.

b Geometry에 작용하는 선을 선택한다.

c Apply를 클릭한다.

③ Magnitude를 8kN/m으로 설정하고 Direction을 Apply한다.

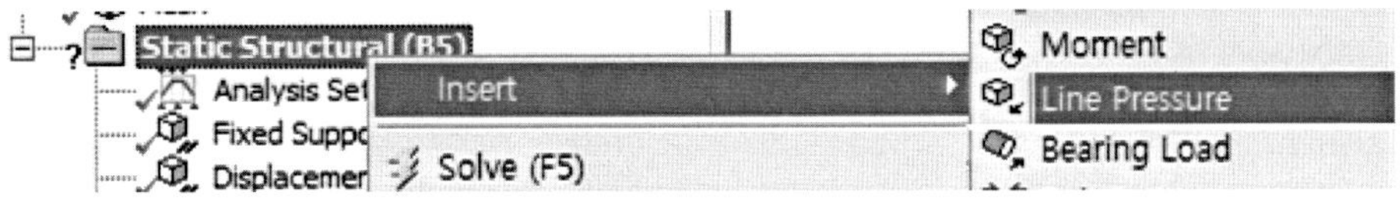

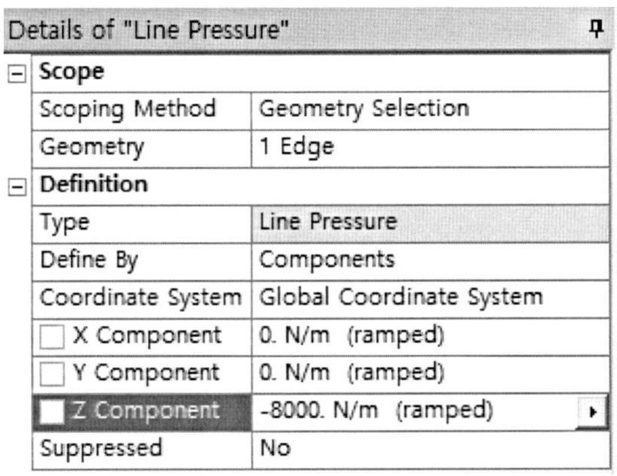

Details of "Line Pressure"

Scope	
Scoping Method	Geometry Selection
Geometry	1 Edge
Definition	
Type	Line Pressure
Define By	Components
Coordinate System	Global Coordinate System
X Component	0. N/m (ramped)
Y Component	0. N/m (ramped)
Z Component	-8000. N/m (ramped)
Suppressed	No

(13) 해석 결과 설정

① Deformation(변형) 결과 세팅

a. Outline화면에서 Solution >RMB >Insert >Deformation >Directional 항목 선택

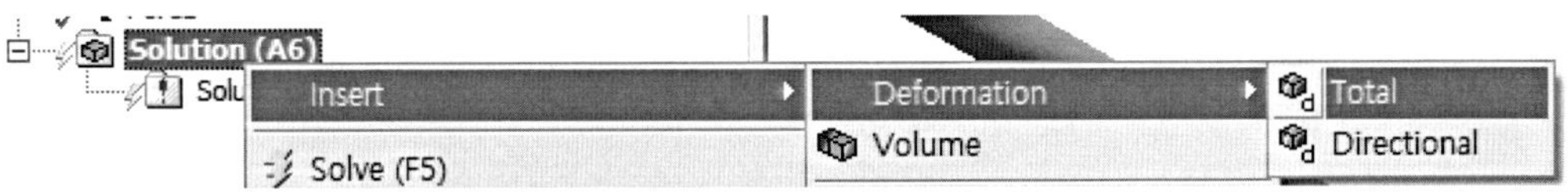

(14) 해석 수행

① Outline화면에서 Static structure 를 선택한다.

② Tool bar에서 Solve를 클릭하거나, Solution > RMB > Solve 를 클릭한다.

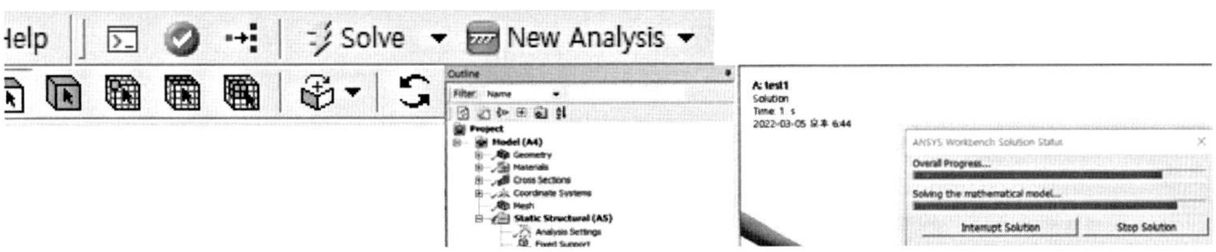

(15) 해석 결과 확인

(case1)

① Shear-Moment Diagram 결과

a Geometry 화면의 결과

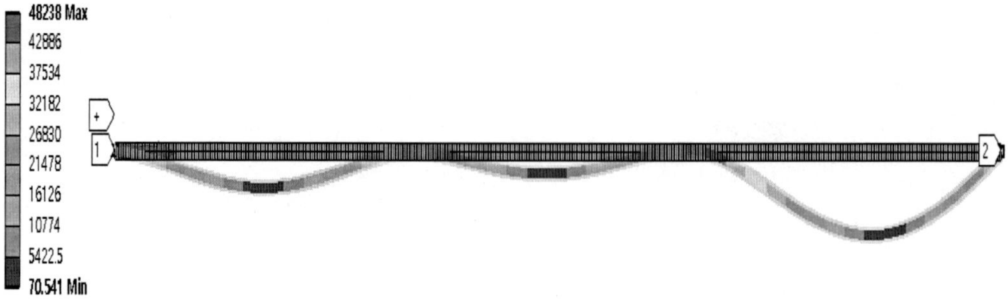

b Worksheet 화면의 결과

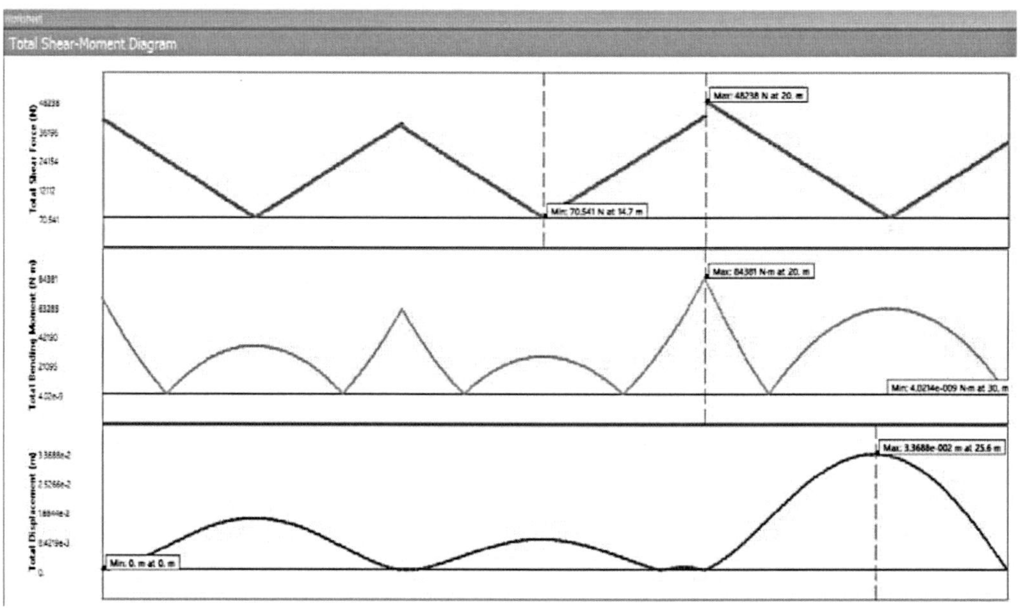

(case2)

① Shear-Moment Diagram 결과

a Geometry 화면의 결과

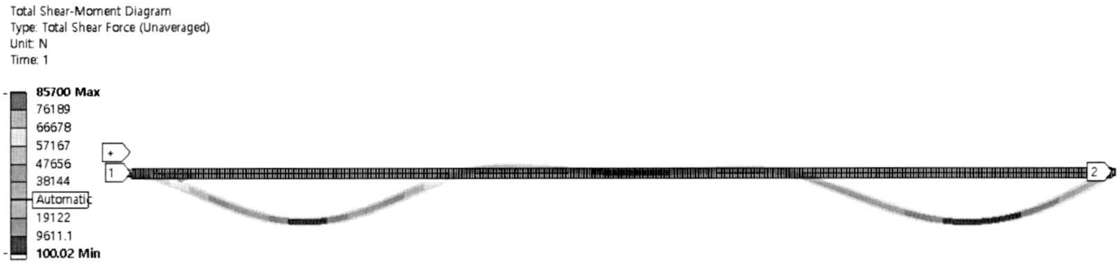

b Worksheet 화면의 결과

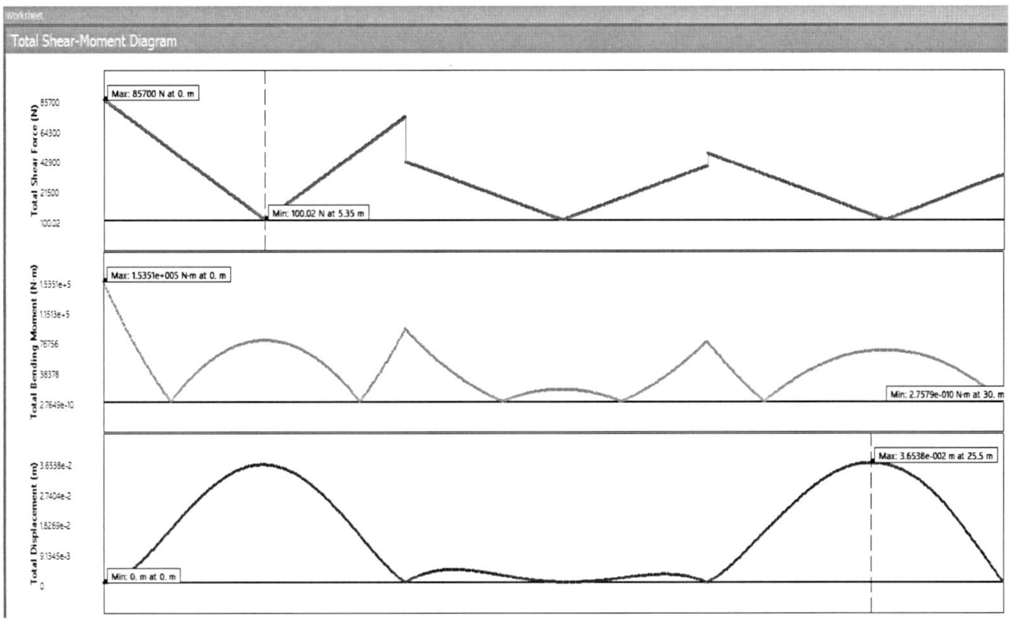

(case3)

① Shear-Moment Diagram 결과

a Geometry 화면의 결과

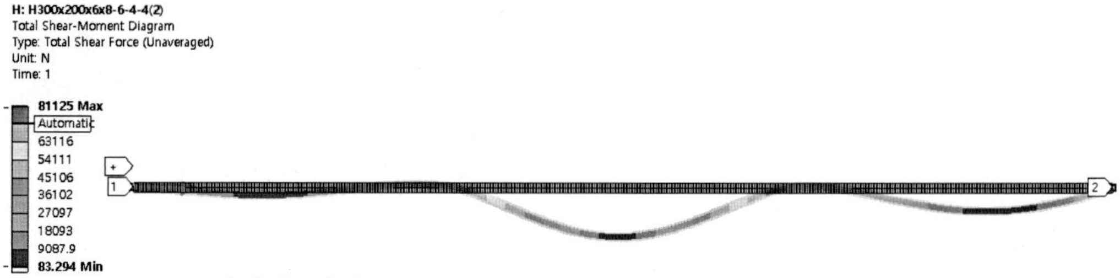

b Worksheet 화면의 결과

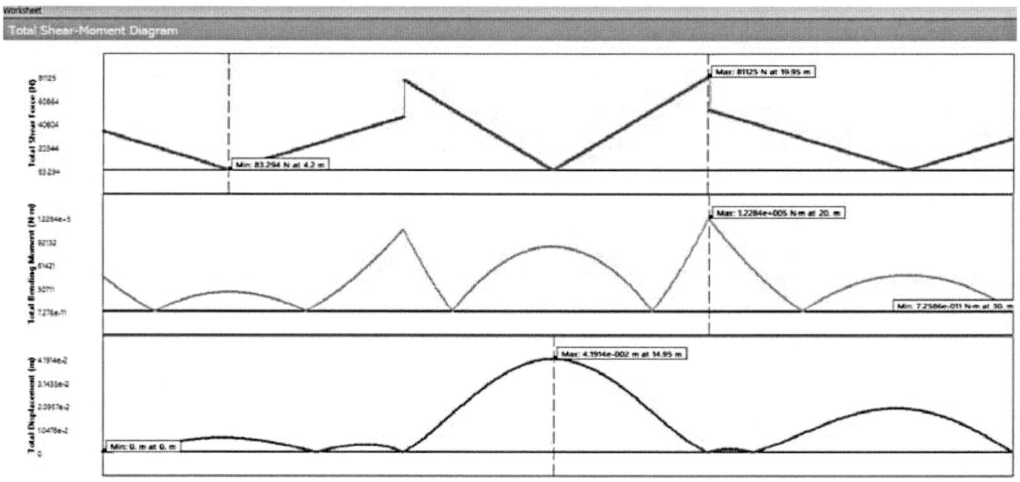

(case4)

① Shear-Moment Diagram 결과

a Geometry 화면의 결과

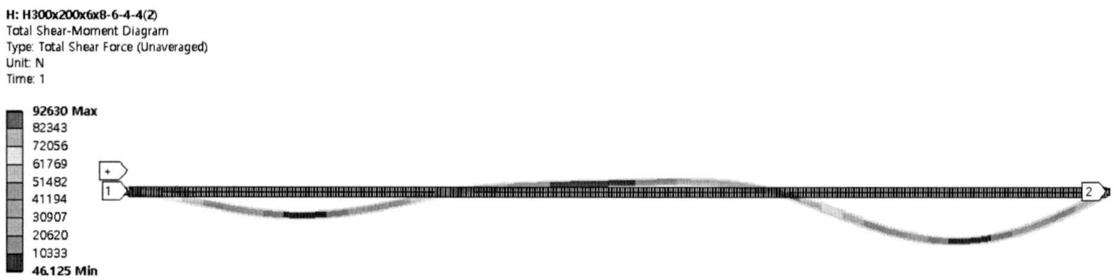

b Worksheet 화면의 결과

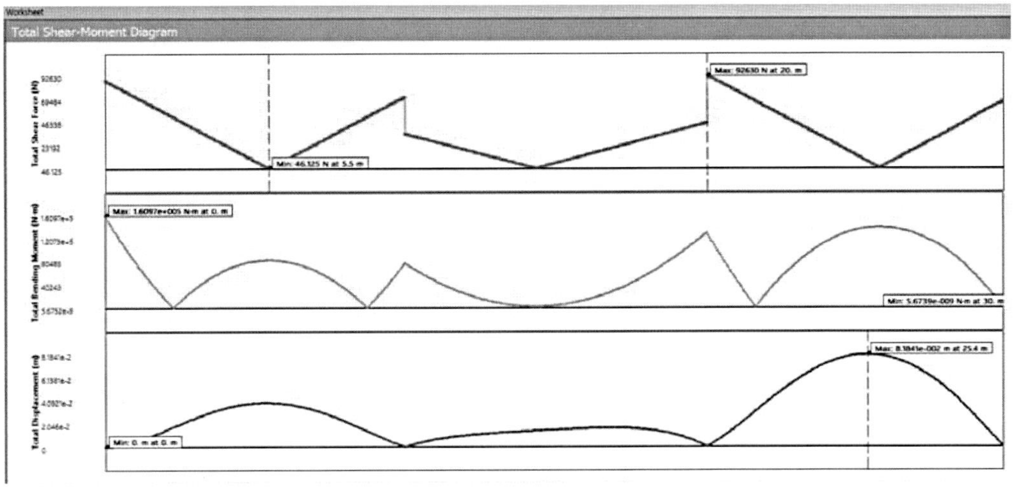

문제23. 분포하중을 받는 내민보의 처짐과 반력 산정

다음 그림과 같은 내민보에서 C점 과 D점의 처짐을 구하시오.

$E = 2X10^5 MPa$ H-300x200x6x8 $W = 1500N/m$ $L = 3m$

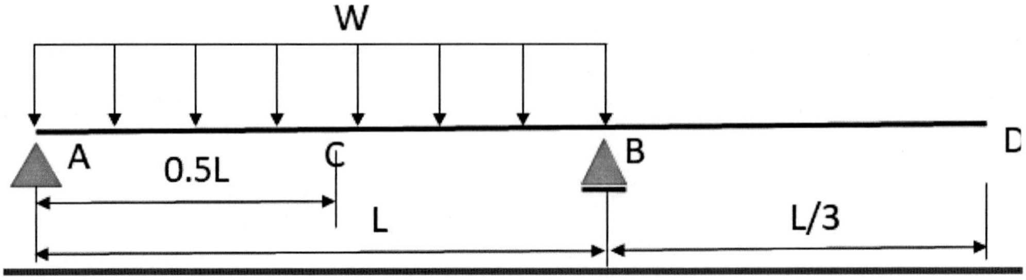

(1) 해석대상을 분석하고 자유물체도를 작성한다.

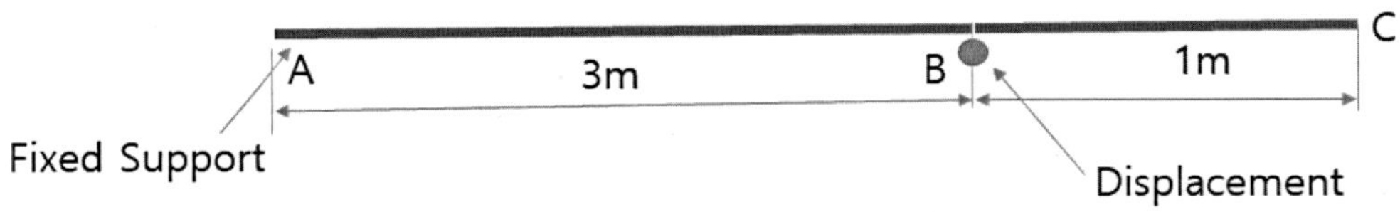

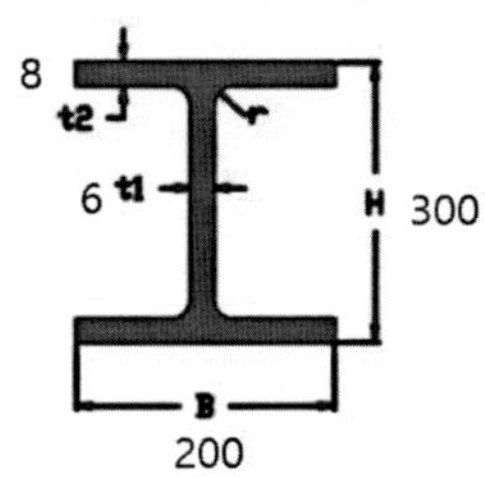

H형강의 단면 형상은 다음과 같다. r은 무시한다.

(2) 해석 시스템을 생성한다.(Static structural)

① Project Schematic에 Static Structural 시스템 추가한다.

② Project 이름을 변경한다.

③ Mechanical 창에서 Units menu를 클릭하고 단위를 설정한다.

- Metric (mm, kg, N, s, mV, mA)

(3) 재료의 물성을 정의한다. (Engineering Data)

① 기본 설정된 값을 사용한다. (기본설정은 Structural steel로 되어 있다.)

(4) 해석 모델을 불러들이거나 모델링을 수행한다. (Geometry)

본 문제에 대한 Design Modeler를 사용한 모델링 방법은 다음과 같다.

① Geometry에서 RMB > Design Modeler를 클릭한다.

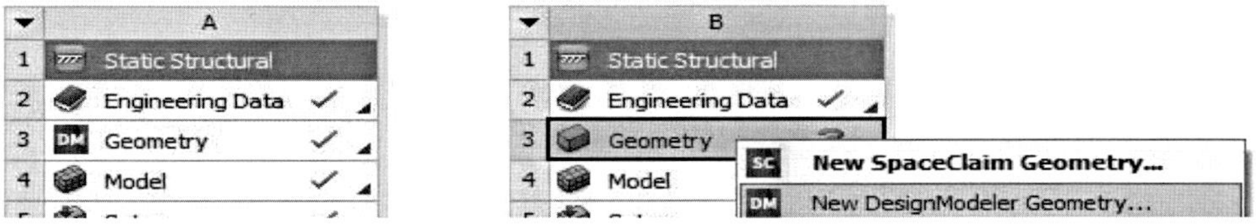

먼저 단위를 mm로 변경한다.

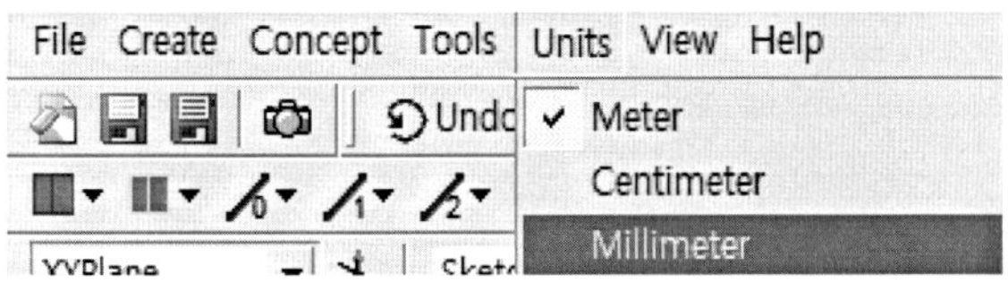

② XPLane을 선택하고 Look at을 클릭한다.

③ Sketching 화면에서 Line을 그린다.

④ Detail Views에서 Dimensions에 Line의 치수를 입력한다.

H1 을 3m, H2를 1m로 입력한다.

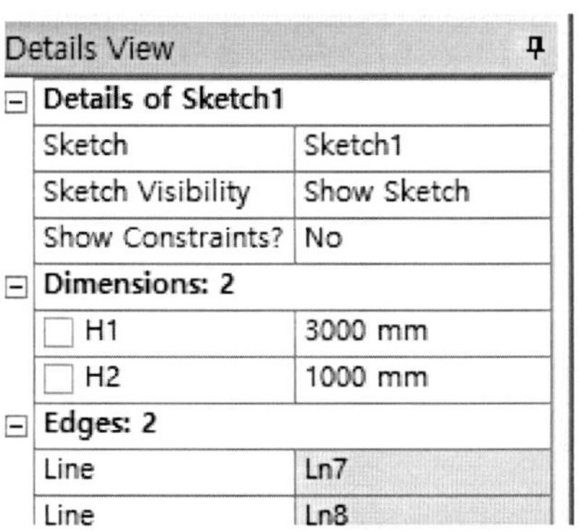

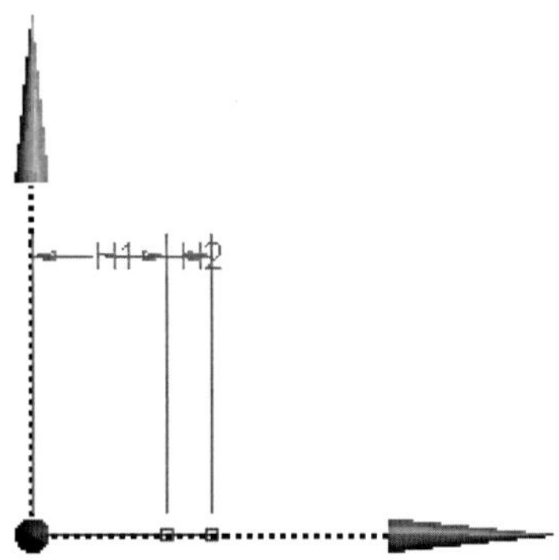

⑤ Modeling 화면에서 Concept > Lines From Sketches를 클릭한다.

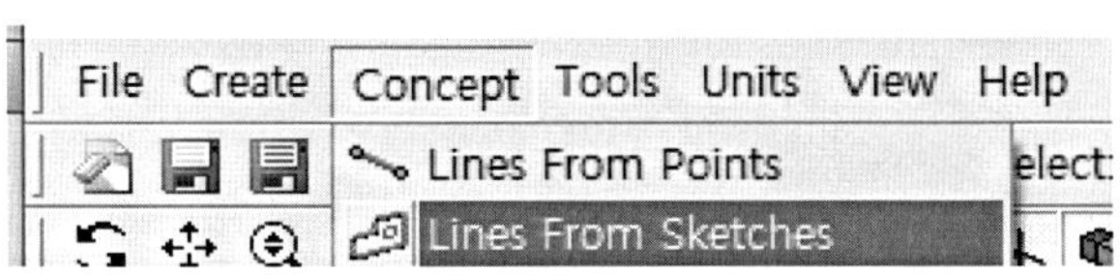

⑥ sketch1을 선택하고 Apply를 실행한다.

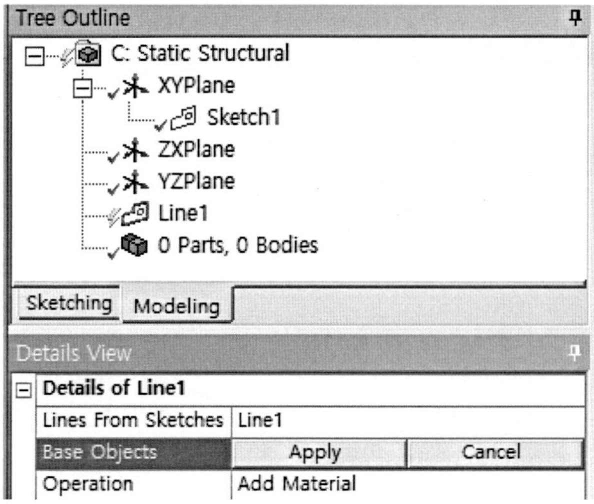

⑦ Generate를 실행한다.

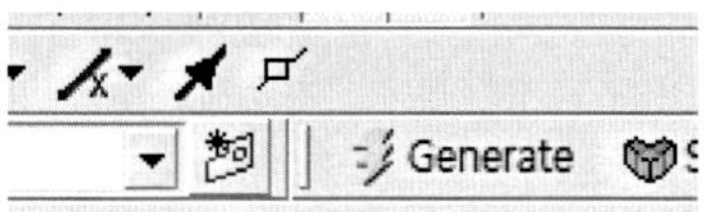

⑧ Concept > Cross Section에서 단면형상을 선택한다.

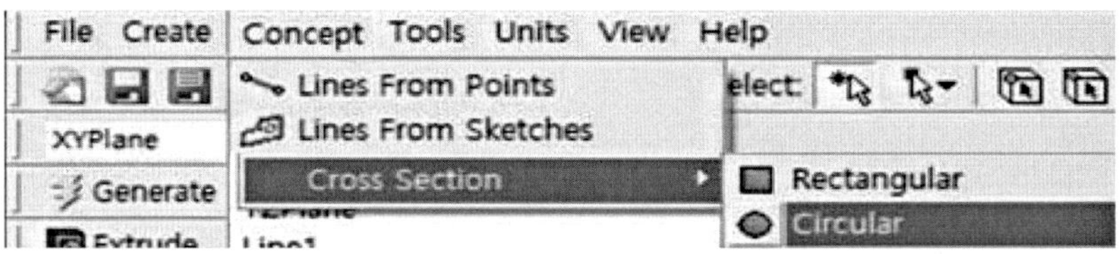

Detail View에서 Dimensions에 단면의 치수를 입력한다.

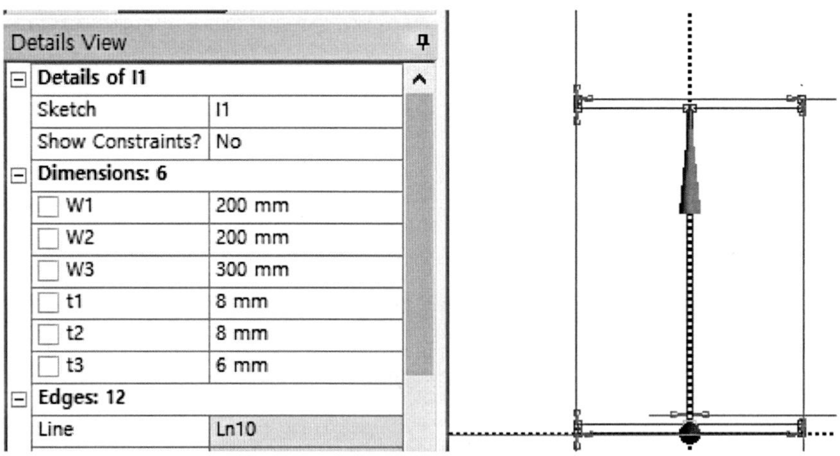

⑨ Detail View에서 Line Body를 선택하고, Cross Section을 선택한다.

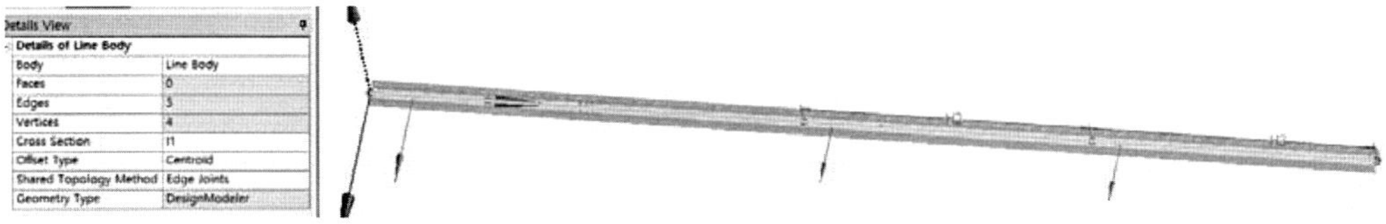

(5) 해석 모델의 환경을 설정한다. (Model)

① Project Schematic의 Static Structural에서 Model을 더블클릭하여 Mechanical 창 활성화 한다.

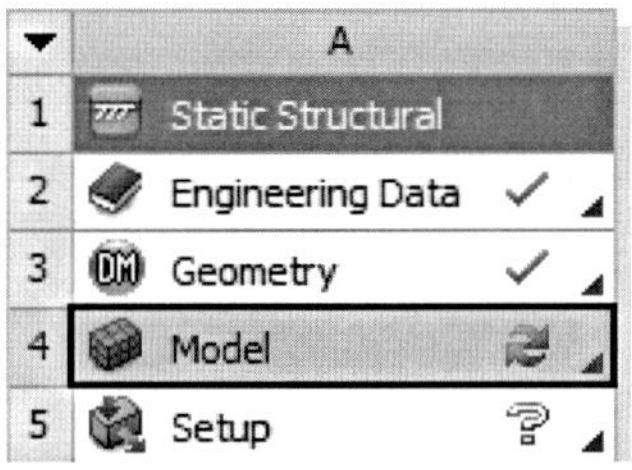

② Outline화면에서 Model > Geometry > Solid 를 선택한다.

③ View > Cross section Solid를 선택한다.

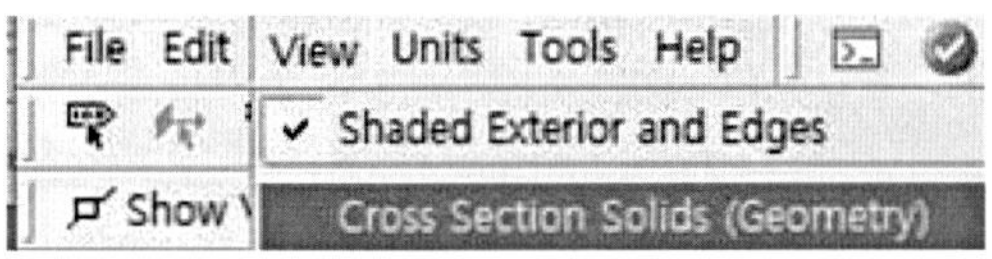

(6) 좌표계 설정 (Coordinate Systems) : 변경내용 없음

(7) 연결 관계 정의(Connections) : 기본설정을 사용한다.

(8) 격자 모델 생성 (Mesh)

① Outline화면에서 Model > RMB> Insert> Sizing 를 선택한다.

② Element size를 입력한다.

③ Outline화면에서 Model > Mesh 를 선택하고 RMB > Update 실행한다.

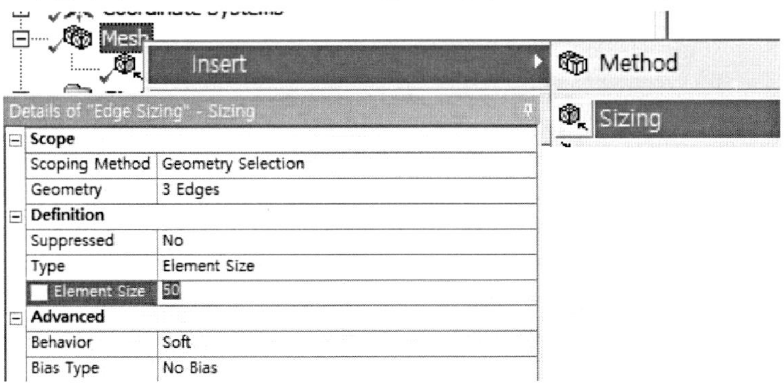

(9) 해석 설정 정의(Analysis Settings) : 설정되어 있는 값을 사용한다.

(10) 초기 조건 정의 : 고려하지 않는다.

(11) 구속조건 정의

ⓐ 고정 지점 설정 (A점)

① Outline화면에서 Static structure > RMB > Insert > Fixed Support 선택.

② Outline화면에서 Static structure > Fixed support를 클릭하고,
Graphic window에서 단순보의 절점을 선택한다.

*끝단을 선택하기 위하여 Edge 메뉴 사용한다.

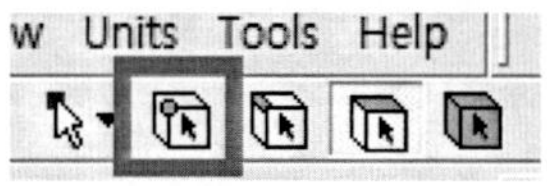

ⓑ 이동 지점 설정 (B점)

① Outline화면에서 Static structure > RMB > Insert > Displacement Support 선택.

② Outline화면에서 Static structure > Displacement support를 클릭하고,
Graphic window에서 단순보의 절점을 선택한다.

*끝단을 선택하기 위하여 Edge 메뉴 사용한다.

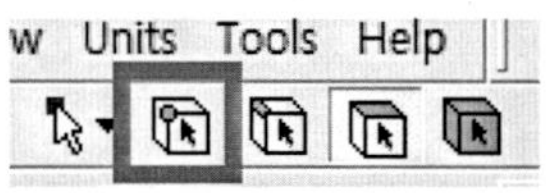

Details of Displacement에서 다음과 같이 설정한다.

Scope	
Scoping Method	Geometry Selection
Geometry	1 Vertex
Definition	
Type	Displacement
Define By	Components
Coordinate System	Global Coordinate System
X Component	Free
Y Component	0. mm (ramped)
Z Component	0. mm (ramped)
Suppressed	No

(12) 하중조건 정의

① Outline화면에서 Static structure > RMB > Insert > Line Press를 선택한다.

② a Detail view에 Line Pressure에 대한 Scope, Definition이 나타난다.
b Geometry에 작용하는 선을 선택한다.
c Apply를 클릭한다.

③ Magnitude를 1.6kN/m으로 설정하고 Direction을 Apply한다.

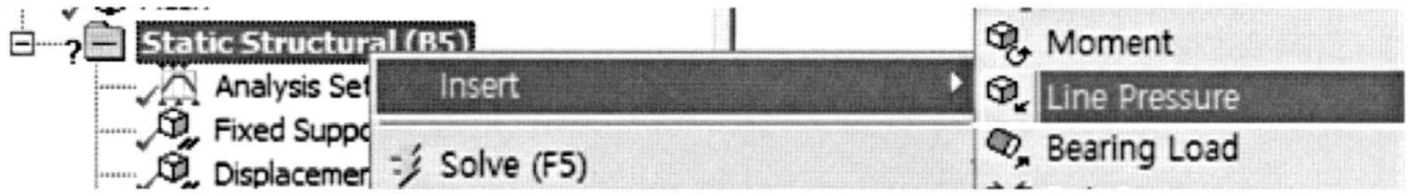

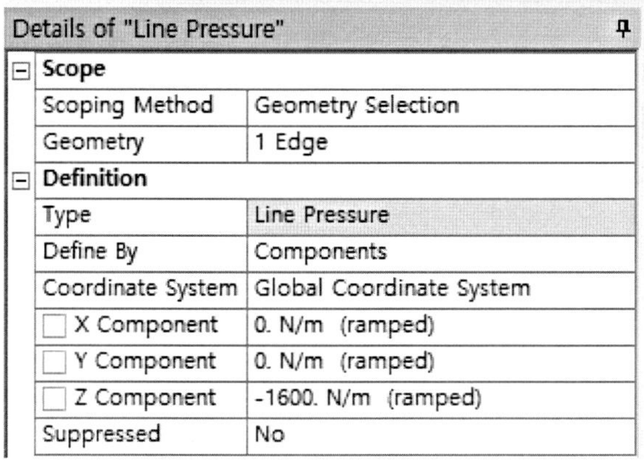

Details of "Line Pressure"

Scope	
Scoping Method	Geometry Selection
Geometry	1 Edge
Definition	
Type	Line Pressure
Define By	Components
Coordinate System	Global Coordinate System
X Component	0. N/m (ramped)
Y Component	0. N/m (ramped)
Z Component	-1600. N/m (ramped)
Suppressed	No

(13) 해석 결과 설정

① Deformation(변형) 결과 세팅

a. Outline화면에서 Solution >RMB >Insert >Deformation >Directional 항목 선택

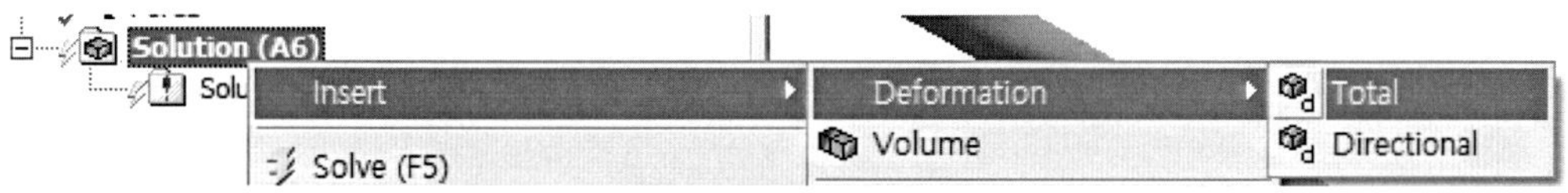

(14) 해석 수행

① Outline화면에서 Static structure 를 선택한다.

② Tool bar에서 Solve를 클릭하거나, Solution > RMB > Solve 를 클릭한다.

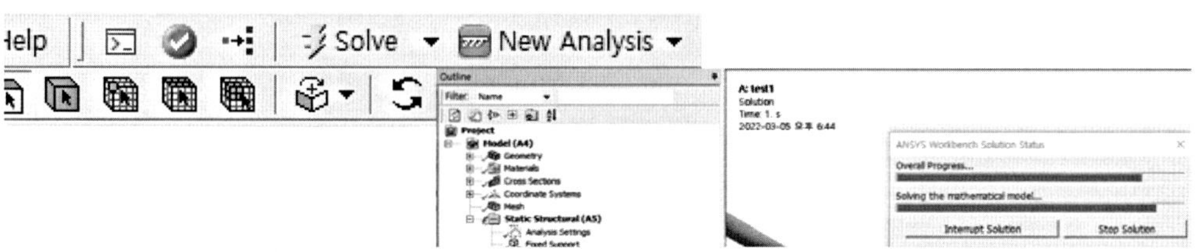

(15) 해석 결과 확인

① Total Deformation을 확인한다.

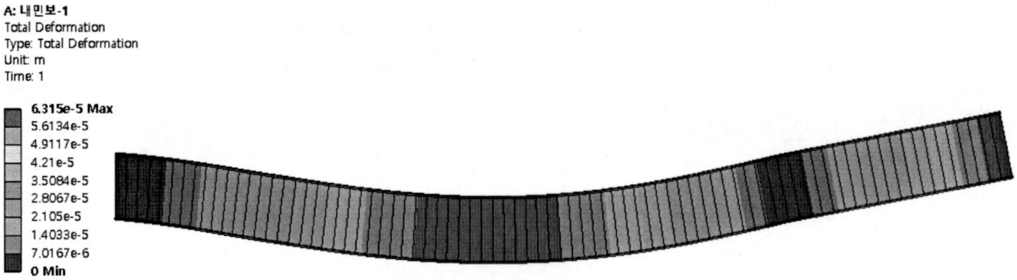

② Shear-Moment Diagram작성

(가) Plath 설정

① Outline화면에서 Model > RMB > Insert> Construction Geometry 를 선택한다.

② a Construction Geometry >RMB > Insert> Path를 설정한다.

b Path type에 Edge로 변경한다.

c Graphic 화면에서 선을 선택하고 Apply를 클릭한다.

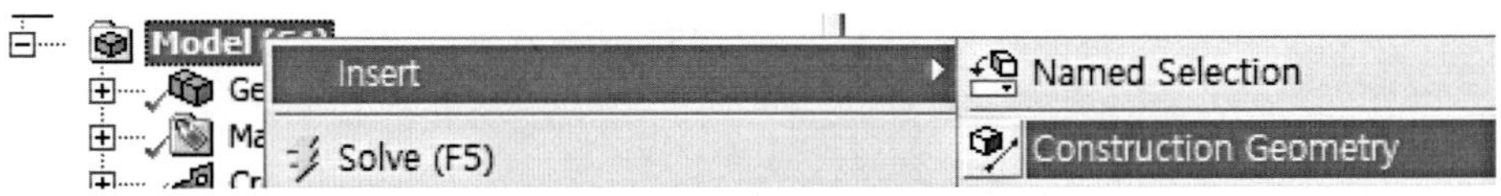

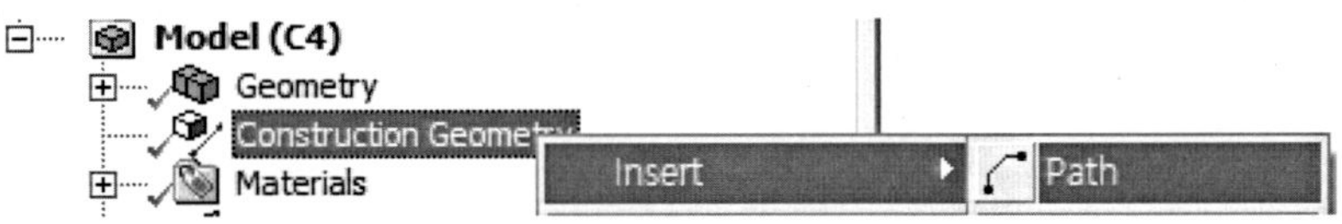

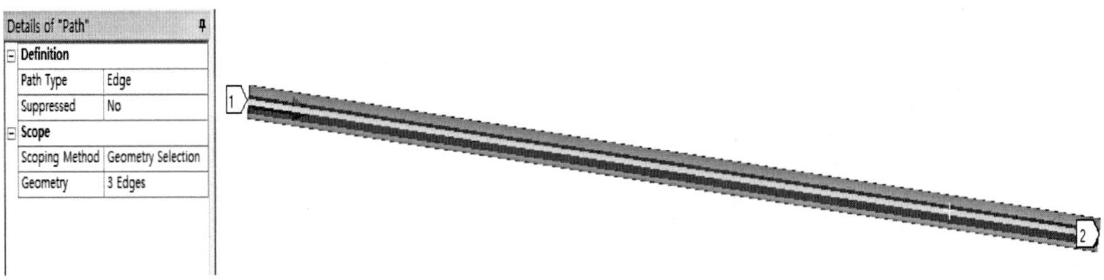

(나) Shear-Moment Diagram작성

① Outline화면에서 Solution > RMB > Insert> Beam Result > Shear-Moment Diagram 를 선택한다.

a Scoping Method를 Path로 설정한다.

b RMB > Evaluate All Results를 선택한다.

② Shear-Moment Diagram 결과

a Geometry 화면의 결과

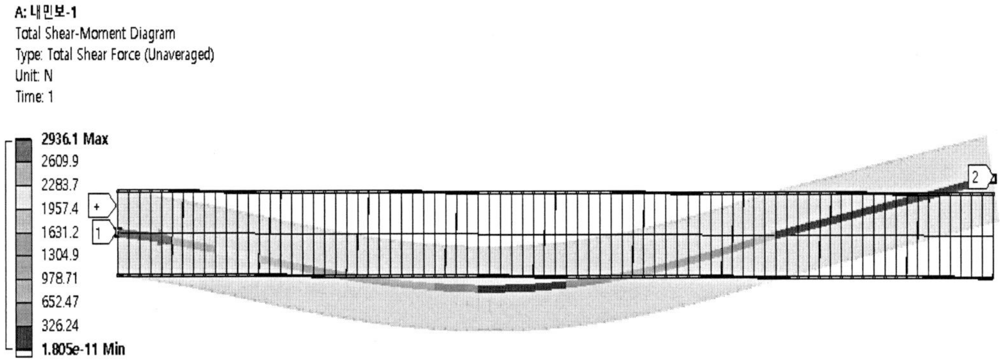

b Worksheet 화면의 결과

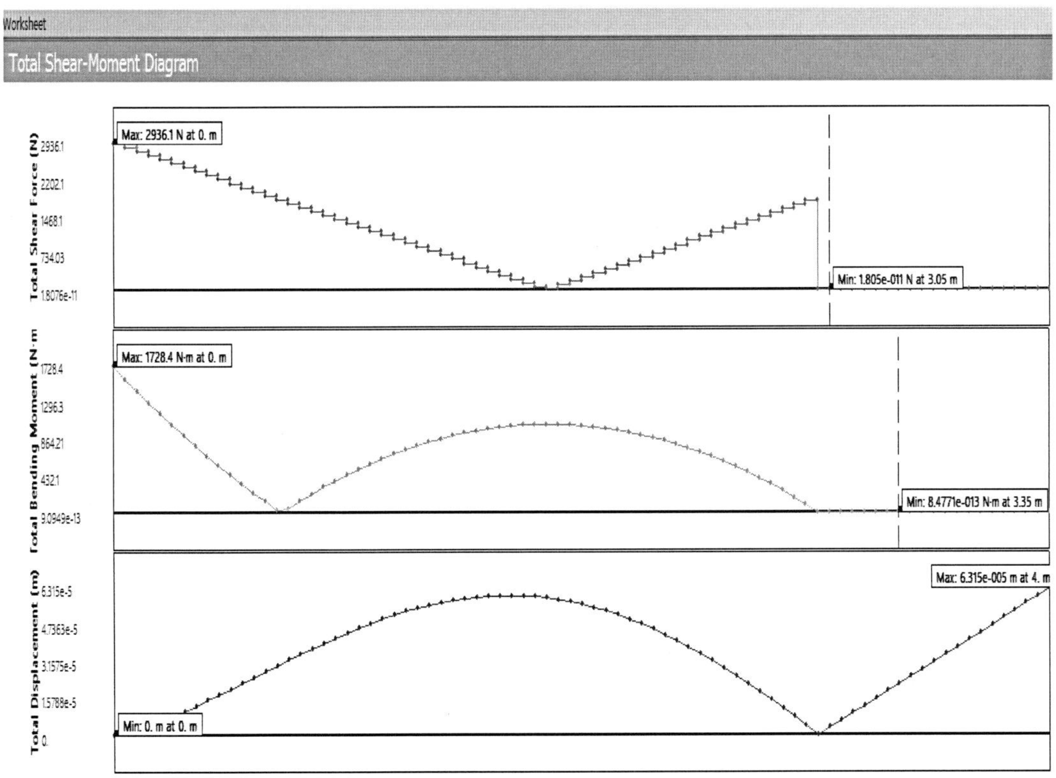

문제24. 분포하중과 집중하중을 받는 T형보의 처짐과 반력 산정

T형 보에서 다음 그림과 같이 T형 단면을 가진 내민보에서 최대 처짐과 모멘트를 구하시오.

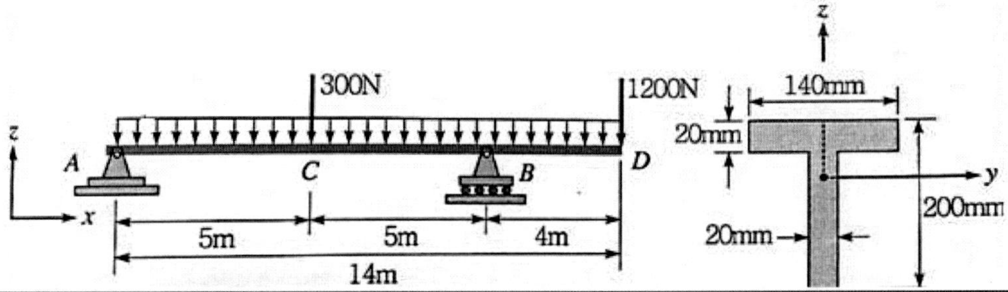

(1) 해석대상을 분석하고 자유물체도를 작성한다.

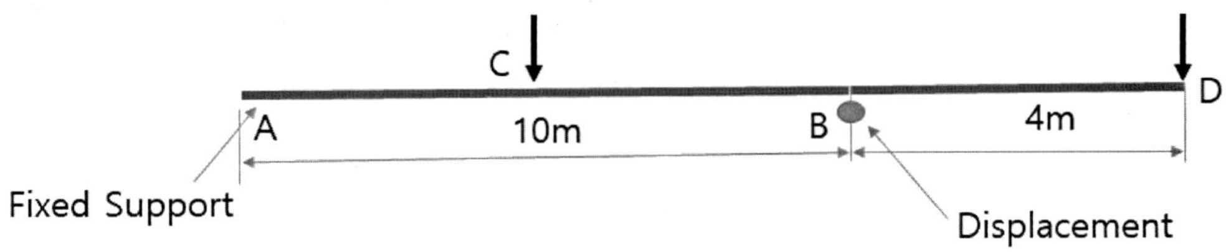

H형강의 단면 형상은 다음과 같다. r은 무시한다.

(2) 해석 시스템을 생성한다.(Static structural)

① Project Schematic에 Static Structural 시스템 추가한다.

② Project 이름을 변경한다.

③ Mechanical 창에서 Units menu를 클릭하고 단위를 설정한다.

- Metric (mm, kg, N, s, mV, mA)

(3) 재료의 물성을 정의한다. (Engineering Data)

① 기본 설정된 값을 사용한다. (기본설정은 Structural steel로 되어 있다.)

(4) 해석 모델을 불러들이거나 모델링을 수행한다. (Geometry)

본 문제에 대한 Design Modeler를 사용한 모델링 방법은 다음과 같다.

① Geometry에서 RMB > Design Modeler를 클릭한다.

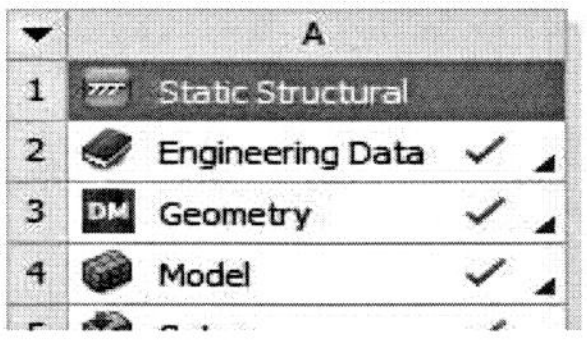

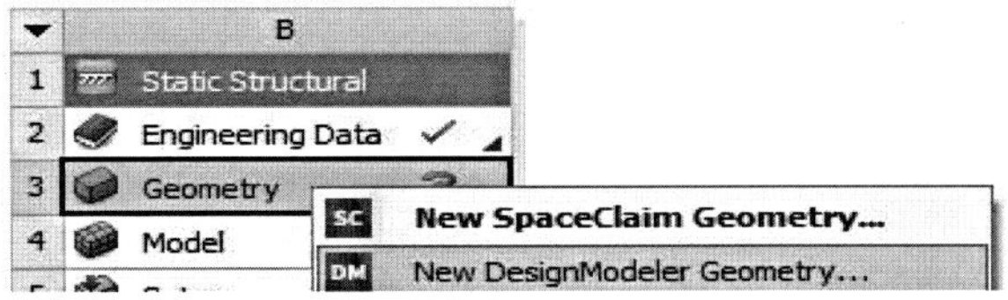

먼저 단위를 mm로 변경한다.

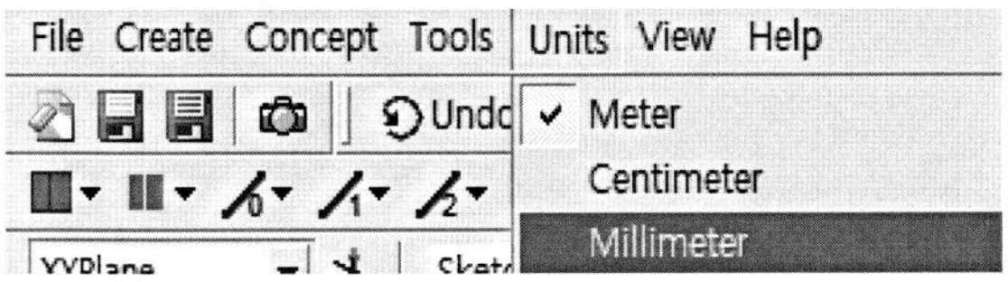

② XPLane을 선택하고 Look at을 클릭한다.

③ Sketching 화면에서 Line을 그린다.

④ Detail Views에서 Dimensions에 Line의 치수를 입력한다.

H1 을 5m, H2를 5m, H3를 4m로 입력한다.

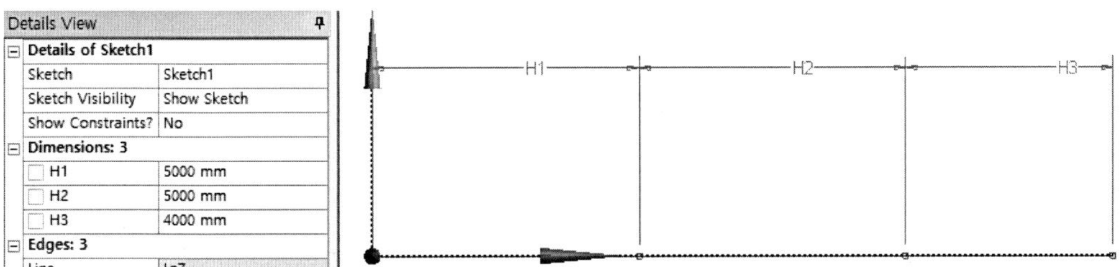

⑤ Modeling 화면에서 Concept > Lines From Sketches를 클릭한다.

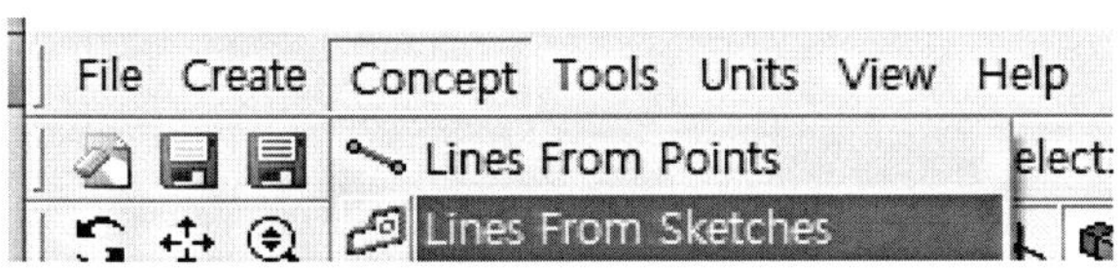

⑥ sketch1을 선택하고 Apply를 실행한다.

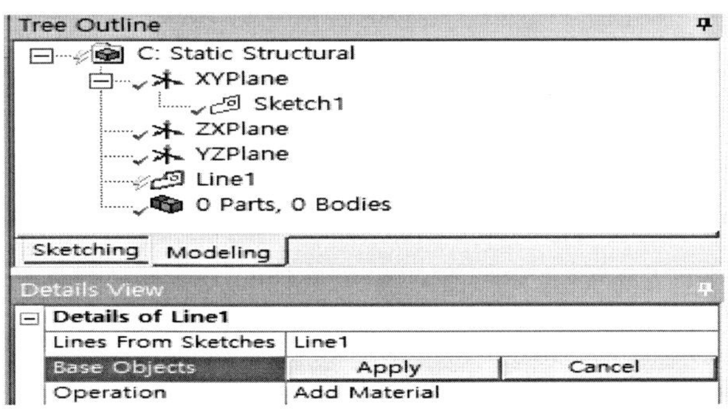

⑦ Generate를 실행한다.

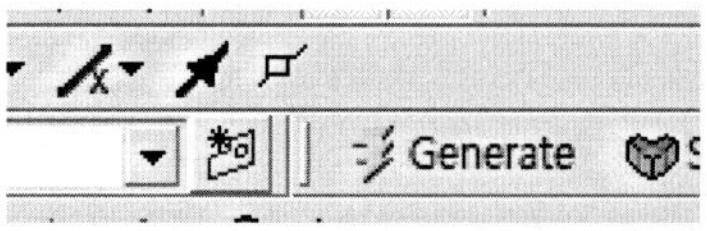

⑧ Concept > Cross Section에서 단면형상을 선택한다.

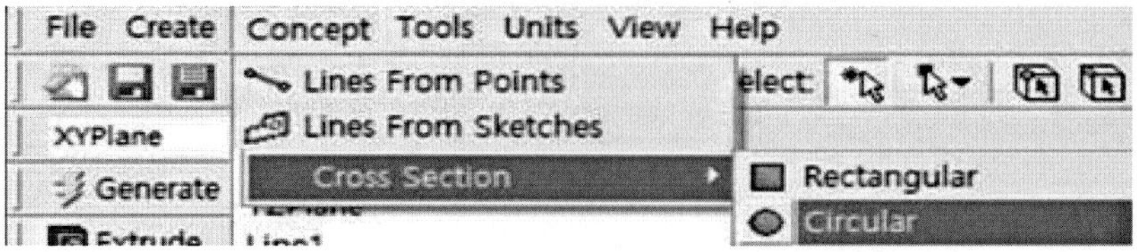

Detail View에서 Dimensions에 단면의 치수를 입력한다.

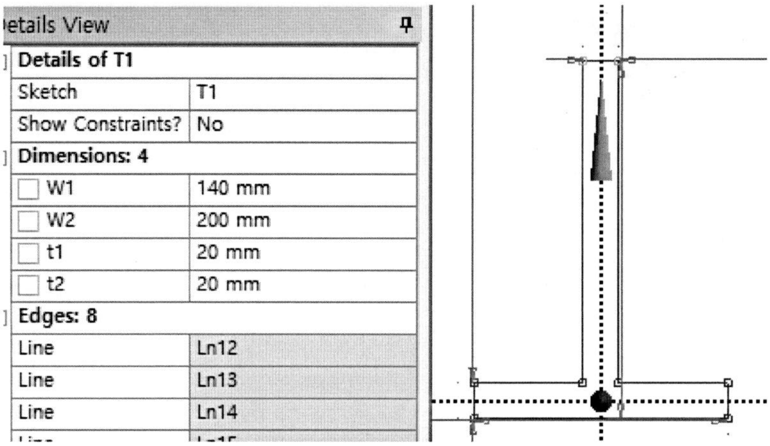

⑨ Detail View에서 Line Body를 선택하고, Cross Section을 선택한다.

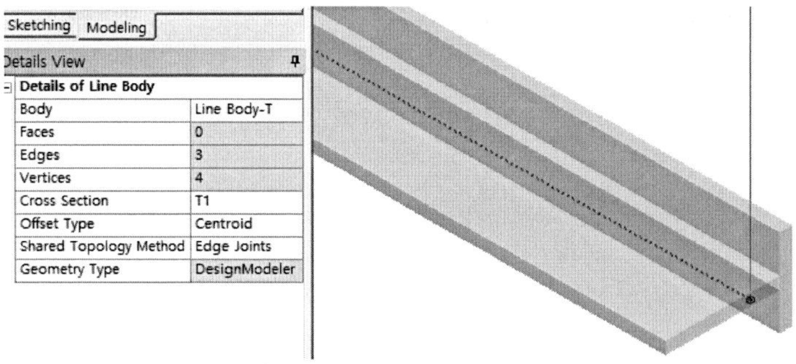

(5) 해석 모델의 환경을 설정한다. (Model)

① Project Schematic의 Static Structural에서 Model을 더블클릭하여 Mechanical 창 활성화 한다.

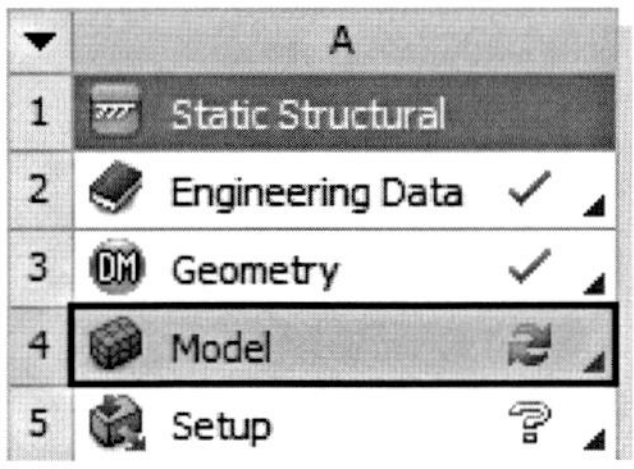

② Outline화면에서 Model > Geometry > Solid 를 선택한다.

③ View > Cross section Solid를 선택한다.

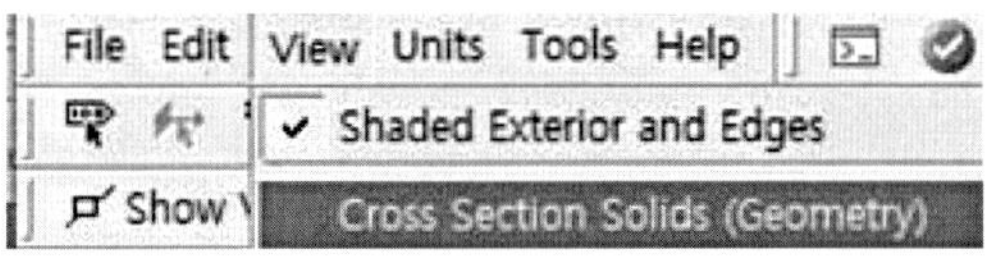

(6) 좌표계 설정 (Coordinate Systems) : 변경내용 없음

(7) 연결 관계 정의(Connections) : 기본설정을 사용한다.

(8) 격자 모델 생성 (Mesh)

① Outline화면에서 Model > RMB> Insert> Sizing 를 선택한다.

② Element size를 입력한다.

③ Outline화면에서 Model > Mesh 를 선택하고 RMB > Update 실행한다.

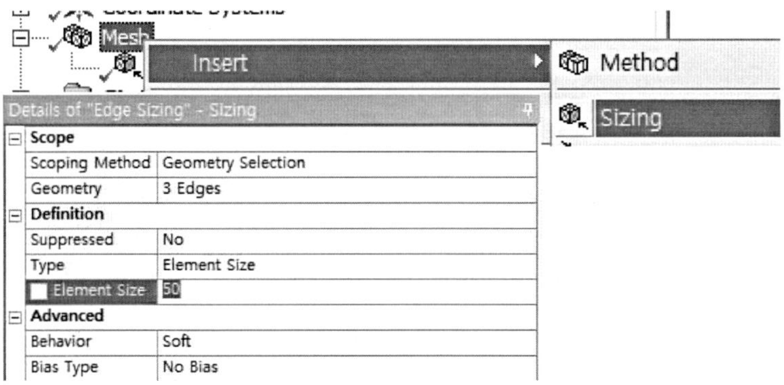

(9) 해석 설정 정의(Analysis Settings) : 설정되어 있는 값을 사용한다.

(10) 초기 조건 정의 : 고려하지 않는다.

(11) 구속조건 정의

ⓐ 고정 지점 설정 (A점)

① Outline화면에서 Static structure > RMB > Insert > Remote Displacement 선택.

② Outline화면에서 Static structure > Remote Displacement를 클릭하고,
Graphic window에서 단순보의 절점을 선택한다.

*끝단을 선택하기 위하여 Edge 메뉴 사용한다.

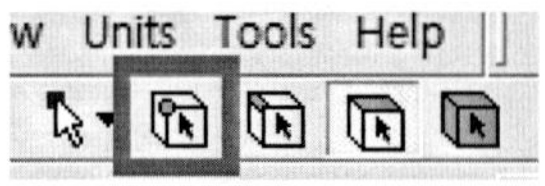

ⓑ 이동 지점 설정 (B점)

① Outline화면에서 Static structure > RMB > Insert > Remote Displacement 선택.

② Outline화면에서 Static structure > Remote Displacement를 클릭하고,
Graphic window에서 단순보의 절점을 선택한다.

*끝단을 선택하기 위하여 Edge 메뉴 사용한다.

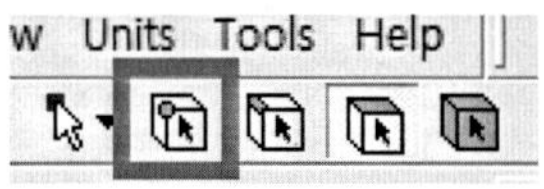

Details of Remote Displacement에서 다음과 같이 설정한다.

Scope	
Scoping Method	Geometry Selection
Geometry	1 Vertex
Coordinate System	Global Coordinate System
X Coordinate	0. m
Y Coordinate	0. m
Z Coordinate	0. m
Location	Click to Change
Definition	
Type	Remote Displacement
X Component	0. m (ramped)
Y Component	0. m (ramped)
Z Component	0. m (ramped)
Rotation X	0. ° (ramped)
Rotation Y	Free
Rotation Z	0. ° (ramped)
Suppressed	No

Scope	
Scoping Method	Geometry Selection
Geometry	1 Vertex
Coordinate System	Global Coordinate System
X Coordinate	10. m
Y Coordinate	0. m
Z Coordinate	0. m
Location	Click to Change
Definition	
Type	Remote Displacement
X Component	0. m (ramped)
Y Component	0. m (ramped)
Z Component	0. m (ramped)
Rotation X	Free
Rotation Y	Free
Rotation Z	Free
Suppressed	No

(12) 하중조건 정의

① Outline화면에서 Static structure > RMB > Insert > Line Press를 선택한다.

② a Detail view에 Line Pressure에 대한 Scope, Definition이 나타난다.

b Geometry에 작용하는 선을 선택한다.

c Apply를 클릭한다.

③ Magnitude를 1.6kN/m으로 설정하고 Direction을 Apply한다.

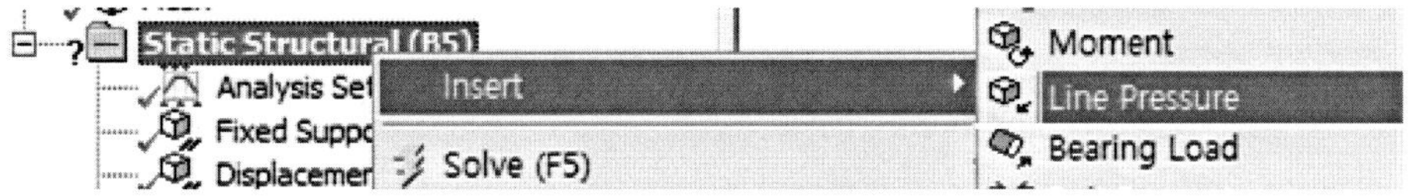

Details of "Line Pressure"

Scope	
Scoping Method	Geometry Selection
Geometry	3 Edges
Definition	
Type	Line Pressure
Define By	Components
Coordinate System	Global Coordinate System
X Component	0. N/m (ramped)
Y Component	0. N/m (ramped)
Z Component	100. N/m (ramped)
Suppressed	No

(13) 해석 결과 설정

① Deformation(변형) 결과 세팅

a. Outline화면에서 Solution >RMB >Insert >Deformation >Directional 항목 선택

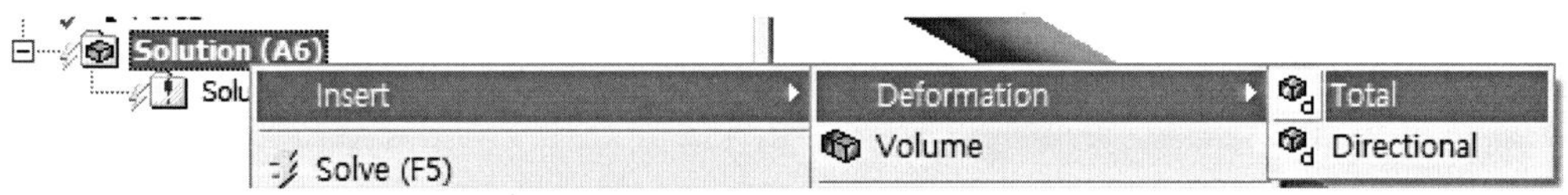

(14) 해석 수행

① Outline화면에서 Static structure 를 선택한다.

② Tool bar에서 Solve를 클릭하거나, Solution > RMB > Solve 를 클릭한다.

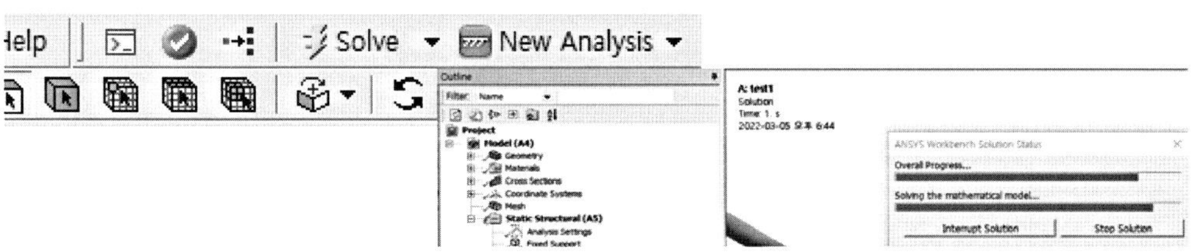

(15) 해석 결과 확인

① Total Deformation을 확인한다.

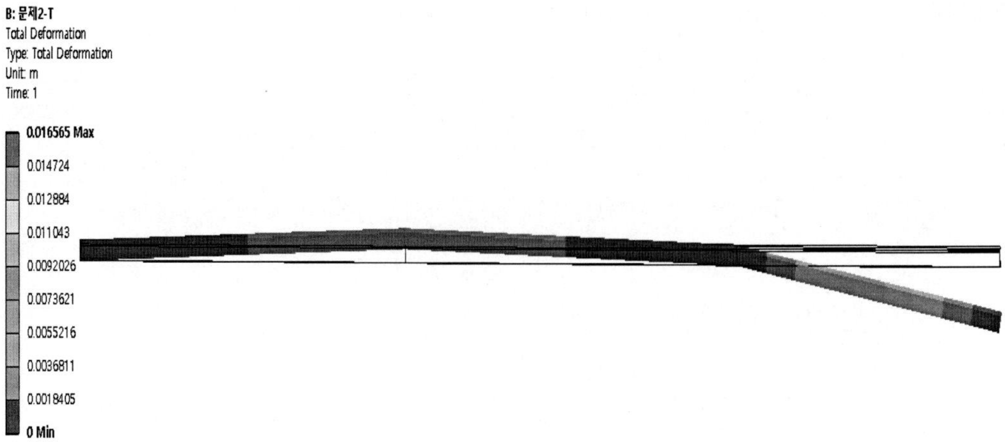

② Moment Reaction

Solution > Insert >Probe > Moment Reaction

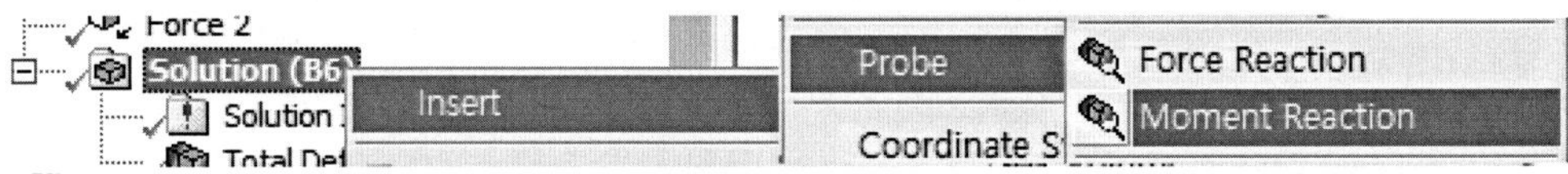

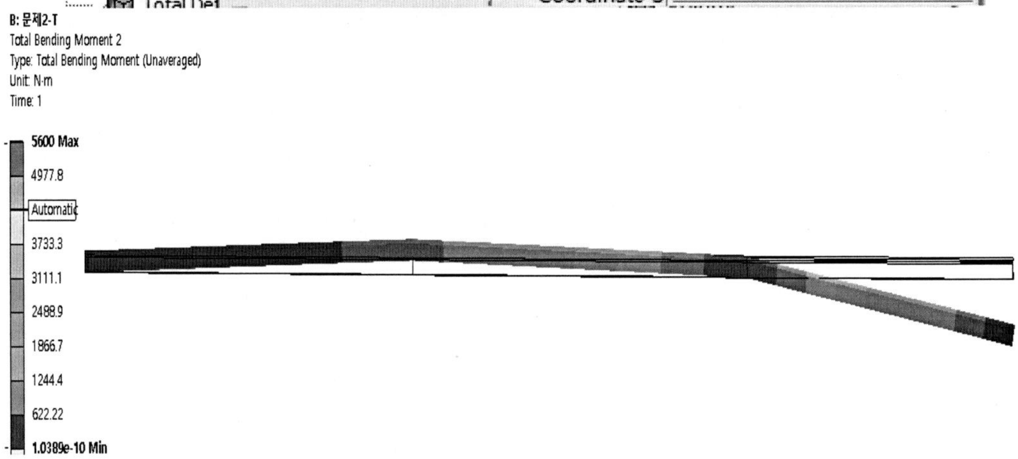

문제25. 힌지를 포함한 겔버보의 반력산정

부재의 반력을 구하시오.
보의 재질은 Structural Steel로 탄성계수는 200,000 MPa, 푸아송 비 0.3 이며, 항복응력은 2.5 x 10^8 Pa 이다. 단면치수는 200x300mm 이다.

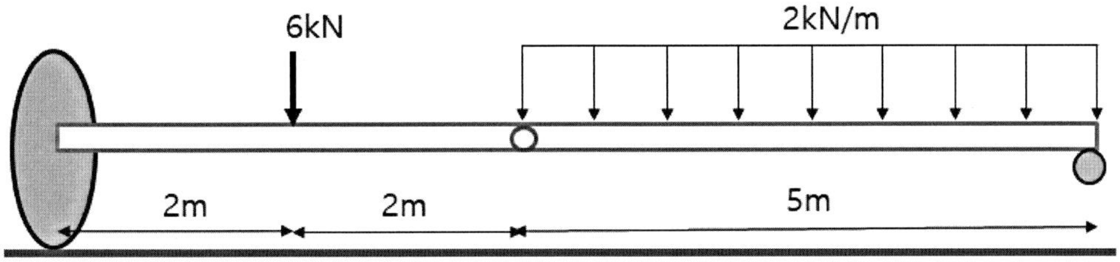

(1) 해석대상을 분석하고 자유물체도를 작성한다.

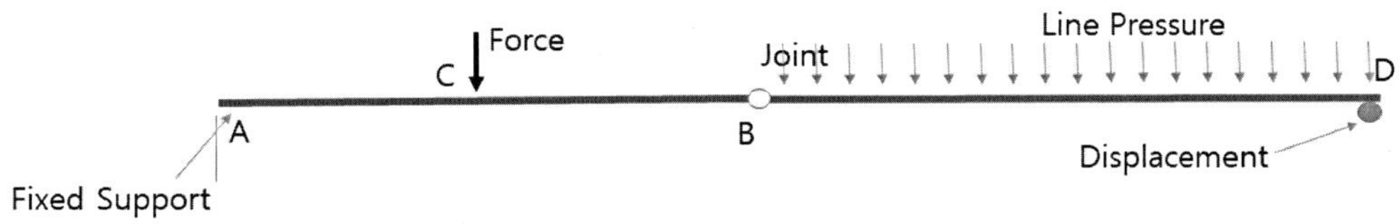

(2) 해석 시스템을 생성한다.(Static structural)

① Project Schematic에 Static Structural 시스템 추가한다.

② Project 이름을 변경한다.

③ Mechanical 창에서 Units menu를 클릭하고 단위를 설정한다.

- Metric (mm, kg, N, s, mV, mA)

(3) 재료의 물성을 정의한다. (Engineering Data)

① 기본 설정된 값을 사용한다. (기본설정은 Structural steel로 되어 있다.)

(4) 해석 모델을 불러들이거나 모델링을 수행한다. (Geometry)

본 문제에 대한 Design Modeler를 사용한 모델링 방법은 다음과 같다.

조인트로 연결하는 부재 2개를 모델링 한다.

① Geometry에서 RMB > Design Modeler를 클릭한다.

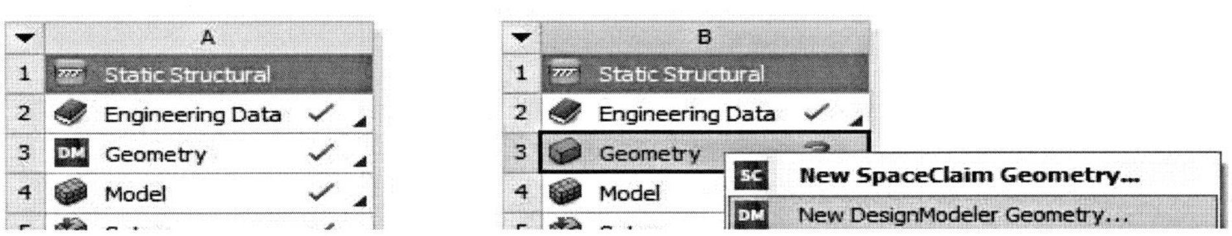

먼저 단위를 mm로 변경한다.

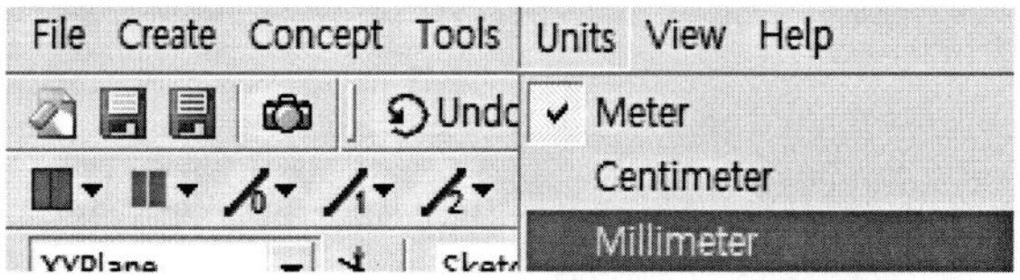

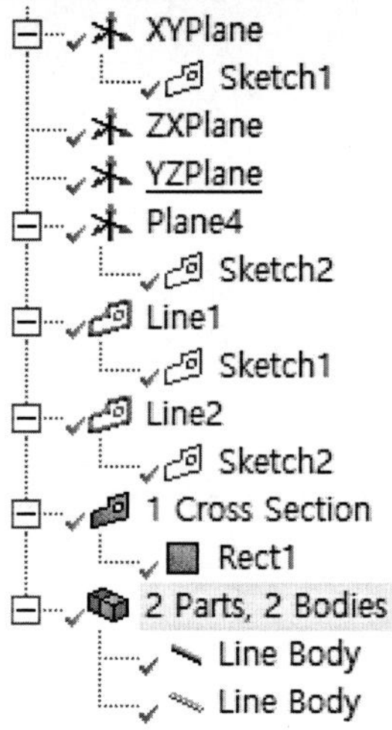

다음과 같은 절차로 모델링 한다.

② XYPlane을 선택한 후 New Plane을 클릭하여 Plane4를 생성하고, Generate를 실행한다.

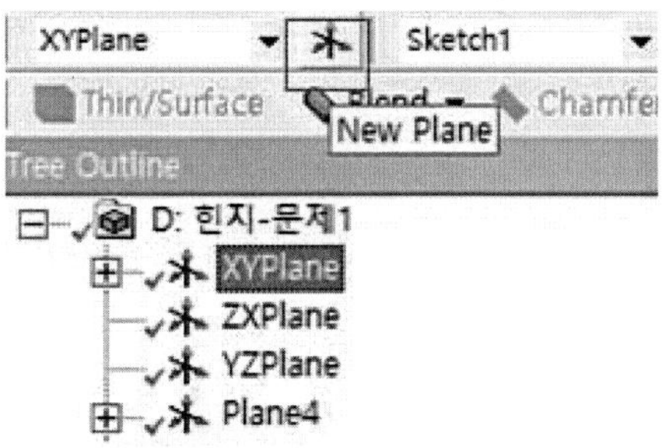

③ XPLane을 선택하고 Look at을 클릭한다.

-1. Sketching 화면에서 Line을 그린다.
-2. Detail Views에서 Dimensions에 Line의 치수를 입력한다.
H1 을 3m, H2를 1m로 입력한다.

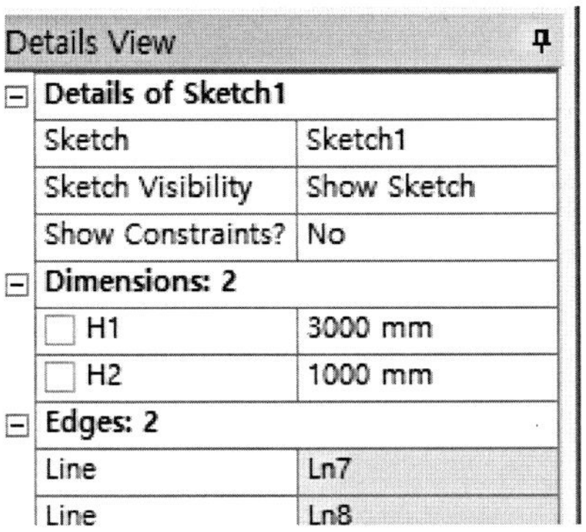

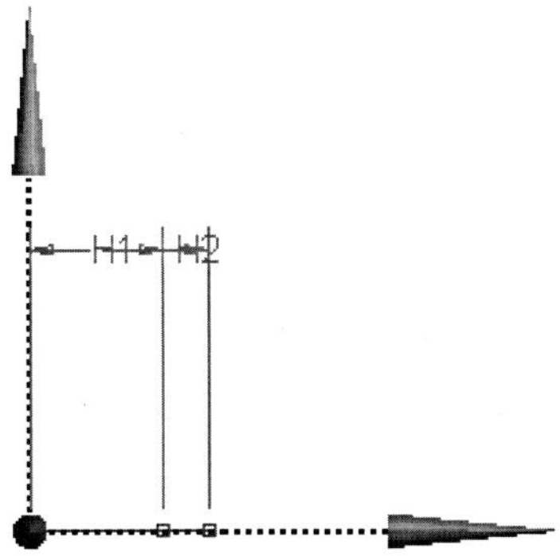

-3. Modeling 화면에서 Concept > Lines From Sketches를 클릭한다.

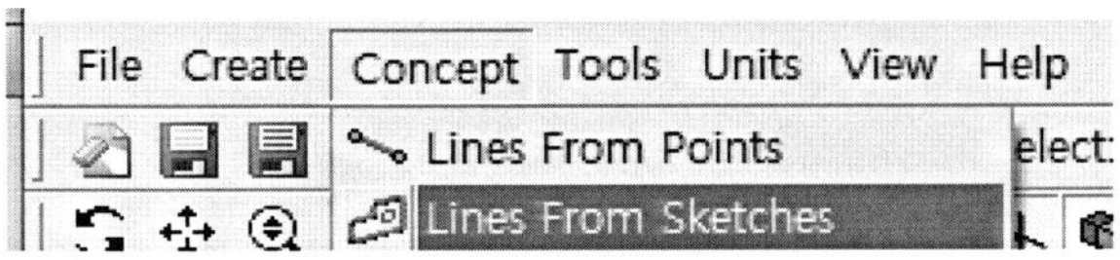

-4. sketch1을 선택하고 Apply를 실행한다.

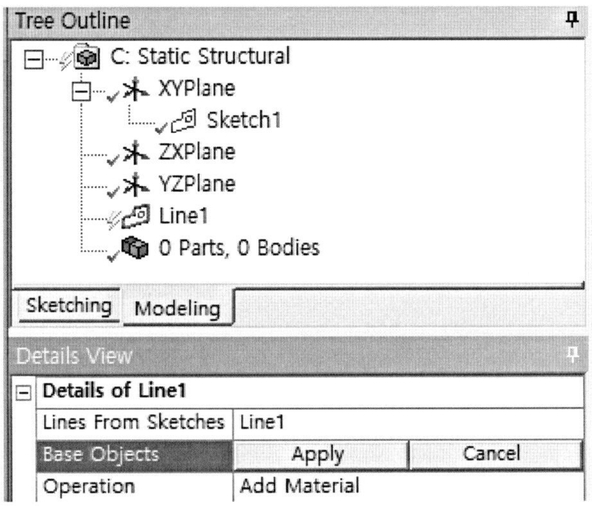

-5 Generate를 실행한다. Generate를 실행할 Operation을 Add Material로 한다.

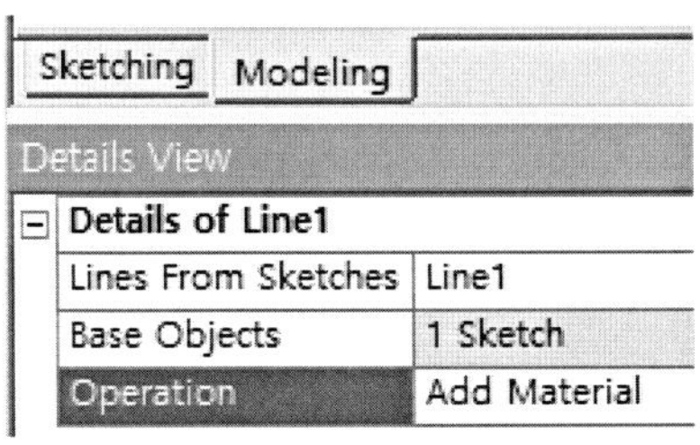

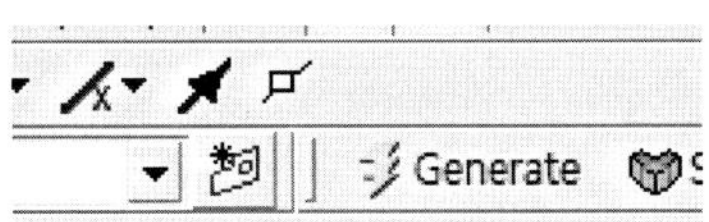

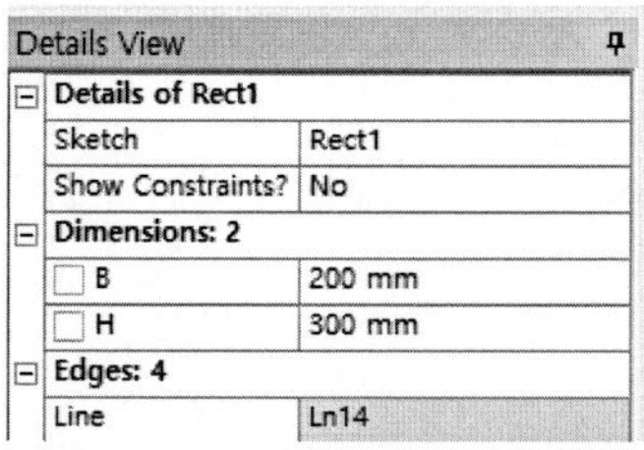

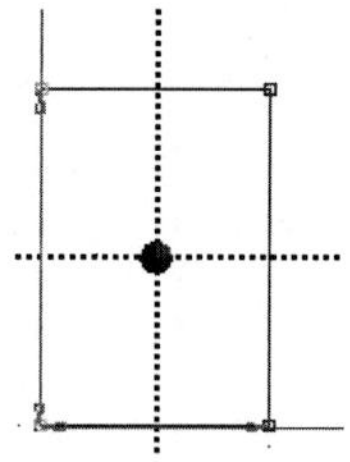

④ PLane4을 선택하고 Look at을 클릭한다.

-1. Sketching 화면에서 Line을 그린다.
-2. Detail Views에서 Dimensions에 Line의 치수를 입력한다.
H1 을 5m로 입력한다.

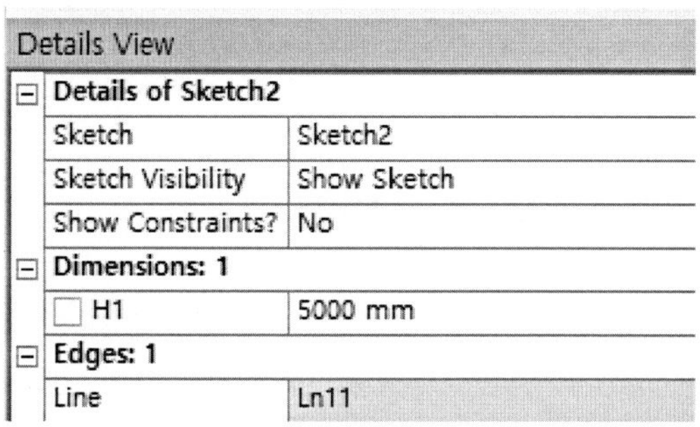

-3. Modeling 화면에서 Concept > Lines From Sketches를 클릭한다.

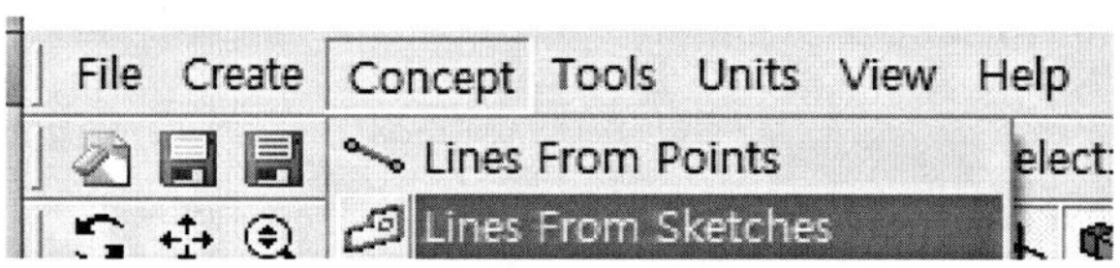

-4. sketch2을 선택하고 Apply를 실행한다.
-5 Generate를 실행한다. Generate를 실행할 Operation을 Add Frozen으로 한다.

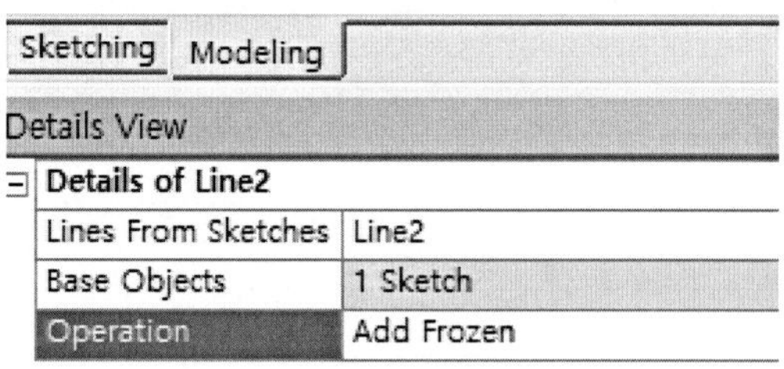

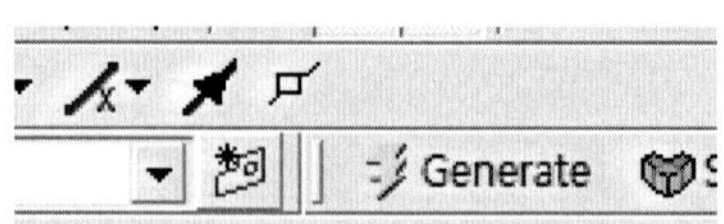

⑤ Concept > Cross Section에서 단면형상을 선택한다.

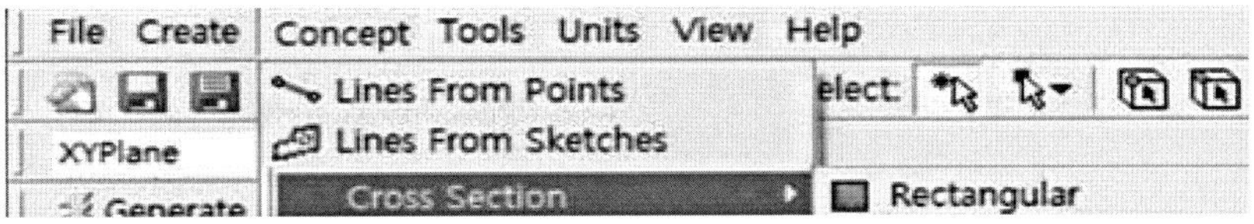

Detail View에서 Dimensions에 단면의 치수를 입력한다.

⑥ Detail View에서 Line Body를 선택하고, Cross Section을 선택한다.

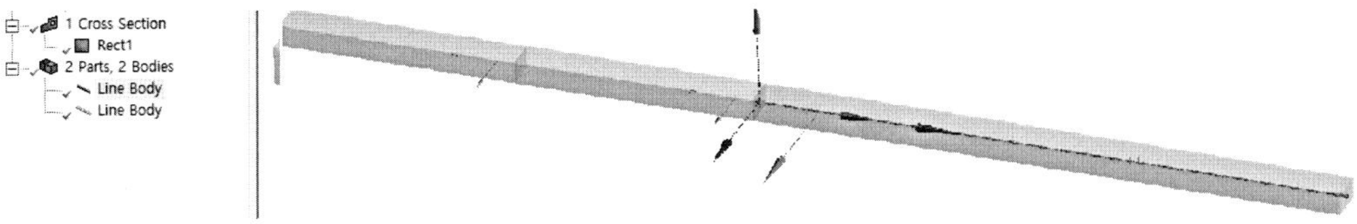

(5) 해석 모델의 환경을 설정한다. (Model)

① Project Schematic의 Static Structural에서 Model을 더블클릭하여 Mechanical 창 활성화 한다.

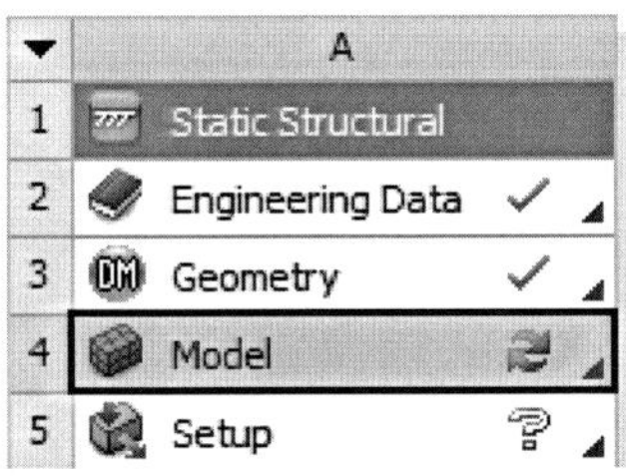

② Outline화면에서 Model > Geometry > Solid 를 선택한다.

③ View > Cross section Solid를 선택한다.

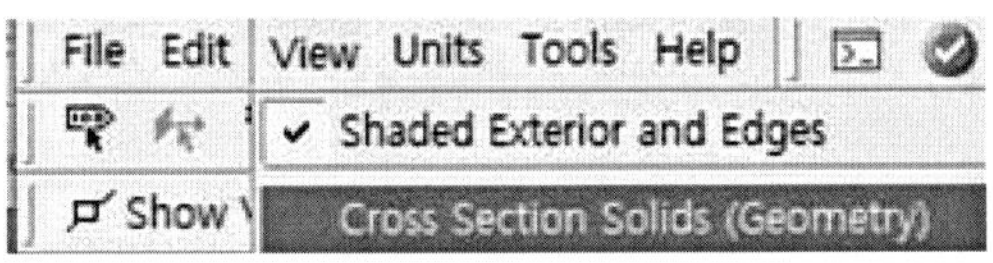

(6) 좌표계 설정 (Coordinate Systems) : 변경내용 없음

(7) 연결 관계 정의(Connections) : 기본설정을 사용한다.

① Outline화면에서 Connection > RMB > Insert > Joint를 선택.

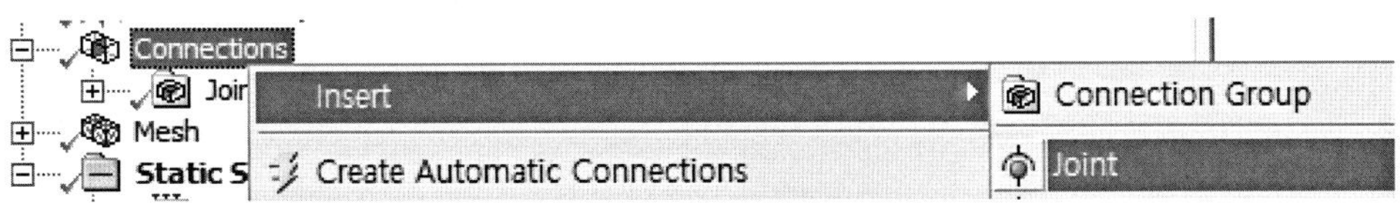

② Menu화면에서 Explode Factor의 슬라이더를 밀어서 부재를 그래픽적으로 벌려 놓는다. 그러면 접촉했던 a,b가 벌어진다.

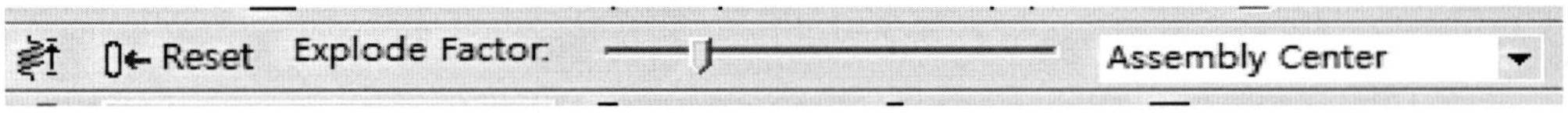

③ Detail화면에서 다음과 같이 설정한다.

Details of "Fixed - No Selection To No Selection"	
Definition	
Connection Type	Body-Body
Type	Fixed
Solver Element Type	Program Controlled
Suppressed	No
Element APDL Name	
Reference	
Scoping Method	Geometry Selection
Applied By	Remote Attachment
Scope	No Selection
Body	No Selection
Coordinate System	Reference Coordinate System
Behavior	Rigid
Pinball Region	All
Mobile	
Scoping Method	Geometry Selection
Applied By	Remote Attachment
Scope	No Selection
Body	No Selection
Initial Position	Unchanged
Behavior	Rigid
Pinball Region	All

Details of "Revolute - Line Body To Line Body"	
Definition	
Connection Type	Body-Body
Type	Revolute
Torsional Stiffness	0. N·m/°
Torsional Damping	0. N·m·s/°
Suppressed	No
Element APDL Name	
Reference	
Scoping Method	Geometry Selection
Applied By	Remote Attachment
Scope	1 Vertex
Body	Line Body
Coordinate System	Reference Coordinate System
Pinball Region	All
Mobile	
Scoping Method	Geometry Selection
Applied By	Remote Attachment
Scope	1 Vertex
Body	Line Body
Initial Position	Unchanged
Pinball Region	All

-1. Type을 Revolute 로 한다.
-2. 그래픽화면에서 a점을 클릭하고 Detail화면에서 Reference 의 Scope를 클릭하면 노란색이 빨간색으로 바뀌고 1vortex, Line Body로 설정이 변경된다.
-3. 그래픽화면에서 b점을 클릭하고 Detail화면에서 Mobile의 Scope를 클릭하면 노란색이 파란색으로 바뀌고 1vortex, Line Body로 설정이 변경된다.

(8) 격자 모델 생성 (Mesh)

① Outline화면에서 Model > RMB> Insert> Sizing 를 선택한다.
② Element size를 입력한다.
③ Outline화면에서 Model > Mesh 를 선택하고 RMB > Update 실행한다.

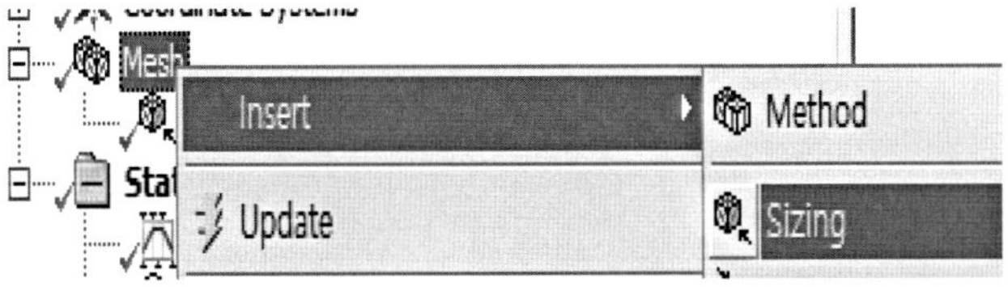

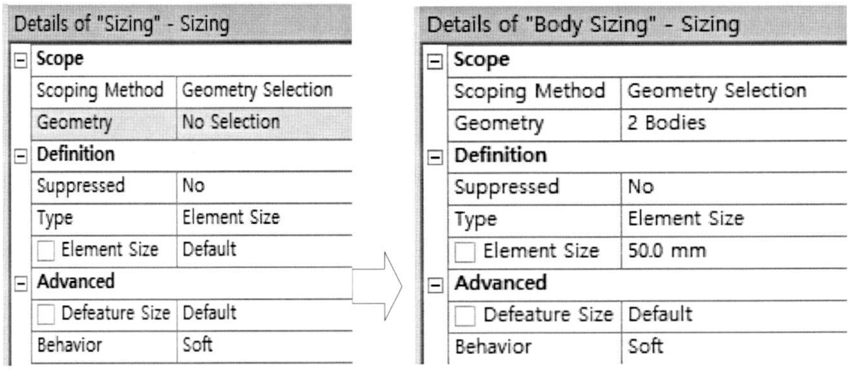

(9) 해석 설정 정의(Analysis Settings) : 설정되어 있는 값을 사용한다.

(10) 초기 조건 정의 : 고려하지 않는다.

(11) 구속조건 정의

ⓐ 고정 지점 설정 (A점)

① Outline화면에서 Static structure > RMB > Insert > Fixed Support 선택.

② Outline화면에서 Static structure > Fixed support를 클릭하고,
Graphic window에서 단순보의 절점을 선택한다.

*끝단을 선택하기 위하여 Edge 메뉴 사용한다.

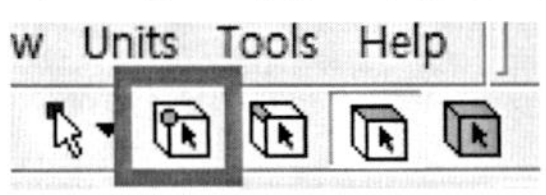

ⓑ 이동 지점 설정 (B점)

① Outline화면에서 Static structure > RMB > Insert > Displacement Support 선택.

② Outline화면에서 Static structure > Displacement support를 클릭하고,
Graphic window에서 단순보의 절점을 선택한다.

*끝단을 선택하기 위하여 Edge 메뉴 사용한다.

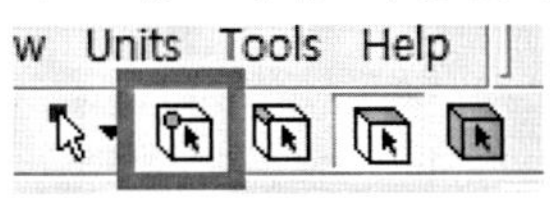

Details of Displacement에서 다음과 같이 설정한다.

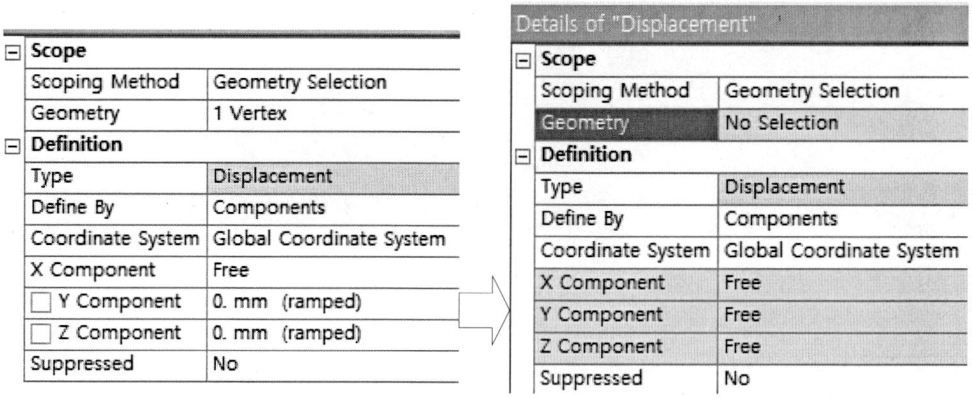

(12) 하중조건 정의

ⓐ Force 설정

① Outline화면에서 Static structure > RMB > Insert > Force를 선택한다.

② a Detail view에 Force에 대한 Scope, Definition이 나타난다.

b Force가 작용하는 점을 선택한다.

c Apply를 클릭한다.

③ Magnitude를 6000N으로 설정하고 Direction을 Apply한다.

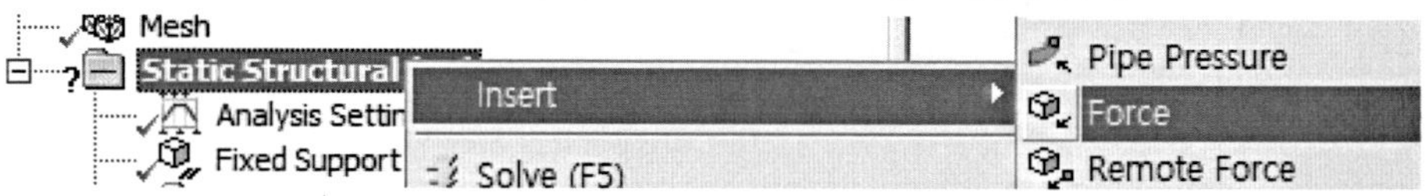

ⓑ Line Press 설정

① Outline화면에서 Static structure > RMB > Insert > Line Press를 선택한다.

② a Detail view에 Line Pressure에 대한 Scope, Definition이 나타난다.

b Geometry에 작용하는 선을 선택한다.

c Apply를 클릭한다.

③ Magnitude를 2kN/m으로 설정하고 Direction을 Apply한다.

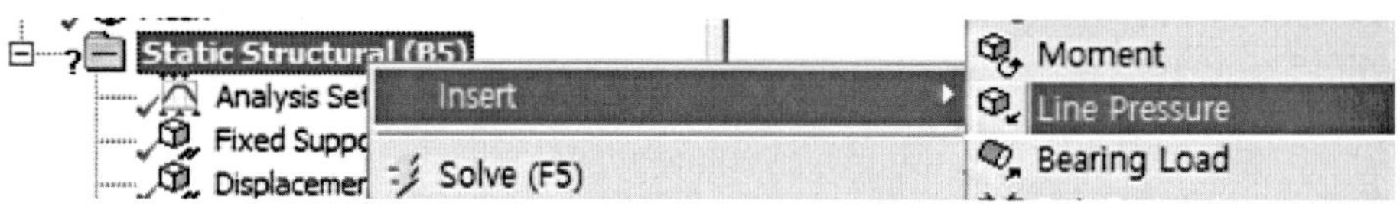

Details of "Force"	
Scope	
Scoping Method	Geometry Selection
Geometry	1 Vertex
Definition	
Type	Force
Define By	Components
Coordinate System	Global Coordinate System
X Component	0. N (ramped)
Y Component	6000. N (ramped)
Z Component	0. N (ramped)
Suppressed	No

Details of "Line Pressure"	
Scope	
Scoping Method	Geometry Selection
Geometry	1 Edge
Definition	
Type	Line Pressure
Define By	Components
Coordinate System	Global Coordinate System
X Component	0. N/m (ramped)
Y Component	2000. N/m (ramped)
Z Component	0. N/m (ramped)
Suppressed	No

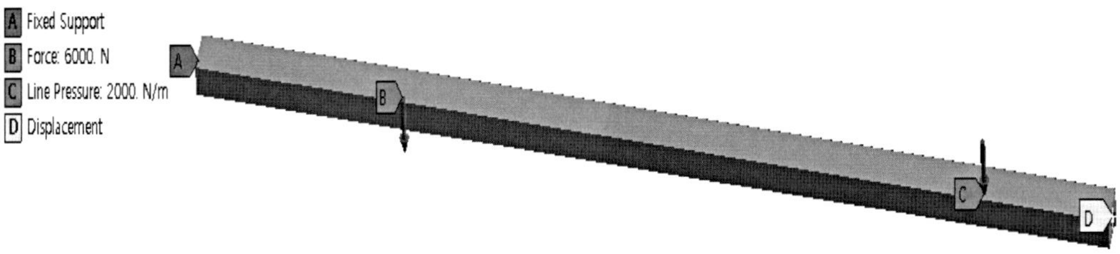

(13) 해석 결과 설정

① Deformation(변형) 결과 세팅

a. Outline화면에서 Solution >RMB >Insert >Deformation >Directional 항목 선택

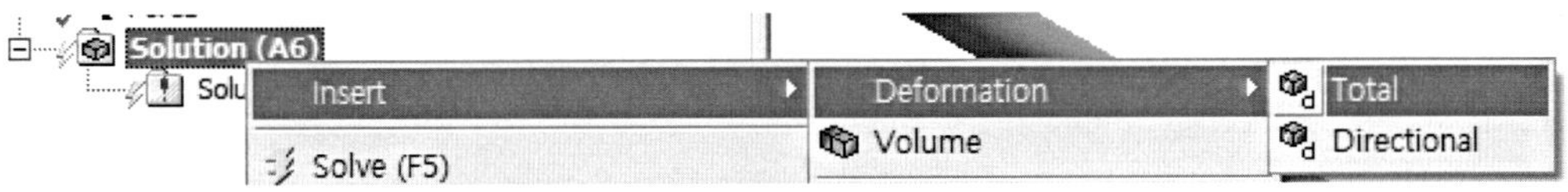

(14) 해석 수행

① Outline화면에서 Static structure 를 선택한다.

② Tool bar에서 Solve를 클릭하거나, Solution > RMB > Solve 를 클릭한다.

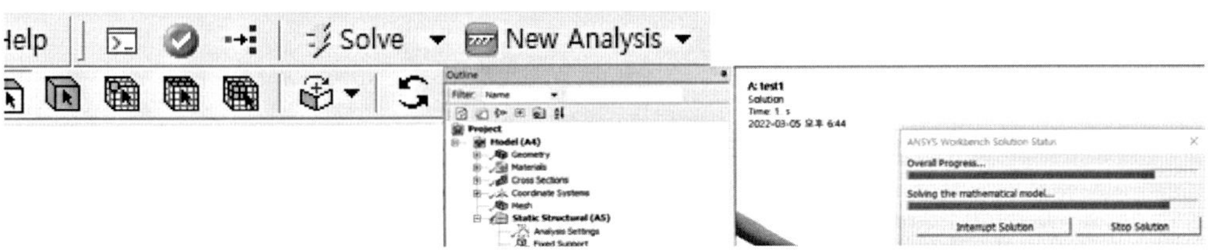

(15) 해석 결과 확인

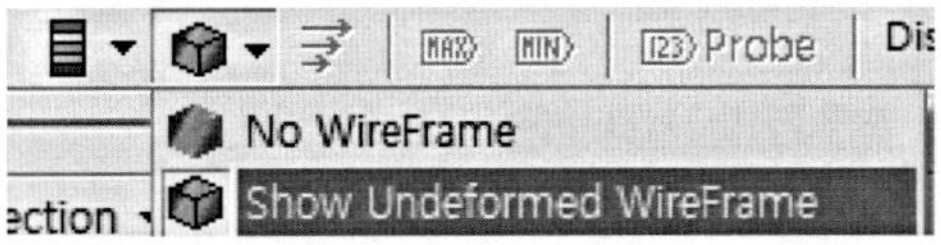

Show Undeformed WireFrame을 사용

① Total Deformation을 확인한다.

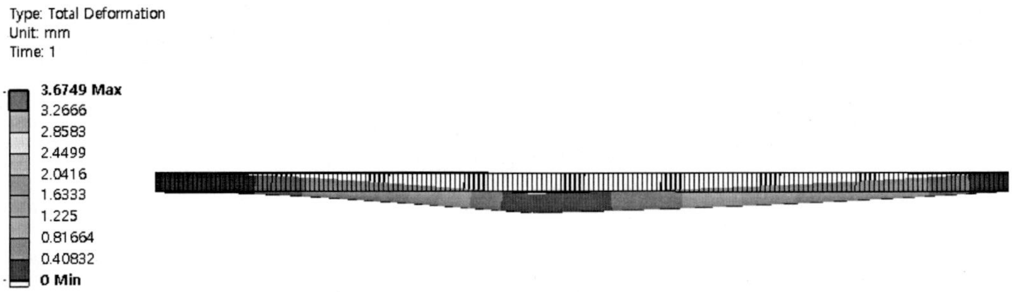

② Bending-Moment

Outline화면에서 Solution > RMB > Insert> Beam Result > Bending-Moment를 선택하고, Evaluate All Results를 실행한다.

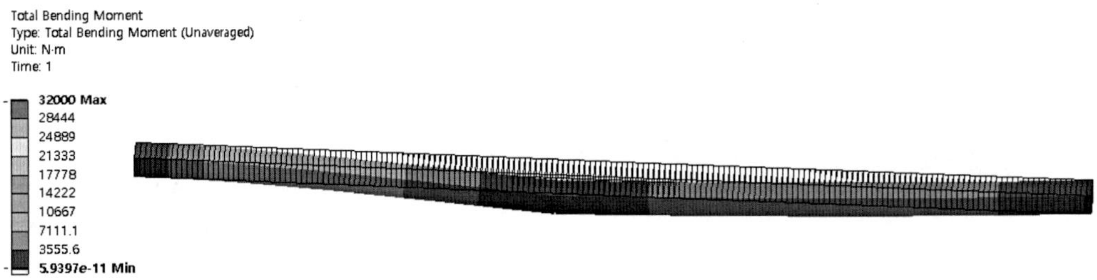

③ Moment Reaction을 확인한다. (D점)

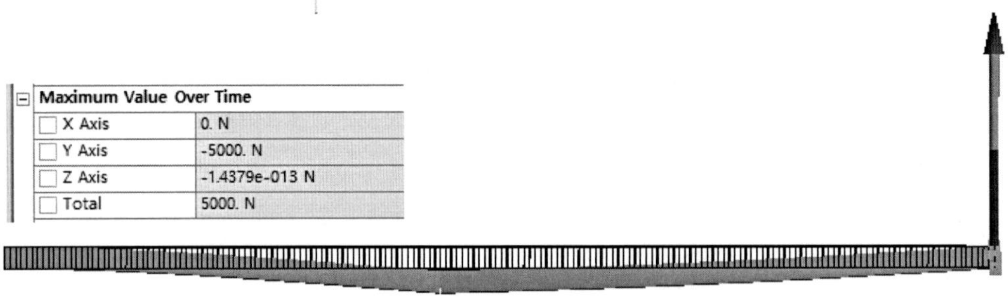

Maximum Value Over Time	
X Axis	0. N
Y Axis	-5000. N
Z Axis	-1.4379e-013 N
Total	5000. N

문제26. 힌지를 포함한 경사지지를 받는 외팔보의 반력산정

부재의 반력을 구하시오.
보의 재질은 Structural Steel로 탄성계수는 200,000 MPa, 푸아송 비 0.3 이며, 항복응력은 2.5 x 10^8 Pa 이다. 단면치수는 200x300mm 이다.

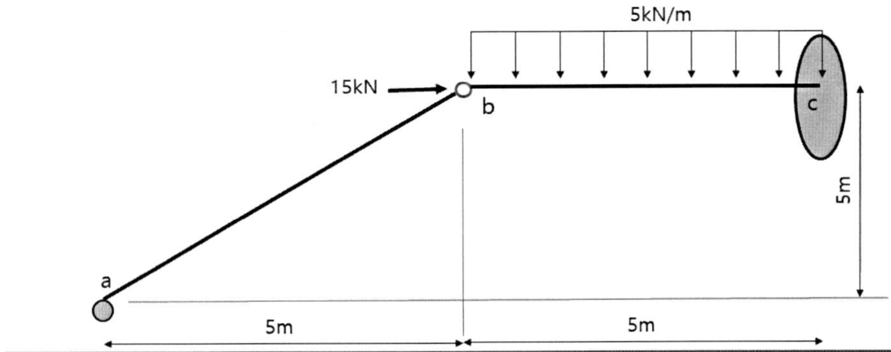

(1) 해석대상을 분석하고 자유물체도를 작성한다.

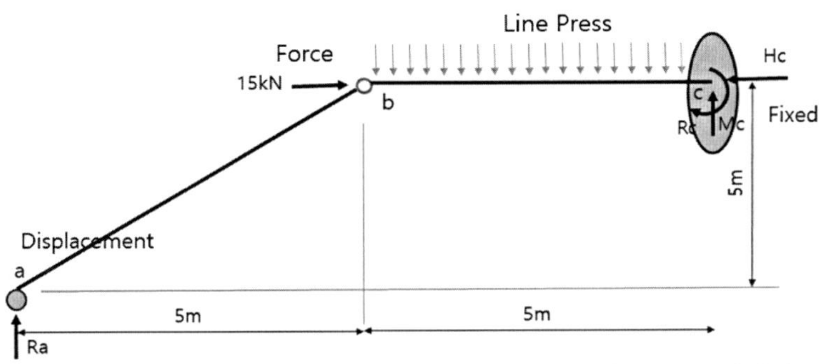

(1) 해석대상을 분석하고 자유물체도를 작성한다.

(2) 해석 시스템을 생성한다.(Static structural)
① Project Schematic에 Static Structural 시스템 추가한다.
② Project 이름을 변경한다.
③ Mechanical 창에서 Units menu를 클릭하고 단위를 설정한다.
- Metric (mm, kg, N, s, mV, mA)

(3) 재료의 물성을 정의한다. (Engineering Data)
① 기본 설정된 값을 사용한다. (기본설정은 Structural steel로 되어 있다.)

(4) 해석 모델을 불러들이거나 모델링을 수행한다. (Geometry)
본 문제에 대한 Design Modeler를 사용한 모델링 방법은 다음과 같다.
조인트로 연결하는 부재 2개를 모델링 한다.
① Geometry에서 RMB > Design Modeler를 클릭한다.

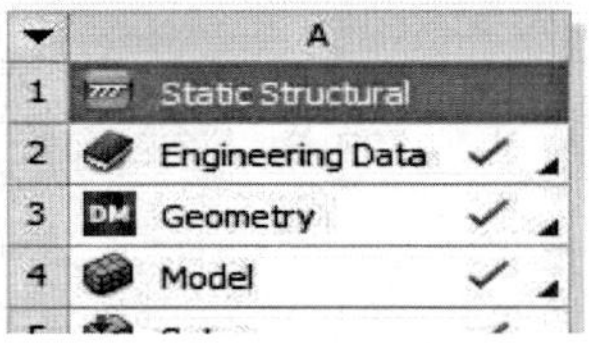

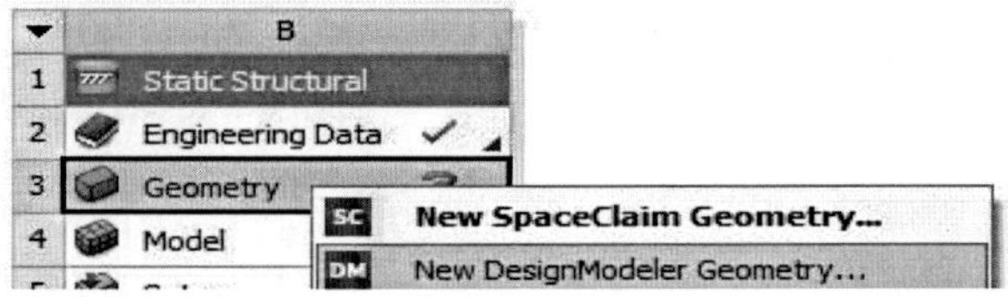

먼저 단위를 mm로 변경한다.

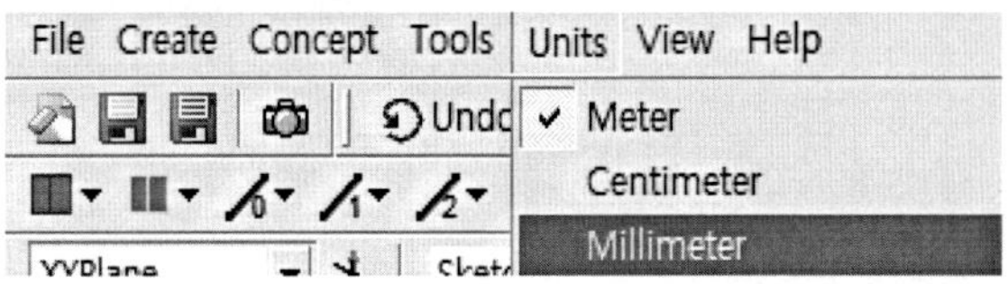

다음과 같은 절차로 모델링 한다.

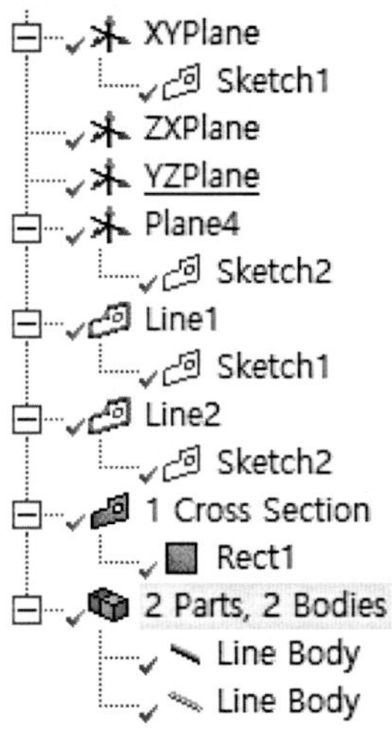

② XYPlane을 선택한 후 New Plane을 클릭하여 Plane4를 생성하고, Generate를 실행한다.

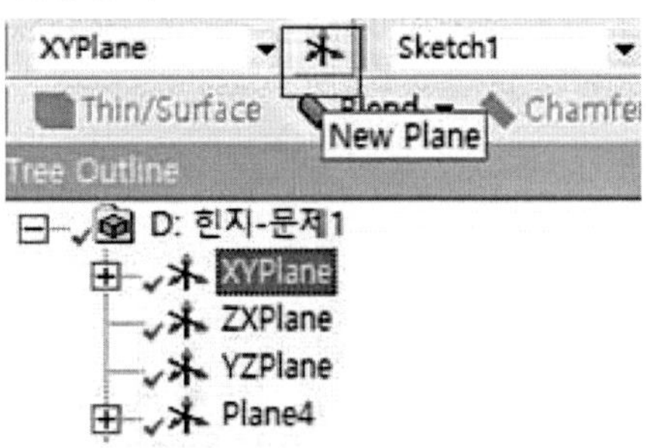

③ XPLane을 선택하고 Look at을 클릭한다.

-1. Sketching 화면에서 Line을 그린다.

-2. Detail Views에서 Dimensions에 Line의 치수를 입력한다.
H1 을 5m, V2를 5m로 입력한다.

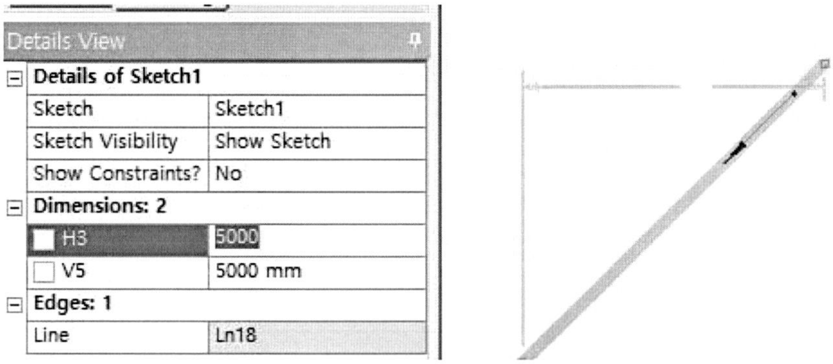

-3. Modeling 화면에서 Concept > Lines From Sketches를 클릭한다.

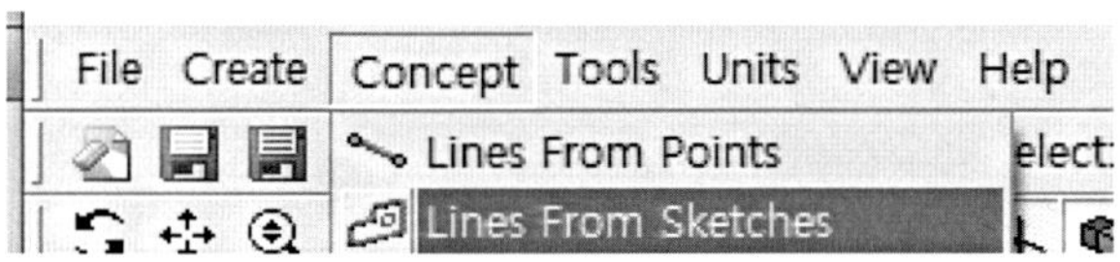

-4. sketch1을 선택하고 Apply를 실행한다.

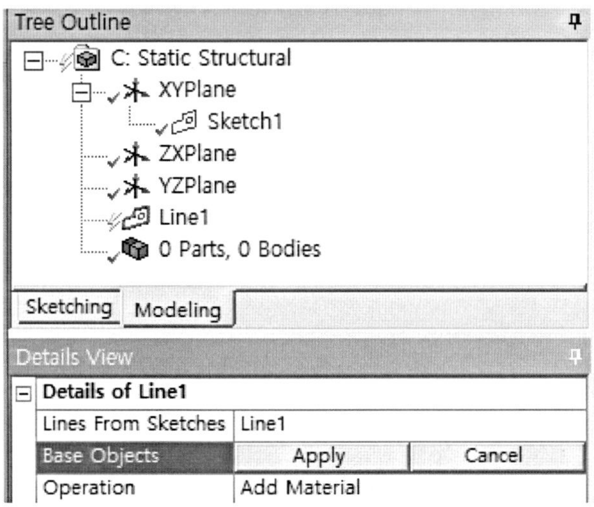

-5 Generate를 실행한다. Generate를 실행할 Operation을 Add Material로 한다.

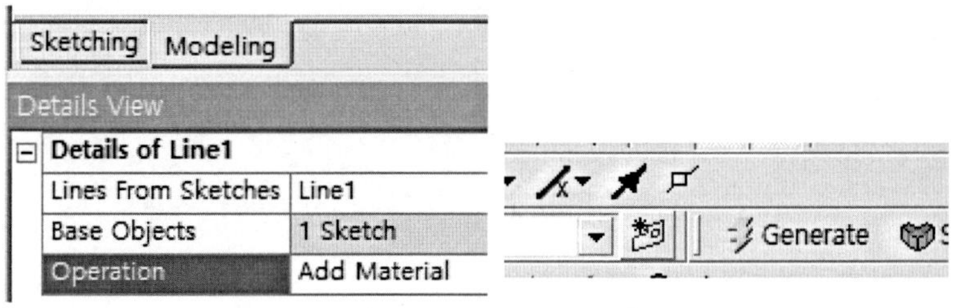

④ PLane4을 선택하고 Look at을 클릭한다.

-1. Sketching 화면에서 Line을 그린다.

-2. Detail Views에서 Dimensions에 Line의 치수를 입력한다.
H1 을 5m로 입력한다.

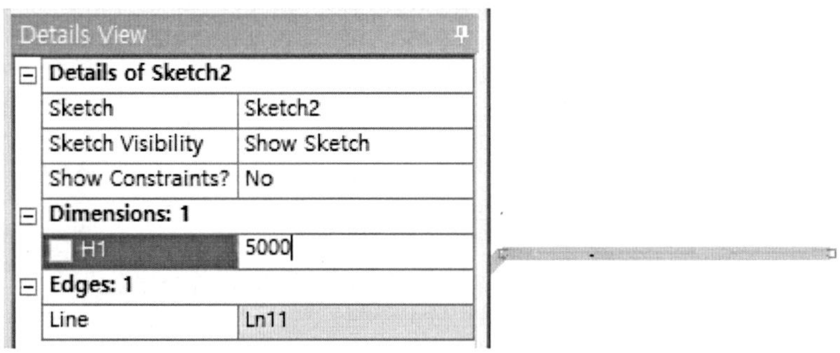

-3. Modeling 화면에서 Concept > Lines From Sketches를 클릭한다.

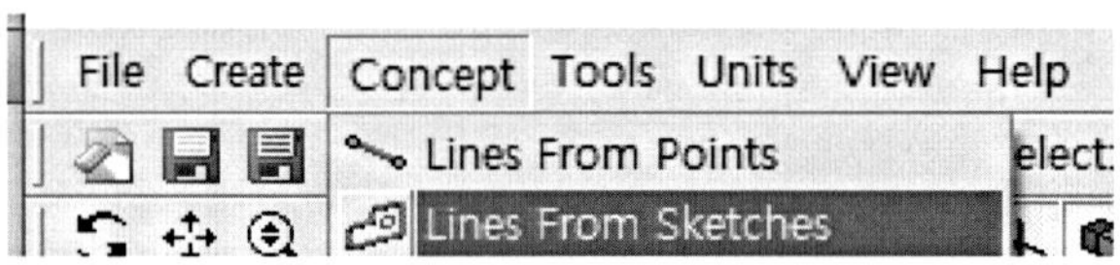

-4. sketch2을 선택하고 Apply를 실행한다.

-5 Generate를 실행한다. Generate를 실행할 Operation을 Add Frozen으로 한다.

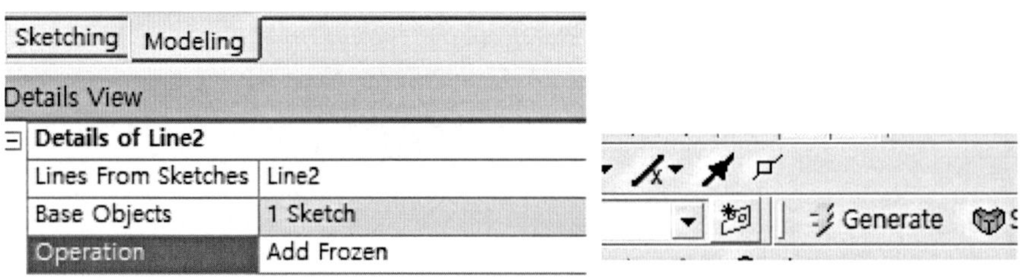

⑤ Concept > Cross Section에서 단면형상을 선택한다.

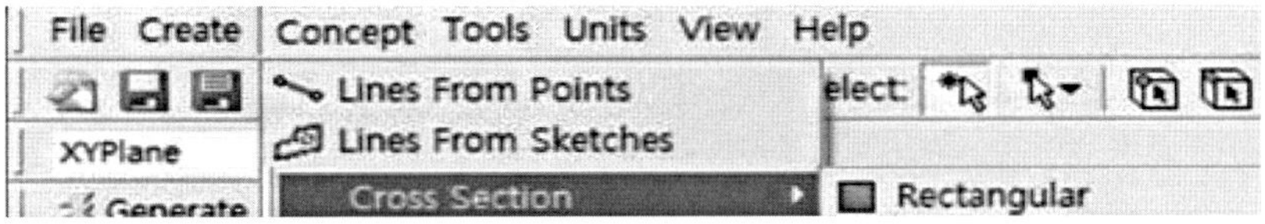

Detail View에서 Dimensions에 단면의 치수를 입력한다.

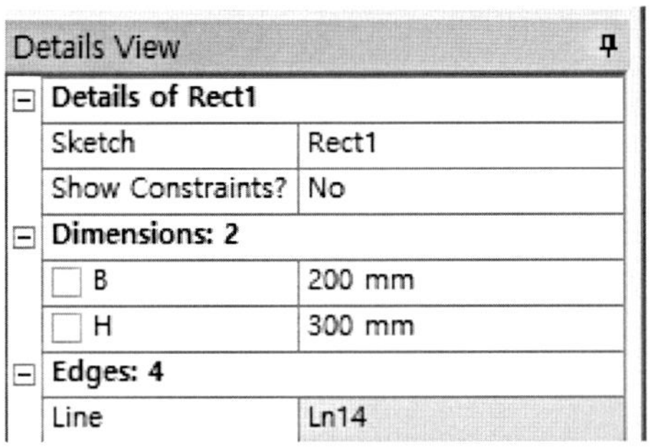

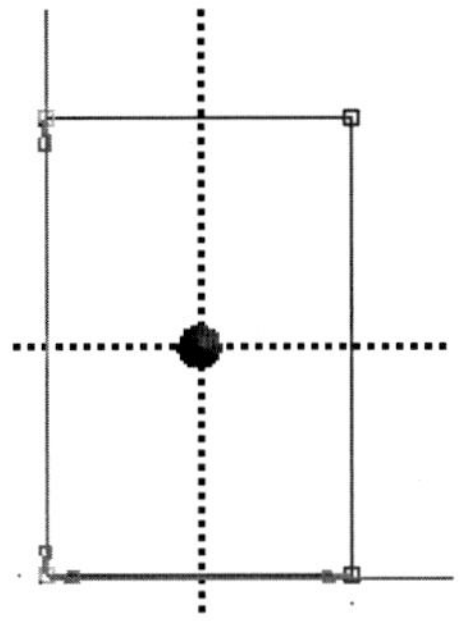

⑥ Detail View에서 Line Body를 선택하고, Cross Section을 선택한다.

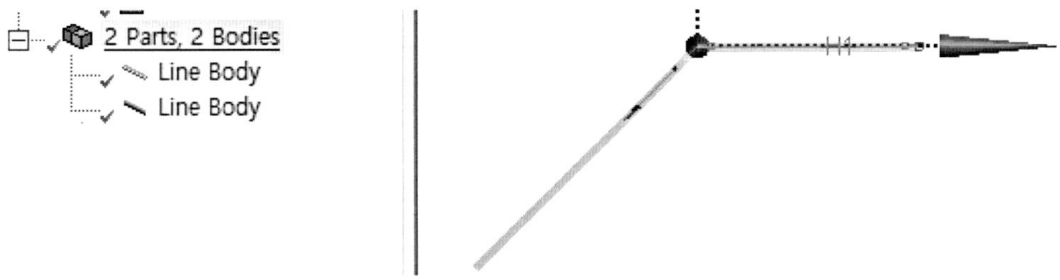

(5) 해석 모델의 환경을 설정한다. (Model)

① Project Schematic의 Static Structural에서 Model을 더블클릭하여 Mechanical 창 활성화 한다.

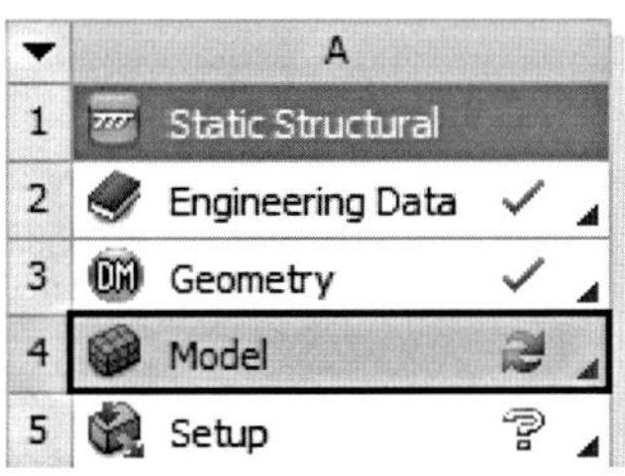

② Outline화면에서 Model > Geometry > Solid 를 선택한다.

③ View > Cross section Solid를 선택한다.

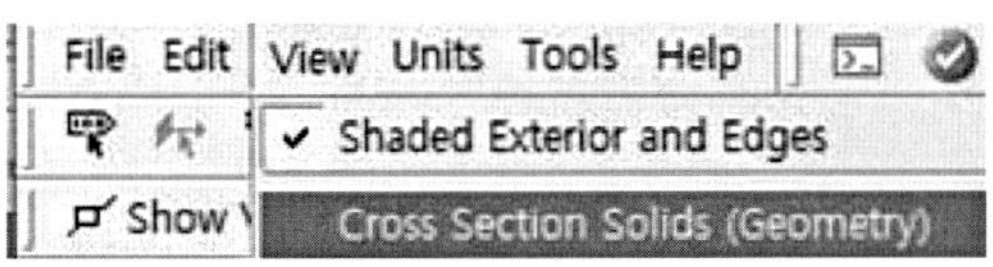

(6) 좌표계 설정 (Coordinate Systems) : 변경내용 없음

(7) 연결 관계 정의(Connections) : 기본설정을 사용한다.

① Outline화면에서 Connection > RMB > Insert > Joint를 선택.

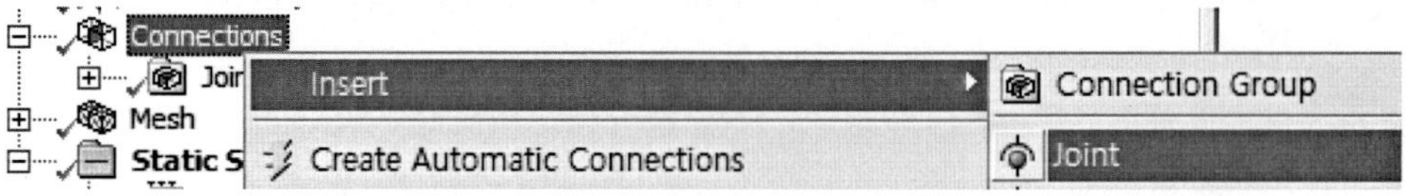

② Menu화면에서 Explode Factor의 슬라이더를 밀어서 부재를 그래픽적으로 벌려놓는다. 그러면 접촉했던 a,b가 벌어진다.

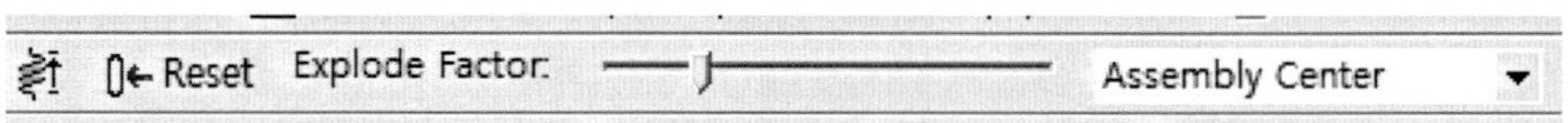

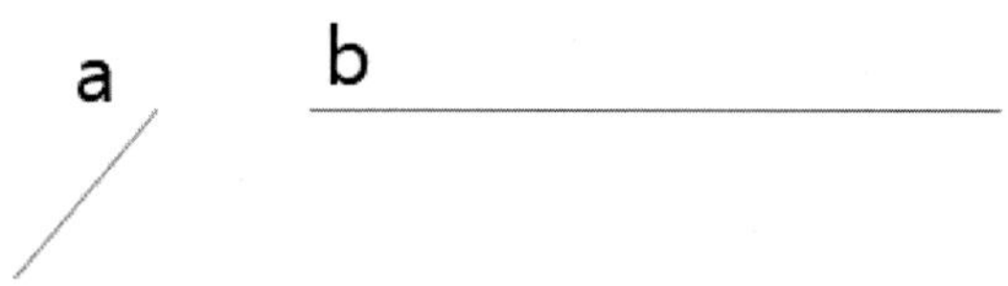

③ Detail화면에서 다음과 같이 설정한다.

Details of "Fixed - No Selection To No Selection"	
Definition	
Connection Type	Body-Body
Type	Fixed
Solver Element Type	Program Controlled
Suppressed	No
Element APDL Name	
Reference	
Scoping Method	Geometry Selection
Applied By	Remote Attachment
Scope	No Selection
Body	No Selection
Coordinate System	Reference Coordinate System
Behavior	Rigid
Pinball Region	All
Mobile	
Scoping Method	Geometry Selection
Applied By	Remote Attachment
Scope	No Selection
Body	No Selection
Initial Position	Unchanged
Behavior	Rigid
Pinball Region	All

Details of "Revolute - Line Body To Line Body"	
Definition	
Connection Type	Body-Body
Type	Revolute
Torsional Stiffness	0. N·m/°
Torsional Damping	0. N·m·s/°
Suppressed	No
Element APDL Name	
Reference	
Scoping Method	Geometry Selection
Applied By	Remote Attachment
Scope	1 Vertex
Body	Line Body
Coordinate System	Reference Coordinate Sys
Pinball Region	All
Mobile	
Scoping Method	Geometry Selection
Applied By	Remote Attachment
Scope	1 Vertex
Body	Line Body
Initial Position	Unchanged
Pinball Region	All

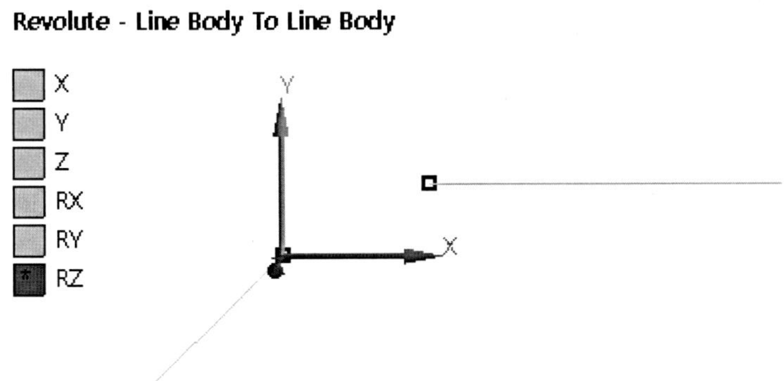

-1. Type을 Revolute 로 한다.
-2. 그래픽화면에서 a점을 클릭하고 Detail화면에서 Reference 의 Scope를 클릭하면 노란색이 빨간색으로 바뀌고 1vortex, Line Body로 설정이 변경된다.
-3. 그래픽화면에서 b점을 클릭하고 Detail화면에서 Mobile의 Scope를 클릭하면 노란색이 파란색으로 바뀌고 1vortex, Line Body로 설정이 변경된다.

(8) 격자 모델 생성 (Mesh)
① Outline화면에서 Model > RMB> Insert> Sizing 를 선택한다.
② Element size를 입력한다.
③ Outline화면에서 Model > Mesh 를 선택하고 RMB > Update 실행한다.

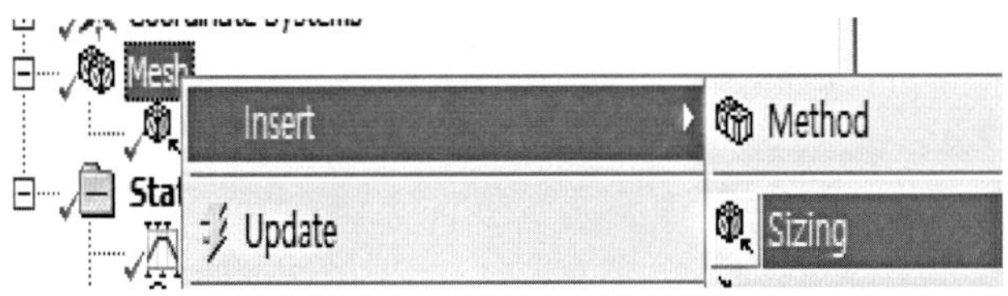

Details of "Sizing" - Sizing	
Scope	
Scoping Method	Geometry Selection
Geometry	No Selection
Definition	
Suppressed	No
Type	Element Size
Element Size	Default
Advanced	
Defeature Size	Default
Behavior	Soft

Details of "Body Sizing" - Sizing	
Scope	
Scoping Method	Geometry Selection
Geometry	2 Bodies
Definition	
Suppressed	No
Type	Element Size
Element Size	50.0 mm
Advanced	
Defeature Size	Default
Behavior	Soft

(9) 해석 설정 정의(Analysis Settings) : 설정되어 있는 값을 사용한다.

(10) 초기 조건 정의 : 고려하지 않는다.

(11) 구속조건 정의

ⓐ 고정 지점 설정 (A점)

① Outline화면에서 Static structure > RMB > Insert > Fixed Support 선택.

② Outline화면에서 Static structure > Fixed support를 클릭하고,
Graphic window에서 단순보의 절점을 선택한다.

*끝단을 선택하기 위하여 Edge 메뉴 사용한다.

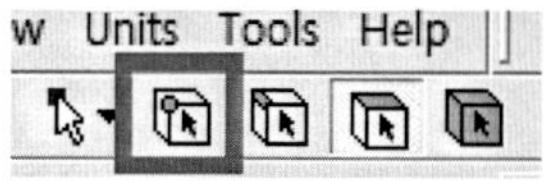

ⓑ 이동 지점 설정 (B점)

① Outline화면에서 Static structure > RMB > Insert > Displacement Support 선택.

② Outline화면에서 Static structure > Displacement support를 클릭하고,
Graphic window에서 단순보의 절점을 선택한다.

*끝단을 선택하기 위하여 Edge 메뉴 사용한다.

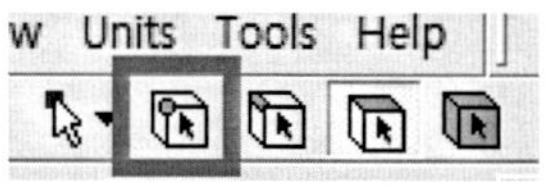

Details of Displacement에서 다음과 같이 설정한다.

Details of "Displacement"	
Scope	
Scoping Method	Geometry Selection
Geometry	No Selection
Definition	
Type	Displacement
Define By	Components
Coordinate System	Global Coordinate System
X Component	Free
Y Component	Free
Z Component	Free
Suppressed	No

Scope	
Scoping Method	Geometry Selection
Geometry	1 Vertex
Definition	
Type	Displacement
Define By	Components
Coordinate System	Global Coordinate System
X Component	Free
Y Component	0. mm (ramped)
Z Component	0. mm (ramped)
Suppressed	No

(12) 하중조건 정의

ⓐ Force 설정

① Outline화면에서 Static structure > RMB > Insert > Force를 선택한다.

② a Detail view에 Force에 대한 Scope, Definition이 나타난다.
b Force가 작용하는 점을 선택한다.
c Apply를 클릭한다.

③ Magnitude를 6000N으로 설정하고 Direction을 Apply한다.

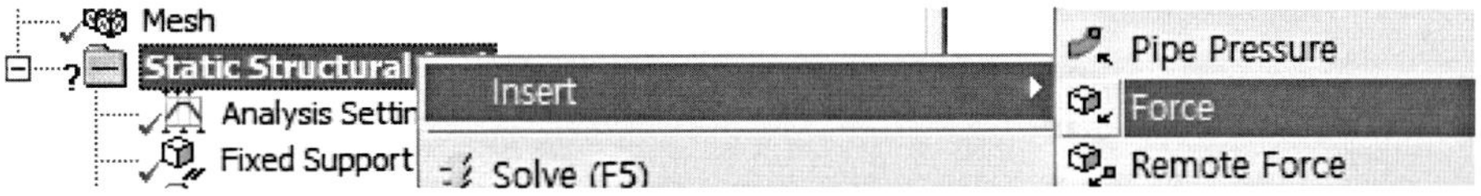

ⓑ Line Press 설정

① Outline화면에서 Static structure > RMB > Insert > Line Press를 선택한다.

② a Detail view에 Line Pressure에 대한 Scope, Definition이 나타난다.

  b Geometry에 작용하는 선을 선택한다.

  c Apply를 클릭한다.

③ Magnitude를 2kN/m으로 설정하고 Direction을 Apply한다.

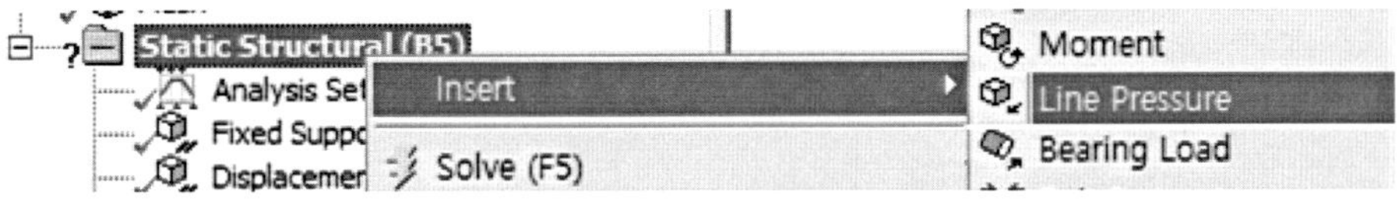

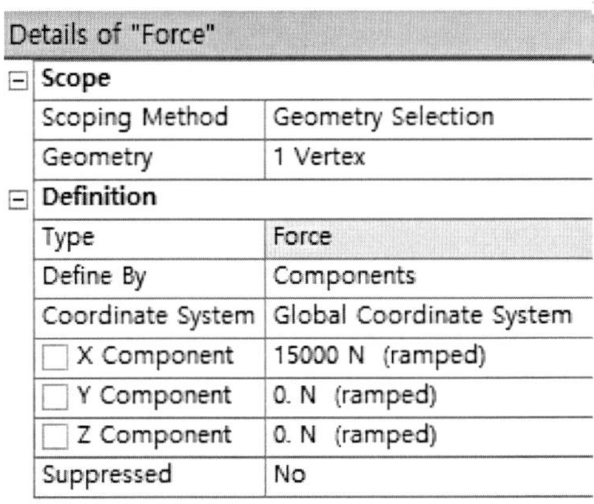

Details of "Force"

Scope	
Scoping Method	Geometry Selection
Geometry	1 Vertex
Definition	
Type	Force
Define By	Components
Coordinate System	Global Coordinate System
X Component	15000 N (ramped)
Y Component	0. N (ramped)
Z Component	0. N (ramped)
Suppressed	No

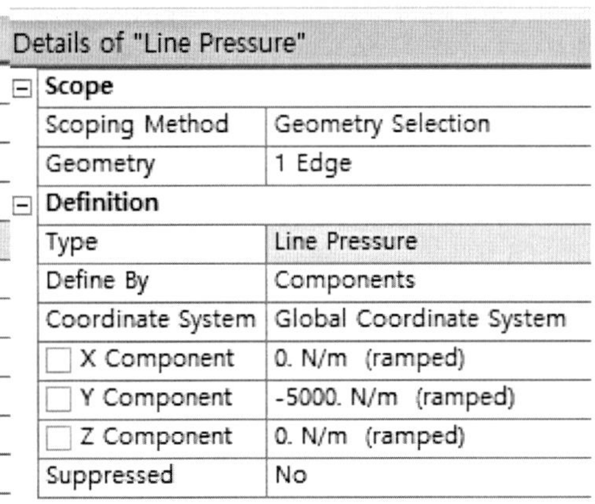

Details of "Line Pressure"

Scope	
Scoping Method	Geometry Selection
Geometry	1 Edge
Definition	
Type	Line Pressure
Define By	Components
Coordinate System	Global Coordinate System
X Component	0. N/m (ramped)
Y Component	-5000. N/m (ramped)
Z Component	0. N/m (ramped)
Suppressed	No

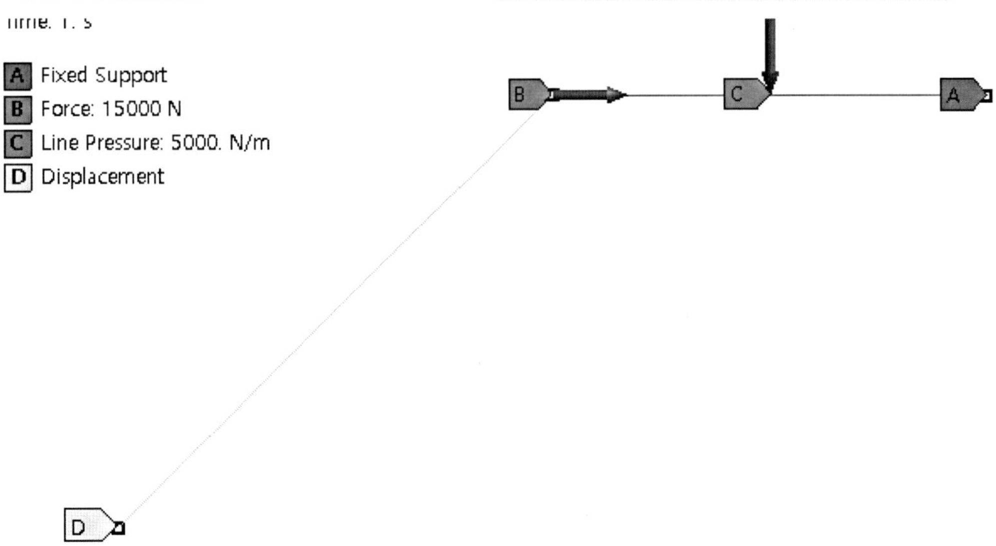

(13) 해석 결과 설정

① Deformation(변형) 결과 세팅

a. Outline화면에서 Solution >RMB >Insert >Deformation >Directional 항목 선택

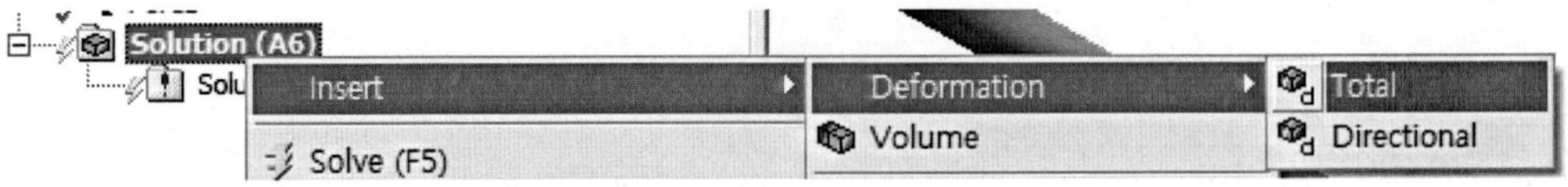

(14) 해석 수행

① Outline화면에서 Static structure 를 선택한다.

② Tool bar에서 Solve를 클릭하거나, Solution > RMB > Solve 를 클릭한다.

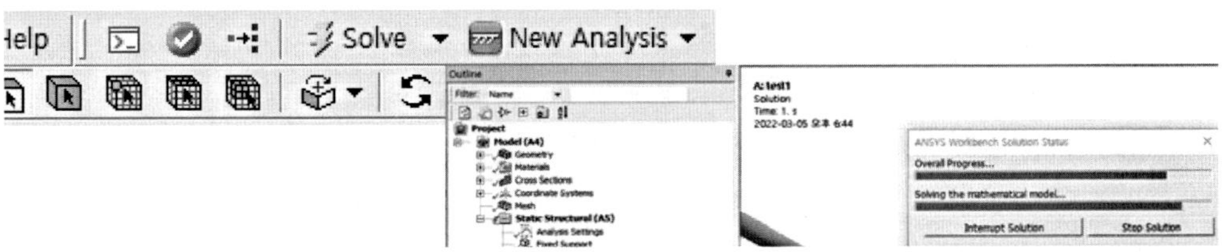

(15) 해석 결과 확인

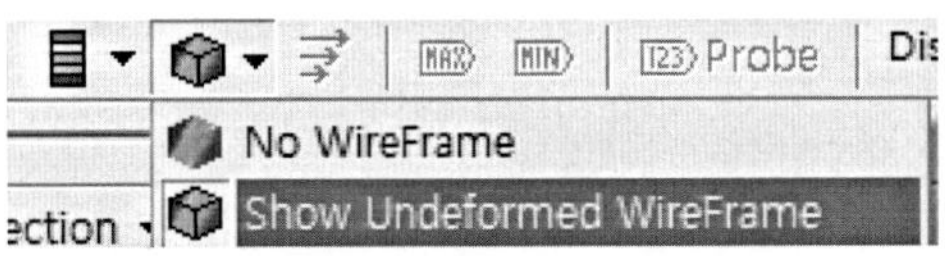

Show Undeformed WireFrame을 사용

① Total Deformation을 확인한다.

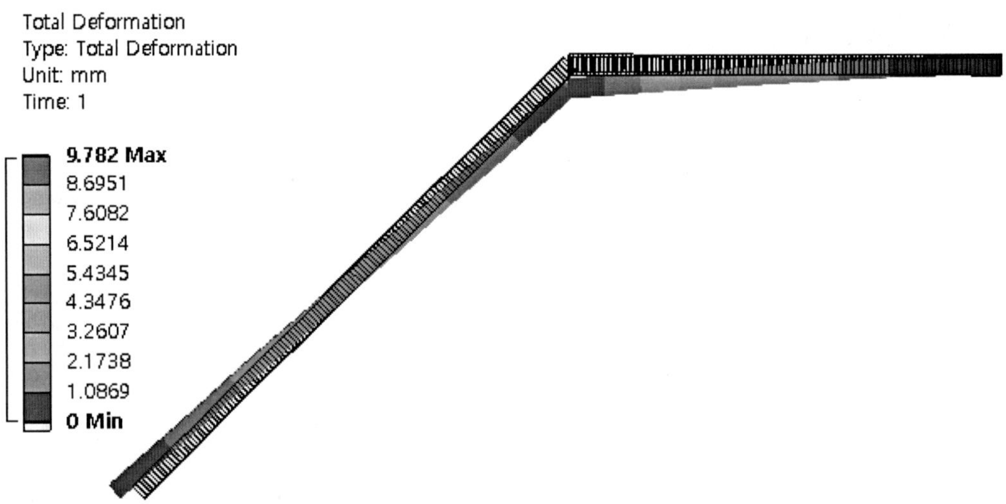

② Bending-Moment

Outline화면에서 Solution > RMB > Insert> Beam Result > Bending-Moment 를 선택하고, Evaluate All Results를 실행한다.

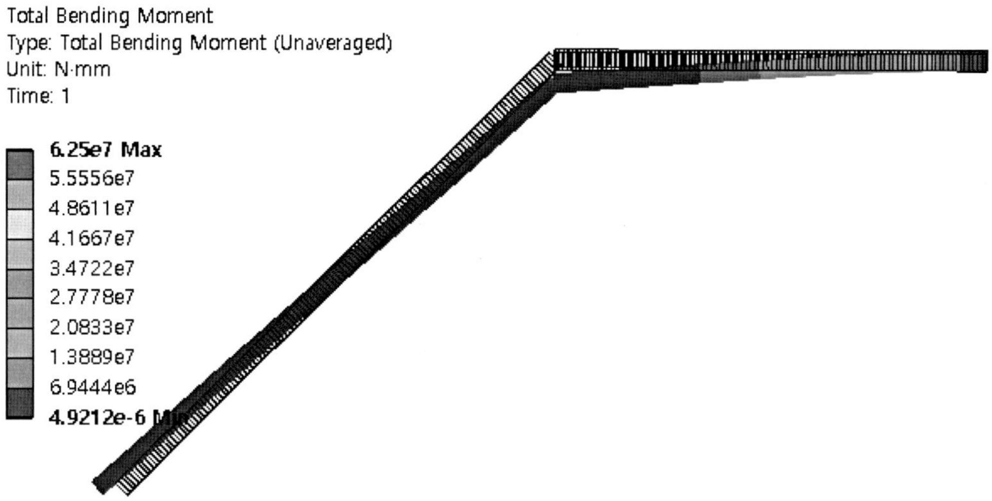

③ Force Reaction을 확인한다. (D점)

Maximum Value Over Time	
X Axis	-15000 N
Y Axis	25000 N
Z Axis	1.0496e-013 N
Total	29155 N

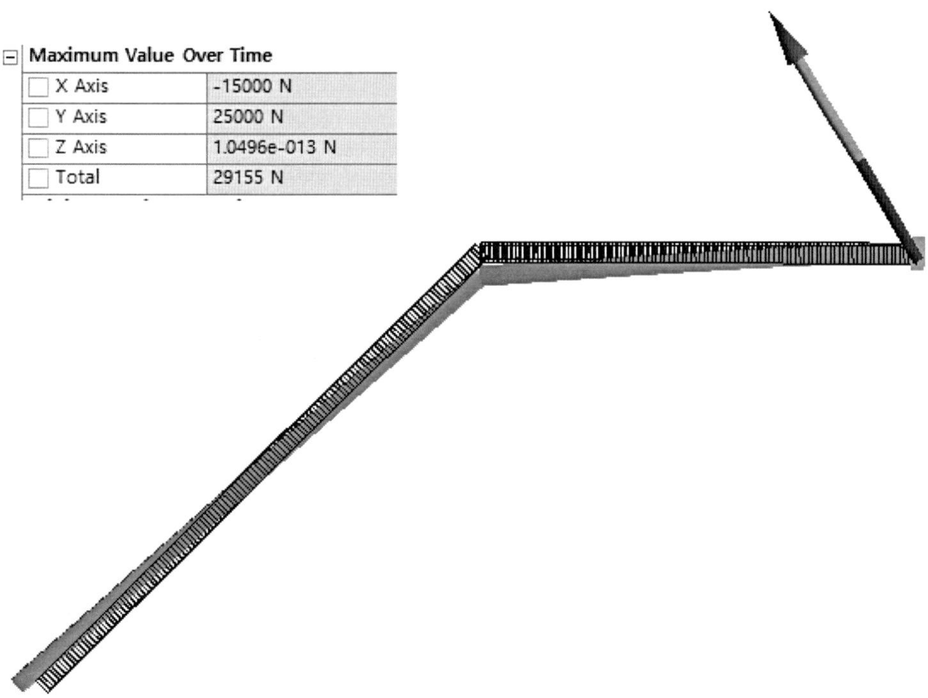

문제27. 힌지를 포함한 경사부재의 반력산정

부재의 반력을 구하시오.
보의 재질은 Structural Steel로 탄성계수는 200,000 MPa, 푸아송 비 0.3 이며, 항복응력은 2.5 x 10^8 Pa 이다. 단면치수는 200x300mm 이다.

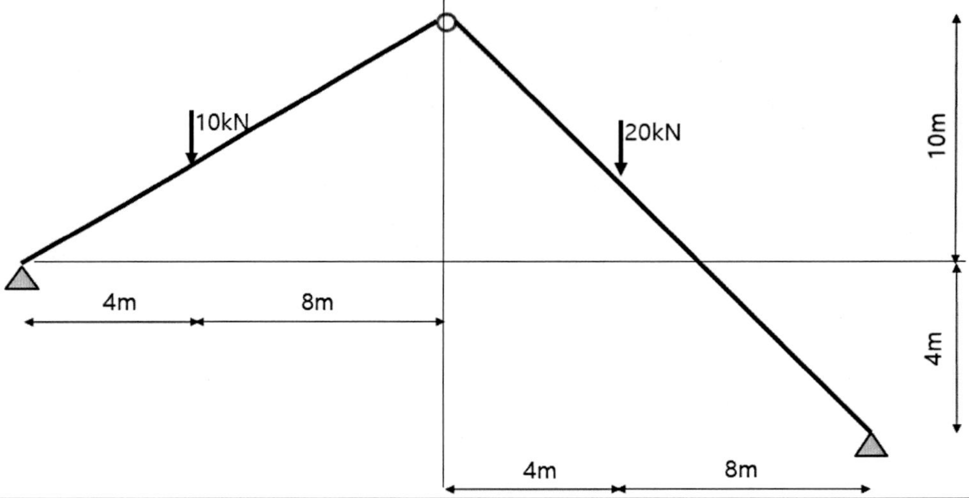

(1) 해석대상을 분석하고 자유물체도를 작성한다.

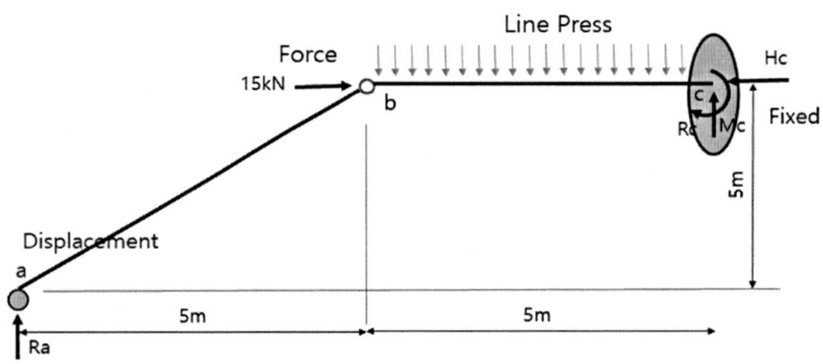

(2) 해석 시스템을 생성한다.(Static structural)

① Project Schematic에 Static Structural 시스템 추가한다.

② Project 이름을 변경한다.

③ Mechanical 창에서 Units menu를 클릭하고 단위를 설정한다.

- Metric (mm, kg, N, s, mV, mA)

(3) 재료의 물성을 정의한다. (Engineering Data)

① 기본 설정된 값을 사용한다. (기본설정은 Structural steel로 되어 있다.)

(4) 해석 모델을 불러들이거나 모델링을 수행한다. (Geometry)
본 문제에 대한 Design Modeler를 사용한 모델링 방법은 다음과 같다.
조인트로 연결하는 부재 2개를 모델링 한다.
① Geometry에서 RMB > Design Modeler를 클릭한다.

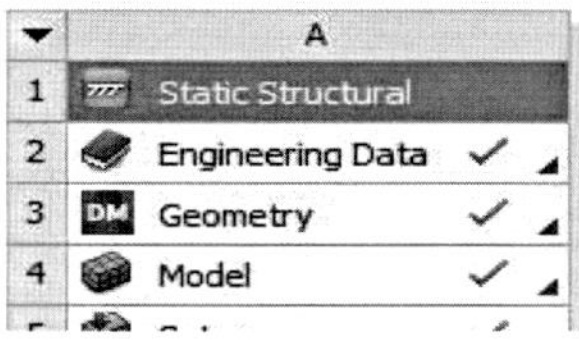

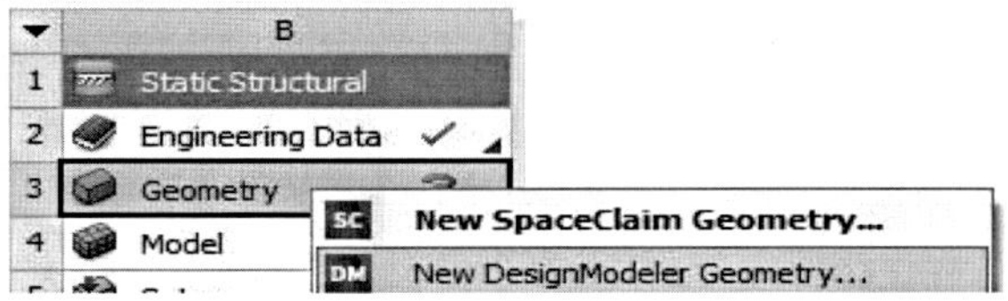

먼저 단위를 mm로 변경한다.

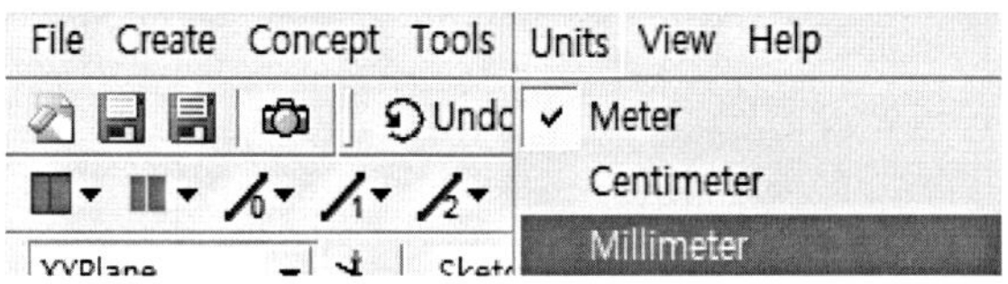

다음과 같은 절차로 모델링 한다.

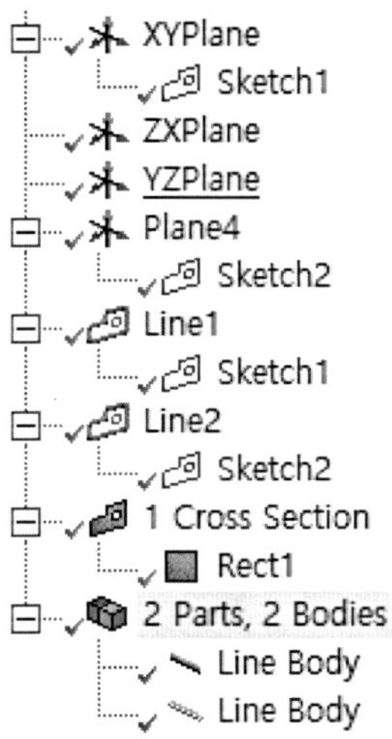

② XYPlane을 선택한 후 New Plane을 클릭하여 Plane4를 생성하고, Generate를 실행한다.

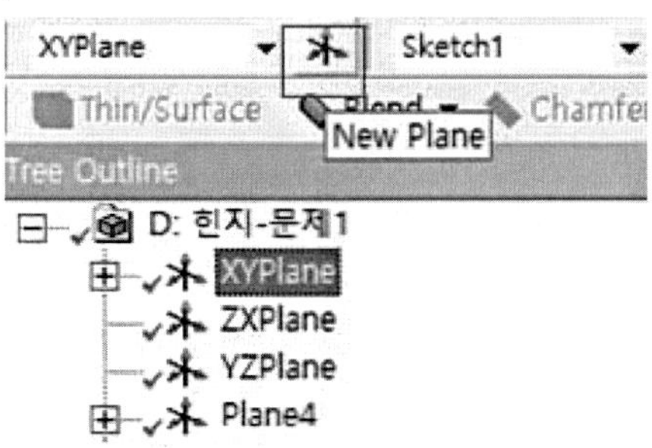

③ XPLane을 선택하고 Look at을 클릭한다.

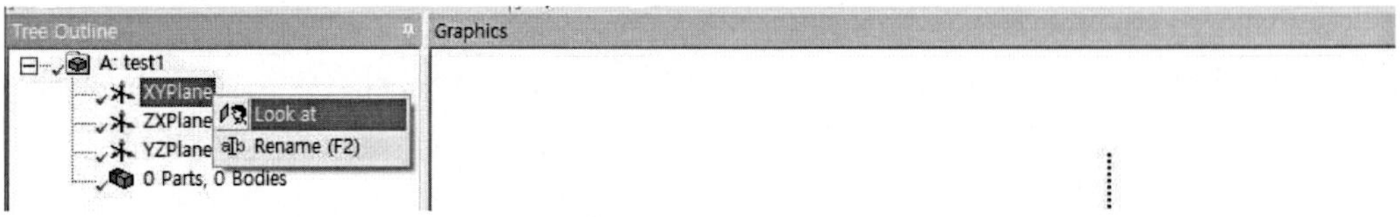

-1. Sketching 화면에서 Line을 그린다.

-2. Detail Views에서 Dimensions에 Line의 치수를 입력한다.

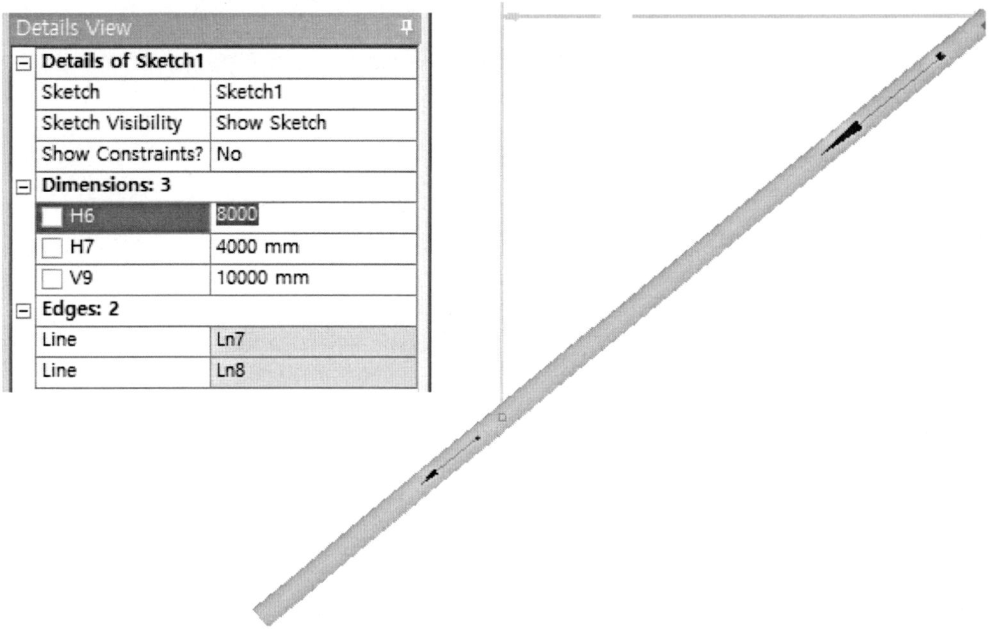

-3. Modeling 화면에서 Concept > Lines From Sketches를 클릭한다.

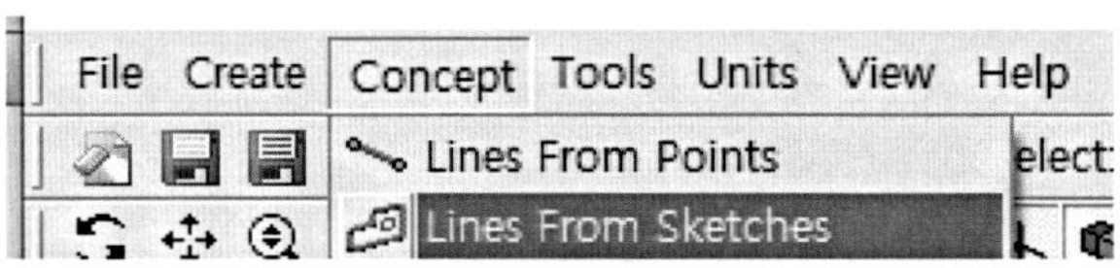

-4. sketch1을 선택하고 Apply를 실행한다.

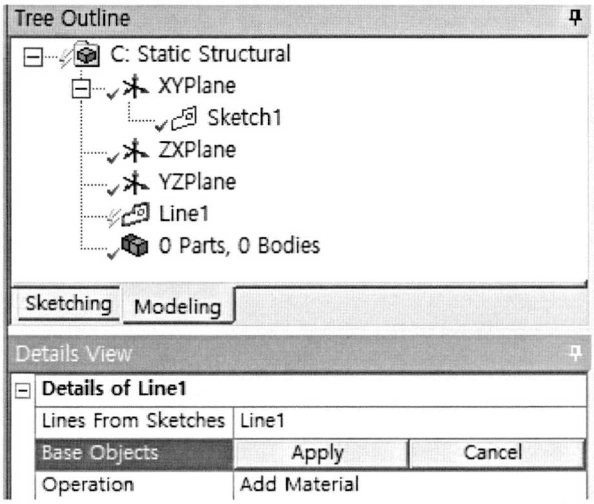

-5 Generate를 실행한다. Generate를 실행할 Operation을 Add Material로 한다.

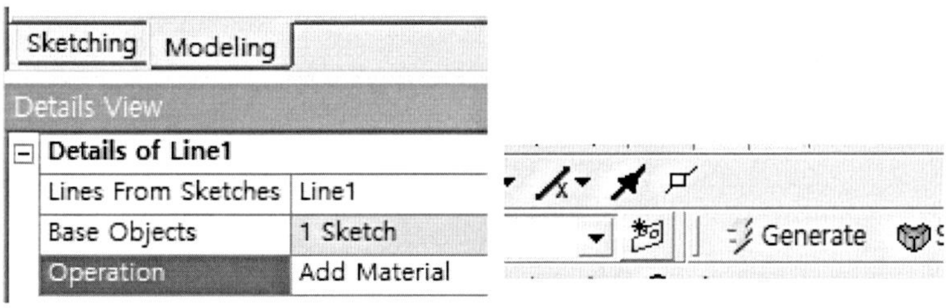

④ PLane4을 선택하고 Look at을 클릭한다.

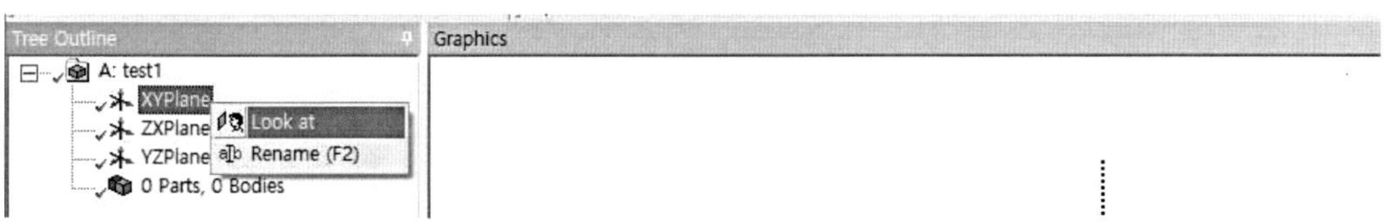

-1. Sketching 화면에서 Line을 그린다.

-2. Detail Views에서 Dimensions에 Line의 치수를 입력한다.
H1 을 5m로 입력한다.

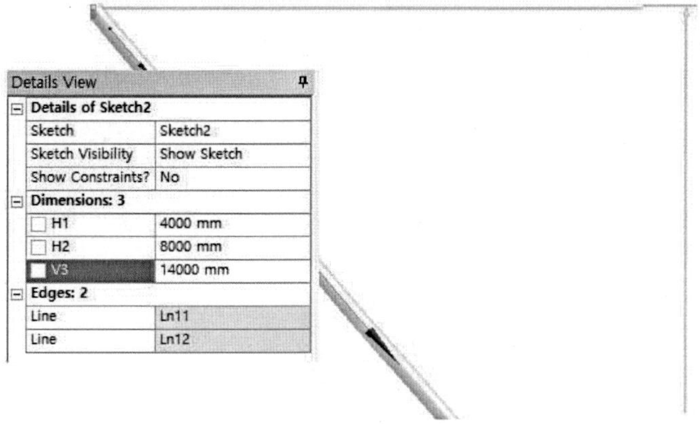

-3. Modeling 화면에서 Concept > Lines From Sketches를 클릭한다.

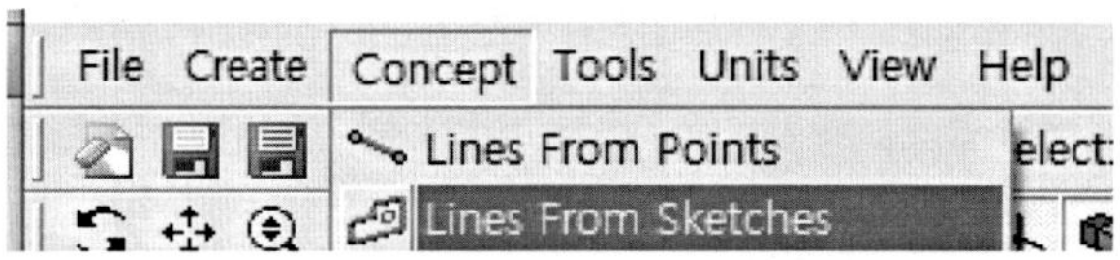

-4. sketch2을 선택하고 Apply를 실행한다.

-5 Generate를 실행한다. Generate를 실행할 Operation을 Add Frozen으로 한다.

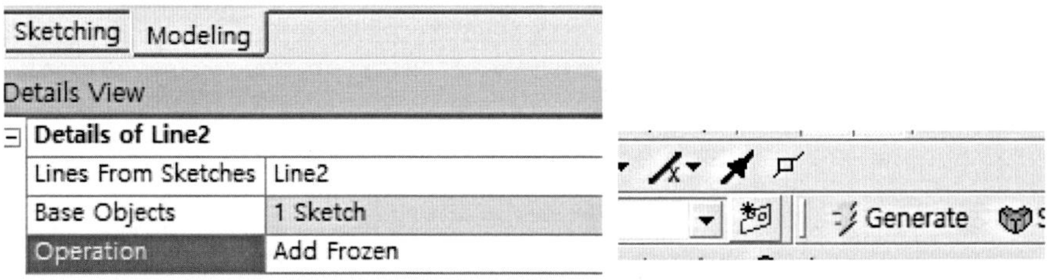

⑤ Concept > Cross Section에서 단면형상을 선택한다.

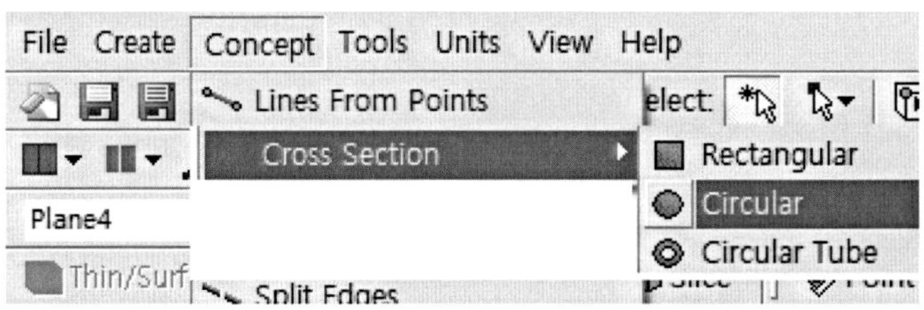

Detail View에서 Dimensions에 단면의 치수를 입력한다.

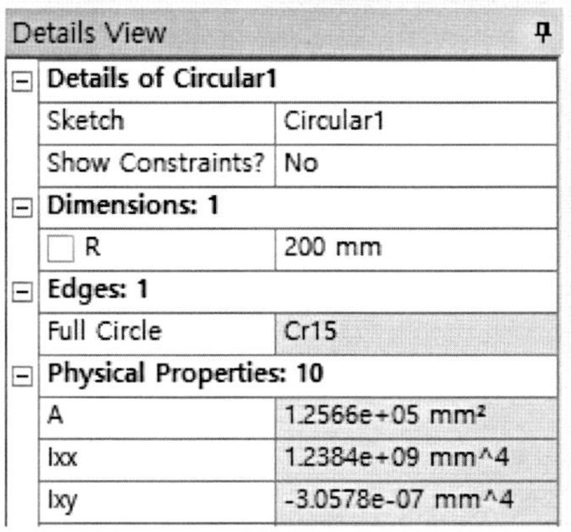

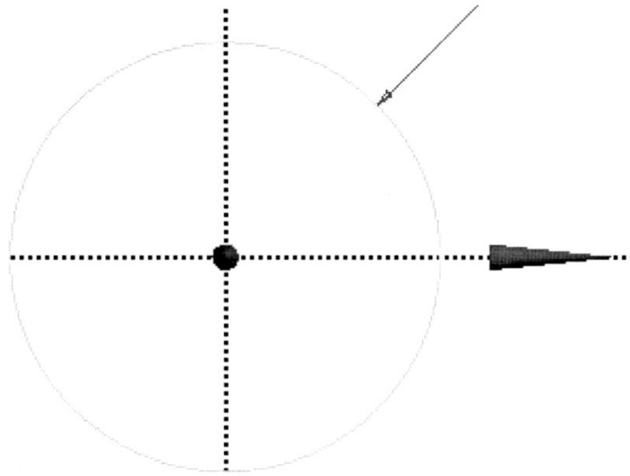

⑥ Detail View에서 Line Body를 선택하고, Cross Section을 선택한다.

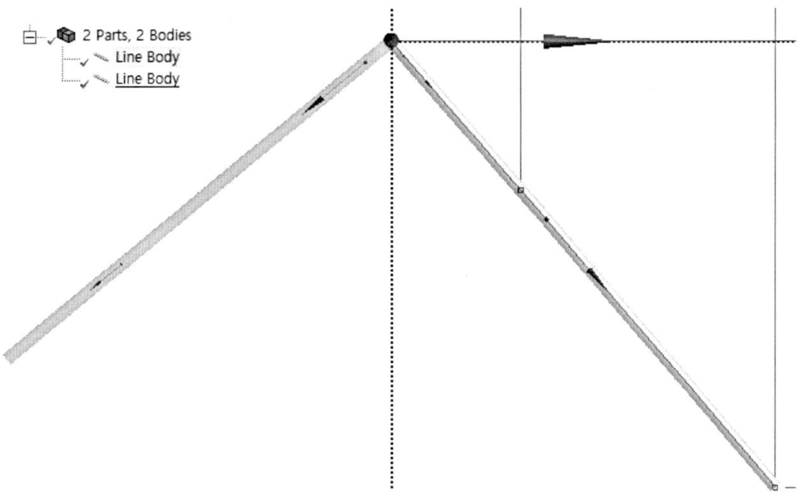

(5) 해석 모델의 환경을 설정한다. (Model)

① Project Schematic의 Static Structural에서 Model을 더블클릭하여 Mechanical 창 활성화 한다.

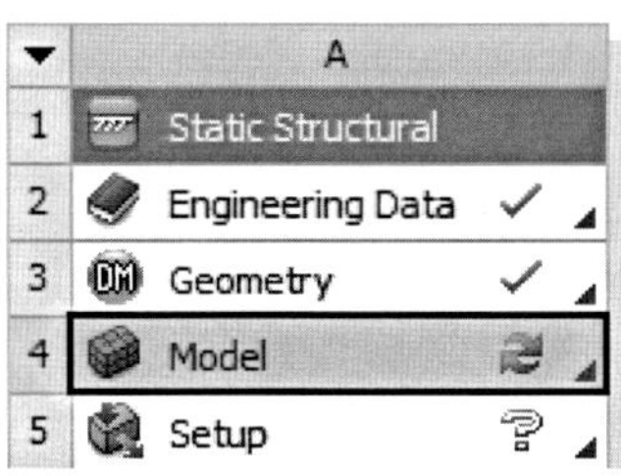

② Outline화면에서 Model > Geometry > Solid 를 선택한다.

③ View > Cross section Solid를 선택한다.

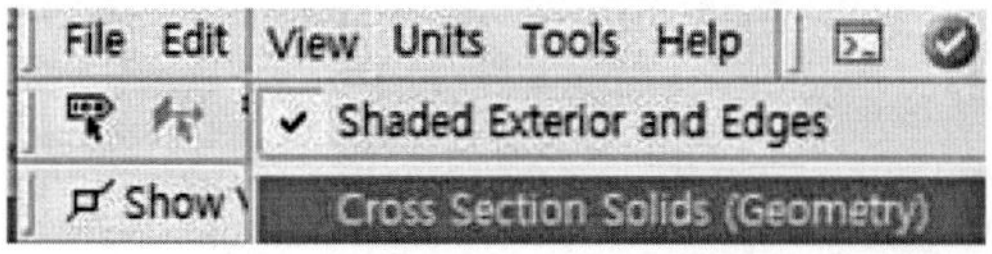

(6) 좌표계 설정 (Coordinate Systems) : 변경내용 없음

(7) 연결 관계 정의(Connections) : 기본설정을 사용한다.

① Outline화면에서 Connection > RMB > Insert > Joint를 선택.

② Menu화면에서 Explode Factor의 슬라이더를 밀어서 부재를 그래픽적으로 벌려 놓는다. 그러면 접촉했던 a,b가 벌어진다.

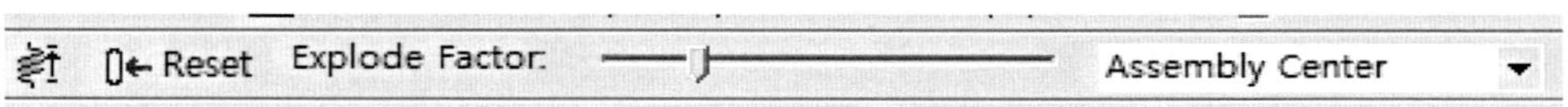

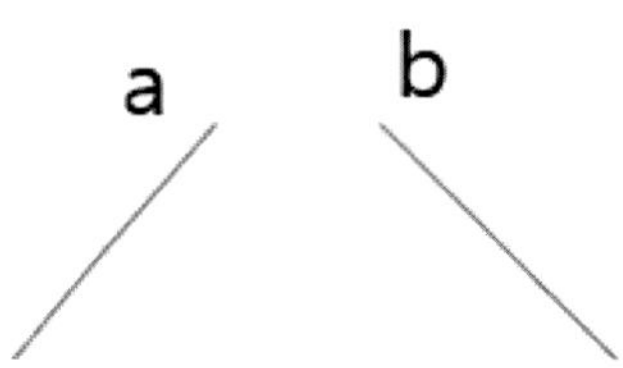

③ Detail화면에서 다음과 같이 설정한다.

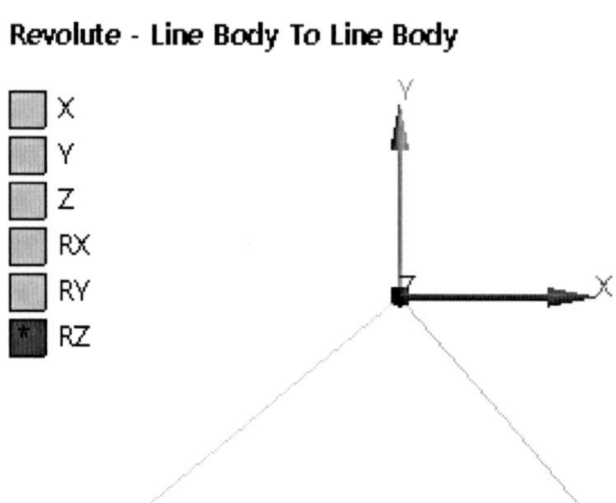

-1. Type을 Revolute 로 한다.

-2. 그래픽화면에서 a점을 클릭하고 Detail화면에서 Reference 의 Scope를 클릭하면 노란색이 빨간색으로 바뀌고 1vortex, Line Body로 설정이 변경된다.

-3. 그래픽화면에서 b점을 클릭하고 Detail화면에서 Mobile의 Scope를 클릭하면 노란색이 파란색으로 바뀌고 1vortex, Line Body로 설정이 변경된다.

Details of "Fixed - No Selection To No Selection"

Definition	
Connection Type	Body-Body
Type	Fixed
Solver Element Type	Program Controlled
Suppressed	No
Element APDL Name	
Reference	
Scoping Method	Geometry Selection
Applied By	Remote Attachment
Scope	No Selection
Body	No Selection
Coordinate System	Reference Coordinate System
Behavior	Rigid
Pinball Region	All
Mobile	
Scoping Method	Geometry Selection
Applied By	Remote Attachment
Scope	No Selection
Body	No Selection
Initial Position	Unchanged
Behavior	Rigid
Pinball Region	All

Details of "Revolute - Line Body To Line Body"

Definition	
Connection Type	Body-Body
Type	Revolute
Torsional Stiffness	0. N·m/°
Torsional Damping	0. N·m·s/°
Suppressed	No
Element APDL Name	
Reference	
Scoping Method	Geometry Selection
Applied By	Remote Attachment
Scope	1 Vertex
Body	Line Body
Coordinate System	Reference Coordinate Systen
Pinball Region	All
Mobile	
Scoping Method	Geometry Selection
Applied By	Remote Attachment
Scope	1 Vertex
Body	Line Body
Initial Position	Unchanged
Pinball Region	All

(8) 격자 모델 생성 (Mesh)

① Outline화면에서 Model > RMB> Insert> Sizing 를 선택한다.

② Element size를 입력한다.

③ Outline화면에서 Model > Mesh 를 선택하고 RMB > Update 실행한다.

Details of "Sizing" - Sizing

Scope	
Scoping Method	Geometry Selection
Geometry	No Selection
Definition	
Suppressed	No
Type	Element Size
Element Size	Default
Advanced	
Defeature Size	Default
Behavior	Soft

Details of "Body Sizing" - Sizing

Scope	
Scoping Method	Geometry Selection
Geometry	2 Bodies
Definition	
Suppressed	No
Type	Element Size
Element Size	50.0 mm
Advanced	
Defeature Size	Default
Behavior	Soft

(9) 해석 설정 정의(Analysis Settings) : Large Deflection ON 설정

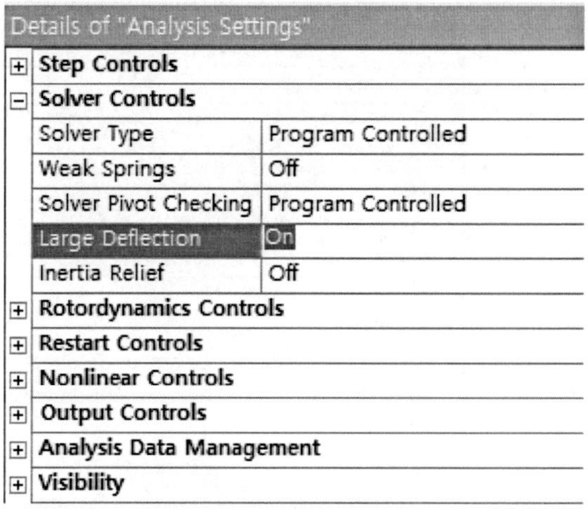

(10) 초기 조건 정의 : 고려하지 않는다.

(11) 구속조건 정의

ⓐ 고정 지점 설정 (A점)

① Outline화면에서 Static structure > RMB > Insert > Fixed Support 선택.

② Outline화면에서 Static structure > Fixed support를 클릭하고,
Graphic window에서 단순보의 절점을 선택한다.

*끝단을 선택하기 위하여 Edge 메뉴 사용한다.

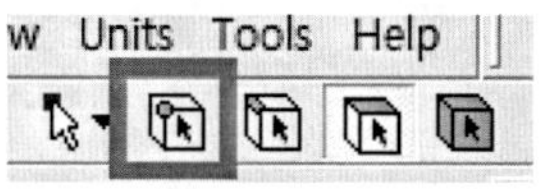

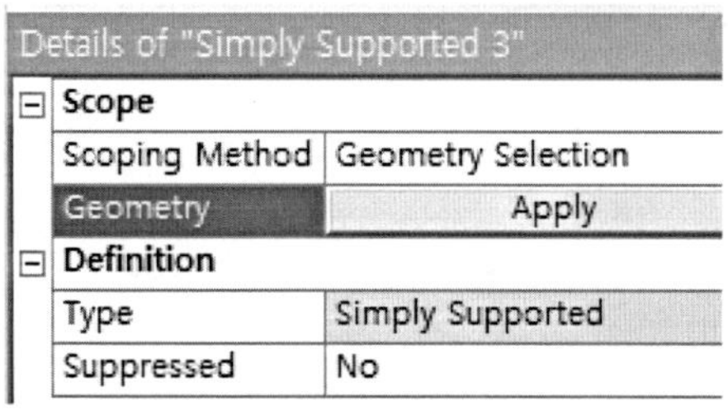

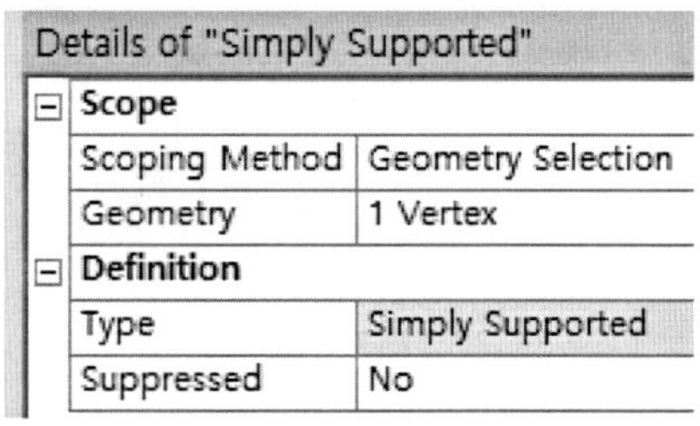

ⓑ 이동 지점 설정 (B점)

① Outline화면에서 Static structure > RMB > Insert > Displacement Support 선택.

② Outline화면에서 Static structure > Displacement support를 클릭하고,
Graphic window에서 단순보의 절점을 선택한다.

*끝단을 선택하기 위하여 Edge 메뉴 사용한다.

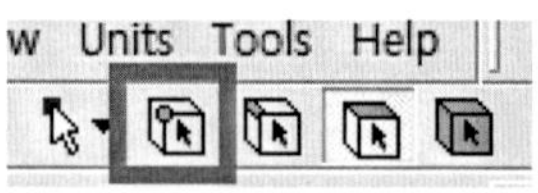

Details of Displacement에서 다음과 같이 설정한다.

Details of "Displacement"

Scope	
Scoping Method	Geometry Selection
Geometry	No Selection
Definition	
Type	Displacement
Define By	Components
Coordinate System	Global Coordinate System
X Component	Free
Y Component	Free
Z Component	Free
Suppressed	No

Scope	
Scoping Method	Geometry Selection
Geometry	1 Vertex
Definition	
Type	Displacement
Define By	Components
Coordinate System	Global Coordinate System
X Component	Free
Y Component	0. mm (ramped)
Z Component	0. mm (ramped)
Suppressed	No

(12) 하중조건 정의

ⓐ Force 설정

① Outline화면에서 Static structure > RMB > Insert > Force를 선택한다.

② a Detail view에 Force에 대한 Scope, Definition이 나타난다.

b Force가 작용하는 점을 선택한다.

c Apply를 클릭한다.

③ Magnitude를 6000N으로 설정하고 Direction을 Apply한다.

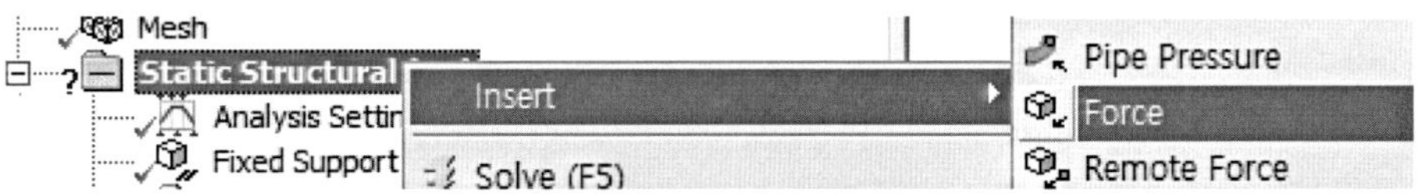

Details of "Force 3"

Scope	
Scoping Method	Geometry Selection
Geometry	No Selection
Definition	
Type	Force
Define By	Components
Coordinate System	Global Coordinate System
X Component	0. N (ramped)
Y Component	0. N (ramped)
Z Component	0. N (ramped)
Suppressed	No

Details of "Force"

Scope	
Scoping Method	Geometry Selection
Geometry	1 Vertex
Definition	
Type	Force
Define By	Components
Coordinate System	Global Coordinate System
X Component	0. N (ramped)
Y Component	-10000 N (ramped)
Z Component	0. N (ramped)
Suppressed	No

Details of "Force 2"

Scope	
Scoping Method	Geometry Selection
Geometry	1 Vertex
Definition	
Type	Force
Define By	Components
Coordinate System	Global Coordinate System
X Component	0. N (ramped)
Y Component	-20000 N (ramped)
Z Component	0. N (ramped)
Suppressed	No

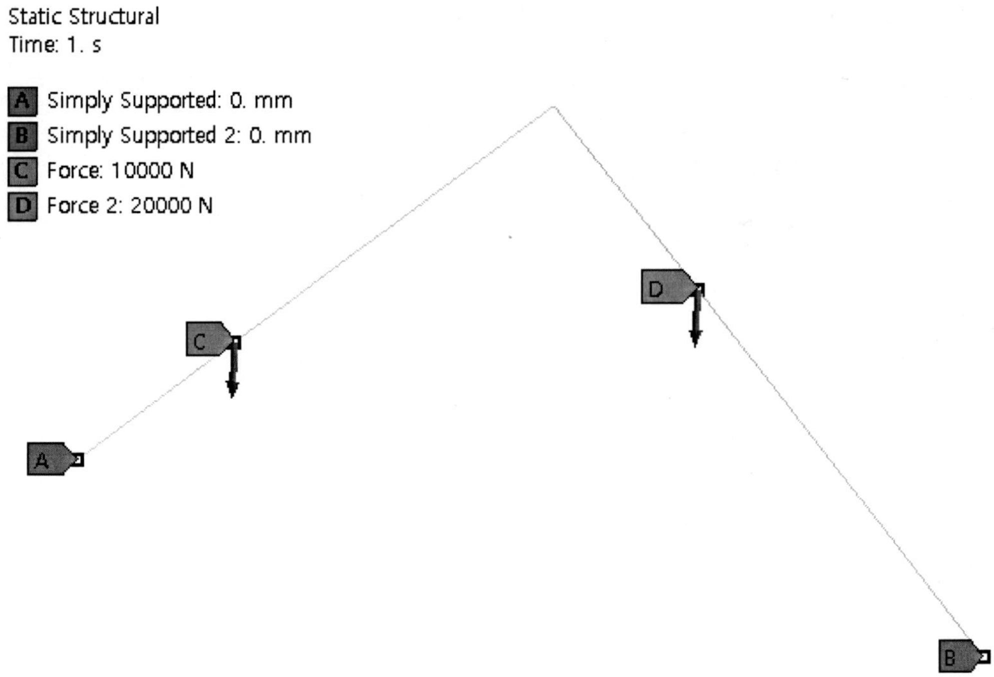

(13) 해석 결과 설정

① Deformation(변형) 결과 세팅

a. Outline화면에서 Solution >RMB >Insert >Deformation >Directional 항목 선택

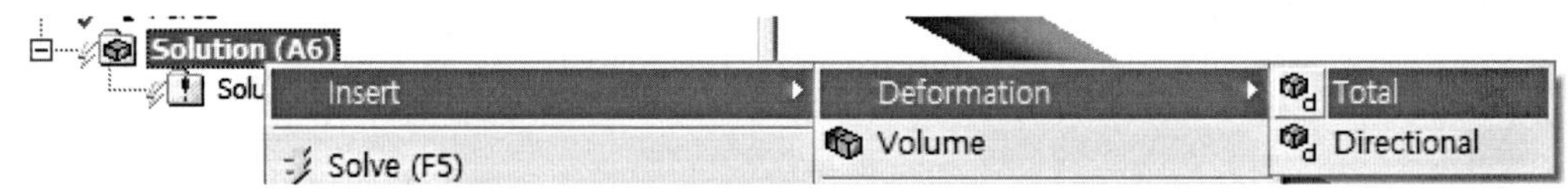

(14) 해석 수행

① Outline화면에서 Static structure 를 선택한다.

② Tool bar에서 Solve를 클릭하거나, Solution > RMB > Solve 를 클릭한다.

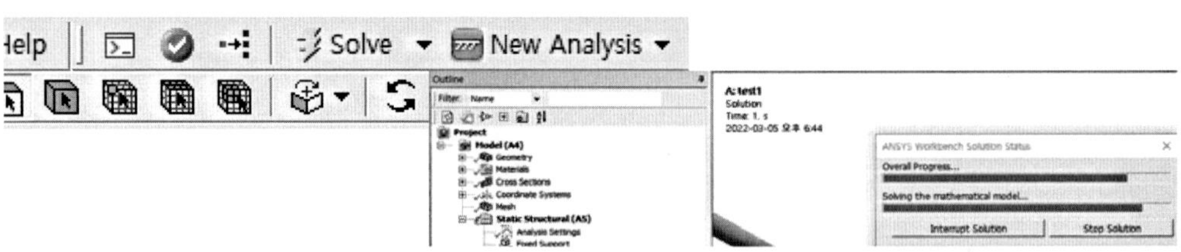

(15) 해석 결과 확인

Show Undeformed WireFrame을 사용

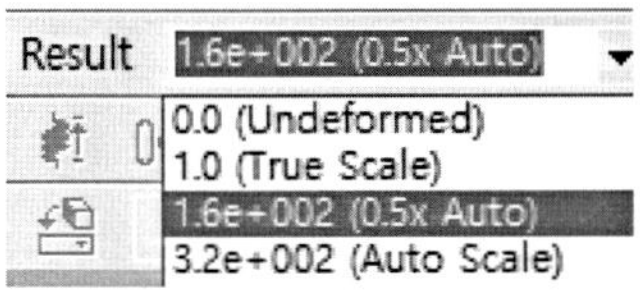

메뉴의 Result를 0.5x Auto로 변경한다.

① Total Deformation을 확인한다.

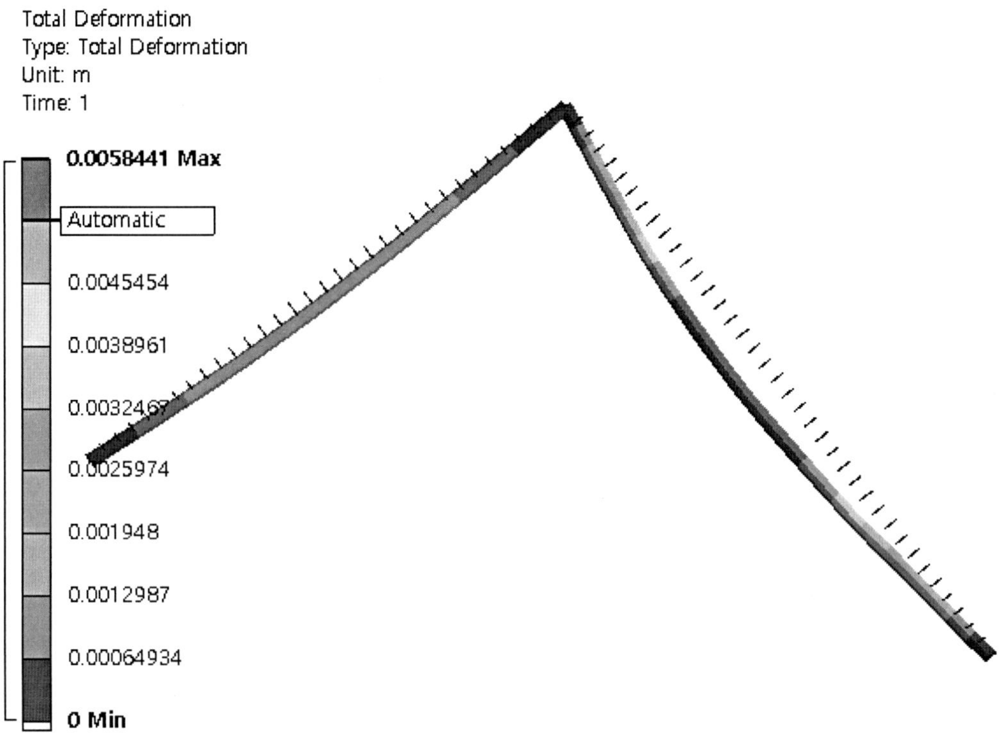

② Bending-Moment

Outline화면에서 Solution > RMB > Insert> Beam Result > Bending-Moment 를 선택하고, Evaluate All Results를 실행한다.

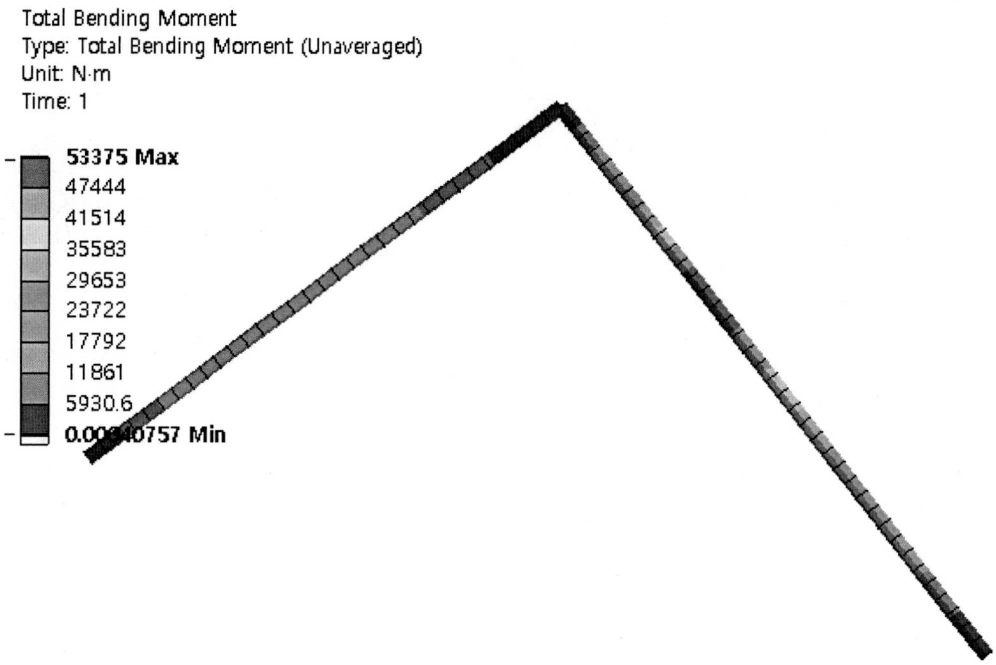

③ Force Reaction을 확인한다. (D점)

Maximum Value Over Time	
X Axis	-1666.8 N
Y Axis	16387 N
Z Axis	7.7924e-007 N
Total	18386 N

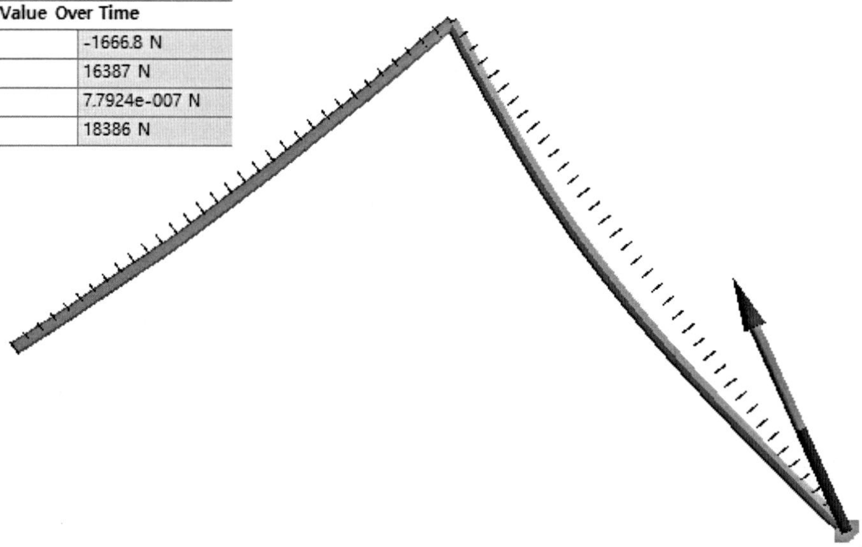

문제28. 반원 아치의 모멘트 산정

부재의 모멘트를 구하시오. 아치에는 10kN/m의 수직하중이 작용한다.
보의 재질은 Structural Steel로 탄성계수는 200,000 MPa, 푸아송 비 0.3 이며, 항복응력은 2.5 x 10^8 Pa 이다. 단면치수는 지름200mm 이다.

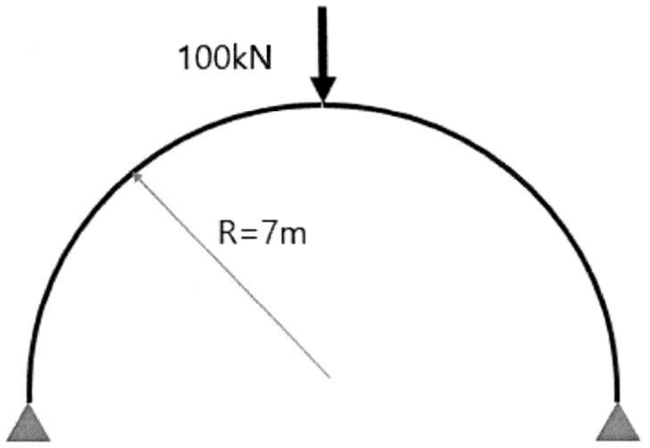

(1) 해석대상을 분석하고 자유물체도를 작성한다.

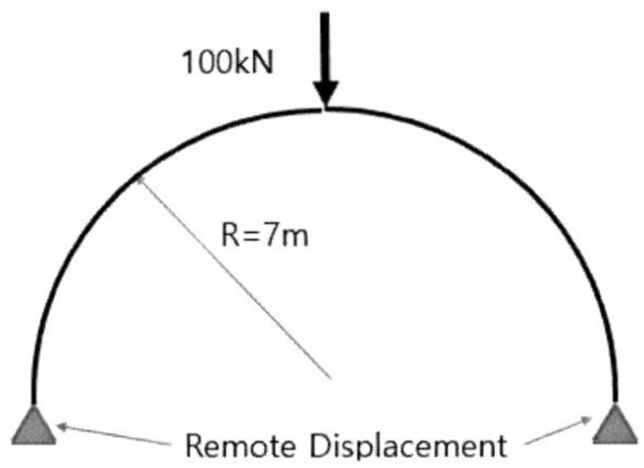

(2) 해석 시스템을 생성한다.(Static structural)
① Project Schematic에 Static Structural 시스템 추가한다.
② Project 이름을 변경한다.
③ Mechanical 창에서 Units menu를 클릭하고 단위를 설정한다.
- Metric (mm, kg, N, s, mV, mA)

(3) 재료의 물성을 정의한다. (Engineering Data)
① 기본 설정된 값을 사용한다. (기본설정은 Structural steel로 되어 있다.)

(4) 해석 모델을 불러들이거나 모델링을 수행한다. (Geometry)
본 문제에 대한 Design Modeler를 사용한 모델링 방법은 다음과 같다.
조인트로 연결하는 부재 2개를 모델링 한다.
① Geometry에서 RMB > Design Modeler를 클릭한다.

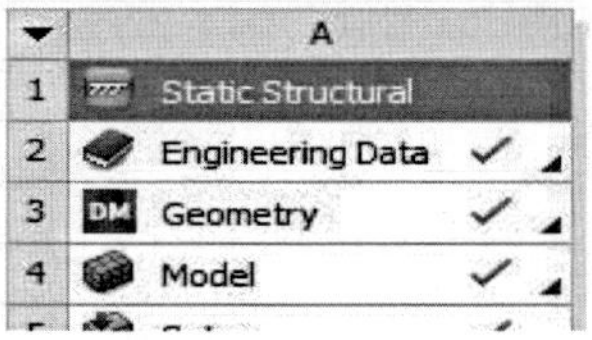

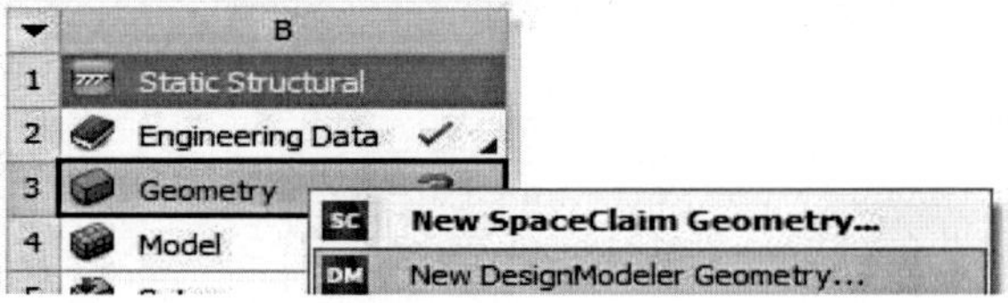

먼저 단위를 mm로 변경한다.

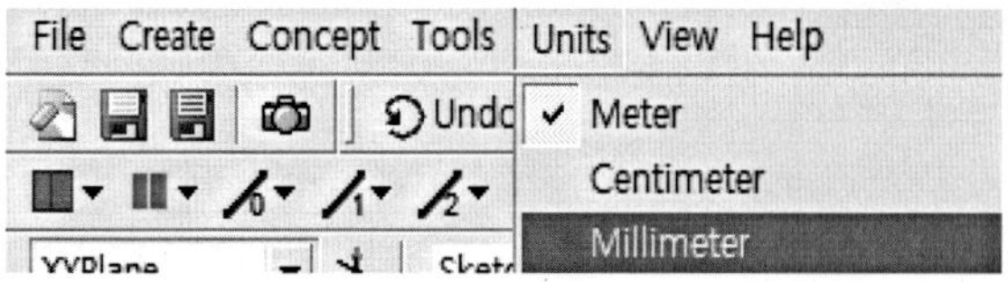

다음과 같은 절차로 모델링 한다.

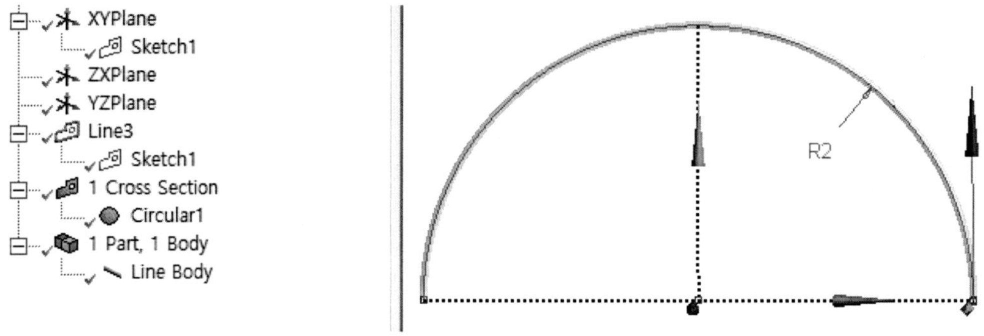

② XYPlane을 선택한 후 New Plane을 클릭하여 Plane4를 생성하고, Generate를 실행한다.

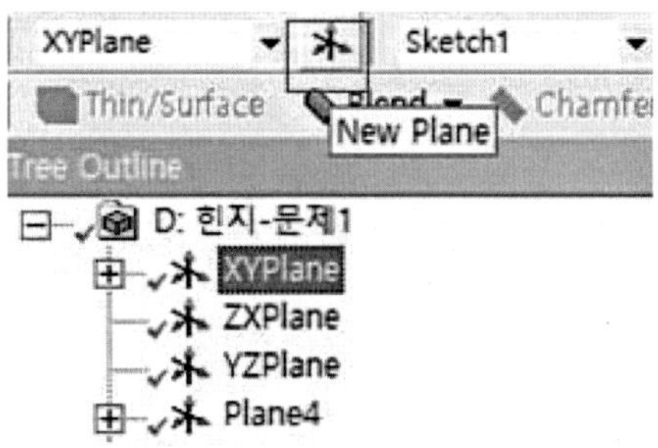

③ XPLane을 선택하고 Look at을 클릭한다.

-1. Sketching 화면에서 Draw에서 Arc by center로 원을 그린다.

-2. Detail Views에서 Dimensions에 반지름의 치수를 입력한다.

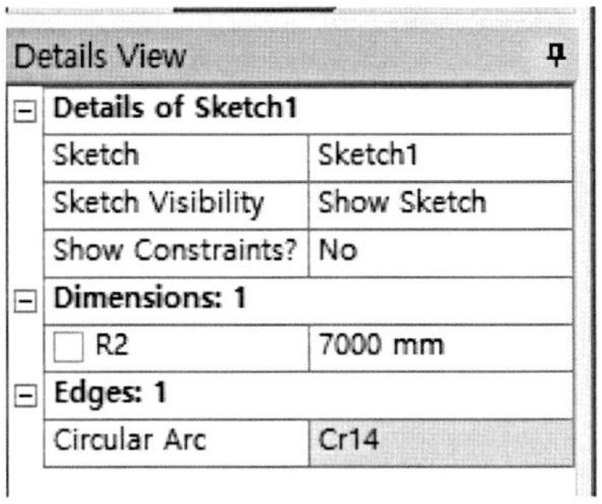

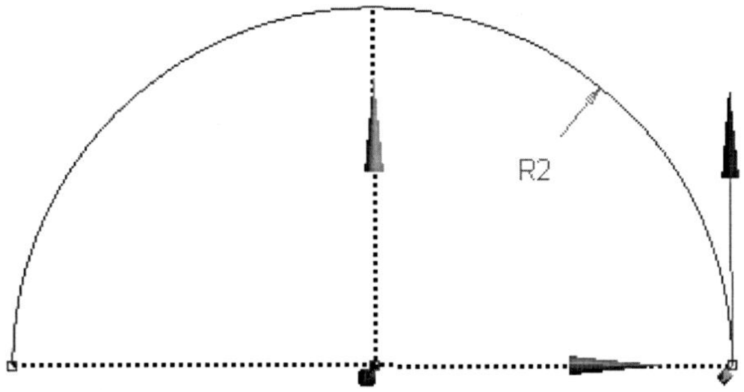

-3. Modeling 화면에서 Concept > Lines From Sketches를 클릭한다.

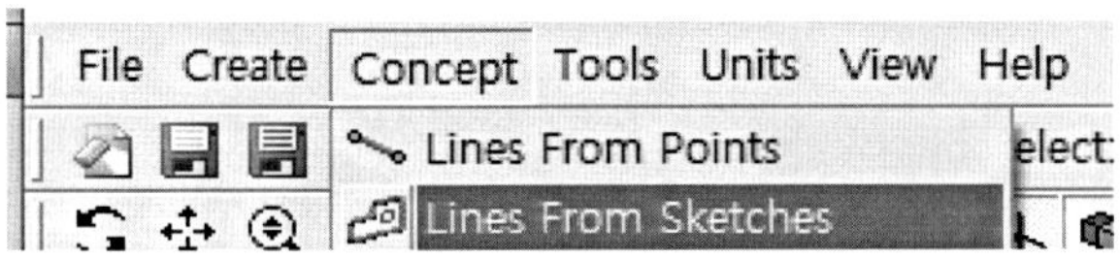

-4. sketch1을 선택하고 Apply를 실행한다.

-5 Generate를 실행한다. Generate를 실행할 Operation을 Add Material로 한다.

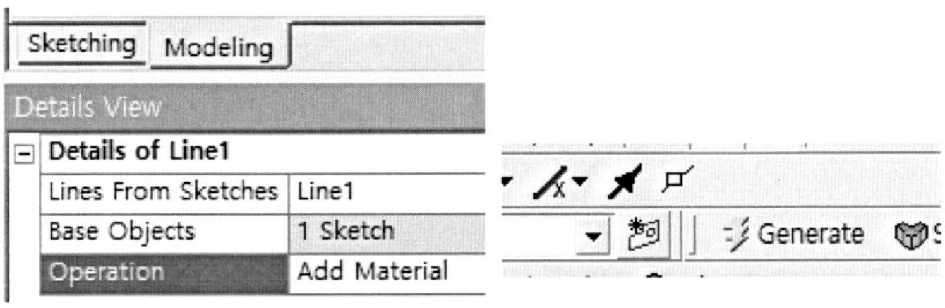

④ Concept > Cross Section에서 단면형상을 선택한다.

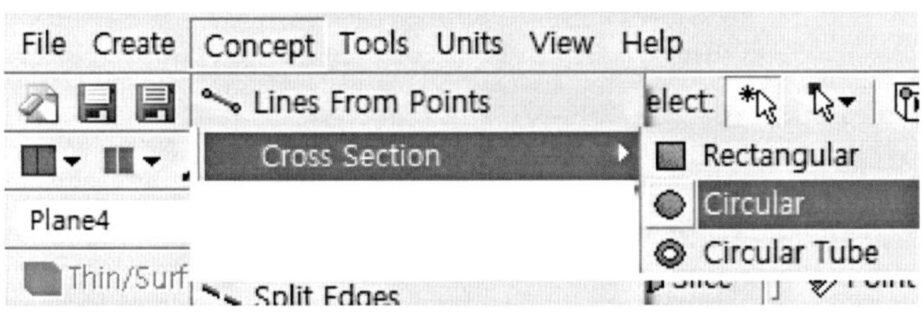

Detail View에서 Dimensions에 단면의 치수를 입력한다.

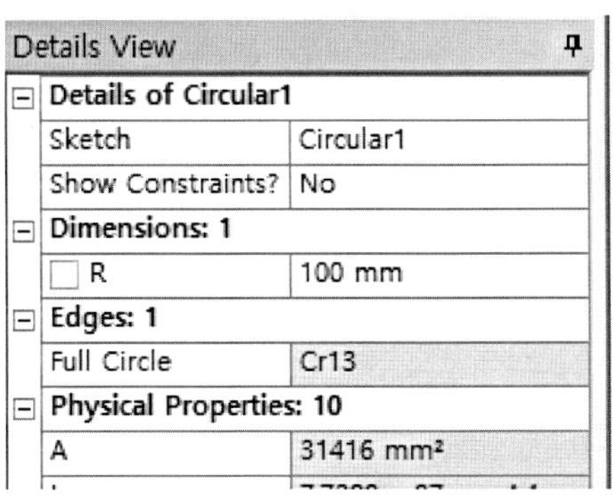

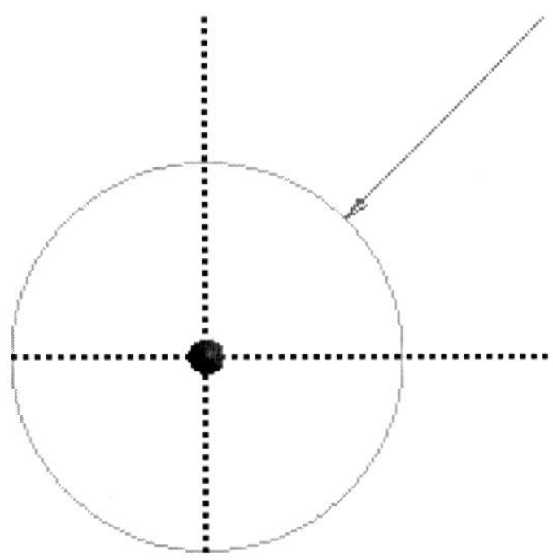

⑤ Detail View에서 Line Body를 선택하고, Cross Section을 선택한다.

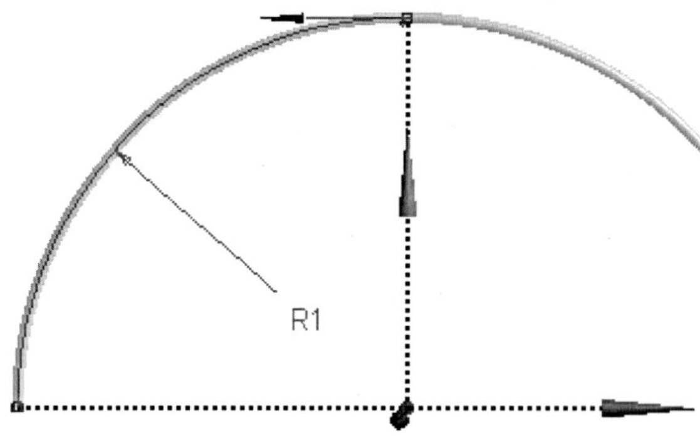

(5) 해석 모델의 환경을 설정한다. (Model)

① Project Schematic의 Static Structural에서 Model을 더블클릭하여 Mechanical 창 활성화 한다.

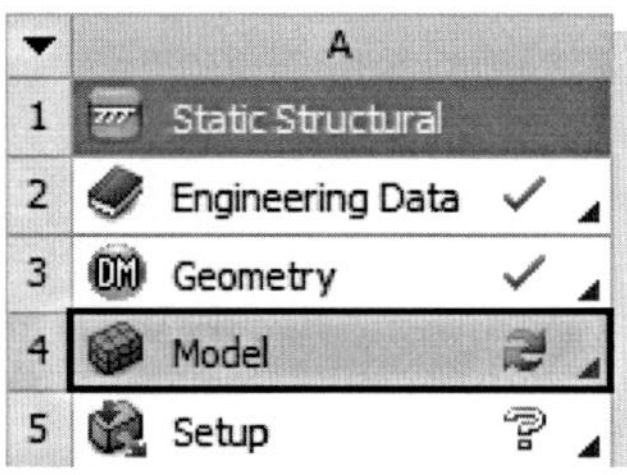

② Outline화면에서 Model > Geometry > Solid 를 선택한다.

③ View > Cross section Solid를 선택한다.

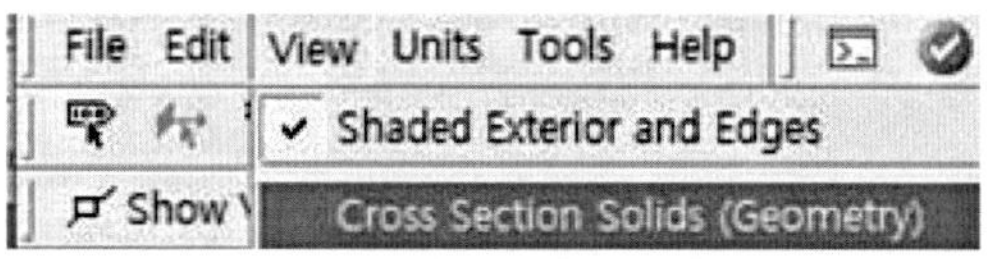

(6) 좌표계 설정 (Coordinate Systems) : 변경내용 없음

(7) 연결 관계 정의(Connections) : 기본설정을 사용한다.

(8) 격자 모델 생성 (Mesh)

① Outline화면에서 Model > RMB> Insert> Sizing 를 선택한다.

② Element size를 입력한다.

③ Outline화면에서 Model > Mesh 를 선택하고 RMB > Update 실행한다.

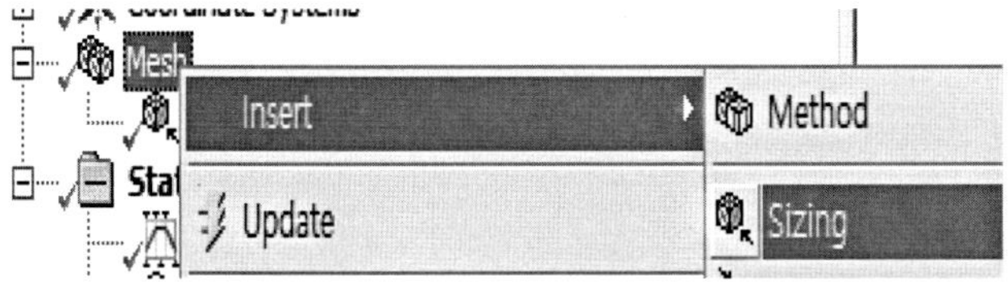

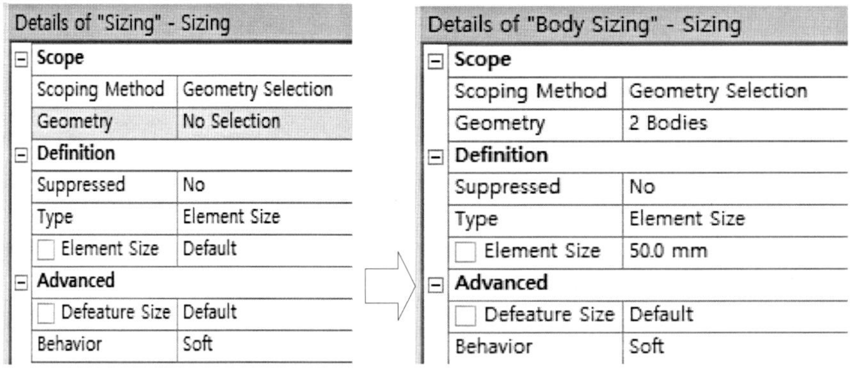

(9) 해석 설정 정의(Analysis Settings) : Large Deflection ON 설정

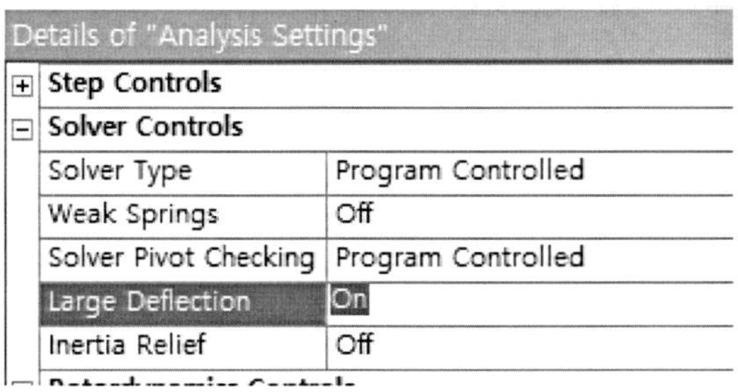

(10) 초기 조건 정의 : 고려하지 않는다.

(11) 구속조건 정의

ⓐ 고정 지점 설정 (A점)

① Outline화면에서 Static structure > RMB > Insert > Remote Displacement 선택.

② Outline화면에서 Static structure > Remote Displacement 를 클릭하고,
Graphic window에서 단순보의 절점을 선택한다.

*끝단을 선택하기 위하여 Edge 메뉴 사용한다.

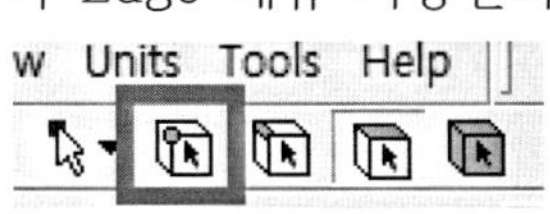

Details of "Remote Displacement 3"	
Scope	
Scoping Method	Geometry Selectio
Geometry	A
Coordinate System	Global Coordinate
X Coordinate	0. m
Y Coordinate	0. m
Z Coordinate	0. m
Location	Click to Change
Definition	
Type	Remote Displacen
X Component	Free
Y Component	Free
Z Component	Free
Rotation X	Free
Rotation Y	Free
Rotation Z	Free
Suppressed	No
Behavior	Deformable
Advanced	

Details of "Remote Displacement 2"	
Scope	
Scoping Method	Geometry Selection
Geometry	1 Vertex
Coordinate System	Global Coordinate System
X Coordinate	-7. m
Y Coordinate	1.e-015 m
Z Coordinate	0. m
Location	Click to Change
Definition	
Type	Remote Displacement
X Component	0. m (ramped)
Y Component	0. m (ramped)
Z Component	0. m (ramped)
Rotation X	0. ° (ramped)
Rotation Y	0. ° (ramped)
Rotation Z	Free
Suppressed	No
Advanced	

ⓑ 고정 지점 설정 (B점)

Details of "Fixed Rotation"	
Scope	
Scoping Method	Geometry Selection
Geometry	No Selection
Definition	
Type	Fixed Rotation
Coordinate System	Global Coordinate System
Rotation X	Fixed
Rotation Y	Fixed
Rotation Z	Fixed
Suppressed	No

Details of "Fixed Rotation"	
Scope	
Scoping Method	Geometry Selection
Geometry	1 Vertex
Definition	
Type	Fixed Rotation
Coordinate System	Global Coordinate System
Rotation X	Fixed
Rotation Y	Fixed
Rotation Z	Free
Suppressed	No

(12) 하중조건 정의

ⓐ Force 설정

① Outline화면에서 Static structure > RMB > Insert > Force를 선택한다.

② a Detail view에 Force에 대한 Scope, Definition이 나타난다.

b Force가 작용하는 점을 선택한다.

c Apply를 클릭한다.

③ Magnitude를 10kN으로 설정하고 Direction을 Apply한다.

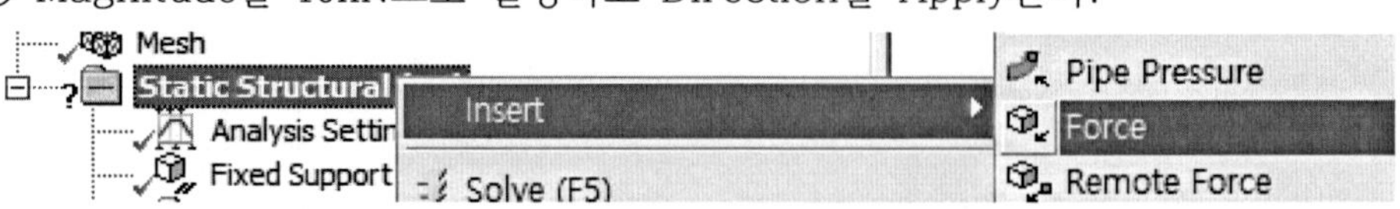

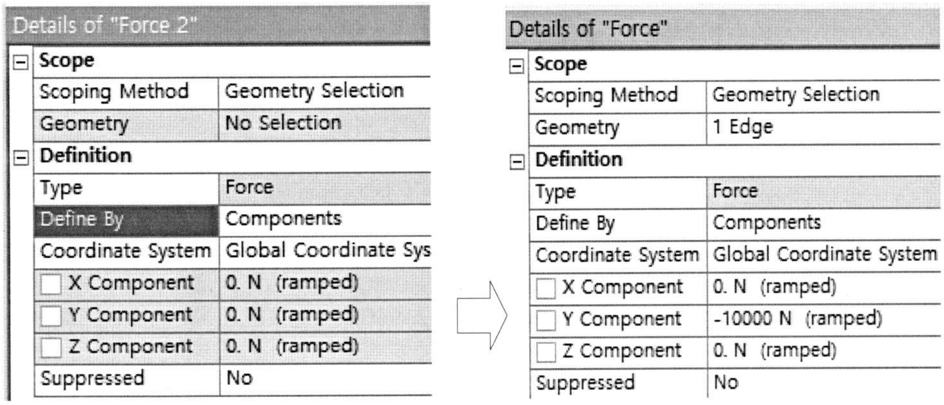

(13) 해석 결과 설정

① Deformation(변형) 결과 세팅

a. Outline화면에서 Solution >RMB >Insert >Deformation >Directional 항목 선택

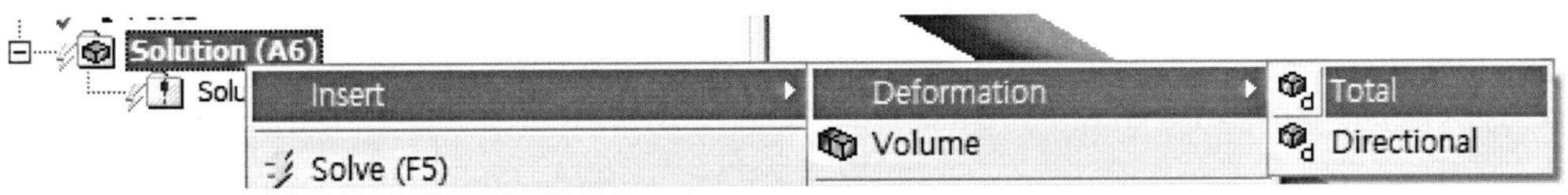

(14) 해석 수행

① Outline화면에서 Static structure 를 선택한다.

② Tool bar에서 Solve를 클릭하거나, Solution > RMB > Solve 를 클릭한다.

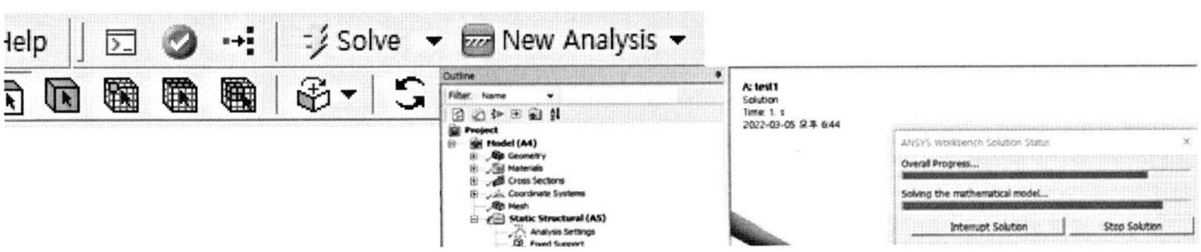

(15) 해석 결과 확인

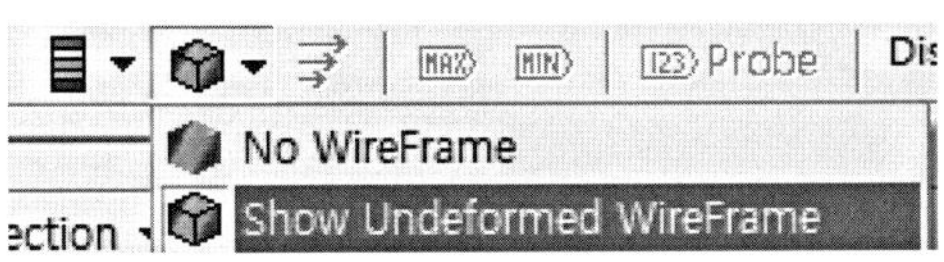

Show Undeformed WireFrame을 사용

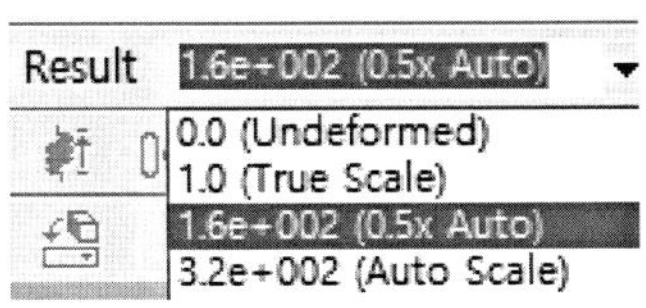

메뉴의 Result를 0.5x Auto로 변경한다.

① Total Deformation을 확인한다.

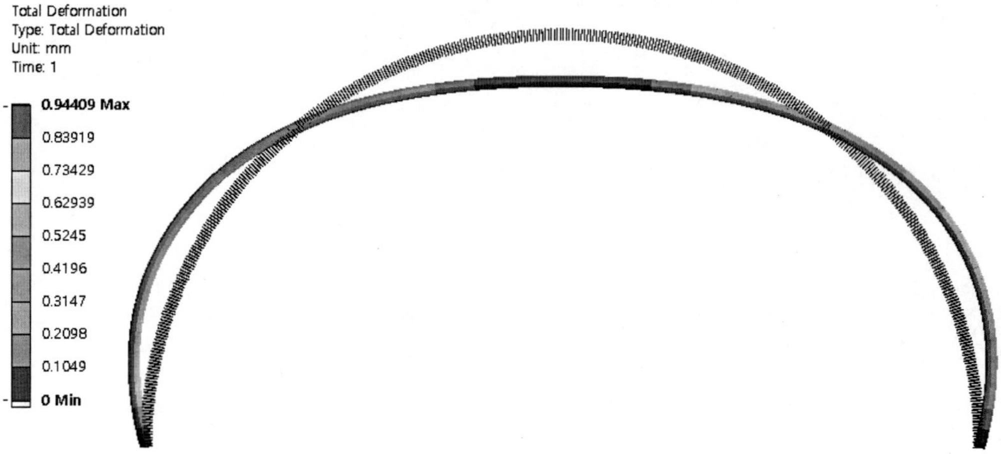

② Bending-Moment

Outline화면에서 Solution > RMB > Insert> Beam Result > Bending-Moment 를 선택하고, Evaluate All Results를 실행한다.

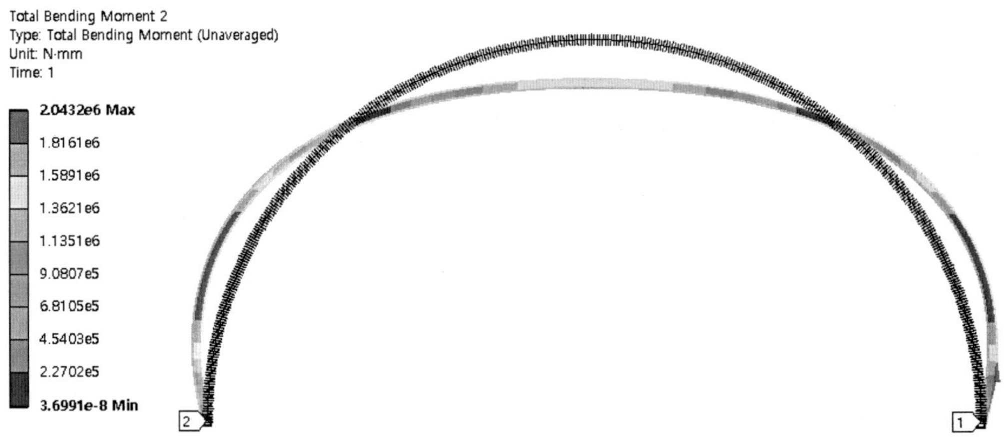

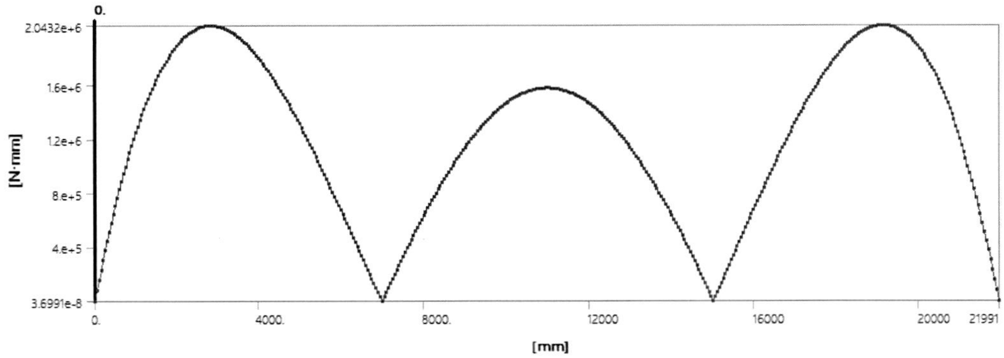

③ Force Reaction을 확인한다. (D점)

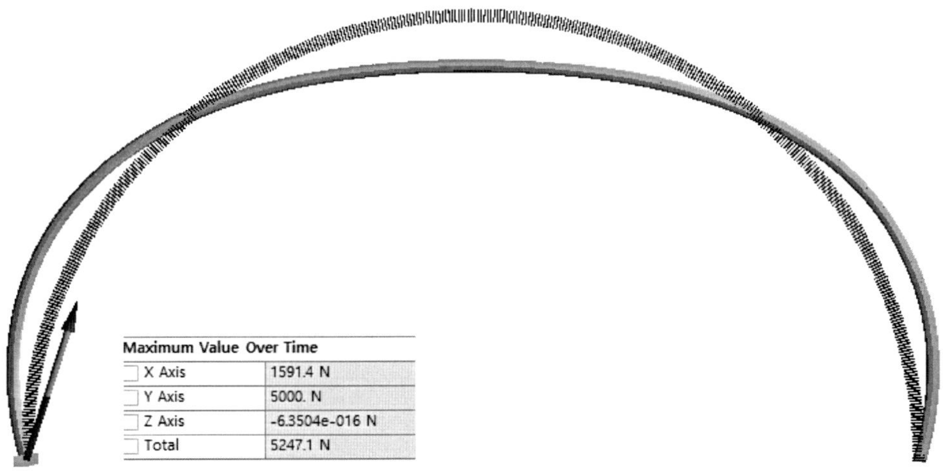

Maximum Value Over Time	
X Axis	1591.4 N
Y Axis	5000. N
Z Axis	-6.3504e-016 N
Total	5247.1 N

문제29. 힌지를 3절 아치의 모멘트 산정

부재의 모멘트를 구하시오. 아치에는 10kN/m의 수직하중이 작용한다.
보의 재질은 Structural Steel로 탄성계수는 200,000 MPa, 푸아송 비 0.3 이며, 항복응력은 2.5 x 10^8 Pa 이다. 단면치수는 지름200mm 이다.

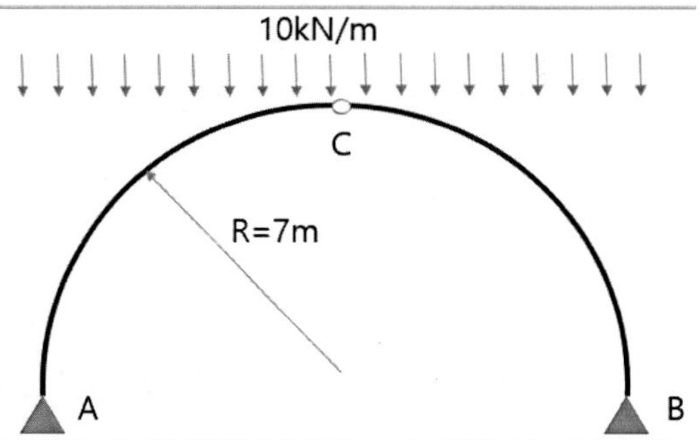

(1) 해석대상을 분석하고 자유물체도를 작성한다.

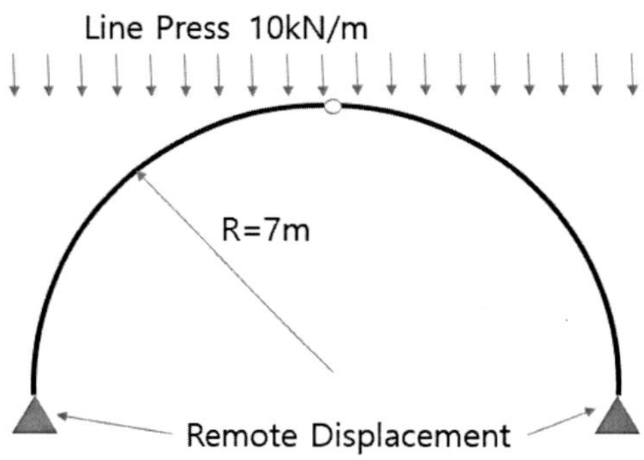

(2) 해석 시스템을 생성한다.(Static structural)

① Project Schematic에 Static Structural 시스템 추가한다.

② Project 이름을 변경한다.

③ Mechanical 창에서 Units menu를 클릭하고 단위를 설정한다.

- Metric (mm, kg, N, s, mV, mA)

(3) 재료의 물성을 정의한다. (Engineering Data)

① 기본 설정된 값을 사용한다. (기본설정은 Structural steel로 되어 있다.)

(4) 해석 모델을 불러들이거나 모델링을 수행한다. (Geometry)

본 문제에 대한 Design Modeler를 사용한 모델링 방법은 다음과 같다.

조인트로 연결하는 부재 2개를 모델링 한다.

① Geometry에서 RMB > Design Modeler를 클릭한다.

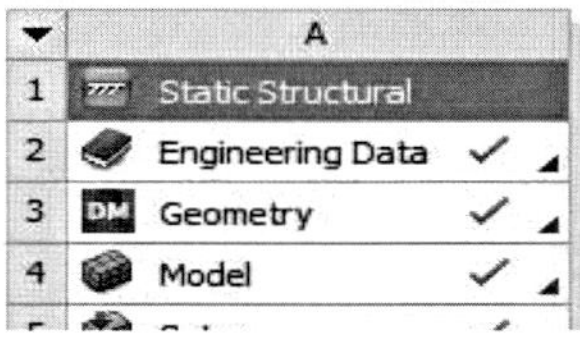

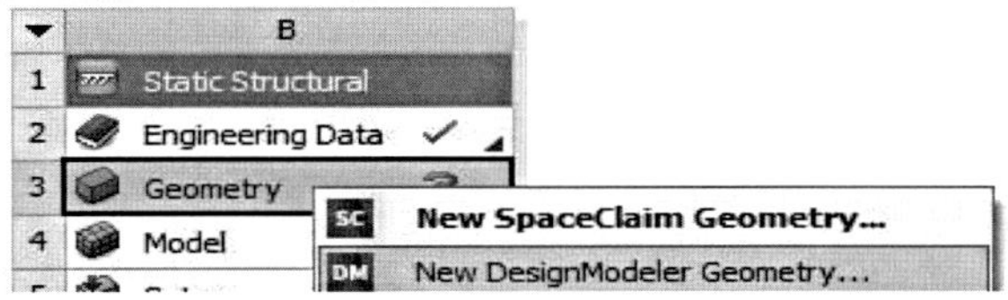

먼저 단위를 mm로 변경한다.

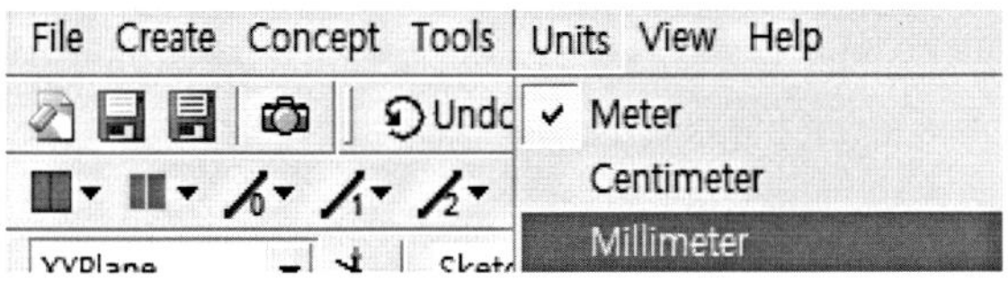

다음과 같은 절차로 모델링 한다.

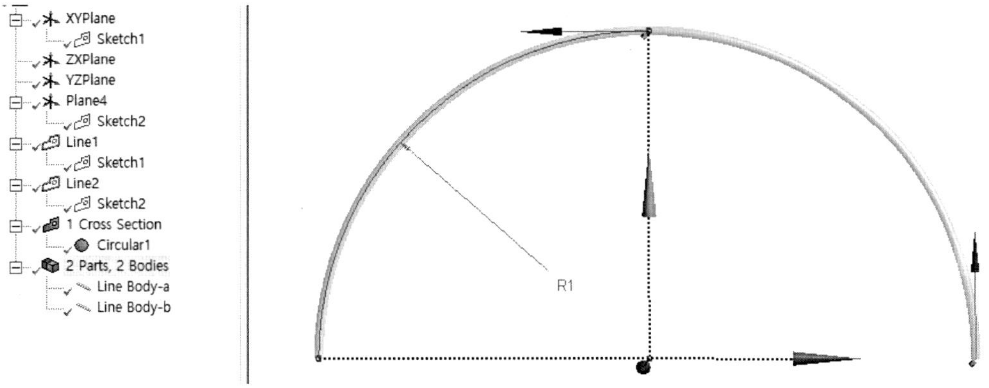

② XYPlane을 선택한 후 New Plane을 클릭하여 Plane4를 생성하고, Generate를 실행한다.

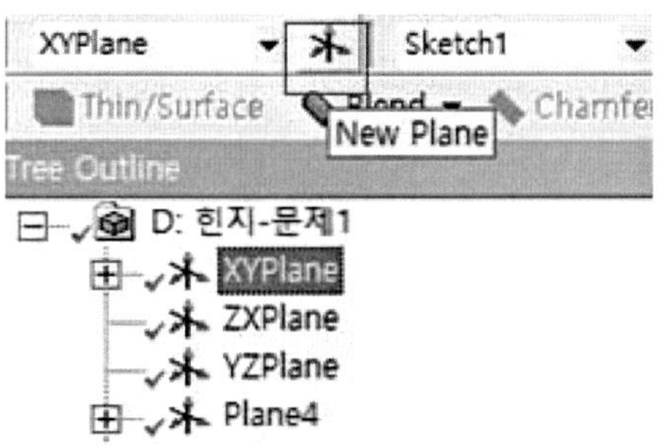

③ XPLane을 선택하고 Look at을 클릭한다.

-1. Sketching 화면에서 Draw에서 Arc by center로 원을 그린다.
-2. Detail Views에서 Dimensions에 반지름의 치수를 입력한다.

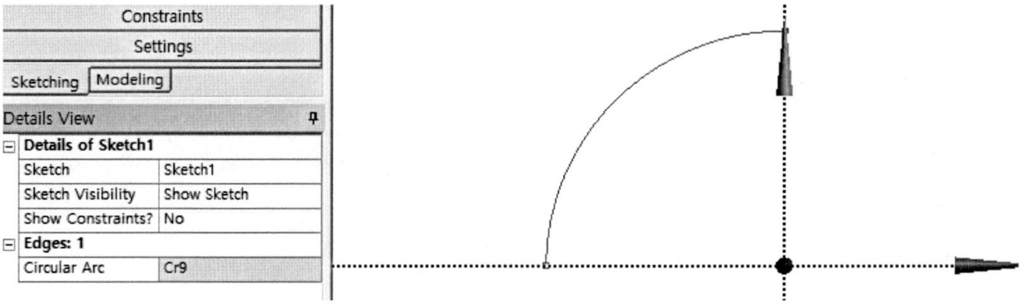

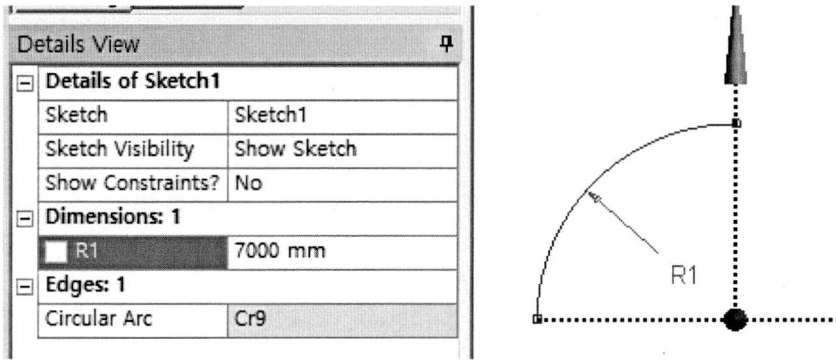

-3. Modeling 화면에서 Concept > Lines From Sketches를 클릭한다.

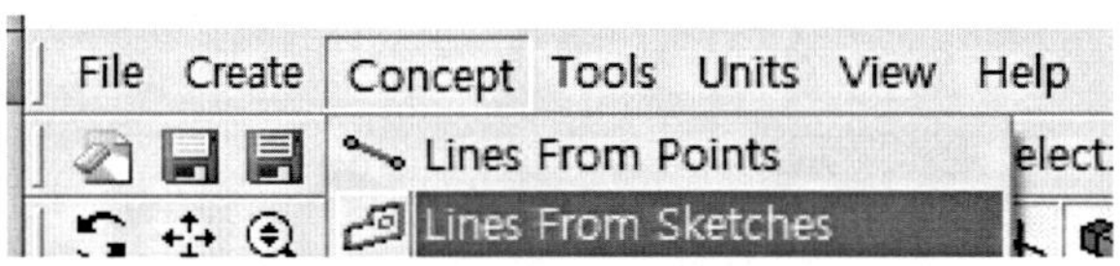

-4. sketch1을 선택하고 Apply를 실행한다.

-5 Generate를 실행한다. Generate를 실행할 Operation을 Add Material로 한다.

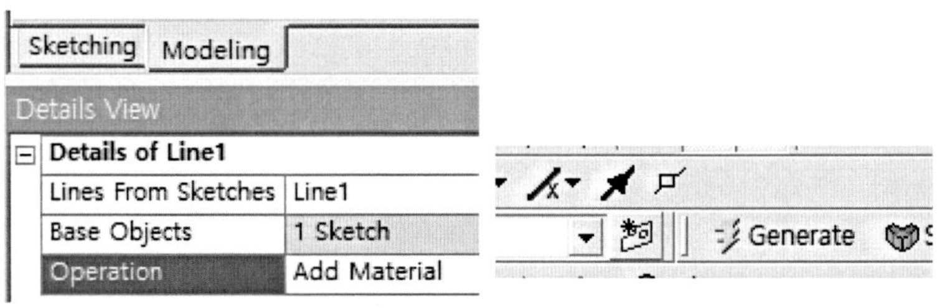

④ PLane4을 선택하고 Look at을 클릭한다.

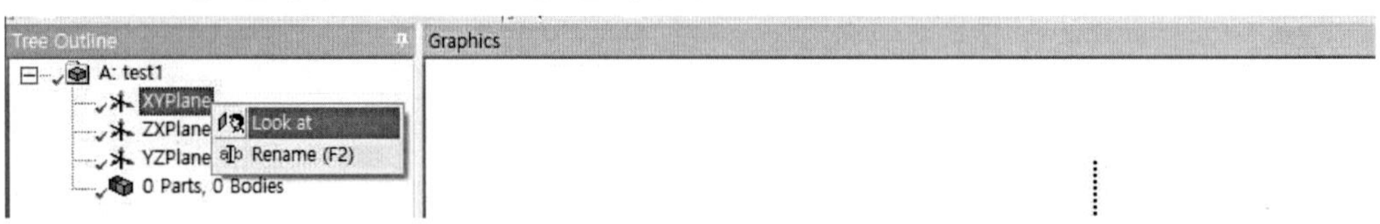

-1. Sketching 화면에서 Draw에서 Arc by center로 원을 그린다.

-2. Detail Views에서 Dimensions에 반지름의 치수를 입력한다.

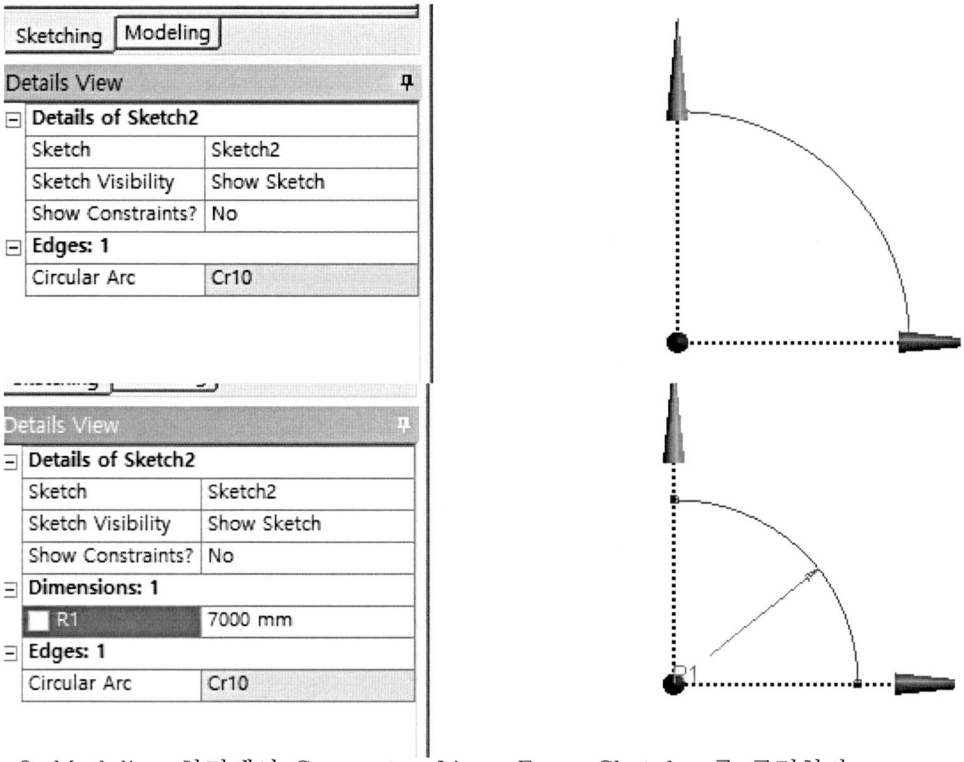

-3. Modeling 화면에서 Concept > Lines From Sketches를 클릭한다.

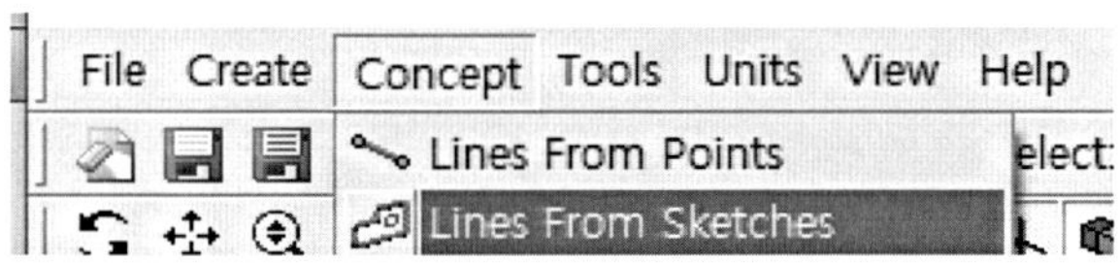

-4. sketch2을 선택하고 Apply를 실행한다.

-5 Generate를 실행한다. Generate를 실행할 Operation을 Add Frozen으로 한다.

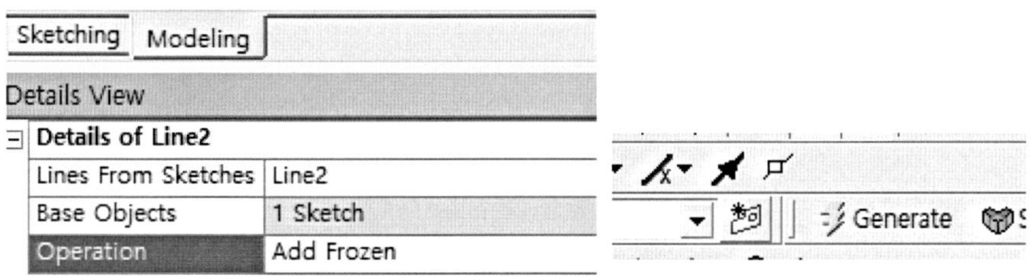

⑤ Concept > Cross Section에서 단면형상을 선택한다.

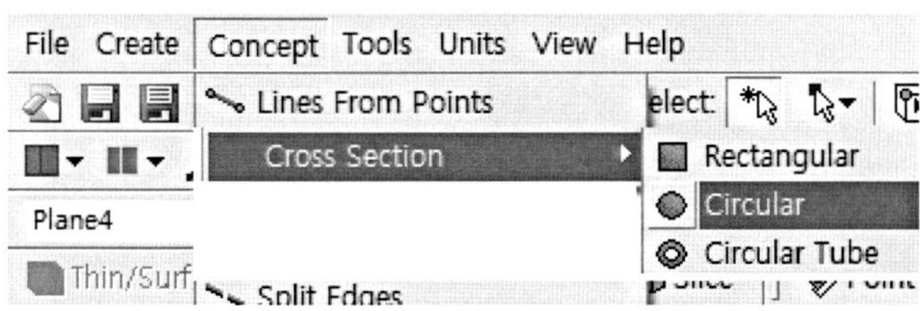

Detail View에서 Dimensions에 단면의 치수를 입력한다.

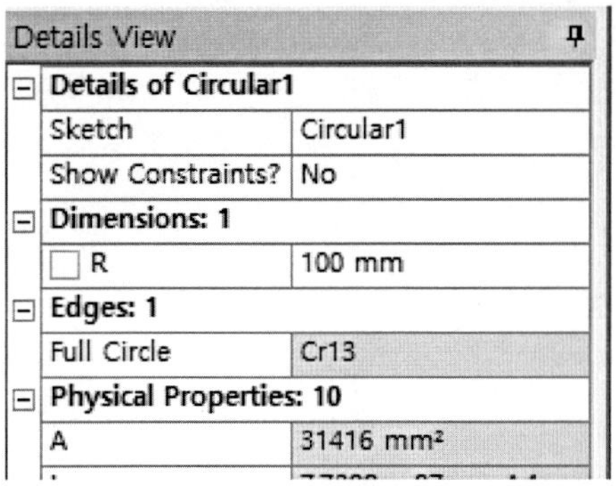

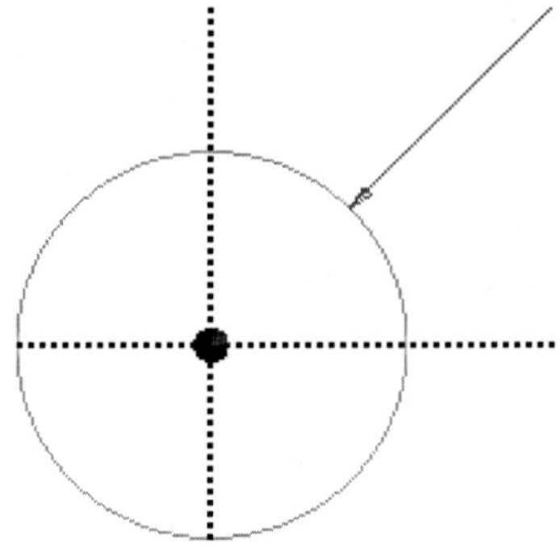

⑥ Detail View에서 Line Body를 선택하고, Cross Section을 선택한다.

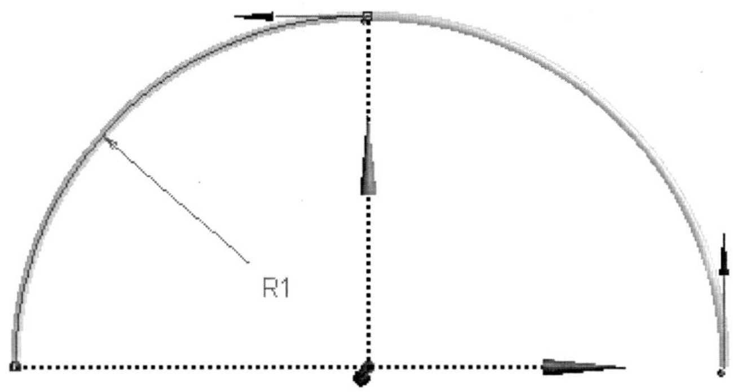

(5) 해석 모델의 환경을 설정한다. (Model)

① Project Schematic의 Static Structural에서 Model을 더블클릭하여 Mechanical 창 활성화 한다.

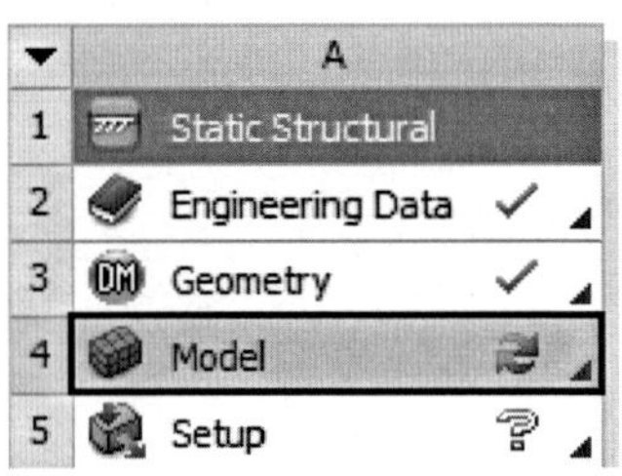

② Outline화면에서 Model > Geometry > Solid 를 선택한다.

③ View > Cross section Solid를 선택한다.

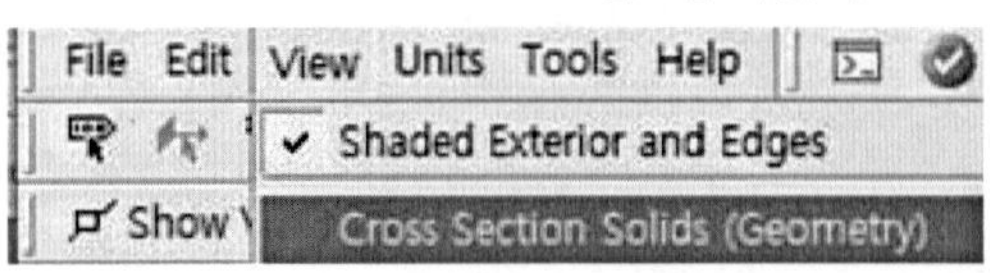

(6) 좌표계 설정 (Coordinate Systems) : 변경내용 없음

(7) 연결 관계 정의(Connections) : 기본설정을 사용한다.

① Outline화면에서 Connection > RMB > Insert > Joint를 선택.

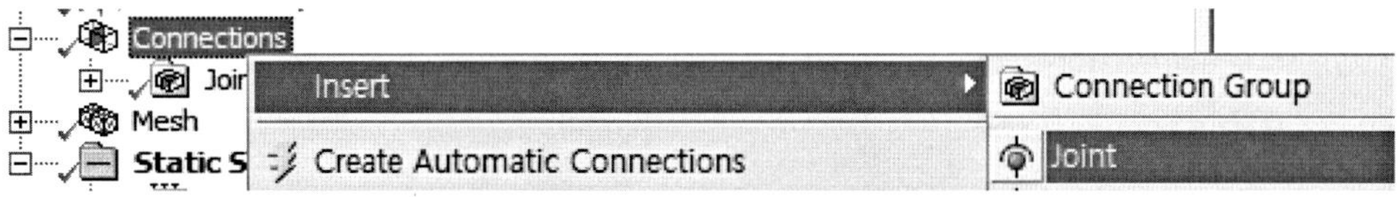

② Menu화면에서 Explode Factor의 슬라이더를 밀어서 부재를 그래픽적으로 벌려 놓는다. 그러면 접촉했던 a,b가 벌어진다.

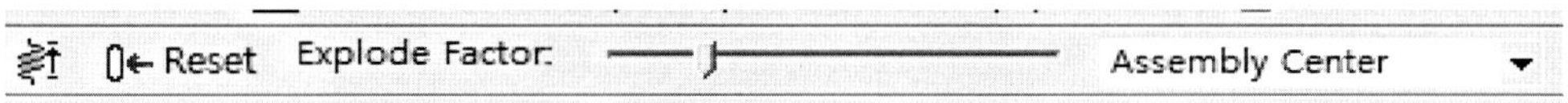

③ Detail화면에서 다음과 같이 설정한다.

Details of "Fixed - No Selection To No Selection"	
Definition	
Connection Type	Body-Body
Type	Fixed
Solver Element Type	Program Controlled
Suppressed	No
Element APDL Name	
Reference	
Scoping Method	Geometry Selection
Applied By	Remote Attachment
Scope	No Selection
Body	No Selection
Coordinate System	Reference Coordinate System
Behavior	Rigid
Pinball Region	All
Mobile	
Scoping Method	Geometry Selection
Applied By	Remote Attachment
Scope	No Selection
Body	No Selection
Initial Position	Unchanged
Behavior	Rigid
Pinball Region	All

Details of "Revolute - Line Body To Line Body"	
Definition	
Connection Type	Body-Body
Type	Revolute
Torsional Stiffness	0. N·m/°
Torsional Damping	0. N·m·s/°
Suppressed	No
Element APDL Name	
Reference	
Scoping Method	Geometry Selection
Applied By	Remote Attachment
Scope	1 Vertex
Body	Line Body
Coordinate System	Reference Coordinate Sys
Pinball Region	All
Mobile	
Scoping Method	Geometry Selection
Applied By	Remote Attachment
Scope	1 Vertex
Body	Line Body
Initial Position	Unchanged
Pinball Region	All

-1. Type을 Revolute 로 한다.

-2. 그래픽화면에서 a점을 클릭하고 Detail화면에서 Reference 의 Scope를 클릭하

면 노란색이 빨간색으로 바뀌고 1vortex, Line Body로 설정이 변경된다.
-3. 그래픽화면에서 b점을 클릭하고 Detail화면에서 Mobile의 Scope를 클릭하면 노란색이 파란색으로 바뀌고 1vortex, Line Body로 설정이 변경된다.

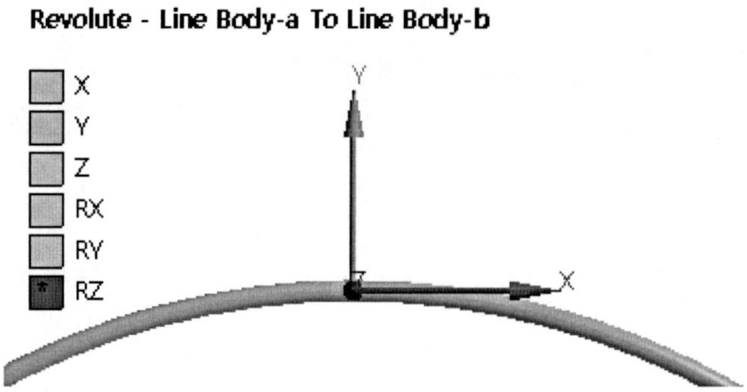

(8) 격자 모델 생성 (Mesh)
① Outline화면에서 Model > RMB> Insert> Sizing 를 선택한다.
② Element size를 입력한다.
③ Outline화면에서 Model > Mesh 를 선택하고 RMB > Update 실행한다.

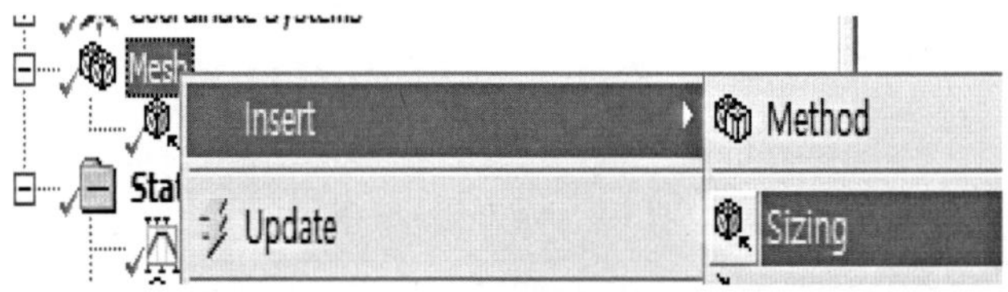

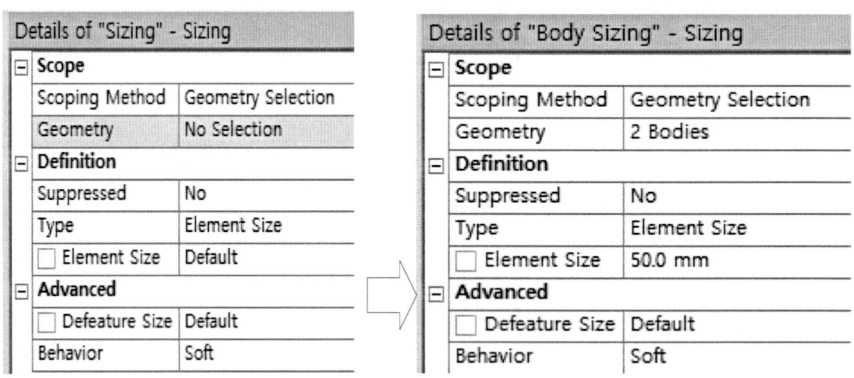

Details of "Sizing" - Sizing

Scope	
Scoping Method	Geometry Selection
Geometry	No Selection
Definition	
Suppressed	No
Type	Element Size
Element Size	Default
Advanced	
Defeature Size	Default
Behavior	Soft

Details of "Body Sizing" - Sizing

Scope	
Scoping Method	Geometry Selection
Geometry	2 Bodies
Definition	
Suppressed	No
Type	Element Size
Element Size	50.0 mm
Advanced	
Defeature Size	Default
Behavior	Soft

(9) 해석 설정 정의(Analysis Settings) : Large Deflection ON 설정

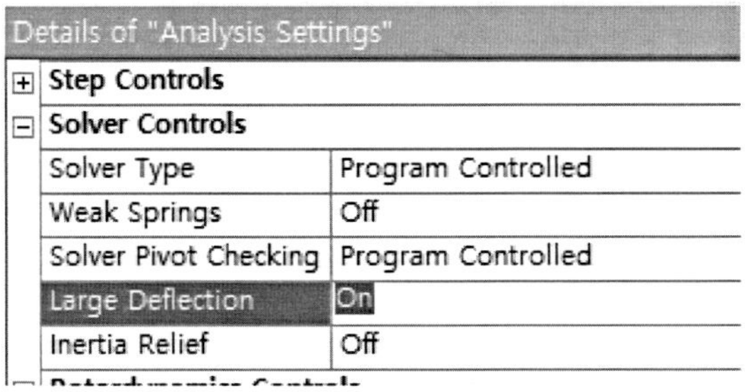

(10) 초기 조건 정의 : 고려하지 않는다.

(11) 구속조건 정의

ⓐ 고정 지점 설정 (A점)

① Outline화면에서 Static structure > RMB > Insert > Remote Displacement 선택.

② Outline화면에서 Static structure > Remote Displacement 를 클릭하고, Graphic window에서 단순보의 절점을 선택한다.

*끝단을 선택하기 위하여 Edge 메뉴 사용한다.

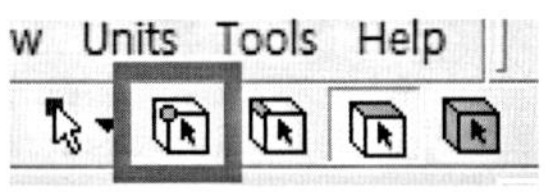

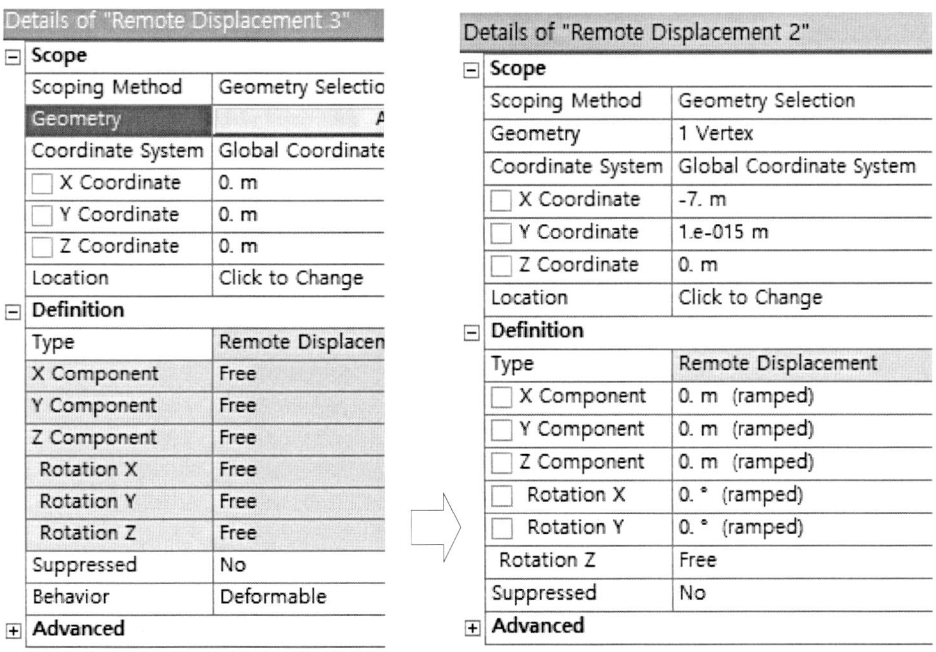

ⓑ 고정 지점 설정 (B점)

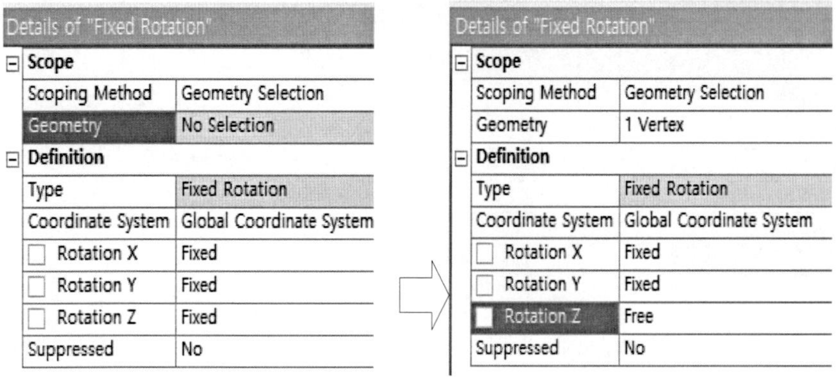

(12) 하중조건 정의

ⓐ Line Press 설정

① Outline화면에서 Static structure > RMB > Insert > Line Press를 선택한다.

② a Detail view에 Line Pressure에 대한 Scope, Definition이 나타난다.

b Geometry에 작용하는 선을 선택한다.

c Apply를 클릭한다.

③ Magnitude를 2kN/m으로 설정하고 Direction을 Apply한다.

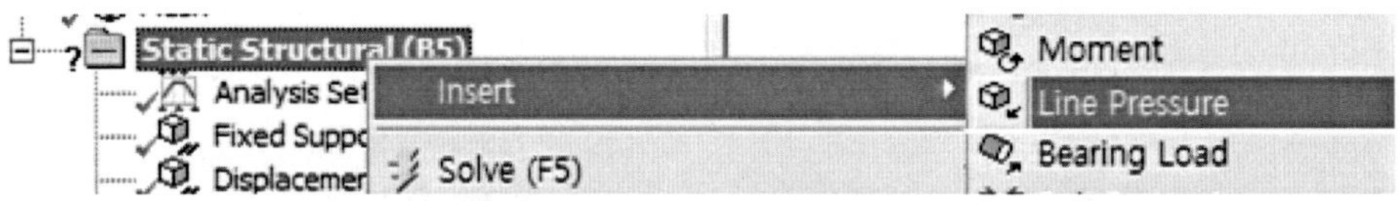

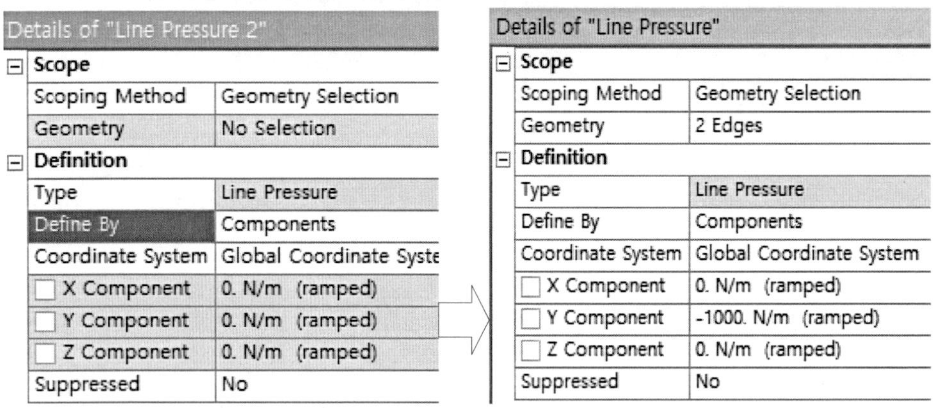

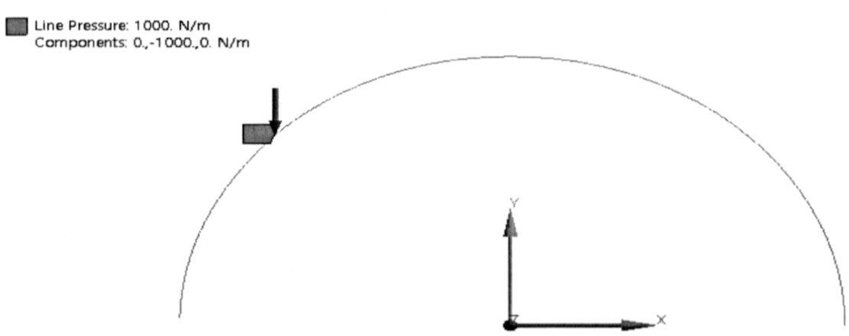

(13) 해석 결과 설정

① Deformation(변형) 결과 세팅

a. Outline화면에서 Solution >RMB >Insert >Deformation >Directional 항목 선택

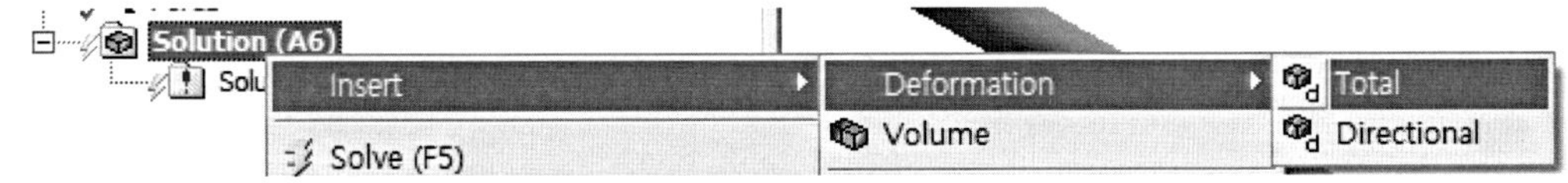

(14) 해석 수행

① Outline화면에서 Static structure 를 선택한다.

② Tool bar에서 Solve를 클릭하거나, Solution > RMB > Solve 를 클릭한다.

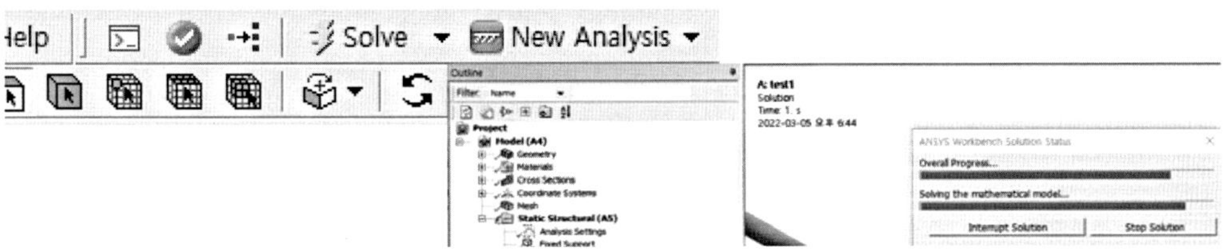

(15) 해석 결과 확인

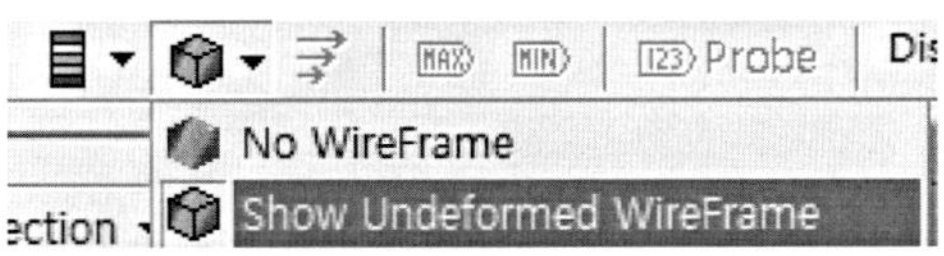

Show Undeformed WireFrame을 사용

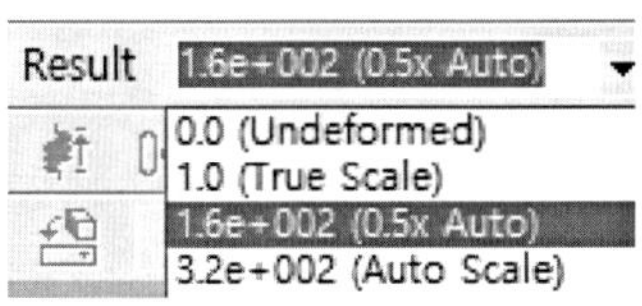

메뉴의 Result를 0.5x Auto로 변경한다.

① Total Deformation을 확인한다.

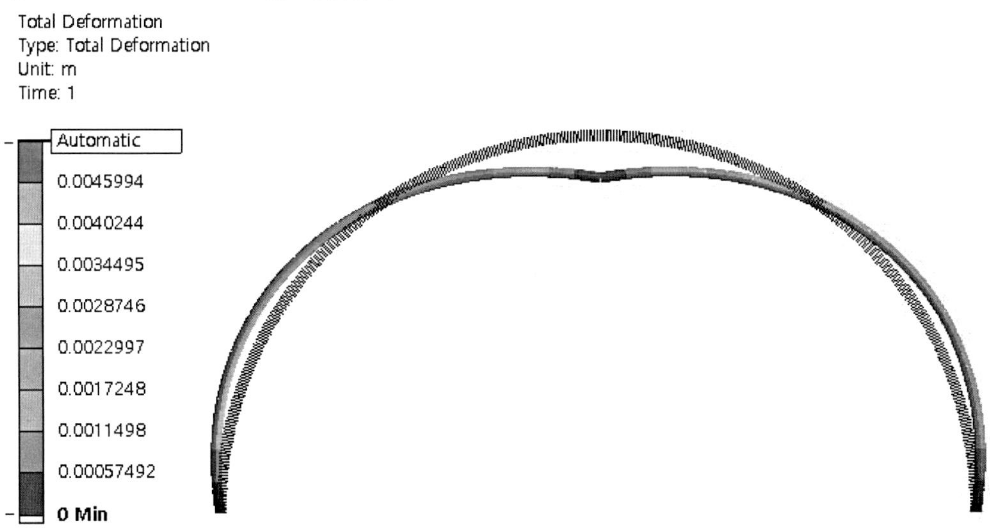

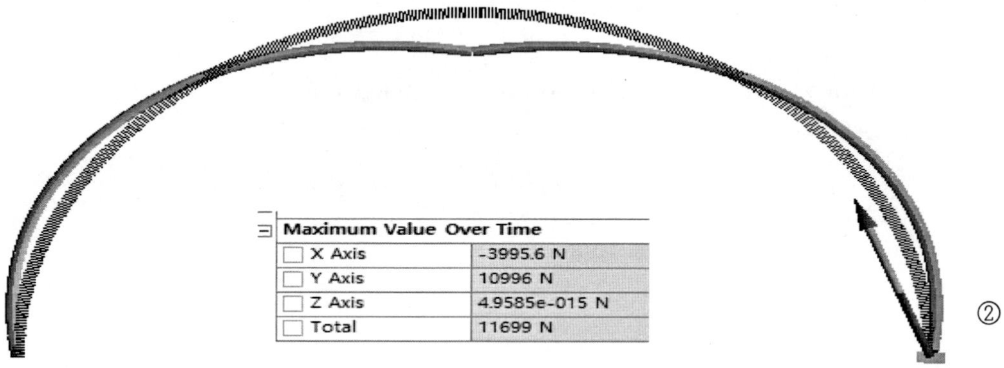

Maximum Value Over Time	
X Axis	-3995.6 N
Y Axis	10996 N
Z Axis	4.9585e-015 N
Total	11699 N

Bending-Moment

Outline화면에서 Solution > RMB > Insert> Beam Result > Bending-Moment를 선택하고, Evaluate All Results를 실행한다.

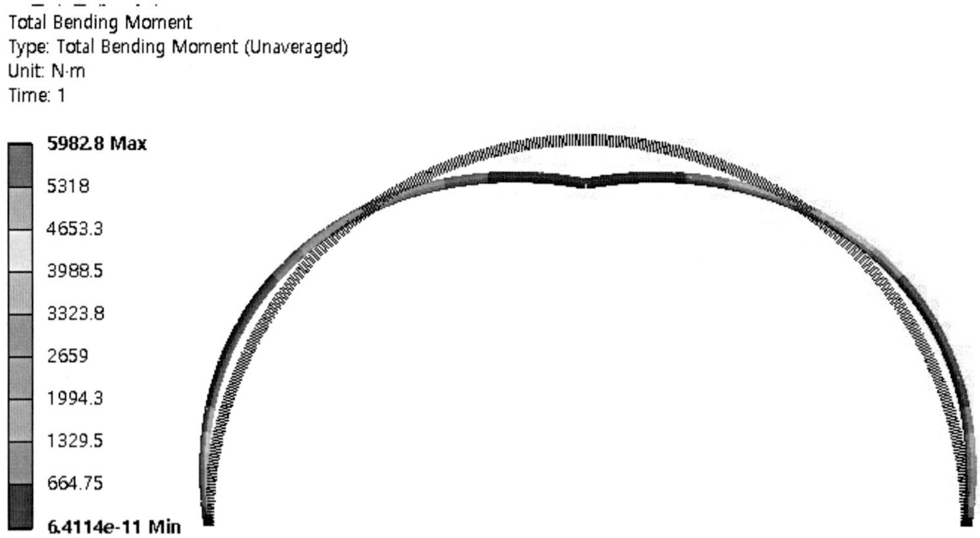

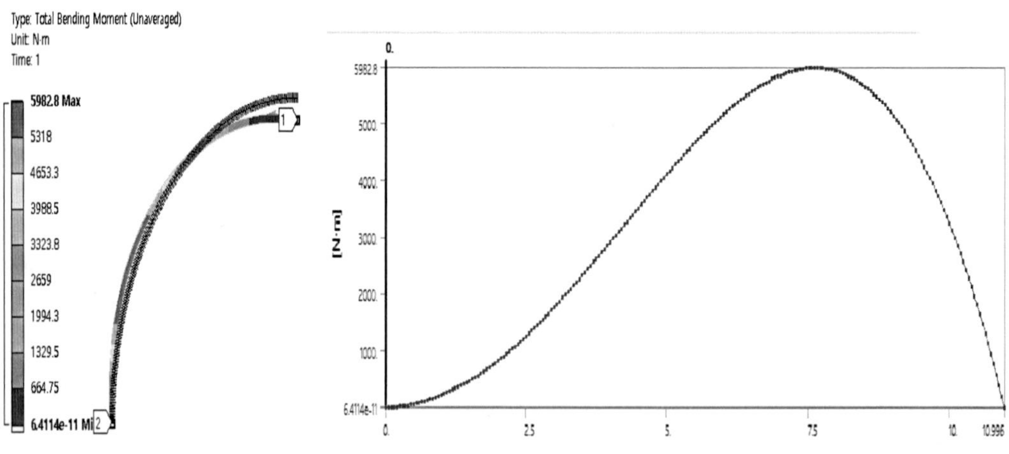

문제30. 온도변화를 받는 철골구조의 보 반력 산정

철골구조물에서 보가 연결되어 있다. 이 구조물에 처짐과 전단력, 모멘트를 구하시오. H형강은 H-500x500x13x16 이며 길이는 8m이다. 부재의 온도가 22도에서 80로 상승하였다. 지점의 반력은 얼마인가? Line Body를 사용하여 모델링 한다.

(1) 해석대상을 분석하고 자유물체도를 작성한다.

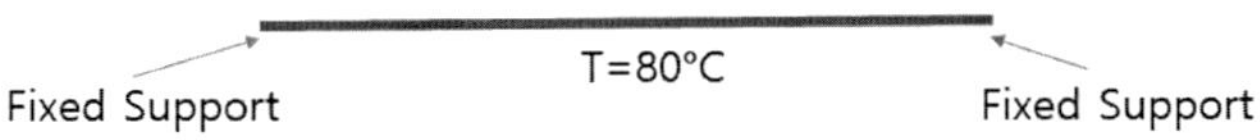

H형강의 단면 형상은 다음과 같다. r은 무시한다.

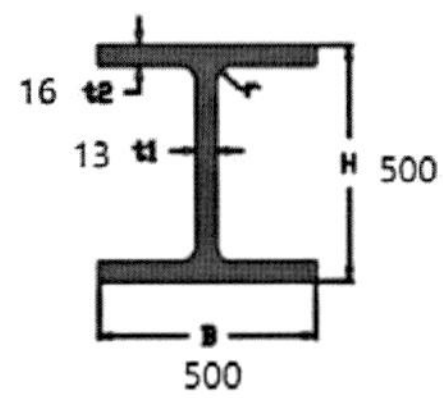

적용하중=1.2x4+1.6x2.4=8.64kN/m^2 이므로 0.00864N/mm^2을 적용한다.
기둥과 기둥 사이의 거리를 8000mm 하면 작용하중은 69.12N/mm가 되며 Line Pressure를 사용하여 하중을 인가한다.

(2) 해석 시스템을 생성한다.(Static structural)
① Project Schematic에 Static Structural 시스템 추가한다.
② Project 이름을 변경한다.
③ Mechanical 창에서 Units menu를 클릭하고 단위를 설정한다.
- Metric (mm, kg, N, s, mV, mA)

(3) 재료의 물성을 정의한다. (Engineering Data)
① 기본 설정된 값을 사용한다. (기본설정은 Structural steel로 되어 있다.)

(4) 해석 모델을 불러들이거나 모델링을 수행한다. (Geometry)
본 문제에 대한 Design Modeler를 사용한 모델링 방법은 다음과 같다.

① Geometry에서 RMB > Design Modeler를 클릭한다.

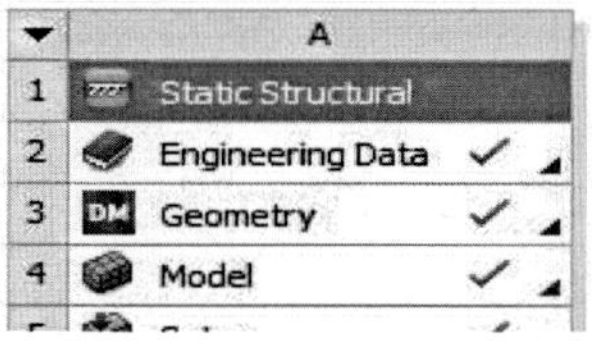

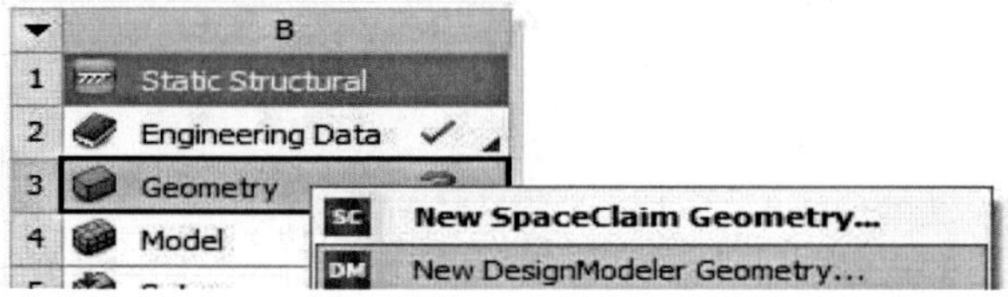

먼저 단위를 mm로 변경한다.

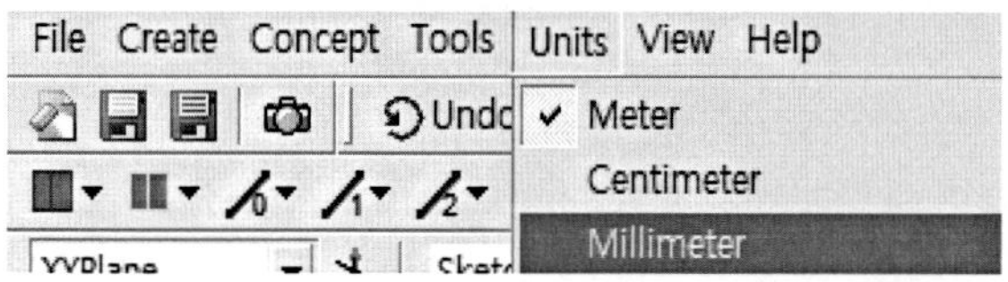

② XPLane을 선택하고 Look at을 클릭한다.

③ Sketching 화면에서 Line을 그린다.

④ Detail Views에서 Dimensions에 Line의 치수를 입력한다.

H1 을 8000mm을 입력한다.

Details View	
Details of Sketch1	
Sketch	Sketch1
Sketch Visibility	Show Sketch
Show Constraints?	No
Dimensions: 1	
H1	8000 mm
Edges: 1	
Line	Ln7

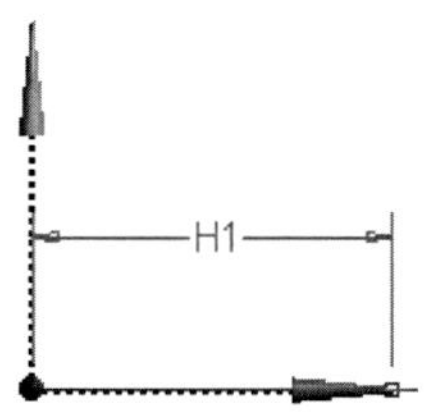

⑤ Modeling 화면에서 Concept > Lines From Sketches를 클릭한다.

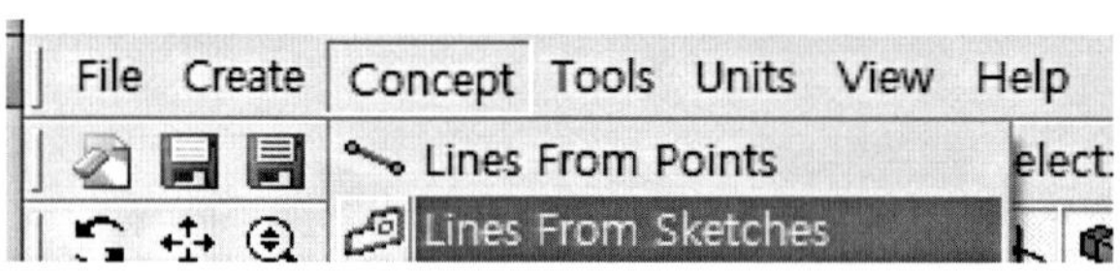

⑥ sketch1을 선택하고 Apply를 실행한다.

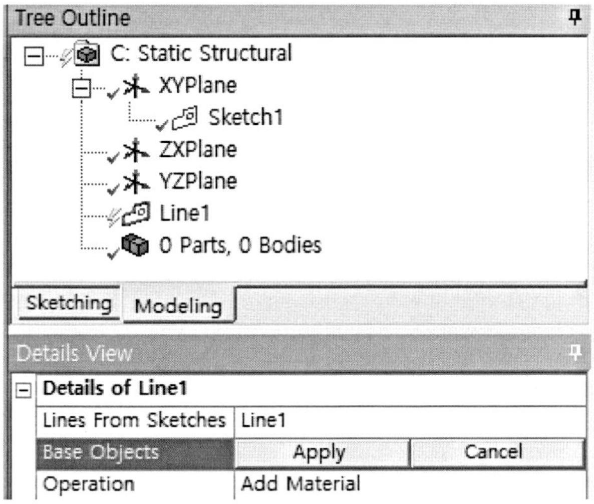

⑦ Generate를 실행한다.

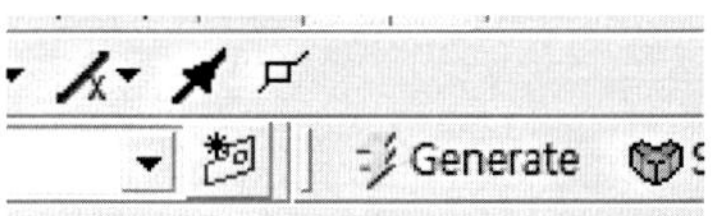

⑧ Concept > Cross Section에서 단면형상을 선택한다.

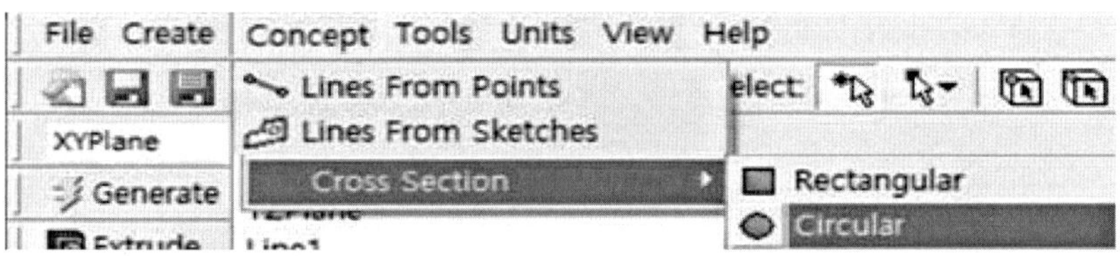

Detail View에서 Dimensions에 단면의 치수를 입력한다.

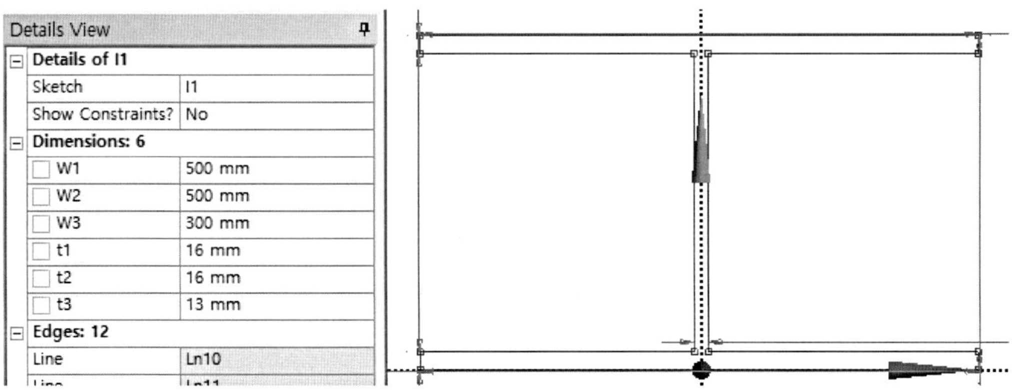

⑨ Detail View에서 Line Body를 선택하고, Cross Section을 선택한다.

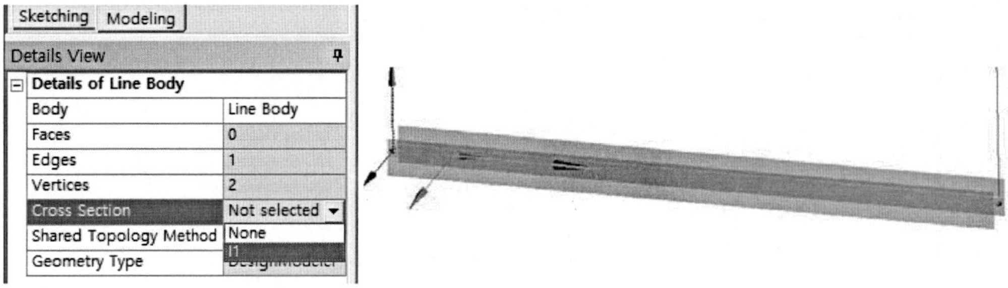

(5) 해석 모델의 환경을 설정한다. (Model)

① Project Schematic의 Static Structural에서 Model을 더블클릭하여 Mechanical 창 활성화 한다.

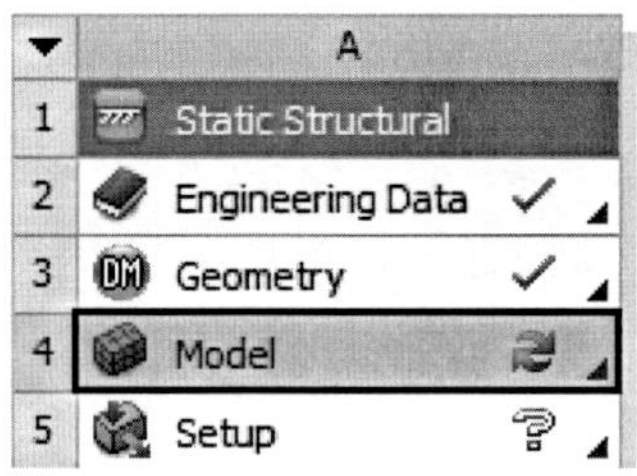

② Outline화면에서 Model > Geometry > Solid 를 선택한다.

③ View > Cross section Solid를 선택한다.

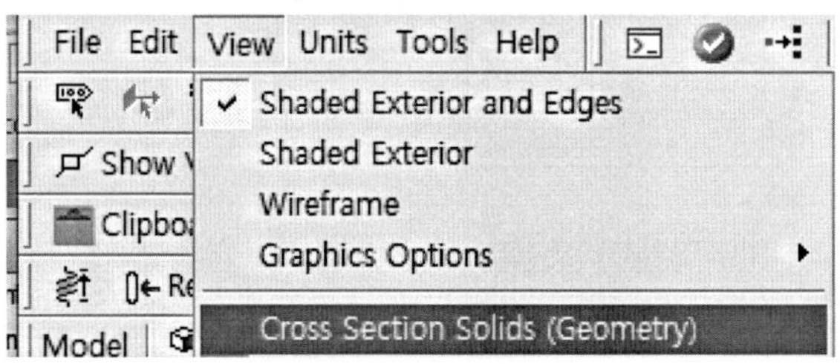

(6) 좌표계 설정 (Coordinate Systems) : 변경내용 없음

(7) 연결 관계 정의(Connections) : 기본설정을 사용한다.

(8) 격자 모델 생성 (Mesh)

① Outline화면에서 Model > Mesh 를 선택하고 RMB > Update 실행한다.

② Graphic화면에서 모델에 메시가 생성된 것 을 확인할 수 있다.

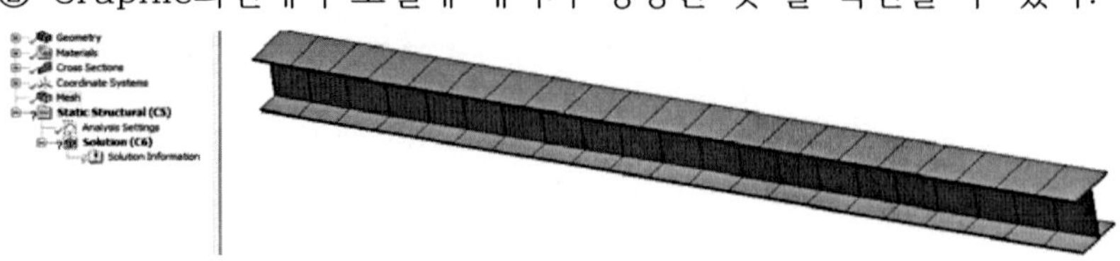

(9) 해석 설정 정의(Analysis Settings) : 설정되어 있는 값을 사용한다.

(10) 초기 조건 정의 : 고려하지 않는다.

(11) 구속조건 정의 : 양쪽을 동일하게 고정지점으로 설정한다.

ⓐ 고정 지점 설정

① Outline화면에서 Static structure > RMB > Insert > Fixed Support 선택.

② Outline화면에서 Static structure > Fixed support를 클릭하고,
Graphic window에서 단순보의 절점을 선택한다.

*끝단을 선택하기 위하여 Edge 메뉴 사용한다.

(12) 하중조건 정의

① Outline화면에서 Static structure > RMB > Insert > Thermal Condition 선택.

② Outline화면에서 Static structure > Fixed support를 클릭하고,

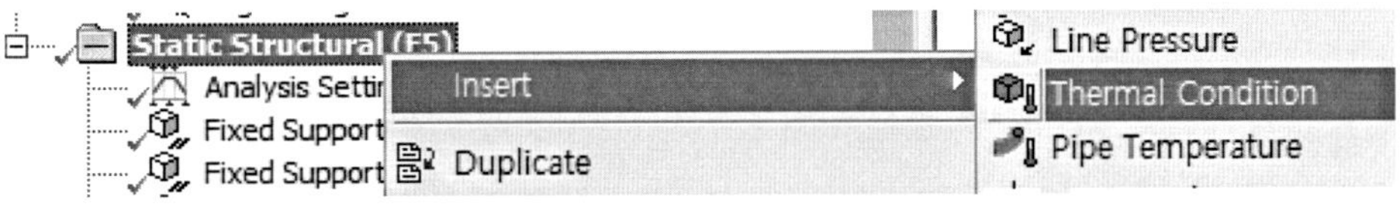

Details of "Thermal Condition"	
Scope	
Scoping Method	Geometry Selection
Geometry	1 Body
Definition	
Type	Thermal Condition
Magnitude	80. °C (ramped)
Suppressed	No

(13) 해석 결과 설정

① Deformation(변형) 결과 세팅

a. Outline화면에서 Solution >RMB >Insert >Deformation >Directional 항목 선택

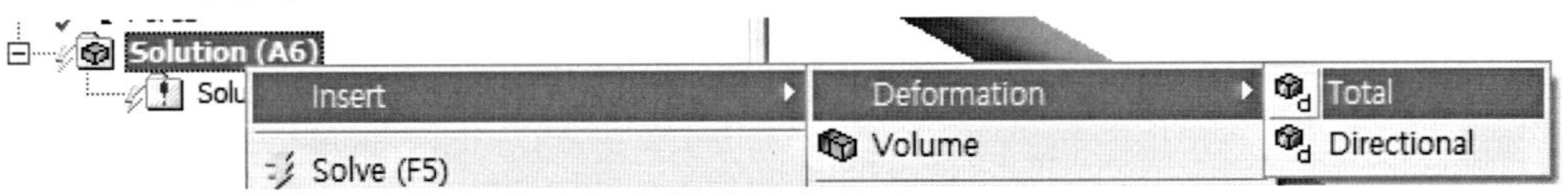

(14) 해석 수행

① Outline화면에서 Static structure 를 선택한다.

② Tool bar에서 Solve를 클릭하거나, Solution > RMB > Solve 를 클릭한다.

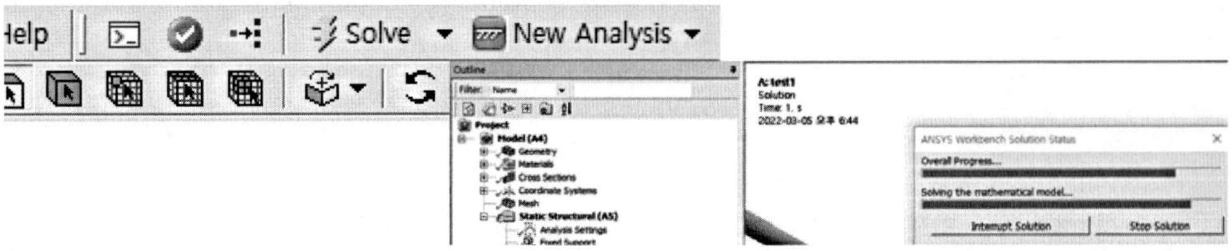

(15) 해석 결과 확인

① Total Deformation을 확인한다.

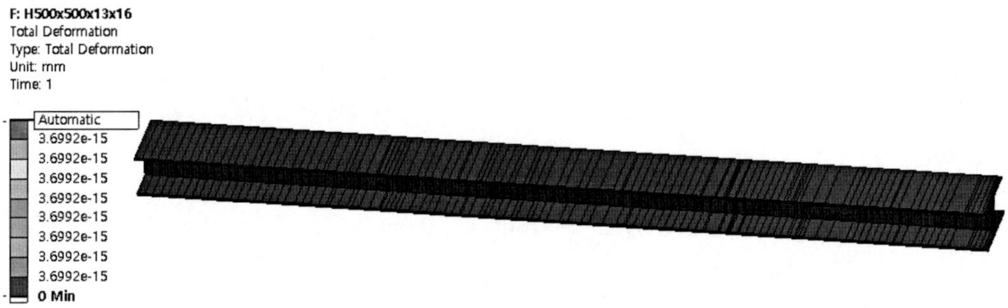

② Axial Force를 산정한다.

Outline화면에서 Static structure > RMB > Insert > Axial Force선택.

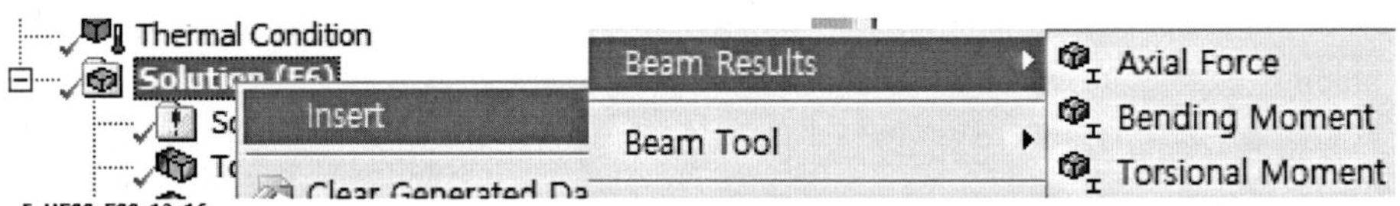

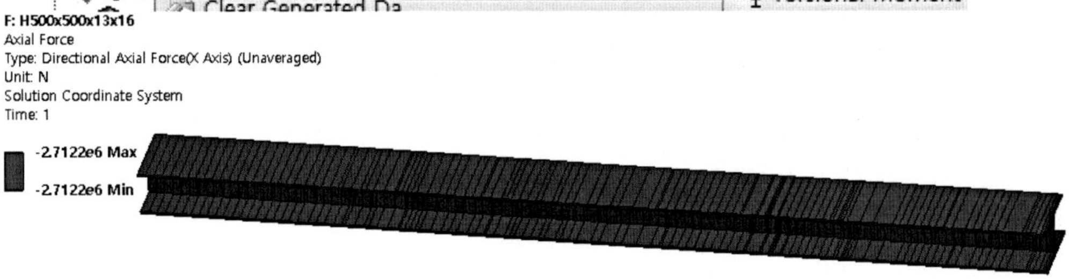